調査もある．さて，テーマと訪問先地域が決まると，訪問先への依頼と日程調整を経て，数人が共同でフィールド調査を行う．訪問メンバーが問題意識を共有した上で，現地に赴き，各社で聞き取りや現場調査を実施する．日程は短いと3日，平均的には1週間である．平均して1日2社から3社を訪問するので，5日間調査すると10社以上になる．週末は企業訪問ができないことが多いので，土日は販売店回りなどの市場調査にあてる．中国の自動車ディーラーが集積したモール，電脳市場，各種の量販店などは，非常によい調査対象になる．

　このような数多くの海外現場調査は，現場情報を得るだけでなく，問題意識を煮詰めていくためにも，きわめて有用な機会であった．海外調査では，バスによる長い移動時間や食事の時間など，純粋な調査以外の時間も多い．これらは，ものづくりにたとえると，正味作業時間でないムダな時間である．しかし，われわれは，移動中の激しく揺れるバスの中や，レストランの喧騒の中など，一見ムダな時間にさまざまな議論をかわしてきた．問題意識を共有しているつもりでも，メンバーの間には微妙な認識の差があることが多い．また，訪問調査の途中で，現場を知らずに考えた自分たちのとんちんかんな問題意識に気づき，問題意識を練り直すこともある．そういった場で，ときに激論となったこともあった．

　現場調査の結果は，必ずフィールド・ノートとしてまとめた．1回の調査での訪問先が多いので，各社の記録担当者を決める．現場では，記録担当者はノート取りになるべく専念し，他のメンバーが質問をリードしていく．多くの場合，若手がノート取り，シニアが質問のリード役となるが，若手の質問も妨げない．その後，担当者は早めに，早ければその日の夜，遅くとも帰国後なるべく早い時期に，叩き台のノートを作成する．それを，同行した他のメンバーが修正したり追記したりすることによって，記録の精度を上げる．現場では録音ができないことも多いので，複数人によるチェックはきわめて有効である．もちろん，こういった「生の」フィールド・ノートは，そのままでは公開できない情報も多いため，参加メンバーだけの記録として共有するにとどめている．これらの現場情報をインタビュー先の了解なしに論文などで公開することはない．

　こうした後に，成果を論文としてまとめていくわけだが，研究論文にする前の段階で，調査で得られた情報をまとめて発表する機会も用意している．いわば，フィールド・ノートと研究論文の中間に位置するものといえる，それが，

筆者が編集長を務める『赤門マネジメント・レビュー』誌の中の「ものづくり紀行」である。同誌の「ものづくり紀行」紹介文を，以下に引用しよう。

「2005年から3年半にわたって『ものづくりアジア紀行』として35回連載してきた人気シリーズを『ものづくり紀行』と改題しました。毎号アップしたとたんにダウンロードが殺到する人気のコンテンツです。日本企業のアジア各国のものづくり現場を対象にして始めたシリーズですが，フィールド研究の対象は自然に広がってきました。地理的には東欧や南米など世界各地へ，対象企業も中国，韓国，台湾，欧米となってきており，『アジア』とうたいながらも実際には，すでにアジア企業の東欧拠点の紀行なども掲載してきました。海外経営の問題を堅苦しく論じるというより，研究者の肌感覚で問題提起していくのがこのコラムです。現地の日本企業経営者，各国企業の現状と考え方，各国市場の状況などについて，訪問者が感心したこと，驚嘆したことをまとめ，報告しています。研究論文とはひと味違った新鮮かつユニークな情報提供を目指します。これまでに紹介した地域は，中国，台湾，香港，韓国，インド，タイ，シンガポール，マレーシア，フィリピン，ベトナム，中東欧，ロシア，南米，米国など」(http://www.gbrc.jp/journal/amr/kiko.html)。

すなわち，どのような問題意識で調査を計画したか，実際に現場調査をして，はじめてわかったことは何か，それからどのようなことが考えられるかといった点をまとめているのが，「ものづくり紀行」なのである。「ものづくり紀行」の意義の1つは，研究論文になるまでは時間のかかることが多い調査結果を，なるべく早く公にすることである。また，「ものづくり紀行」では，原則として，その調査に同行した全員が著者になっている。仮に最後の執筆への貢献がほとんどなかったとしても，調査のセッティング，訪問依頼，フィールド・ノート作成までの間には，調査チーム全員が何らかの形で貢献しており，「ものづくり紀行」は調査チームの共有知的財産であると考えるからである。その後は，メンバーの各研究者が，さまざまな現場調査で得られた情報を自由に活用して，単著や共著の研究論文を執筆できるようにしている。

以上のような研究の仕方は，ものづくり経営研究センターを設立した後に，われわれ自身も試行錯誤しながら確立してきたものである。このようなものづくり経営研究センター式のチーム制によるフィールド研究の成果が，本書である。その海外調査チームの中心にいたのが筆者と天野であり，とりわけ本書を

まとめていく作業については天野が中心になっていた。

　しかしながら，残念なことに天野倫文氏は 2011 年 11 月に急逝した。11 月 17 日，センターが月例で開催している企業とのコンソーシアム会議の後，懇親会で天野氏と愉快な時間を過ごして別れた私は，翌朝，調査のために欧州へ飛んだ。ところが，22 日の夜明け前に，突然天野氏の訃報が入った。私にとっては，まさに青天の霹靂であった。天野氏は東京大学に赴任する前からわれわれの研究チームに加わっていたが，赴任後は大学院生をはじめとした若手研究者の育成に注力してくれ，多くの若手研究者から厚い信頼を得ていた。学界でも，日本の国際経営分野の研究は彼が牽引していくものと誰もが期待していた。東京大学の天野ゼミの学生がホームページで自らの先生を紹介していた次の文章が，天野氏の人柄をきわめて端的に表している。「とにかく優しい雰囲気を全身から醸し出されている先生です。といっても決して甘いと言う意味ではなく，実に鋭く，高い志を持って研究に当たられている先生です。」——本当にこの通りの人物であった。そのような天野氏を失ったショックは癒えることなく，われわれの心から彼が消えることはない。

　本書は本来ならもっと早い時期に上梓される予定であった。天野氏が健在だった時点で，本書に所収する論文の候補はほぼ決まっていた。しかしながら，天野氏の急逝，その後，中川と大木が新たに編者に加わっての仕切り直しなどがあり，出版にこぎつけるまで時間がかかった。筆者自身の仕事が遅かったこともお詫びしなければならない。読者の皆様には，このような事情を踏まえ，故人である天野氏を筆頭の編者としていることにご理解をいただきたい。

　最後に，本書を作成するにあたってお世話になった方々に，御礼を申し上げたい。まず，われわれの現場調査のためにお忙しい時間を割き，現地経営や現場の状況を丁寧にご教示くださった，各社のご担当者の方々に深く御礼申し上げる。匿名で執筆されている企業も多く，個別に名前をおあげすることはできないが，本書のためにお世話になった 100 名を超える方々に感謝申し上げる。皆様の新興国での活動に対し，本書が知識面で何らかの貢献を果たすことが，お世話になったわれわれの恩返しであると考えている。研究面では，ものづくり経営研究センターの藤本隆宏教授に，現場調査で同行する機会も多く，現場や大学におけるさまざまな機会で重要な分析概念を示唆していただいた。また，執筆メンバーが各種の学会で発表をした際に，有益なコメントをくださった先

生方にも御礼申し上げたい。資金面では，文部科学省のグローバルCOEプログラム「ものづくり経営研究センター アジア・ハブ」（平成20~24年度），および科学研究費・基盤研究（B）「新興国地域における製造業の市場戦略と組織能力の動態的分析」（平成22~25年度，研究代表者：藤本隆宏）に，われわれの海外現場調査を支えていただいた。

本書を故天野倫文氏の御霊に捧ぐ。

2015年10月

編者を代表して　新宅　純二郎

執筆者紹介 (執筆順，＊は編者)

＊天野 倫文（あまの・ともふみ）
　元東京大学大学院経済学研究科准教授
　主要著作：『東アジアの国際分業と日本企業――新たな企業成長への展望』（有斐閣，2005年）；『対日直接投資と日本経済』（共著，日本経済新聞社，2004年）；『ものづくりの国際経営戦略――アジアの産業地理学』（共編，有斐閣，2009年）；『中国製造業の基盤形成――金型産業の発展メカニズム』（共著，白桃書房，2015年）
　執筆分担（イタリックは共同執筆・太字は筆頭，以下同様）：第1章，第2章，第3章，第*5*章，第*12*章，第*13*章，第*14*章，第15章

＊新宅 純二郎（しんたく・じゅんじろう）
　東京大学大学院経済学研究科教授
　主要著作：『日本のものづくりの底力』（共編著，東洋経済新報社，2015年）；『経営戦略入門』（共著，日本経済新聞出版社，2011年）；『ものづくりの国際経営戦略――アジアの産業地理学』（共編，有斐閣，2009年）；『中国製造業のアーキテクチャ分析』（共編著，東洋経済新報社，2005年）
　執筆分担：第*2*章，第4章，第*5*章，第8章，第9章，第*13*章，第*14*章，終章

＊中川 功一（なかがわ・こういち）
　大阪大学大学院経済学研究科准教授
　主要著作：『はじめての国際経営』（共著，有斐閣，2015年）；『技術革新のマネジメント――製品アーキテクチャによるアプローチ』（有斐閣，2011年）；「戦略硬直化のスパイラル――セラミック・コンデンサ産業の歴史分析より」（『組織科学』第46巻第1号，2012年）
　執筆分担：第3章，第*12*章，終章

＊大木 清弘（おおき・きよひろ）
　東京大学大学院経済学研究科講師
　主要著作：『多国籍企業の量産知識――海外子会社の能力構築と本国量産活動のダイナミクス』（有斐閣，2014年）；『はじめての国際経営』（共著，有斐閣，2015年）
　執筆分担：第*4*章，第*12*章，終章

鈴木 信貴（すずき・のぶたか）
長岡技術科学大学大学院情報・経営システム工学専攻准教授
主要著作："The development of manufacturing industry and economic growth in India Japan relations"（*Asia Pacific Journal of Social Sciences*, special issue 3, 2012年）；「電機産業の現場力調査――日本の現場の競争力を支える職場」（『赤門マネジメント・レビュー』第13巻第10号, 2014年）．
執筆分担：第*4*章, 第*7*章, 第*8*章

金 熙珍（きむ・ひじん）
東北大学大学院経済学研究科准教授
主要著作："How psychological resistance of headquarter engineers interferes product development task transfer to overseas units"（*Annals of Business Administrative Science*, vol. 14, 2015年）；「現地開発機能形成の決定要因――デンソーの6拠点の事例から」（『国際ビジネス研究』第4巻第1号, 2012年）．
執筆分担：第6章, 第*13*章

朴 英元（ぱく・よんうぉん）
埼玉大学大学院人文社会科学研究科・経済学部教授, 東京大学大学院経済学研究科ものづくり経営研究センター特任准教授
主要著作：『コア・コンピタンスとIT戦略』（早稲田大学出版部, 2009年）；*Building Network Capabilities in Turbulent Competitive Environments: Practices of Global Firms from Korea and Japan*（共著, CRC Press, 2012年）．
執筆分担：第*9*章, 第*13*章, 第*17*章

李 澤建（り・たくけん）
大阪産業大学大学院経済学研究科准教授
主要著作："Eco-innovation and firm growth: Leading edge of China's electric vehicle business"（*International Journal of Automotive Technology and Management*, vol. 15, no. 3, 2015年）；"Market life-cycle and products strategies: An empirical investigation of Indian automotive market"（*International Journal of Business Innovation and Research*, vol. 10, no. 1, 2016年〔近刊〕）．
執筆分担：第*10*章, 第*16*章

立本 博文（たつもと・ひろふみ）
筑波大学大学院ビジネス科学研究科准教授
　主要著作：『オープン・イノベーション・システム──欧州における自動車組込みシステムの開発と標準化』（共編著，晃洋書房，2011年）；「オープン・イノベーションとビジネス・エコシステム──新しい企業共同誕生の影響について」（『組織科学』第45巻第2号，2011年）
　執筆分担：第 *11* 章

高梨 千賀子（たかなし・ちかこ）
立命館大学大学院テクノロジー・マネジメント研究科准教授
　主要著作：『中小企業のための技術経営（MOT）入門──"つよみ"を活かすこれからの企業経営モデル』（分担執筆，同友館，2015年）；「Industrie 4.0時代の競争優位についての一考察──日独FAシステムメーカーを事例に」（『国際ビジネス研究』第8巻第2号，2015年）
　執筆分担：第 *11* 章

小川 紘一（おがわ・こういち）
東京大学政策ビジョン研究センター　シニア・リサーチャー，新エネルギー・産業技術総合開発機構（NEDO）アドバイザー，関西学院大学客員教授，大阪大学非常勤講師
　主要著作：『オープン＆クローズ戦略──日本企業再興の条件』（翔泳社，2014年）；『国際標準化と事業戦略──日本型イノベーションとしての標準化ビジネスモデル』（白桃書房，2009年）
　執筆分担：第 *11* 章

若山 俊弘（わかやま・としひろ）
国際大学大学院国際経営学研究科教授
　主要著作："What Panasonic learned in China"（共同執筆，*Harvard Business Review*, vol. 90, no. 12, 2012年）；*Global Strategies for Emerging Asia*（共編，Jossey-Bass/Wiley, 2012年）
　執筆分担：第 *14* 章

菊地 隆文（きくち・たかふみ）
パナソニック アジアパシフィック（株）企画グループ General Manager
　主要著作："Coevolving local adaptation and global integration: The case of Panasonic China"（共同執筆，A. K. Gupta, T. Wakayama and U. S. Rangan eds., *Global Strategies for Emerging Asia*, Jossey-Bass/Wiley, 2012年）
　執筆分担：第 *14* 章

目　次

第Ⅰ部　理論とフレームワーク

第1章　新興国市場戦略の諸観点と国際経営論　　2
　　　　　　　非連続な市場への適応と創造
　　　　　　　天野 倫文

1　はじめに …………………………………………………………… 2
2　従来の国際化モデルの課題 ……………………………………… 3
3　新興国市場戦略のジレンマ ……………………………………… 6
　　3.1　市場ピラミッドの動き　6
　　3.2　新興国市場戦略のジレンマ　8
　　3.3　アジアのプリンタ・ビジネス　10
4　非連続な市場への適応と創造——5つの分析視点の整理 ……… 13
　　4.1　資源再配分と組織調整——ジレンマの発生要因と解法　13
　　4.2　市場志向とコミットメント　17
　　4.3　製品戦略と市場開発　19
　　4.4　供給システムのボトルネックと資源開発の戦略　21
　　4.5　新しいステークホルダー像と能力概念　23
　　　　　——BOP研究からの示唆
5　むすびに代えて ……………………………………………………… 25

第2章　新興国市場戦略論　　27
　　　　　　　製品戦略と組織の転換
　　　　　　　新宅純二郎・天野倫文

1　新興国市場開拓における課題 ……………………………………… 27

　　　　1.1 新興国中間層市場への対応　27
　　　　1.2 ものづくりの競争力　29
　2 戦略転換のための分析視角 …………………………………… 31
　　　　2.1 適正品質を目指す製品・サービス戦略　31
　　　　2.2 経営組織の再設計と能力開発　34
　3 新興国市場の適正品質と製品・サービス戦略 ……………… 35
　　　　3.1 品質を見切った低価格製品の投入　36
　　　　3.2 品質差の見える化──新興国での高付加価値戦略　39
　　　　3.3 メリハリをつけた現地化商品──差別化軸の転換　42
　4 新興国に向けた組織の再編成 ………………………………… 44
　　　　4.1 現地適応とグローバル統合の両立　45
　　　　4.2 市場ニーズ吸上げと具体化のための能力構築　47
　　　　4.3 戦略インフラとしてのITシステム　47
　5 むすび──本書の視点 ………………………………………… 48

第Ⅱ部　製品・サービス戦略

第3章　市場戦略再構築の重要性 ——————————— 52
プリンタ産業の事例

天野倫文・中川功一

　1 はじめに──新興国主体の市場戦略再構築 ………………… 52
　2 世界のプリンタ市場と途上国市場 …………………………… 54
　3 消耗品ビジネス・モデルから見る新興国市場戦略 ………… 56
　4 業務用プリンタの市場開拓──ドット・マトリクスを中心に ……… 59
　　　　4.1 業務用プリンティングというニーズ　59
　　　　4.2 製品・システムのカスタマイゼーション　62
　　　　4.3 製品の市場浸透を促す補完的資源──3つのチャネル　65

5 インクジェット・プリンタの課題 …………………………… 67
5.1 市場の相違と消耗品流通のボトルネック　67
5.2 消耗品ビジネスの再構築　69
6 むすび――B to B ビジネスへのインプリケーション ………… 71

第4章　日本企業の優位性の活用 ―――――――――― 74
日立製作所の白物家電の事例
新宅純二郎・大木清弘・鈴木信貴

1 はじめに ………………………………………………………… 74
2 日立製作所家電部門の海外展開 ………………………………… 76
3 タイ拠点での取組み …………………………………………… 77
3.1 タイ拠点の概要　77
3.2 アジア向け商品開発の開始　78
3.3 冷蔵庫の開発事例　80
3.4 洗濯機の開発事例　84
3.5 小括　85
4 インド拠点での取組み ………………………………………… 86
4.1 インド拠点の概要　86
4.2 インド拠点の沿革　86
4.3 インドのエアコン市場　87
4.4 日立ホームインドの取組み　88
　　　――ニーズを捉えた製品開発と機能を伝える販売
4.5 小括　90
5 むすび …………………………………………………………… 91

第5章　低価格モデルの投入と製品戦略の革新 ―――― 94
ホンダ二輪事業のASEAN戦略の事例
天野倫文・新宅純二郎

1	はじめに ………………………………………………………	94
2	ホンダの二輪事業とアジア …………………………………	96
	2.1　グローバル・ビジネスの中の二輪事業　96	
	2.2　アジア二輪事業と ASEAN のプレゼンス　98	
3	二輪事業の ASEAN への展開 ………………………………	98
	3.1　ASEAN における二輪車の生産・販売　98	
	3.2　タイを中心とする研究開発活動　101	
4	低価格モデルの投入と製品戦略の革新 ……………………	104
	4.1　タイ市場への低価格モデルの投入──Wave 100 を中心に　104	
	4.2　ベトナム市場での低価格モデルとその後──Wave α を中心に　106	
	4.3　プラットフォーム戦略と派生モデル展開　109	
5	むすびに代えて ………………………………………………	111

第6章　現地エンジニア主導の製品開発 ──────── 114
デンソー・インドの事例

金　熙珍

1	はじめに ………………………………………………………	114
2	インド市場とデンソーの進出 ………………………………	117
	2.1　インドの自動車部品市場　117	
	2.2　デンソーのインド事業の展開　119	
3	インド系自動車メーカーからの受注挑戦 …………………	122
	3.1　タタ・モーターズの 10 万ルピー車（ナノ）開発プロジェクト　122	
	3.2　デンソーのタタ・ナノ受注への挑戦　124	
4	鍵は現地エンジニア …………………………………………	129
	4.1　現地エンジニアの育成と製品開発への参加　129	
	4.2　現地エンジニアにしかわからないこと・できないこと　130	
5	むすび …………………………………………………………	133

第7章 産業財の製品開発戦略 ——————— 136
DMG, 森精機, 安川電機の事例
鈴木 信貴

1 はじめに …………………………………………… 136
2 産業財企業と製品開発の分析視点 ………………… 138
3 DMG, 森精機, 安川電機の中国市場戦略 ………… 140
 3.1 森精機, DMG　140
 3.2 安川電機　146
4 産業財の製品開発と顧客情報の流れ ……………… 150
 4.1 顧客の進化と新興国モデルの開発　150
 4.2 顧客情報の流れと粘着性　152
5 むすび …………………………………………………… 155

第8章 産業財のサービス, ソリューション戦略 ——— 157
マザック, ファナック, 牧野フライスの事例
鈴木信貴・新宅純二郎

1 はじめに …………………………………………… 157
2 産業財とサービス, ソリューションの分析視点 …… 158
3 マザック, ファナック, 牧野フライスの新興国市場戦略 …… 161
 3.1 日本工作機械産業　161
 3.2 マザック　163
 3.3 ファナック　169
 3.4 牧野フライス　174
4 産業財と現地エンジニアの役割 …………………… 178
 4.1 産業財における先進国市場と新興国市場の相違　178
 4.2 サービス, ソリューションの提供と現地エンジニアの活用　179
 4.3 産業財企業と消費財企業との関係　182

5　むすび ………………………………………………… 184

第9章　ITシステム活用によるハイエンド市場進出 ——— 186
　　　　　小松製作所の事例
　　　　　朴英元・新宅純二郎

　　　1　はじめに ……………………………………………… 186
　　　2　コマツの復活と新興国進出 ………………………… 187
　　　3　ICTを活用した顧客ニーズに対応する戦略 ……… 189
　　　　　3.1　コマツ中国の概要と歴史　189
　　　　　3.2　コマツ中国のKOMTRAXの仕組み　191
　　　　　3.3　中国など新興国におけるKOMTRAXの活用状況　192
　　　4　ICT活用とレシピ提供による顧客満足の実現 …… 195
　　　　　4.1　コマツブラジルの概要と歴史　195
　　　　　4.2　ブラジルでの建機の使われ方とコマツブラジルの対応　196
　　　5　競合企業との比較 …………………………………… 198
　　　　　5.1　中国，ブラジルの市場構造　198
　　　　　5.2　現代重工業　202
　　　　　5.3　斗山インフラコア　204
　　　6　むすび ………………………………………………… 209

第10章　自動車メーカーの環境適応戦略 ——— 211
　　　　　　BRICs自動車市場の生成
　　　　　　李　澤建

　　　1　はじめに ……………………………………………… 211
　　　2　2000年以降のBRICs市場と競争構造 …………… 213
　　　　　——ロシア，ブラジル，インド
　　　　　2.1　ロシア自動車市場の概況　213

2.2 ブラジル自動車市場の概況　217
　　2.3 インド自動車市場の概況　221

3 2000年以降の中国市場の拡大要因 ……………………………… 223
　　——消費構造の変化と市場の3層構造の形成
　　3.1 消費構造の変化——個人需要の台頭と低価格化の進行　223
　　3.2 市場の3層構造の形成　224

4 2000年以降の中国市場の競争構造 ……………………………… 226
　　——変貌するグローバル・メーカーの勢力図

5 環境適応競争の幕開け——「V字回復」の含意 ……………… 228
　　5.1 VW（上海VW，一汽VW）とGM（上海GM）　228
　　5.2 現代自動車（北京現代）　230

6 むすび ………………………………………………………………… 233

第11章　部品メーカーの標準化とカスタマイズ ──── 235
　　自動車用ECU事業の中国市場展開の事例
　　立本博文・高梨千賀子・小川紘一

1 はじめに——複雑な人工物の国際移転 …………………………… 235

2 自動車のアーキテクチャとECUの位置づけ ……………………… 237
　　2.1 ECUとは　237
　　2.2 エンジンの制御　240
　　2.3 エンジンECU——エンジン制御のデバイス　241
　　2.4 エンジンECUの開発と適合　242

3 中国のエンジンECU市場 …………………………………………… 244
　　3.1 エンジンECUと中国自動車産業　244
　　3.2 中国のエンジンECU導入の歴史　244
　　3.3 中国のエンジンECUビジネス　245

4 ボッシュとデンソーの中国参入の歴史と状況 …………………… 246
　　4.1 2大グローバル・サプライヤーの中国ECUビジネス　246

4.2 ボッシュの中国でのECUビジネス　　247
　　4.3 デンソーの中国でのビジネス　　251
　　4.4 中国ECUビジネスの市場成果　　254
5 中国自動車産業の将来動向 ………………………………… 255
　　5.1 中国自動車産業の技術蓄積——2つの将来像　　255
　　5.2 2つの技術移転アプローチ——濃密と標準　　258
6 むすび ……………………………………………………………… 260

第Ⅲ部　組織の設計・能力構築

第12章　新興国市場戦略のためのグローバル組織設計序論　　264
中川功一・天野倫文・大木清弘

1 はじめに——新興国ビジネスのための組織とは ………… 264
　　1.1 新興国マネジメントの2側面——市場と組織　　264
　　1.2 多国籍企業の組織設計問題——配置と調整　　264
2 現地拠点設立の必要性 ………………………………………… 266
　　2.1 集中から分散へ　　266
　　2.2 現地拠点設立が, なぜ有効なのか　　268
3 支援と自立のバランス ………………………………………… 269
　　3.1 密な親子関係から, 中間程度のバランスへ　　269
　　3.2 本国・海外の重複高度化モデル　　271
4 在タイ・日系家電メーカーの現地進出戦略——事例分析 … 275
　　4.1 品質を落とさない現地化——日系A社　　275
　　4.2 商品企画力の向上とローカル・フィット——日系B社　　279
　　4.3 現地市場における差別化価値の追求——C社　　281
5 むすび ……………………………………………………………… 282

第13章　現地人材活用による市場適応 ——————— 284
LG電子の事例
朴英元・新宅純二郎・天野倫文・金熙珍

1 はじめに ……………………………………………… 284
2 LG電子のグローバル展開 …………………………… 285
 2.1 LG電子のグローバル展開の歴史　285
 2.2 LG電子のグローバル展開の分析枠組み　287
3 LGインド法人（LGEIL）——グローバル経営現地化の原点 ……… 288
 3.1 LGインドの進出と投資状況　288
 3.2 LGEILの市場地位とオペレーション　288
 3.3 研究開発の現地化とTDR活動　289
 3.4 流通販売の現地化と権限委譲　290
 3.5 人事労務の現地化とインセンティブ制度　291
 3.6 インド法人長の現地化経営　292
4 LGポーランド（LGブロツワフ） …………………… 293
 ——経営現地化の実践とインドからの経験の移転
 4.1 LGの東欧戦略とポーランド進出　293
 4.2 現地生産工場のオペレーション——スピード重視の量産体制　294
 4.3 経営の現地化とTDR活動　297
 4.4 原点としてのインドと経営ノウハウの移転　299
5 LGタイ（LGETH）——現地化経営の思想が人とともに広がる …… 300
 5.1 LGタイ事業の歴史と人事マネジメント　301
 5.2 タイ生産工場のオペレーション　303
 5.3 LGETHの現地化とLGEILのノウハウ移植　304
6 むすび——LG電子のグローバル展開のプロセス ……………… 306

第14章 現地適応とグローバル統合の2軸共進化 — 309
中国パナソニック白物家電事業の事例
若山俊弘・新宅純二郎・天野倫文・菊地隆文

1 はじめに ……………………………………………… 309
2 現地適応とグローバル統合——新興国市場の台頭による新局面 …… 311
 2.1 現地適応とグローバル統合　311
 2.2 新興国市場参入で増幅される2軸間テンション　312
3 2軸共進化という視点 ………………………………… 313
4 中国におけるパナソニックの事業展開 ……………… 316
5 中国ホームアプライアンスにおける2軸共進化 …… 317
 5.1 製造中心の参入初期　317
 5.2 現地製品企画能力の強化　318
 5.3 中国ホームアプライアンスの自律性向上　320
6 共進化構造のダイナミクス——中国生活研究センター …… 322
7 パナソニック世界競争の課題——断続的共進化 …… 326
 7.1 断続的共進化のアウトポストを設ける　327
 7.2 買収による現地適応で共進化をジャンプ・スタートさせる　328
8 むすび ………………………………………………… 329

第15章 日系小売企業における組織能力の構築と現地市場開拓 — 331
イトーヨーカ堂とセブン-イレブンの中国市場展開の事例
天野倫文

1 はじめに ……………………………………………… 331
2 北京小売市場の動向 ………………………………… 332
 2.1 北京の小売市場概況　332
 2.2 流通システムの特性　334
 2.3 小売業の競争状況　336

3 華糖洋華堂（華堂商場）……………………………………… 337
　　　3.1 日本で培われた経営手法　338
　　　3.2 中間層を対象とする店舗づくり——百貨店とスーパーの結合　339
　　　3.3 衣料と食品の売場づくり　340
　　　3.4 バイヤーのMD機能　343
　　　3.5 1号店での経験蓄積と基幹人材の育成　345
　4 セブン-イレブン（北京）………………………………………… 347
　　　4.1 進出当時の北京の市場環境　348
　　　4.2 ターゲットとなる商圏とドミナント戦略　348
　　　4.3 顧客ニーズへの対応と差別化　349
　　　4.4 商品本部の機能——仕入先との関係構築と直営店での実地実験　352

第16章　市場拡大期における企業の動態適応プロセス　355
中国自動車市場における奇瑞汽車の事例

李　澤建

　1 はじめに——新興国市場で求められる動態適応 …………… 355
　2 中国乗用車市場の構造変化 …………………………………… 357
　3 奇瑞汽車の組織変革過程 ……………………………………… 362
　4 動態適応の条件 ………………………………………………… 366
　　　——速やかかつ適切な是正処置の実施が可能かどうか
　5 むすび …………………………………………………………… 367

第17章　サプライ・チェーン・マネジメントとIT　368
サムスン電子の事例

朴　英元

　1 はじめに ………………………………………………………… 368
　2 SCMの重要性と戦略的活用 …………………………………… 368

- **3 サムスン電子のグローバル戦略と新興国展開の歴史** ………… 371
- **4 サムスン電子のSCM事例** ……………………………………… 375
  - *4.1* サムスン電子のITシステムの歴史とSCM推進　375
  - *4.2* ブラジルサムスン電子のSCM戦略　380
  - *4.3* 中国サムスン電子のSCM戦略　382
- **5 むすび** ………………………………………………………… 387

終章　新興国市場開拓に向けた戦略と組織の再編成 ── 389
グローバル統合とローカル適応の視点から
新宅純二郎・中川功一・大木清弘

- **1 はじめに──新興国市場のマクロ状況** ……………………… 389
- **2 新興国市場への基本的処方箋──適応と統合の両立** …… 393
- **3 新興国を捉える製品・サービス戦略とは** ………………… 395
  - *3.1* 現地のニーズの把握　395
  - *3.2* 現地ニーズを受けての製品開発　396
  - *3.3* 新興国販売網の重要性　397
  - *3.4* 標準化とのバランス　398
- **4 戦略基盤としての新興国向け組織構築** …………………… 400
  - *4.1* 組織の現地適応　400
  - *4.2* グローバル統合の追求　402
- **5 むすび** ………………………………………………………… 403

参考文献　405

索引　419
　　事項索引（419）
　　国・地域名索引（422）

産業・製品ジャンル索引（424）
企業・団体名索引（426）
研究者名索引（430）

第 I 部　理論とフレームワーク

第 1 章　新興国市場戦略の諸観点と国際経営論
第 2 章　新興国市場戦略論

第1章

新興国市場戦略の諸観点と国際経営論

非連続な市場への適応と創造

天野 倫文

1 はじめに

　リーマン・ショックによる世界的不況を脱し，次代の成長市場として，BRICs等の新興諸国の市場が注目されている。いくつかの機関が中長期的な経済予測を出しているが，これらの国が経済成長を牽引するとの方向性は揺るがない。たとえば，日本経済研究センターの予測によれば，2005年から30年にかけて，日本のGDPは4兆5700億ドルから4兆7100億ドル，アメリカのGDPは11兆900億ドルから21兆4100億ドル，EUが11兆1600億ドルから16兆3100億ドルに成長するのに対して，中国が2兆2500億ドルから25兆1600億ドルへ，インドが3兆3800億ドルから10兆300億ドルへと急成長するとされている（日本経済研究センター，2007）[1]。

　新興諸国で経済成長を牽引しているのは，いわゆる「中間層」である[2]。経済産業省の推計によると，アジアにおいて，世帯可処分所得が5000ドル以上3万5000ドル未満の「中間層」は1990年に1.4億人，2000年に2.2億人であったが，2000年代以降に急増し，08年には8.8億人となった。とくに中国，インド，ASEANでの中間層の人口の伸びが顕著で，世界で十数億人とされる中

---

[1] なお，日本経済研究センター（2007）では，2005年のGDPが，日本は3兆4700億ドル，中国は7兆7300億ドルとなっているが，これは世界銀行が発表したデータと異なるため，ここには世界銀行によるデータを示した。

[2] 経済産業省は，世帯可処分所得別に，3万5000ドル以上を「富裕層」，5000ドル以上3万5000ドル未満を「中間層」，1000ドル以上5000ドル未満を「低所得層」，1000ドル未満を「貧困層」と定義している（経済産業省，2009）。

間層人口の大部分が，この地域に分布していることになる。21世紀に入り，アジアに大きな潜在力を持つ市場が形成されるに至ったといえる。

　世界経済の変容を受けて，近年は国際経営の学問領域でも新興国市場に着目した研究が増えている。しかし，詳細な現場報告や事例研究の蓄積とは別に[3]，新興国市場戦略の理論構築はまだ探索的である。日本企業など，先進国企業が新興国市場，とりわけ新興国の中位・下位市場にアクセスを試みるときに直面する参入障壁や経営課題をどう理解すればよいだろうか。またそれらをどう克服していけばよいだろうか。

　本章では，次節で新興国市場戦略を検討するにあたり従来の国際化モデルが抱えている課題を述べ，第3節で日本など先進国企業が新興国市場に参入するときに直面する課題について理解を深める。第4節で，それらを克服し，経営戦略を遂行するための諸条件を整理する。第5節では今後の研究課題を提示したい。なお本章は，文献調査と代表的な事例研究による分析視点の整理と提示を狙いとした，探索的研究である。本格的な実証研究の遂行は別稿の課題とする。

2　従来の国際化モデルの課題

　新興国市場戦略の研究が近年注目を集めつつあるのは，単に投資先が成長市場であるという理由だけではなく，そこに従来の国際化モデルとのギャップが存在し，研究の理論的・実証的な発展が期待できるためである。結論からいえば，伝統的な国際化モデルは，漸進性 (gradualism)，経路依存性 (path dependence)，内部完結性 (internal completeness) などの特徴を有するように思われるが，新興国市場戦略を分析するにあたっては，これらの特徴を尊重しつつも，それを批判的に見ることが必要である。いくつかの論点がありうるので，冒頭で整理しておきたい。

　第1に，従来の多国籍企業論は，主に先進国企業を扱い，投資母国の経済発展段階や商慣行・文化と共通性のある先進国市場への進出を，中心的に議論し

---

[3] たとえば，東京大学21世紀COEものづくり経営研究センターおよびG-COEものづくり経営研究センター　アジア・ハブでは，フィールドワークによる調査データや事例研究を蓄積してきた。詳細は次のウェブサイトより『赤門マネジメント・レビュー』，http://www.gbrc.jp/journal/amr/index.html）。

てきた傾向がある（Arnold and Quelch, 1998; Sachs, 1999）。新興国を対象とした場合も，低賃金労働を求めた生産拠点進出や，限られた富裕層市場へのアクセスなどを扱ってきた。しかし，市場ピラミッドの上位層（top of the pyramid, TOP）にアクセスする場合ですら，法制度や商慣行の違いが顕著で，多くの困難を伴っていた（Hoskisson et al., 2000）。ましてや途上国の中位層（middle of the pyramid，ないしはMOP）や下位層（bottom/base of the pyramid，ないしはBOP）への市場参入については，看過されてきたきらいすらある（Arnold and Quelch, 1998; London and Hart, 2004; Prahalad, 2010）。

　第2に，従来の国際化プロセス論では，国際化の進展とともに，企業が参入国の情報や知識を獲得し，経営資源を開発しながら，漸進的に国際化を進めるモデルを想定していた（Johanson and Wiedersheim-Paul, 1975; Johanson and Vahlne, 1977, 1990）。たとえば，ヨハンソンらは「客観的知識」（objective knowledge）と「経験的知識」（experiental knowledge）を分け，市場参入の際には，後者の市場固有の経験的知識をいかに蓄積するかが，参入判断の精度を高めると考えた（Johanson and Vahlne, 1977）。このモデルは海外市場参入の標準理論となったが，しかし同時に，このモデルへの批判も行われてきた。たとえば，①彼らの国際化モデルは市場参入初期の分析には適するが，既存市場資産との連続性の範疇を超えた，より拡張的な国際化戦略の分析には必ずしも適さない（Melin, 1992; Elango and Pattnaik, 2007），②企業の意思決定をやや受動的に捉えている（Cavusgil, 1980），③国際化を測る尺度がやや単一的であり，新興国市場への製品浸透を分析する際に，次節以降で述べるような現地法人の経営の革新的側面を捉えにくい，などの問題がある。ゆえに，従来の国際化モデルの長所を取り入れながらも，こうした短所を補完する視点が必要になる。

　第3は，新興国市場参入の資源（resources）や能力（capabilities）の不足や欠如についてである。成熟した先進諸国とは異なり，新興国市場では，ビジネスに必要な資源や能力，諸制度などが未開発な状態にあることが多く，参入企業は，その制約を熟知した上で，チャネル・システムの構築や資源開発に長期的に取り組まねばならない（Arnold and Quelch, 1998）。とりわけ途上国の下位市場（BOP市場）でビジネスを行うには，資源開発が決定的に重要である（London and Hart, 2004）。資源開発や能力開発の視点については，従来の国際化戦略が論じてきた以上のアテンションの当て方が必要である。

　かつて，プリンストン高等研究所のハーシュマン名誉教授は，当時世界銀行

の管轄下にあった11の大規模開発プロジェクトを観察し，有名な「Hiding Handの原理」を見出した（Hirschman, 1967）。彼は，開発プロジェクトの内容や技術的性格によって，現地の人々の意識や経験，組織能力や制度などの諸変数がどう影響を受けるかを見ようとした。たとえば，①プロジェクト遂行の際の現地環境があまりに劣悪な場合，②プロジェクトの技術的な要求水準が高すぎる場合，③プロジェクトが参加者に対して排他的に設計されており，参加者の主体的な学習の余地がない場合などは，参加者はそうした状況を受動的に受け入れるのみで，主体的にそれを変えるという意識に至らない。こうした状態は「状況受動」（trait-taking）と呼ばれる。他方，プロジェクトへ参加者が主体的に関与する余地があり，それが彼らの主体的な学習や意識改革を進めうるならば，そうした状態は「状況能動」（trait-making）と呼ぶことができる。プロジェクトが成功するには，プロジェクトの参加者が，状況受動から状況能動へと意識や態度を変え，自発的な学習を通じて，諸資源の開発を進めていく必要がある。そうした学習や開発がうまく進むように，プロジェクトの初期リスクを意図的に隠し，コントロールすることを，ハーシュマンは「Hiding Hand」と呼んだのである。新興国のプロジェクトで頓挫しがちな資源開発や能力開発を戦略的に進めることがプロジェクトの成功に欠かせないことを示唆する古典的研究である。

第4に，いわゆる「トランスナショナル・モデル」を超えるステークホルダー・アプローチの必要性についてである。1980年代後半から90年代にかけて，多国籍企業内部の本社と現地子会社の関係を中心とする企業内ネットワークの分析に焦点が当てられた。この中で現地子会社の主体的な役割を検証する研究も行われてきた（Bartlett and Ghoshal, 1986; Ghoshal and Bartlett, 1988; Birkinshaw, 1997; Nobel and Birkinshaw, 1998）。たとえば，Birkinshaw（1997）は，海外現地法人による市場機会への対応と企業家による働きかけの重要性を指摘し，彼らによるイニシアティブを統計的に検証した[4]。Ghoshal and Bartlett（1988）も，現地子会社の主体的属性として，①現地子会社におけるスラック資源，②

---

[4] 海外現地法人の3つのイニシアティブとは，次の通りである。①ローカル・マーケット・イニシアティブ：現地の顧客，競合企業，サプライヤー，政府との取引に対する働きかけ，②グローバル・マーケット・イニシアティブ：海外現地法人で蓄積した経営資源を他地域の関係する市場に広げようとする働きかけ，③インターナル・マーケット・イニシアティブ：多国籍企業内ネットワークの他の現地法人や親会社における，特定海外現地法人で蓄積した経営資源の活用（Birkinshaw, 1997）。

意思決定における現地子会社の裁量，③親会社の目標や価値観との規範的統合，④現地子会社内の管理者間のコミュニケーションの程度，⑤現地子会社と本社や他の現地子会社とのコミュニケーションの密度，などをあげ，それらの諸変数と現地子会社発のイノベーションの創造・適用・拡散などとの関係性を検証している。

　これらの既存研究の重要性は変わらないが，一方で，彼らの視点は多国籍企業内部の組織ガバナンスやネットワークに向けられており，全般的に冒頭で述べた内部完結性（internal completeness）が強いことも否めない。従来からの国際合弁事業研究においても，合弁パートナーとの所有関係や取引コストなどは論じられてきたが（Harrigan, 1986, 1988; Hennart, 1991; Yan and Gray, 1994, 2001; Mjoen and Tallman, 1997; Luo, Shenkar and Nyaw, 2001）[5]，パートナーとの関係を超える，社会的ステークホルダーとの幅広い関係を論じる視点は，やや希薄であった。しかし近年になり，旧社会主義国を含む新興国経済が急成長し，企業の途上国中位・下位市場へのアクセスの必要性が出てくると，ステークホルダー関係をもう少し広く捉え，参入市場での共同体や社会での利害関係者との関係性や社会的埋込みなどを分析対象とし，そこでの関係的資産とプロジェクトの成果との関係を分析する研究も増えてきた（Luo, 2005, 2006; Zhou, Poppo and Yang, 2008; Elg, Ghauri and Tarnovskaya, 2008）。

　従来の国際化モデルには，こうした課題が指摘されているが，新興国市場戦略研究の中では，それらがどのように考慮されているのか。本章はそこに焦点を当ててみたい。

3 新興国市場戦略のジレンマ

　前節では国際化モデルの課題を整理してきたが，本節では，日本企業などの先進国企業が，新興諸国の中位層以下の市場に製品浸透を図る場合に直面する参入障壁や経営課題について，考察を行う。

3.1 市場ピラミッドの動き

　最初に主要新興国の市場ピラミッドの動きから見てみる。経済産業省の定義

---

[5] 国際合弁事業の研究に関するレビューは，たとえば向（2009）が詳しい。

図 1-1 主要国の可処分所得別人口構成

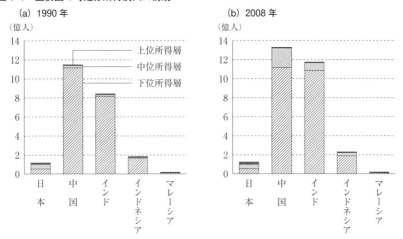

（出所）総人口は総務省統計局ホームページ（世界の統計），所得階層構成比は LS-Partners「アジア新興国市場と人々の生活」，各国政府データに基づき筆者作成。

図 1-2 主要国の可処分所得別人口構成（上位・中位）

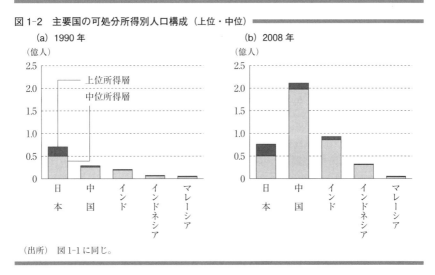

（出所）図 1-1 に同じ。

に従い，年可処分所得が 3 万 5000 ドル以上の階層を「上位所得層」，5000～3 万 5000 ドル未満を「中位所得層」，500～5000 ドル未満を「下位所得層」とする[6]。図 1-1 は，この規定に従い，1990 年と 2008 年の各国の年可処分所得別の

---

6 ここでは，先の脚注 1 の「富裕層」が「上位所得層」に，「中間層」が「中位所得層」に，

人口構成の推移を見たものである。図1-2はこのうち，上位所得層と中位所得層の人口構成の推移のみを示している。

両図から一目でわかるのは，約20年の間に，中国やインド，ASEANのようなアジアの大国や経済圏に，きわめて大きな中間層市場が出現したことである。アジアの中で，2008年時点でも上位所得層が最大の国は日本である。しかし中位所得層に目を向けると，1990年には日本がアジアでは最大規模の中間層人口を保有していたが，2008年には，中国やインドの中間層人口が日本のそれを凌駕している。とりわけ中国の伸びは著しい。

しかし，図1-1, 1-2を見ると，この間のインドと中国の可処分所得別人口構成の動きには大きな違いがあり，中国では下位所得層の人口は増えず，中位所得層と上位所得層の人口が増えているのに対して，インドでは，中位所得層と上位所得層の人口も増えているが，それに加えて，下位所得層の人口も大幅に増加している。

これらからわかる通り，近年のアジアにおける大規模な中間層の出現，そしてこれらの国の市場開放ステップは，日本など先進国企業にとっても大きなビジネス・チャンスである。これらの国の中間層市場形成は，大方の予想を超えるスピードと規模で進んでおり，その動きの速さと大きさに，先進国企業の多くは十分な対応ができずにいるのが実態である。仮に今，もし企業が1990年のような世界観でビジネスを進めていれば，そうした企業は今後の成長戦略を見誤る可能性すらあるだろう。

3.2 新興国市場戦略のジレンマ

日本企業など先進国企業が，成長する新興国市場でビジネスを展開する際にまず課題となるのは，これまで本国や他の先進国市場で培ってきた製品やビジネス・モデルが，所得水準から見れば下位の新興国市場においてそのまま受け入れられるわけではないという点である。彼らの課題は，これまで事業を成功に導いた戦略が先進国市場をベースに形成され，経営資源も概ねそれらの国に依拠していることそのものによる。それゆえに，既存戦略とは条件が大きく異なる市場に参入する場合には困難を伴うケースが少なくない。

多くの先進国企業にとって，途上国はもともと先進国の補完的市場という位

「低所得層」と「貧困層」が「下位所得層」に相当する。

図1-3 新興国市場戦略のジレンマ

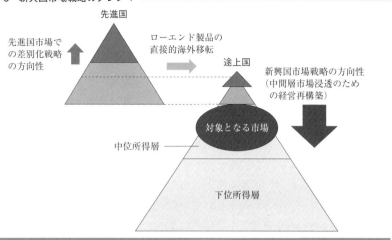

置づけであり，先進国市場で築いた製品ラインからローエンド製品を投入するなどしてきたが，それらは所詮現地市場で企画されたものではなく，販売や生産，調達の方法も，既存市場のものを多少修正して持ち込むにとどまっていた。そうした製品や方法は，途上国市場では一部の上位市場に受容されるが，中位以下の市場には大きな浸透力を持たなかった。

より根本的な問題は，先進国市場において，先発企業が競争優位を築くために開発競争で鎬を削り，互いに差別化競争を行うほど，下位である新興国中間層市場には十分な経営資源を割けなくなることである。結果，彼らの多くは当初市場で競争優位を築いたとしても，瞬く間に後発国企業に市場シェアを奪われてしまう。こうした現象は，先進国企業にとっての「新興国市場戦略のジレンマ」といいうる（天野，2009；新宅・天野，2009a）。先進国企業にとっての課題は，このジレンマをいかに克服するか，つまり，先進国市場において開発競争や差別化競争で競争優位を確保しながら，いかに新興国中間層市場に適切な資源配分を行い，市場浸透を推進するかという点にあるのである（図1-3）。

イノベーションの分野で著名な先行研究の1つに，ハーバード大学のクリステンセン教授の『イノベーションのジレンマ』（邦題）がある（Christensen, 1997）。ここで述べた先進国企業の新興国市場でのジレンマは，同書の「イノベーターのジレンマ」に本質が似ている（新宅，2009；新宅・天野，2009a）。クリステンセンは「持続的技術」（sustaining technology）と「破壊的技術」（disruptive technology）を分け，前者をメインストリームの製品パフォーマンスの改善に寄与する技術，後者をメインストリームの製品パフォーマンスを一時的には低下させるが，周辺（一般には新興）の顧客の価値創造に寄与し，将来的にはメインストリームの技術をも凌駕しうる技術と定義した。リーダー企業は，既存顧客との関係を重視し，メインストリームの製品パフォーマンスに寄与する持続的技術の開発を積極的に行うが，破壊的技術の開発や投資は行いにくい。リーダー企業にはそのようなジレンマが存在するが，そのことを「イノベーターのジレンマ」と呼んだ。

同書はまた，「破壊的イノベーション」（disruptive innovation）という概念を提唱している。これは，メインストリームの顧客の声を必ずしも積極的に聞かず，最初は低マージンしか約束されていない周辺的な製品の開発に投資し，破壊的技術による顧客価値創造を積極的に進めていくことである。メインストリームの顧客を相手にしているリーダー企業にとって，破壊的イノベーションへの対応は容易ではない。むしろ，メインストリームの顧客関係の制約が少ない新興企業が破壊的イノベーションを積極的に進める誘因を持つ。新興国市場においても，後発の台湾や韓国などの企業，あるいは中国やインドなどの現地企業のほうが，そうしたイノベーションには対応しやすいのである。

先進国企業が下位の新興国市場に対応することの難しさには，不確実な市場における能力や経験の不足という問題に加えて，より本質的に，こうした構造的な問題が横たわっていると考えられる。

3.3 アジアのプリンタ・ビジネス

アジアのプリンタ・ビジネスのケースを見ながら，この点の理解を深めたい。取り上げるのは，セイコーエプソンのプリンタ・ビジネスである（中川・天野・大木, 2009）。同社は，もともと時計事業で培った精密加工技術を用いてプリンタ事業を立ち上げた。1990年代にはインクジェット・プリンタで急成長したが，従前の経緯を見ると，インクジェット・プリンタを立ち上げる前に，ドット・マトリクス・プリンタ（以下，SIDM〔シリアル・インパクト・ドット・マトリクスの頭文字〕と表記）を立ち上げ，時計の精密加工技術を，まずこの製品分野に適用して技術を高度化した後に，それをインクジェット・プリンタのヘッド加工技術などに転用し，ピエゾ式ヘッドの低コスト化と小型化，さらにはカラー化と高速化に対応するヘッドの開発などのイノベーションに成果をつ

なげていった（藤原, 2008；青島・北村, 2008）。

　この間，エプソンの事業構造は，時計からSIDM，そしてインクジェット・プリンタに主力が変化していった。1990年代以降，プリンタ・ビジネスでは，インクジェット・プリンタ事業が大幅に拡大し，SIDMは特殊業務用途として細々と生き残った。しかし，周知の通り，インクジェット・プリンタは同業間の競争が激しく，プリンタのハードの製品単価は大幅に下落した。代わりに各社は，ハードではなく，インク・カートリッジなどのサプライ品で収益を得る「サプライ・ビジネス」を確立していった。

　これが日本や北米などの先進国市場における主なトレンドであるが，アジア市場でも同じ動きが起きたのだろうか。実はそうとも言い切れないところに，ここでの論点がある。つまりアジア市場では，SIDMがむしろ幅広いユーザーから支持を得て，地位を確立していった。一方，インクジェット・プリンタは，市場は伸びているものの，サプライ・ビジネスの確立を困難にさせる状況が起きている。なぜか，以下で説明したい。

　まずSIDMについて，この製品は，サプライ・ビジネスが確立する前のモデルであり，ハードの価格がローエンドのものでも7万円以上と高い。その反面，消耗品のリボン・カートリッジが黒単色の純正品で1500～2000円と手ごろである。さらに，カートリッジの中のリボンだけを交換することもでき，それだけであれば1回1000円以下と安価である。このオプションを考えると，SIDMは，ハードの価格は高いものの，サプライ商品が安価なビジネス・モデルだといえる。

　実は，このことがアジア市場では重要である。SIDMの主なユーザーはビジネス顧客であり，小売店やレストラン，ホテルなどの領収書の印刷や，銀行における通帳の印刷，駅でのチケットの印刷など，毎日の業務の中で使われるため，どうしても印刷量が多くなる。そのため，ハードの価格というよりも，品質のよい純正のインク・カートリッジとその値段の安さが重要になってくる。

7　2006年の日本国内のプリンタ出荷台数は851.4万台，うち425.6万台（50.0％）がインクジェット複合機，287.7万台がインクジェット単能機（33.8％），77.7万台がページ・プリンタ（モノクロ機，9.1％），27.7万台がページ・プリンタ（カラー機，3.3％），その他が32.7万台（3.8％）である（ガートナージャパンの調査，『Tech-On!』2007年3月12日）。

8　業界関係者へのインタビューによると，インクジェット・プリンタでサプライ・ビジネスをいち早く確立したのは，ヒューレット・パッカードであったという。

9　エプソンダイレクトショップの製品価格を参考にしている。

また，インクの市場での調達可能性も高くなければならない。一方ハードについては，その信頼性や耐久性が重視される。SIDM はヘッドの構造上故障しにくく，耐久性があり，多少の劣悪な環境でも印刷を持続できる。仕様も比較的単純で，ユーザーが操作しやすい。エプソンもサービス・ネットワークをアジア全域に形成しており，顧客側で故障等のトラブルがあったときにはすぐに対応できる。これらが途上国の業務用市場の第一線でエプソンの SIDM が長く支持されてきた理由である。一時，同社の SIDM は全世界で約 60％の市場シェアを有したが（小池, 2008），その多くが途上国でのビジネスだったのである。

一方インクジェット・プリンタはどうだろうか。市場のトレンドとしては，インクジェット・プリンタは拡大基調にある。しかし，インクジェット・プリンタはサプライ・ビジネスの典型であり，ハード本体は A4 サイズ対応で1万5000円から4万円までの価格帯が主流であるが，インク・カートリッジについては，通常は数色パックのカラー・カートリッジを買うため，4色なら約4000円，6色なら約6000円，9色なら約9000円になる[10]。

インクジェット・プリンタが日本やアメリカの家庭用市場に浸透した背景には，業務用ユーザーと比べ，ホーム・ユーザーはヘビー・ユーザーではないという事実がある。家庭では，デジタル・カメラで撮った写真をプリントしたり，年賀状に印刷したりするが，それらに使うインクの量は業務用と比べるとはるかに少なく，顧客はインク・カートリッジの値段が多少高くとも，純正品を購入することに負担を感じない。

だが，業務用のヘビー・ユーザーの多いアジア市場ではどうだろうか。たとえば，インドネシアなどでは，小売店の店主がチラシをつくるとき，パソコン上で図柄をデザインして，自分でプリントアウトし，配布する。製品パッケージも簡単なものは自分たちでデザインしてつくってしまう。すると，プリンタで大量のインクが使われるようになる。このような環境では，純正品のインクの値段の高さはランニング・コストの上昇につながるため，顧客はできるだけ支出を抑えたいと思うようになる。

そのような理由から，近年のアジア市場では，中国製の安価な非純正インクやインク・カートリッジが大量に出回り，純正品ビジネスを侵す存在となっている。非純正インクを大量に使用できるようにプリンタ本体を改造する業者も

---

[10] エプソンダイレクトショップの製品価格を参考にしている。

現れ，純正品ビジネスの大きなボトルネックとなりつつある。

　この事例は，途上国市場展開のある種の「ねじれ構造」を示唆している。つまり，先進国では，技術やビジネス・モデルが進化した結果，SIDM は衰退し，インクジェット・プリンタによるサプライ・ビジネス・モデルが支配的になった。しかしアジア市場では，こうした単線的変化は起きず，SIDM などの旧式のプリンタも，しかるべき理由で途上国の顧客から支持され，広く市場に浸透していった。一方インクジェット・プリンタでは，サプライ・ビジネスに課題を抱えている。プリンタという1つの商品をとっても，先進国市場と途上国市場では顧客ニーズがかなり異なり，ビジネスも影響を受けていることがわかる。

　実は，新興国市場展開では，多くの製品やビジネスに，こうしたねじれ構造の存在が確認される。これに対処するには，古典的ではあるが，先進国企業が現地市場の潜在ニーズを正しく把握する努力を払い，現地市場を起点に製品やビジネス・モデルを再構築することである。先進国からの製品やビジネス・モデルの一方的な発信や技術プッシュに終始していては，こうした構造の根本的な解決にはなかなか至らないだろう。

4 非連続な市場への適応と創造——5つの分析視点の整理

　既存の国際化理論の範疇を超えて，新興国市場戦略論では，先進国企業は，それまで成功体験を積んだ市場とは，質的にも量的にも条件が異なる市場に対峙しなければならない。対象市場は，所得水準も大幅に異なり，市場インフラや消費者の商品知識も未発達である。資源開発を怠れば，生産や開発が頓挫する。先進国市場で成功を重ねた企業ほど，その方法に固執するため，新興国市場で不適合となるリスクは高くなる。新興国市場戦略には，過去の国際化戦略とは異なる非連続性と固有の参入障壁が存在する。こうした市場にどうアプローチすればよいか，ここではその観点を整理したい。

4.1 資源再配分と組織調整——ジレンマの発生要因と解法
　まず，クリステンセンが『イノベーションのジレンマ』の中で論じているジレンマの発生要因と解法について（Christensen, 1997），再度取り上げる。彼はジレンマの発生要因とその対応策について，次の4つの観点から考察している。新興国市場参入を考える上でも重要なので，以下に要約しておきたい。

(1) 資源依存の理論（theory of resource dependence）――リーダー企業は既存の顧客や投資家に自社の経営資源を割いており，新興国市場に資源再配分を行うことが難しい。
(2) 新興国市場の規模の矮小性――小さな市場では，メインストリームにあるリーダー企業の成長ニーズを満たすことができない。
(3) 新興国市場の不確実性・不透明性――リーダー企業にとって，存在しない市場は分析できない。
(4) 製品技術と市場ニーズのミスマッチ――製品の技術パフォーマンスと市場が求める技術水準との間には必ずしも適合関係が保証されていない。

　第1に，既存の顧客や投資家への資源依存の制約を克服するためには，破壊的イノベーションを担う事業体に対して，大幅に権限を委譲する必要があり，①それらの事業体を企業のメインストリームから切り離してスピンアウトさせたり，②経営者が，強力なリーダーシップを発揮して，既存技術から破壊的技術への大胆な資源再配分のマネジメントを行うことが欠かせない。

　第2に，市場規模矮小性の問題については，市場規模に組織規模を合わせる必要がある。具体的には，①小さな規模で利益を出すこと，②市場がある程度大きくなるまで参入を見合わせること，③小さな事業の成功が意味をなすような小さな組織に事業を任せること，などにより，まず事業の存在意義を内外に認知させ，本社により多くの資源配分を仰ぐことが求められる。

　第3に，市場の不確実性や不透明性については，破壊的技術が使われる市場での探索活動を強化する必要を説いている。ある技術をその市場で使うかどうかは，まずその市場の中で探索活動を展開し，その結果次第でわかってくる。一般に，持続的技術の市場領域では行動の前に計画が行われるが，破壊的技術の市場領域では，計画の前に行動ありきで，行動による新興国市場での経験知の蓄積が重視されている[11]。

　第4に，供給側の技術水準と市場が求める技術水準のミスマッチに関しては，技術パフォーマンスの上昇に合わせて市場を上位移行させるような製品戦略や，

---

[11] たとえば，クリステンセンはホンダの二輪車ビジネスの北米市場参入のケースを紹介している。ホンダは北米市場に進出した当初，大型二輪車市場で勝負しようとしたがまったく売れなかった。しかし，たまたま駐在員が50 cc以下のスーパーカブにオフロード用の需要があることに気づき，小型二輪車の新しい市場を本格的に開拓していった。このことは，現地市場での探索活動の重要性を示唆している（Christensen, 1997）。

ライフサイクルに合わせて技術的に求められる機能を変えていく，あるいはそれらを組み合わせるといった解法が提示されている．

『イノベーションのジレンマ』において，「新興市場」というのは，むろん途上国市場を指しているのではなく，技術的に新興性の高いフロンティア市場全般のことを指している．しかし，ジレンマの要因やそこから得られる先発企業へのインプリケーションは，先進国企業によるBRICs等の新興国市場への参入戦略を考えるときにも適用可能な知見である．たとえば，経済発展段階が異なり，市場や資源の条件が先進諸国と大きく異なる場合には，現地側の事業体を本国側のメインストリームとは切り離し，そこに権限を委譲する必要がある．現地では市場範囲を限定し，その中で実験・探索活動を進めながら，実地経験上の知識を蓄積していく．その中で，どのようなビジネスが，現地市場に適合し，競争環境やコスト状況などを考慮しても採算に乗るのか，検討を重ねていく必要がある．現地市場で求められる機能や価値を探索活動から抽出し，技術主導ではなく，市場主導でビジネスを企画する必要がある．組織的には小さな成功が評価されるように事業体の規模を小さく整え，そこで確実に利益が上がるように組織設計すべきである，などといったことである．

セブン-イレブンの中国展開のケースから，こうしたインプリケーションを解釈してみよう（天野・高, 2010）．製造業と比べ，小売業はローカル性が強い業種であり，商品開発を含めたマーチャンダイジング政策（以下，MD政策）の現地化を行うことが必須である．ただし，業界ではこの点について企業差異があり，ウォルマートに代表される欧米系の大規模小売資本は，比較的本国のMDノウハウを標準的に持ち込むことが多い．対照的に，セブン-イレブンでは，ブランドや基本的な運営方針，情報システムの導入などは，ライセンス元である日本側の契約によって定められるが，店舗の立地戦略，店内設計，商品開発，商品調達や配送，価格戦略などの意思決定は，現地側のMD政策に大幅に委ねられている．つまり，商品開発とマーケティング戦略の基本的な権限が現地法人側にほぼ委譲されており，ローカル市場でのMDのミスマッチが起きないような仕組みがとられているのである．

セブン-イレブンは，2004年にセブン-イレブン（北京）を設立し，2009年までに直営店のみで北京市内に75店舗を開店してきた（それ以上にフランチャイズ形態で店舗数を増やさなかった）．進出当時，彼らも市場調査を綿密に行ったが，現地市場では，日用品や雑貨などが市内のローカルな雑貨店できわめて安

価に販売されており，それらと同じ商材で差別化することはやや困難があった。そのため，ローカル市場のコンテクストに合わせて，他の方法でいかに外資系組織小売り特有の付加価値追求型のビジネスを展開するかという点について，スタッフは懸命に知恵を絞った。

　セブン-イレブンの北京市内の店舗は，オフィス街と住宅街が混在する東部の朝陽区および大学や研究機関が軒を連ねる北西部の海淀区に集中しており，世帯収入5000～6000元以上の客層の市場に出店を絞るドミナント戦略を展開している。顧客ニーズを細かに調査した結果，現地ではおにぎりや総菜，そして定食などを「差別化商品」にするという判断に至った。たとえば定食であるが，昼時のオフィス街は昼食をとれない人で溢れる。中華料理は通常のレストランであれば5～6人でシェアをするもので，1人でレストランに入る人はあまりいない。しかし昼時には，オフィスで働く人が忙しい中1人でも中華料理を食べたいというニーズは存在していた。そこでセブン-イレブンは，店舗の一部を改良してキッチンをつくり，温かい中華料理を店頭で簡易調理して，リーズナブルな値段で定食式に販売するビジネスを展開した。組織小売りのメリットを活かすため，セントラル・キッチンで食材をカットして，調味料とともにキット化し，毎日2回店舗に配送する。メニューは週次で変更し，店内にはイートイン・スペースもつくった。これらは日本のセブン-イレブンにもない試みであり，最初は日本側も難色を示したが，現地のイニシアティブで遂行した。また，おにぎりなどの総菜についても，中国では米飯を蒸すのが常識だが，それでは形と味のよいおにぎりはつくれないため，水炊き式を導入し，そのために特別な工場と契約し，衛生管理などの徹底を図った。生野菜についても中国では農薬などを懸念してそもそも食べる習慣がなかったが，衛生管理を施した農場でつくられた有機野菜のサラダを店頭に並べたところ注文が殺到した。顧客は衛生・品質管理の高さを評価したのである。

　約7年以上にわたる直営店でのMD政策の結果，彼らの売上げのうちこれら総菜や定食などの占める比率は5割を超えるようになった。これにより地場の中小小売店と完全な差別化を図ることに成功した。個々の店舗の付加価値率と利益率も大幅に改善された。現地法人では，そこで築いたローカルのノウハウを標準化し，次の段階で，よりオープンなシステムであるフランチャイズ方式によって，それをより広範囲に展開しつつある。その段階では，相当規模の海外投資を進めていく予定である。[12]

4.2 市場志向とコミットメント

　第2に，市場志向（market orientation）とマーケティング・コミットメント（marketing commitment）の重要性について述べる。市場志向について，Felton (1959) は，「企業の他の諸機能すべてとマーケティングの諸機能の統合と調整する企業の心理的態度で，企業の長期利益の最大化を図ることを目的とする」と述べている。Kotler (1988) は，「顧客フォーカス」(customer focus)，「調整されたマーケティング活動」(coordinated marketing)，「利益志向性」(profitability) などの要素が市場志向の概念に含まれるとし，Kohli and Jaworski (1990) は，それを踏まえ，市場志向を「現在と将来の顧客ニーズと関係がある市場関連知識（マーケット・インテリジェンス）を組織的に創出し，それらを，部門を超えて組織的に拡散させ，組織的な反応を喚起する行為」と定義した。

　中国や，ロシアなどの旧社会主義国，またインドなどの大国では，これまでのローカル企業の市場志向は乏しいという通念があり，参入企業の市場志向の発揮は，彼らの経営業績にプラスの影響を与える可能性が高いとされてきた。たとえば，Ge and Ding (2005) は，371の中国製造企業を対象とした定量分析を行ったが，そこで「顧客志向性」(customer orientation)，「競争志向性」(competitor orientation)，「部門間調整」(interfunctional coordination) の3つの観点から中国企業の市場志向を測定し，競争戦略や経営業績との関係性を分析した。結果，企業の市場志向はイノベーションや品質向上，コスト追求などの競争戦略の諸要素や経営業績にプラスの効果を持つとわかった。

　Kwon and Hu (2001) は，韓国の中小企業を対象に，国際化（internationalization）と国際マーケティング・コミットメント（international marketing commitment）との関係を検証している。国際化プロセスについては，ヨハンソンらの国際化モデルを採用しており（Johanson and Vahlne, 1977），発展段階を4段階（第1段階：現地の仲介業者による輸出，第2段階：物流業者やエージェントによる輸出，第3段階：販売オフィスや現地支店の設置，第4段階：海外生産拠点の形成）に分けている。彼らは，韓国南部に拠点を持ち国際化を進めている884の中小企業を

　12　2009年12月10日の『日本経済新聞』（朝刊1面）は，セブン＆アイグループが今後，中国で売上高を5倍にすべく，出店を加速させることを伝えた。主力のコンビニエンス・ストアを3年以内に500店舗以上に増やすほか，スーパーや外食店の出店を加速させる。2014年度の年間売上高を2009年の約5倍の約4000億円に引き上げる計画であった。なお，2014年度末のコンビニエンス・ストアの店舗数は301店舗となっており，計画よりは出店が進んでいないことが窺える。

選び，①長期計画，②海外市場調査，③ブランド政策，④価格決定，⑤広告宣伝の5つの観点から，国際マーケティング・コミットメントを測定した。その結果，国際化段階の移行に伴い，これらのコミットメントが高くなることが示された。

Luo (2003) は新興国の現地法人の市場志向を，親会社との関係から明らかにしている。親会社−子会社の関係から見れば，海外市場での市場追求活動 (market seeking activities) は，親会社からの経営資源のコミットメントの程度や，親会社が子会社に許容する現地適応度やコントロールの自由度の高さに影響を受けると考えられる。Luo (2003) は，中国に進出し，同国で売上げの3割以上を内販している196の外資系現地法人（アメリカ系，ヨーロッパ系，日本系）をサンプルとして統計分析を行った。結果，①親会社から現地法人への経営資源のコミットメントは，内販型現地法人の売上げや利益率にプラスの影響を与えるものの，その効果は資源コミットメントの程度が高まるにつれて漸減すること，②親会社による子会社の現地適応やコントロールの自由度の確保が，現地法人の売上げや利益率の上昇に寄与していることなどが示された。また，環境要因として，現地市場の市場機会が豊富で，規制等の参入障壁の緩和が進むほど，この因果性は強くなる傾向があった。

まとめると，新興国市場において，外国企業がその国に対して市場志向を高め，マーケティング・コミットメントを強める行為，ならびに親会社からの資源コミットメントや権限委譲などを図ることは，現地市場における子会社の環境適応を促進し，内販型の現地法人の経営業績には，概ねプラスの影響を与える可能性が高い。現地市場の成長性が高く，規制緩和が進むなど，市場機会が多いほど，これらの関係性は強くなると考えられる。

追加的な留意点としては，新興国に参入した後に展開されるローカル企業との競争にも目を向ける必要がある。近年，新興国企業の外国市場参入を対象とする研究も増えてきている。そうした企業は EM MNE (emerging market multinational enterprise) と呼ばれるが，Luo and Tung (2007) によれば，先進国の多国籍企業と比較して，新興国企業の国際化は，投資母国の技術や経営資源の蓄積が少なく，それを頼りにできないことや，先進諸国の技術や経営資源を獲得する必要性が高いこと，先進諸国への輸出による貿易摩擦を回避する必要があることなどから，よりダイレクトな M&A やグリーンフィールド投資を行う傾向が強いという。こうした投資は「スプリングボード」(springboard)

と呼ばれる（Luo and Tung, 2007）。ここから彼らの行動パターンを推察できるが、先進国企業が新興国市場に参入する際には、これらの企業との競争を強いられるため、彼らの市場志向の高さを念頭に置きながら、市場適応の努力を続けねばならない。

4.3 製品戦略と市場開発

　市場志向は海外市場でのマーケティング活動全般を包摂する上位概念だが、その中でも、企業が自社製品の設計をどう見直し、どう市場開発を進めていくかが、市場戦略の要となる。第3の点として、製品戦略と市場開発を取り上げる。

　Enderwick（2009）は、先進国市場と途上国市場の相違点として、途上国市場では、製品や技術、ブランドの認知度、ロイヤルティ、チャネル、アフター・サービスなどが未開発であり、消費者の購買経験が少ないことを掲げている。そのため、市場全体を総合的に開発していく視点が不可欠という。すなわち、「市場適応」（adaptation）と「市場開発」（development）の2つの視点が必要になるのである。中国やインドなどの新興国市場は、中間層の市場規模こそ大きいが、そこではプレミアム市場の30％から50％ほど安価な価格で製品を供給しなければならず、リスクは高くなる。そのため、企業は事前に十分な市場調査を行い、どの顧客層をターゲットとして製品を供給していくか、どう差別化を図るか、どのように市場インフラの開発を行うかなどを周到に計画しておかねばならない。

　新宅（2009）や新宅・天野（2009a）は、新興国市場戦略の中でもとくに製品戦略を取り上げている。そこでは、企業は、どの顧客層をターゲットとして、どう製品の機能・品質・価格などを組み合わせるかを判断していかなければならない。機能・品質が高く、価格も高いハイエンド市場は市場規模も小さい。先進国企業の多くは、当初はこのセグメントにとどまる。ハイエンド市場の下には、機能・品質が中程度で、価格も手ごろなミドル市場が存在するが、そこは数量の大きなボリューム・ゾーンとなる。企業がこうした市場でビジネスを拡大するためには、①オーバースペックとなっている機能・品質（この場合、製造品質というより市場品質のことを指す）を見直し、価格を下げてボリューム・ゾーンに適合する製品を企画すること、②ハイエンド市場で品質価値やブランドをより広く認知させ、この市場の規模拡大と支配的なシェアの獲得を目指す

こと，③単なるロー・コスト戦略ではなく，市場調査に基づいて，必要な機能を付加し，不必要な機能を省くことによって，現地市場に即した差別化戦略を展開すること，という3つの方向性がありうる。

前掲の Kwon and Hu (2001) は，韓国中小企業の国際化の発展段階に合わせて，製品戦略の現地適応が進むことを示した。原材料，デザイン，サイズ，色，パッケージ，ラベルなどから製品戦略の現地適応度を測定し，国際化の段階によってこれらの変数が変化していくこと，とくに現地生産移行後は，製品の現地適応の自由度が格段に高まり，より積極的な市場適応活動が行われることなどが，明らかにされている。

Essoussi and Merunka (2007) は，新興国市場の消費者の製品評価（product evaluation）の視点から外資系製品の現地市場での受容可能性を分析している。先進国と比較して，新興国の消費者は，製品の属性や機能，便益に関する知識が乏しく，代わりに，ブランドや製品原産地（country of origin, COO）を見て，製品の機能や品質を間接的に評価し，購買に至ることが多い。彼らは，製品原産地を開発原産地（country of design, COD）と製造原産地（country of manufacturing, COM）に分け，構造方程式モデルを推定した。データはチュニジアの389人の消費者による製品評価である。分析の結果，①COD と COM は市場品質（消費者に認知される品質）に影響を与えること，②COD はブランド・イメージに影響を与え，ブランドの市場品質にも影響を与えていること，などが明らかになった。つまり，新興国市場の消費者にとってはブランドや製品原産地の情報は依然として重要であり，そのことを無視して，製品の属性や機能，品質を決めることは早計というのが結論である。

新興国の消費者は購買経験が少なく，ブランドや製品に関する知識が乏しい。製品の機能や属性に関しても，企業と消費者の間に明らかな情報の非対称性が存在する。そのような市場では，何が引き金となって製品の市場浸透が進むのか，現段階でまだ明らかになっていない点も多い。経済学が示す通り，所得層の低い中間層市場では価格が重要であり，製品価格を下げることで，ローカル製品との競争にも対応でき，需要も喚起できるという面もある。しかし，Essoussi and Merunka (2007) がいうように，品質やブランドを損なうような低価格戦略はネガティブな影響も懸念される。また，企業と消費者の間に情報の非対称性が存在する場合には，企業から消費者に教育サービスによって情報を与えることが信頼関係の形成につながる。さらに，最初は経験や知識が乏しか

った消費者も，使用経験を積むと，価格や機能，品質に対する見方が変化し，購買判断も変わってくるだろう．

われわれは近年，ベトナムの二輪車市場を調査する中で，興味深い現象に出会った．この国では，1990年代初頭ホンダの二輪車が1台約20万円程度で販売されていたが，そうした値段では製品を購入できる消費者の数も限られ，販売台数は年間10万台程度であった．多くの庶民にとってホンダの二輪車は「高嶺の花」であった．しかし2000年前後から，その価格差と需給ギャップを狙って，中国二輪車メーカーが1台6万～7万円の安価な二輪車をベトナムにノックダウン輸出してきた．結果，2000年には市場は前年の約15倍の年間175万台へと一気に膨張した．二輪車を求める顧客は潜在的にそれだけ存在したのである．しかしその後，中国製二輪車の市場での不良や事故，部品の不正輸入や都市部渋滞を緩和するライセンス規制の導入などが相次ぎ，2003年ごろまでには中国二輪車の販売台数は40万台にまで下落した．そしてこの間むしろホンダは市場シェアを回復させた．彼らは2002年ごろに製品政策を大幅に変更し，1台約10万円程度で一定の品質を保証する二輪車を新たに市場投入した．消費者は再びホンダの二輪車を選ぶようになり，2004年にはホンダは中国製二輪車を抜いて再度販売台数トップに躍り出た．最初は，価格の安さから中国車を選んだ顧客は，その後使用経験を重ね，品質の重要性を学んだ．一方，ホンダは中国車との価格差を狭める製品戦略を打ち出した．その結果，顧客はホンダの二輪車の価値を再度評価するようになったのである．価格や品質，機能，ブランド，消費者の学習などを総合的に見ることの重要性を物語る事例といえよう[13]（新宅・天野，2009a）．

4.4　供給システムのボトルネックと資源開発の戦略

第4に，新興国市場における供給側のボトルネックについて議論しておきたい．新興国中間層市場に製品を浸透させていけば，先進国とは異なる経営資源や能力上の制約条件に直面する．中間層市場は先進国市場よりも規模が大きく，企業はある程度製品価格を下げ，大量生産・販売を行う必要があるため，既存の供給システムを大幅に見直して再設計する必要がある．

---

[13] 東南アジアの二輪産業については三嶋（2010），中国を含むアジア全体の二輪産業については佐藤・大原（2006）の研究書が存在する．

先のホンダ二輪車のベトナム市場の事例に戻ろう。ホンダの中で，低価格モデル投入の問題は，当時ベトナムだけの問題というよりも，ASEAN 全体の製品開発・生産戦略の変革を伴う課題と位置づけられていた。ASEAN の中間層市場でプレゼンスを高めるには，①外観やデザインなどの各国ニーズへの対応，②低価格化，③製造品質の保証，④生産能力（数量）の拡大などが必須である。ホンダはこれらに応えるべく，ASEAN 全体の供給体制を大幅に変革していった（天野・新宅, 2010）。

　ホンダは，そもそも 1997 年に，排気ガスが少なく，環境にやさしい 4 スト・エンジンの二輪車を ASEAN 市場に普及させるべく，タイに R&D センターを設置していた。しかし当時は通貨危機の後で需要が大幅に落ち込み，このセンターが ASEAN 市場の回復のための手立てを打つ任務を負うこととなった。①デザインの現地化（現地市場発のデザイン数の増加），②設計の現地化（部品の現地調達化，外観改造，基本骨格の改造），③テストの現地化（現地での開発成果の評価），④意思決定の現地化（開発の承認を現地でとること），などの施策が順次進められていった。

　ASEAN は複数国からなり，タイとインドネシア，ベトナムでは，外観デザインのニーズが異なる。そのため各国に応じた商品企画や設計開発，金型開発，部品の量産（内製／外部調達）などが必要である。各市場に投入する外観部品の企画や設計開発はタイで行われているが，市場情報の収集や金型開発・部品の量産や二輪組立てなどは各国に分散している。商品企画の際には，各国の市場情報がタイに集約され，各国ごとに異なる外観のデザインが企画される。それに沿い，生産工場の近くで金型が起こされ，量産が進められる。他方，二輪車の走行性や機能性を保証するために，エンジンなどの駆動系部品は ASEAN 市場内でできるだけ標準化され，車種間でも共用化されている。これらの駆動系の共通プラットフォームや部品についてはタイで集中的に開発されるが，この場合も金型製作や部品量産は各国工場に任される。

　ASEAN では，このような分業体制を敷くことで，タイの研究開発能力，ベトナムやインドネシアでの金型製作や部品量産，組立量産，各国のローカル・サプライヤーによる調達体制などが大幅に向上した。ベトナムでは，2001 年に 53％だった部品の現地調達率が 03 年には 76％になった。インドネシアでも，部品の製造・調達体制が強化された。工場には，最終アセンブリーのみならず，アルミ鋳造，機械加工，エンジン組立て，プレス，溶接，塗装などの川

上工程が整備されている。工場の部品内製率は10％ほどであり，自社工場内に部分的に工程を残して品質をコントロールしながら，約130社に及ぶサプライヤーに取引先を広げ，彼らの加工レベルが上がるように指導が行われている（天野，2007）。

ASEAN市場におけるホンダのプレゼンスの拡大は，こうした供給システムの革新や資源・能力開発に裏づけられていることに留意が必要である。同社はロー・コスト製品の投入を皮切りに，中間層市場に製品を浸透させ，中国製バイクとも拮抗できる価格帯で，彼ら以上の品質と価値を顧客に提供することによって，市場シェアを伸ばした。その過程で，機能の見直し，商品企画の現地化，設計開発や金型開発の定着，現地部品生産と現地調達化，組立技術の安定化とノウハウの標準化など，さまざまなものづくりの改革が進められてきたのである。

ホンダのケースは開発・生産側から見た供給体制の問題を論じているが，同様の視点で，販売ネットワークやアフター・サービス，技術サービスなどを見ていくことも必要であろう[14]。たとえば韓国のLGは，インドの家電市場の多くの製品分野で高い市場シェアを誇っているが，それを支えているのは，インド全体に2000店以上あるディーラーと1100店以上のサービス店である。彼らのインド市場での強さは，こうした市場インフラの構築や人材開発と深く関係している（朴，2009）。そのような資源開発がなければ，新興国市場での経営遂行は難しいのである。

4.5 新しいステークホルダー像と能力概念——BOP研究からの示唆

最後に，供給側ボトルネックの問題とも関係して，近年，新興国市場研究の中で，ステークホルダーやケイパビリティの概念拡張を提唱する論文が増えてきていることに触れておきたい。とりわけ，下位のBOP市場への参入問題を扱う文献に，この傾向がある[15]（Hart and Sharma, 2004; London and Hart, 2004; Prahalad, 2010）。彼らは既存の多国籍企業論を批判しながら，新たな能力概念

---

14 先行する日本の新興国市場研究ではもともと，中国市場の流通体制や製販体制のあり方，グローバル・ネットワークとのかかわり方などが議論されてきた（谷地，1999；黄，2003；矢作ほか，2009）。

15 BOP市場の研究については，Prahalad and Hart（2002），Hart and Christensen（2002），Hart and Milstein（2003），菅原（2010）なども参照。

の必要性を積極的に説いている。

　たとえば Hart and Sharma (2004) は,「ラディカル・トランズアクティブネス」(radical transactiveness) という動態的能力概念を導出している。この能力は, 途上国市場における破壊的な変化に対応するために, 周辺 (fringe) にいるステークホルダーのものの見方を, システマティックに認定・探索・統合する能力と定義されている。彼らは, 途上国のステークホルダーを, 中核ステークホルダー (core stakeholders) と周辺ステークホルダー (fringe stakeholders) に分けており, 前者には, 投資家, 顧客, 政府, 競争相手, 従業員, NGO, サプライヤー, コミュニティなどが含まれ, 後者には, 貧困者や弱者, 孤立・分離した人々, 敵対的な集団, 正当性を持たない集団などが含まれている。BOP 市場に参入するためには, 中核ステークホルダーのみならず, 周辺ステークホルダーとも関係を持ち, それらの対立やコンフリクトを熟知した上で, 成長の方向性を探らなければならない。ラディカル・トランズアクティブネスとは, 従来の組織間関係の境界を越えて, 周辺ステークホルダーと関係を構築し, 知識と経験の枠を広げて, 事業を推進する能力のことを指している。

　London and Hart (2004) は, こうした視座に立ちながら, BOP 市場参入に必要な能力を, 欧米企業 24 社の BOP 市場参入の事例から帰納的に検証している。表 1-1 はその分析結果を示しているが, ①非伝統的なパートナーとのコラボレーション, ②カスタム・ソリューションの共同創造, ③ローカル・キャパシティの構築という 3 つの観点から,「新しいグローバル・ケイパビリティ」の概念を創出している（「ラディカル・トランズアクティブネス」の動態的能力概念に近い）。論文では, BOP 市場で成功する企業と成功しない企業の間には, これら 3 つの能力群の諸要件において顕著な差異があり, これらが途上国下位市場での成功を左右すると主張している。

　ただし, これらの研究はあくまで下位の BOP 市場を対象としており, 日本企業など先進国企業が当面参入を試みている MOP 市場とは異なる市場であることに留意が必要である。そのため BOP 市場の議論をそのまま MOP 市場に適用することはできないが, 先進国企業が途上国 TOP 市場から入り, MOP 市場を目指すとき, ステークホルダーの広げ方や能力構築の進め方などにおいて, BOP 市場での議論は参考になると考える。

　たとえば London and Hart (2004) では, BOP 市場参入の際には, TOP 市場で開発された知識や資源の企業境界内での移転や保護に依存せず, 境界を打

表1-1 新しいグローバル・ケイパビリティの必要性

	BOP市場で成功する戦略	BOP市場で成功しない戦略
非伝統的なパートナーとのコラボレーション	・私企業と非企業の両方のパートナーの価値を十分認める。 ・NPOや他の非伝統的なパートナー組織と積極的に関係を築く。 ・社会インフラの専門的知識や現地での事業正当性の確保のため非企業型のパートナーシップを活かす。	・現地子会社やそこと親しいパートナーの専門的知識に過度に依存する。 ・NPOや他の非伝統的なパートナー組織との関係が限られている。 ・新しい市場や現地のコンテクストに関する情報を親しい，もしくは既存のパートナーに依存しようとする。
カスタム・ソリューションの共同創造	・製品を最終顧客に販売する前に製品を大幅に修正する複数のディストリビューターと関係を持つ。 ・ユーザー・イノベーションやモディフィケーションの余地を残す。 ・製品やビジネス・モデルのデザインは共同で進化する。 ・製品を機能の面から見る傾向がある。	・製品をそのまま売る傾向がある。ディストリビューターやユーザーによる変更を制限しようとする。 ・パテントやブランドなどの知的財産を守ることに，必要以上に努力を払う。 ・ビジネス・モデルが設計される前に製品が開発されている。 ・機能からでなく，製品そのものから価値提案を見る傾向がある。
ローカル・キャパシティの構築	・既存のローカルな機関の価値を認識する。 ・ローカルな企業家や他のパートナーにトレーニングを行う。 ・ローカルなインフラやサービスの欠落は潜在的チャンスと捉える。	・現地の環境を，欠如している機関という視点から見る傾向がある。 ・ローカルな企業家や諸機関との限られたコンタクト。 ・ローカルなインフラやサービスの欠落を，必ず克服しなければならない挑戦・課題と受け止める傾向がある。

(出所) London and Hart (2004) p. 357。

ち破る能力が必要であると述べられている。彼らはまた，BOP市場に参入する際に，①その事業環境における自社の強みを特定化し，それを効果的に利用すること，②社会的コンテクストを理解し，ボトムアップで構築し，組織の境界を越えて資源をシェアする戦略が有効性を高めること，③周囲と積極的に関係を築き，社会的な埋込みの能力を獲得すること，が，これらの市場で成功するための必要条件と論じている。こうした視点は，MOP市場での製品の市場浸透を考える際にも十分に参考になる視点であり，新興国中間層市場への参入・浸透問題を考える際にも経営戦略に取り込んでいくべき要素であろう。

5　むすびに代えて

本章は，伝統的な国際化モデルを批判的に吟味しつつ，現在日本をはじめ先

進国企業が直面している新興国市場戦略というテーマに,戦略研究としてどのようなアプローチで臨めばよいかという点について,文献調査や事例解釈によって視点を整理してきた。既存研究は,新興国市場の事業機会の大きさを認めつつも,既存市場との市場条件や資源条件の相違点に触れており,そこに固有の参入障壁が存在することを論じている。既存の成長モデルの延長線上で議論するのが難しいことがあり,そこにマネジメントの実務や実証研究の難しさが存在する。従来の多国籍企業論の範疇を若干超えた議論も必要になるだろう。

しかし,むしろそれは理論的・実証的なチャレンジと受け止めるべきであろう。前節に提示した5つの視点は,そうした問題を探るためのパースペクティブを提供している。もちろん,これらは一般的視点に過ぎないので,こうした諸観点を見ながら,具体的な研究課題をどう設定し,概念の操作化や実証研究のセッティングをどう進めるのかということは,今後の個別研究の課題となるだろう。

本章で見てきたように,この研究領域は,市場が起点であるために,消費者行動論やマーケティング論の知見が不可欠である。その一方で,経営資源やアーキテクチャ,組織能力などの問題を考えれば,ものづくり研究をベースとするアプローチも有効であり,むしろそれらまで考慮しなければ,中国やインドのような大国の中間層市場に対して浸透力のあるビジネス・モデルは形成しえない。[16] BOP研究やステークホルダー論,社会的な持続可能性(sustainability)などまで考慮すれば,開発経済学の研究成果も包摂しうる。新興国市場戦略の領域は,新たな実証研究のフロンティアでもあるが,異なるディシプリンの間で学際的に取り組むことに意味があり,創造的・融合的な研究成果が期待できる分野でもある。今後の研究の発展を期待したい。

---

* 本章は,天野(2010)をもとに,天野が2011年11月時点で加筆・修正を加えたものを原稿とし,誤字・脱字,および文章表現に限って編者(大木)によるチェックを施した。

---

16 アーキテクチャ論や組織能力論を国際分業論や国際経営論に応用した実証研究としては,新宅・天野(2009b)を参照。

第2章

新興国市場戦略論

製品戦略と組織の転換

新宅純二郎・天野倫文

1 新興国市場開拓における課題

1.1 新興国中間層市場への対応

2008年の秋以降，欧米をはじめとした先進国市場が冷え込む中で，新興国市場の存在に改めて注目が集まっている。日本企業についても，以前から，成長の見込める BRICs などの新興国市場への取組みの重要性が指摘されてきた。日本企業にとっては，先進国市場から新興国市場への軸足の転換が，リーマン・ショックで加速されたといえよう。一方，欧米においては，新興国市場の最下層，つまり BOP (base of pyramid) をターゲットとして，先進国企業がどのような戦略をとるべきかといった議論もなされている。たとえば London and Hart (2004) は，欧米企業24社の事例研究をベースに，BOP 市場で成功するには，提携する現地のパートナー企業を見直した上で，既存の製品サービスを流用せずに新たに顧客ソリューションを開発することが重要であると指摘している。

このような BOP 市場攻略についての研究成果は，先進国企業が新興国市場を開拓するための戦略を考える上で示唆に富んでいる (Dawar and Chattopadhyay, 2002; Delios and Henisz, 2000; Hart and Christensen, 2002; Hart and Milstein, 2003; Hoskisson *et al.*, 2000; Khanna and Rivkin, 2001)。ただし，日本の製造業が家電や自動車などの耐久消費財を売ろうと考えた場合にターゲットになるのは，BOP といわれるよりも上位である中間層市場であろう (天野, 2007; 大木・新宅, 2009; 新宅・天野, 2009b; 新宅・天野・善本, 2008a, 2008b; 高ほか, 2008; 横井・善

図 2-1　日本企業の発展プロセス

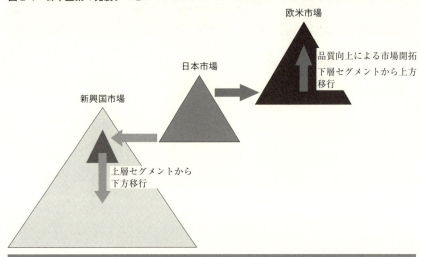

本・天野, 2008)。『2009年版　ものづくり白書』によると，BRICsの中間層市場は，2002年の2.5億人から，07年には6.3億人（中国2.7億人，インド1.4億人，ロシア1億人，ブラジル1.2億人）に増加しているという（経済産業省・厚生労働省・文部科学省, 2009)。このように急成長する新興国中間層市場に日本企業が入り込もうとしたとき，どのような問題に直面するのだろうか。

図2-1は，日本企業の発展プロセスを市場との関係でまとめたものである。戦後，日本の製造業は，まず日本市場をベースにしてものづくりを展開した。その後，アメリカなど先進国市場に輸出を開始した。そのとき，多くの日本企業が直面した問題は，品質が低くて欧米の下層市場でしか競争できなかったことである。たとえば，ホンダがアメリカで最初に販売した大型二輪車はリコールで回収しなければならなかった。自動車各社も，中古車購買層など下位市場から浸透していった。コピー機も，小型低速機から進出した。その後，日本企業各社が，コストを上げないようにしながら品質の向上に努め，徐々に欧米の上位市場へと製品を移行させていったのは周知の通りである。つまり日本企業は，これまでの発展においては，コスト上昇を最小限に抑えながら製品市場で上方へと移行するプロセスを辿ってきた。

しかし今，新興国市場の開拓で直面しているのは，現在よりも下位の市場に対応しなければならないという状況である。日本企業は，はじめて下位市場へ

の戦略を本格的に迫られているといえる。中国など新興国市場，とりわけ中間層市場において，しばしば指摘される問題は，次の3つのようなことである。第1に過剰品質で価格が高すぎる，第2にいくらよい製品を作っていてもその製品のよさが理解されない，第3にそもそも製品の仕様が現地のニーズからずれている。どのようにして，このような問題を克服するかが日本企業の課題になっているのである。

1.2 ものづくりの競争力

　新興国市場でなかなかうまくいかない日本企業の製品を見ていると，必ずしもその製品自体が悪いからだとは思えない例が多い。日本企業の技術力やものづくり能力は依然として高い。日本企業の成果が低いのは，技術力やものづくり能力を活かすビジネス・モデルや，ものづくりの価値を販売やマーケティングを通じて顧客の価値に転換していく活動が，不足していることにあると思われる。

　図2-2は，製造業の収益力を決める要因を「表の競争力」「裏の競争力」「ものづくり組織能力」の3階層で捉えようという枠組みである（藤本・東京大学，2007）。企業の収益力が高いのは，第一義的には顧客の目に見える価格，性能，納期，ブランド等によるものである。市場で目に見える，これらのものを，われわれは「表の競争力」と呼ぶ。しかし，その背後で，工場内や企業内にあるため顧客の目には見えない裏の競争力が，顧客の目に見える表の競争力に影響を与えている。「裏の競争力」とは，生産性，コスト，リードタイム等である。顧客が製品やサービスの価値を判断するときに，裏の競争力の指標は直接的には関係ない。しかし，企業にとっては，表の競争力指標を上げるために欠かせないのが，裏の競争力である。コストが低いから競争相手より低い価格づけが可能になったり，生産リードタイムが短いから顧客満足度を高めることができたり，開発リードタイムが短いから顧客のニーズに合った製品をタイムリーに市場に出すことができたりする。さらに，裏の競争力の背後には「組織能力」がある。同じ産業の中で，なぜ特定の企業（たとえばトヨタ）が，他社よりも高い生産性を維持できるのか，コスト改善を継続できるのか，新しい環境への適応が速いのか，といった疑問に答えるのが，組織能力の存在である。

　高い組織能力が高い裏の競争力を生み出し，それが高い表の競争力につながり，結果として顧客に支持されて高い収益につながるというのが，図2-2で考

図 2-2　製造業の収益力についての階層的理解（ものづくりの組織能力とパフォーマンス）

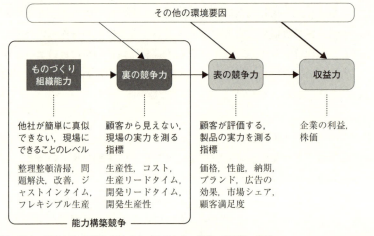

（出所）藤本・東京大学（2007）図 1-1-2, 26 頁より, 筆者一部加筆・修正。

える競争力構築と維持の道筋である。自動車産業など, 多くの日本の製造業では, この道筋が共有されてきた。

しかし, 企業が保有している優れた技術力やものづくり能力が市場での競争力につながっていないことがあり, そのような企業では, 現場の競争力が表の競争力や収益力に直結するわけではない。相対的に裏の競争力や現場力が高いとは必ずしもいえない企業が世界市場で高いシェアを獲得し, あるいはその逆に, 高い現場力を持ちながら世界市場で競争力を持ちえない企業が存在する。いくら裏の競争力やその背後にある組織能力が高くても, それから生み出される表の競争力がターゲットとする市場にとって魅力的になっていなければ成果にはつながらない。市場にとって魅力的な表の競争力は何かを特定し, それを顧客に訴求していくのが, 販売・マーケティング活動である。図 2-2 でいえば, 「裏の競争力」から左は設計・生産の現場の領域, 「表の競争力」から右は販売部門の領域である。本来, これらは一貫した流れとして一気通貫で流れていることが望ましいが, 設計, 生産, 販売といった部門の壁で流れが遮断されてしまうことが起きる。そうすると, 高い組織能力が成果に結びつかなくなる。

新興国市場に取り組む日本企業の多くは, 開発設計は日本に残していることが多く, それが現地の販売現場と離れていることが大きな問題になっている。新興国中間層市場に本格的に対応していこうとすれば, 表の競争力と裏の競争

力の両方を根本的に見直す必要がある．その企業が本来持っている裏の競争力が新興国中間層市場での市場開拓に活かされるように，経営戦略と組織能力の諸条件を再検討する余地があるのである．

2 戦略転換のための分析視角

　日本企業が新興国中間層市場にアプローチするときには，ものづくりの組織能力の高さを基底に置きつつ，裏・表の競争力を再構築する必要がある．本書はこの考え方に基づいて，表の競争力構築である①製品・サービス戦略と，裏の競争力構築である②経営組織の再設計と能力開発という，2つのレベルでの分析を行っていく．以下，その分析視角について詳細に説明することにしよう．

2.1 適正品質を目指す製品・サービス戦略

　中国企業の製品は，価格が安いが品質にまだまだ多くの問題を抱えているケースが多い．しかし，その中国市場で，日本製品に対しては，品質は高いかもしれないが価格が高すぎるという，中国製品とは対照的な問題を指摘されることがよくある．それは新興国市場における日本製品に共通した問題であり，しばしば「過剰品質」の問題として指摘される．つまり，日本製品は現地市場で求められる品質レベルよりも高すぎる品質を提供しており，それが高価格の原因となっているという問題である．

　たとえば，記録用光ディスクであるCD-R市場で，その典型例が見られる．CD-R市場は1990年代に入ってから立ち上がった．このディスクの規格を提唱したのはソニーで，ディスクの基礎材料（色素）を開発して製造方法を確立したのは太陽誘電であった．市場草創期は日本企業がほぼ100％のシェアを持っていたが，市場は音楽用CDのマスターCD作成用など特殊用途のニッチ市場に限られていた．その市場規模は限定的だったが，高価格を維持できた．日本企業の独擅場であり，参入企業は20数社に上った．その後，1997年ごろからパソコンにCD-Rドライブが搭載されるようになったことで，市場は一気に急拡大した．世界の生産量は急増し，いまや年間100億枚以上のCD-Rディスクが生産販売されるようになっている．磁気テープやフロッピー・ディスクといった過去の記録メディアと比べて，圧倒的に大規模な市場を形成したのがCD-Rなのである．

しかし，その成長期において，日本企業の生産量はほとんど伸びず，代わってその成長を牽引したのは台湾企業であった。また，2001年以降はインドの生産も伸びてきた。価格の推移を見てみると，台湾企業がCD-R市場に参入した1997年以降，1年間で3分の1くらいにまで価格が急激に下落していった。そのような急速な価格下落で，赤字に転落した多くの日本企業は，事業の抜本的な見直しを迫られ，多くの日本企業が生産からは撤退していった。ブランド力を持たない日本企業は事業から撤退し，TDK，日立マクセル，三菱化学バーベイタムといった強いブランドを持つ日本企業は，生産を台湾企業からのOEM調達に切り替えていった。

生産を伸ばした台湾企業は，自社ブランドではあまり強くなく，多くが先進国企業へのOEM供給を行っている。台湾企業は日本企業向けにOEMでディスクを供給しているが，ディスク生産のための基礎材料（色素，ポリカーボネイトなど），製造設備（成形機など），製造レシピを自ら開発する能力はなかった。そこで，調達元の日本企業がそれらを調達先の台湾企業に色素やレシピを有料で提供し，品質管理も徹底して監査している。台湾企業は日本企業の指導を受けながら，CD-Rをつくっているのである。

その台湾企業は日本企業だけでなく，イメーションなどの欧米系企業にも供給している。しかし，欧米企業で光ディスクの研究開発を手がけているところはほとんどないので，台湾企業からのODM調達の形をとる。つまり，日本企業のように材料やレシピを指定するのではなく，台湾企業から提案された試作品を評価して，価格交渉をして購買するだけである。このように，台湾企業には，日本企業の厳しい品質管理のもとにある日本企業向け供給と，自社の判断で生産販売している自社ブランド販売や欧米向けODM供給の，2つのビジネスがある。

台湾の大手ディスク企業のエンジニアに対するヒアリング調査によると，前者の日本企業向けOEMでは日本企業から指定された材料，レシピ，品質管理項目を100％遵守して製造するが，後者の欧米向けODMでは品質管理のレベルを落としている。大雑把な感覚であるが，日本向け品質管理項目が100だとすると，自社ブランドや欧米向けODM商品は，約20～30のレベルであるという。具体的には，使用する色素の量を節約したり，スタンパーの使用回数を増やしたりしているらしい。そうやって品質レベルを犠牲にすることで低価格にしているという。

図 2-3　適正品質と価格

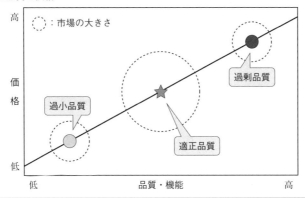

　彼らにいわせれば，日本向けの製品は過剰品質である。品質と価格は一般的に右上がりの関係にあり，日本向けの製品は品質がよいが，価格も高くなる。彼らがいうには，世界の一般的な客はこんなに高い品質を求めておらず，品質を多少犠牲にしても，価格を安くするほうが喜ばれるとのことである。一方，技術力のない台湾の中小企業や中国企業の製品は，品質が低すぎて粗悪品である。過剰品質の日本製品も，過小品質の中国製品も，特殊な小さな市場しか獲得できず，中レベルの品質・価格の製品が「適正品質」で，最も大きな売上げを実現できる。これが台湾企業の品質に対する考え方である。
　このような考え方は，品質と価格に対する合理的な捉え方であろう。しかし，適正品質のレベルは一義的には決まらない。どの品質・価格レベルを支持するかは市場によって異なる。CD-R も，日本市場ではいまだに日本ブランドの製品，いわゆる過剰品質といわれた製品が売れている。これは，日本市場においては高品質・高価格の製品が適性品質であるということを意味している。海外で高いシェアを誇るサムスン電子の製品が，日本では一向に売れない理由の1つには，このような日本市場の特性が影響していると考えられる。
　同じ製品であっても市場によって売れ筋が変わってくるのは，各市場での選好の分布が異なるからである。同じ製品であっても，選好が価格重視の消費者と品質・機能重視の消費者がいる。価格重視の消費者は品質・機能より価格を重視するので，台湾企業が出すような製品を選択する。逆に，品質・機能重視の消費者は日本企業の製品を選択する。日本市場では後者の消費者の比率が高いので，日本製品が売れ筋になり，中国市場ではその比率が小さいので，台湾

製品が売れ筋になる。同様に，同じ液晶パネルでも，機能重視の大型TV市場では日本製品が，価格重視のパソコン市場では台湾製品が売れ筋になる。このように，同種類の製品であっても，国や地域，あるいは市場セグメントによって，売れ筋製品のあり方は異なってくる。ここでは売れ筋製品の品質―価格の組合せを，「適正品質」と呼ぶ。このような考え方を図示したのが，図2-3である。新興市場戦略においては，まずその市場に適正な品質・機能と価格の組合せをどう選択し，それにどのような製品戦略を適合させるかという視点が不可欠となる。

2.2 経営組織の再設計と能力開発

新興国市場における市場シェアの低さに関しては，企業がこれまで構築してきた組織設計も課題となる。日本企業が過剰品質の製品を生み出しがちになるのは，商品企画や開発設計のような頭脳となる活動が，母国である日本に偏在していることが一因とされる。そうした組織設計上の問題も見直さなければ，解決には至らない。

HDD産業でこの点を見てみよう。この業界では，小型HDDの成長とともに，その分野をリードしたアメリカの専業メーカーが台頭し，メインフレーム用などのドライブを開発していたメーカーが衰退していった。この過程で，とくにパソコンなどに使われる小型HDDにおいて市場の裾野が中・下位市場に向けて広がり，HDDの市場規模は幾何級数的に拡大した。結果として，参入企業は膨大な量のドライブを生産しなければならなくなり，それらの量産を行うために，アジアへの生産シフトが急速に進んだ。

そのうちに，アジアでの量産は，この業界で生存する前提条件となった。量産投資に耐え切れず撤退した企業も多い。長期にわたって業界上位に君臨したシーゲートなど，アメリカの専業メーカーは，早くも1980年代前半にはシンガポールに量産拠点を構え，ここをアジアのハブ拠点と位置づけて強化し始める。彼らは現地政府や大学と連携して技術者や管理者，サプライヤーの育成に取り組み，そこをHDDの工程設計から試作，量産までの「開発型量産拠点」にしていった。そして2000年代，アメリカでは基礎研究，製品開発，基幹部品の開発・製造などに注力し，その開発成果を受けてシンガポールで工程を確立し，それらを標準化させた上でタイやマレーシア，中国などの量産拠点に類似の生産ラインを水平展開する生産戦略を確立して，製品開発パフォーマンス

や製造コスト,生産シェアなどの面で圧倒的な競争優位性を築いていく(Mc-Kendrick, Doner and Haggard, 2000；天野,2005；新宅ほか,2007)。

　他方,この間の日本企業は,上位市場であるメインフレーム市場や自社内販売用(キャプティブ)マーケットにおける既存顧客との取引に制約を受け,なおかつ,すべての開発活動を日本国内で終えてからアジアに量産を移管する体制は変わらず,海外生産展開にもそれほど積極的ではなかった。アジアでの本格的な産業集積の形成,その中での人材開発や開発資源の形成,それらの生産戦略への活用といった観点から見れば,日本企業はアメリカ企業の後塵を拝していたように思える(天野,2005；新宅ほか,2007)。

　中・下位市場や新興国市場への本格的な参入を考える場合,これまでの延長線上で戦略を考えていては限界がある。クリステンセンも『イノベーションのジレンマ』の中で,「破壊的技術」(disruptive technology)が存在するときには,その度合いが高いほど,組織内のメインストリームから離れたプロジェクト・チームを編成すべきとしている(Christensen, 1997)。新興国中間層市場を狙う上でも,先進国市場と同市場との間で求められる組織能力のギャップが大きいほど,従来のメインストリームから離れ,現地市場や現地での量産拠点の近くに頭脳となる拠点を持ち,そこで市場対応や量産対応に必要な問題解決を進めて経験的知識を蓄積し,現地人材の技術水準を向上させる必要がある。現地で組織学習や資源蓄積が進みやすいように,多国籍経営の戦略や組織体制のあり方を見直さなければならないだろう。

3 新興国市場の適正品質と製品・サービス戦略

　さて,ここまでで,本書の分析視角となる①適正品質による製品・サービス戦略,②経営組織の再設計と能力開発という2点を説明した。本章の残りの部分では,事例をあげつつ,以降の章で登場する議論を先取りしながら,それぞれの分析視角において重要な考慮事項となる点を説明していく。本節では新興国市場で有効と思われる製品・サービス戦略の概略について,「適正品質」の考えに基づきながら検討する。

3.1 品質を見切った低価格製品の投入

(1) トップダウンの戦略転換──ホンダ二輪車のASEAN市場戦略

まず，ホンダ二輪車のASEANでの成功を例に見てみよう。ベトナムの二輪車市場は，1990年代末ごろは年間50万台ほどの市場規模だったが，2000年に175万台，01年と02年には200万台に急拡大し，03年には再び100万台レベルに落ち込んだ。こうした市場の急激な変化をもたらした原因は，中国製の二輪車にある。

中国の二輪車市場では，ホンダのコピー・モデルから発展した中国企業が市場を席巻したため，ホンダは5％足らずのシェアに甘んじていた。そうした低価格（低品質）の中国二輪車がベトナムにも流入し出したのが2000年ごろである。さらに，ベトナム製の中国二輪車[1]もベトナム市場に氾濫し出した。中国二輪車のベトナム参入は，巨大な中国市場を失っていたホンダにとって，ASEAN市場をも失いかねない大きな脅威であった。

従来，ホンダはASEAN市場では支配的地位にあり，ベトナム市場でも20～30％のシェアを誇っていた。ベトナムを含めたASEAN市場におけるホンダの主力製品は，スーパーカブであった。日本で20万円程度の価格のスーパーカブは，ベトナムでも同等の約2000ドルの高価格で販売されていた。そのため，ベトナム人にとってはたいへん高価な製品であった。

そのベトナム市場に，500～700ドルの中国製二輪車が流入してきた。価格が3分の1～4分の1になれば，今まで1台しか買えなかった家族が3～4台買えるようになる。ベトナム人の所得が急増しなくても，市場規模は一気に3～4倍の200万台になった。

これに対抗して，ホンダは価格を半分にし，1000ドルの二輪車を販売する計画を立てた。そのために，大幅なコスト削減に取り組み，中国製やASEAN製の安い部品の採用を検討し，設計も大幅に見直すことにした。しかし，現地部品を利用するまでの苦労は多く，当初は採用できない部品も多かった。他の製造業と同様に，ホンダでも社内で設計基準が定められており，その基準を満たせない部品は採用できない。しかし，ホンダ基準を満たす部品を採用するだけではとても1000ドルに手が届かない。中国製部品の品質レベルが上がれば

---

[1] ベトナム企業が中国の二輪車メーカーと契約して，ノックダウン組立てやライセンス生産を行っていた。ピーク時にはそのようなベトナム企業が50数社あったという（三嶋，2007）。

図2-4　品質を見切った低価格化

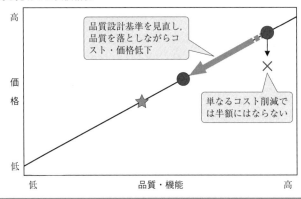

よいのだが，簡単には上がらず，それを待っていては市場投入にとても間に合わない。そうなると，市場を中国製品に席巻されてしまう。

そこで，ホンダはタブー視されていた設計基準の改訂に手を着けた。設計基準は通常，上げられることはあっても，下げることはめったにない。基準を下げることは，安全性や耐久性を損なうものであり，その会社のブランド価値を毀損してしまう危険性をはらんでいる。したがって，少しでもよいものを設計したいという欲求を持っている現場のエンジニアが，設計基準を下げて安全性や耐久性を損なうリスクを冒すようなことは通常ない。このような，企業全体のブランド価値を左右する意思決定を行えるのは，現地法人の社長ではなく，本社の社長である。設計基準を徐々に上げていくことは，現場エンジニアの創意工夫により，ボトムアップで実現できる。しかし，逆に設計基準を下げることは，エンジニアリングとしては難しくないが，高度な経営問題であるため，トップダウンでしか実現しにくいだろう。

こうして，ホンダが2002年1月に発売したのが，約800ドルの「Wave α」であった。この製品投入によって，中国製二輪車との価格差は一気に縮まった。また，すでに市場に氾濫していた中国製二輪車が頻繁に故障を起こしたため，ベトナムの消費者もその品質に懸念を持つようになっていた。ベトナム政府もその規制に乗り出した。その結果，市場投入とともにWave αはヒットし，2003年には中国製二輪車の販売は急落した。

この事例を前節のフレームワークで図示すると，図2-4のようになる。通常，日本企業でコスト削減という場合，品質を下げずにコストを下げようとする。

しかし，それだけではとても大きな価格差を縮めることができない。そのような場合には，現地ユーザーの要求を改めて把握した上で，「設計基準の見直し→低コスト部品の採用→品質低下と大幅な価格低下」という手順を踏むことになろう。なお，この事例については，第5章でより詳しく紹介する。また，似たような手法をとっている企業として，デンソーの事例についても第6章で紹介する。

(2) 品質は顧客が決める——サムスン電子の品質思想

韓国のサムスン電子は品質に関する基本的な前提として，「品質は顧客が決めるものであり，メーカーが勝手に決めるものではない」という思想を持っている。さらに，同じ製品でも，顧客は購入価格によって異なる品質を求めていると理解しているという。つまり，同じ製品であっても，所得層によって求める品質レベルは異なると考え，これを国や地域にあてはめた戦略をとっている。

具体的には，基本設計は同じ製品であっても，販売する市場によって使用する部品を変えている。すなわち，部品をランク分けし，高価格を受容する市場向けには高ランク部品，低価格を好む市場向けには低ランク部品を採用することで，外見は同じ製品でも異なるコスト構造にしている。それによって，インドのような新興国市場にも，先進国向けと同じように見えるが，低コスト構造の製品を低価格で投入することができる体制を整えているという。

そのようなサムスン電子が品質管理の指標として活用しているのが，「体感不良率」である。体感不良率とは総販売台数に占めるクレーム件数の比率である。通常，不良率の分子はクレーム件数ではなく，不良件数である。つまり，不良であっても，それが顧客からのクレームにならなければ，体感不良率は下がらない。顧客が，「この製品は安いから，このくらい壊れても仕方ない」と納得していれば，体感不良率は下がらず，市場に許容されていると判断されるわけである。低価格を志向する市場では，絶対不良率が10％であっても，体感不良率は5％であるというようなことが起きる。体感不良率を見ることで過剰品質を避けようというのが，サムスン電子の考え方である。日本企業は不良ゼロを目指してきたが，それでは市場による違いに対応できなくなるということを示唆している。

(3) 徹底した低価格戦略——中国携帯電話におけるノキアの巻返し

中国携帯電話市場における2000年代のノキアの成功も，新興国市場向けに品質を見切った専用モデルを開発投入したことの効果が大きい。中国の携帯電

話市場の成長過程において，当初はノキアやモトローラなど海外企業が圧倒的なシェアを持っていた。しかし，2000年ごろから中国ローカル企業のシェアが急激に高まり，03年には50％以上のシェアを獲得するまでになった。

そのときに，ノキアは高価格帯にシフトするのではなく，低価格帯で徹底的に中国企業と対峙する戦略をとった。それまで携帯電話端末は世界商品であり，全世界市場に向けて製品を開発するのが常識であった。中国などの新興国市場の低価格帯には，先進国市場の1世代前のモデルが投入されることが多かった。ノキアはこの常識を覆し，最初から中国，インドなど新興国市場をターゲットにした低価格モデルを開発した。液晶は白黒，カメラなし，対応周波数帯域も限定，キーのカバーは独立させずに1枚のシートにするといった具合に，徹底して機能もコストも切り詰めた製品を開発したのである。

この製品によって，海外企業では例外的に，ノキアが中国企業からシェアを取り返した。中国市場におけるノキアの価格帯別のシェアを見ると，1000元以下の最低価格帯で最も高いシェア（40％程度）を獲得している。2008年8月のわれわれの調査では，「Nokia 1200」というモデルが中国上海の量販店で，全商品中最低価格モデルとして280元で販売されていた。これは中国大手企業の商品よりも安い価格である。中国の消費者は，安さとともに，ノキアの信頼性とブランドで，商品を選んでいるようだ。

3.2 品質差の見える化──新興国での高付加価値戦略

ここまで，低価格品戦略について述べたが，もう一方で，高品質・高価格の製品戦略にも目を配る必要があろう。時計の例を見ると，日本の時計メーカーは，1970年代のクオーツ化の波をリードして，スイスから世界の時計市場を奪った。さらに，時計のコア部品であるムーブメント販売の事業を始め，この分野でも日本企業が世界市場の約70％を押さえている。時計では，インテル・インサイドならぬ「ジャパン・インサイド」が実現されているのである。

しかし，お膝元である日本のウオッチ市場を見ると，2004年においては，4600万個・5400億円の市場で，数量ベースでは4％に過ぎないスイス製時計が，金額ベースだと67％にも上る。日本市場の付加価値はほとんどスイス製に奪われているのである。1993年の価格をそれぞれ100とすると，2004年に日本製はわずか135にしか達していないのに，スイス製は316に達しており，その差は歴然としている。

日本の二輪車市場でも同様の現象が見られる。世界を制覇した日本の二輪車産業だが，日本の大型（750 cc 以上）市場で 2000 年以降トップ・シェアを誇っているのはハーレーダビッドソンである。日本の二輪車市場が 1982 年をピークに縮小を続ける中，ハーレーダビッドソンは 85 年以降増収増益を続けている。750 cc 以上では 33.2 ％でトップ・シェア（250 cc 以上でも 18.8 ％で 2 位），価格は日本製の 2 倍の 200 万円以上である。ハーレーダビッドソン ジャパンでは，モノではなく，コトを売るという考え方で，各種のイベントを企画し，顧客に提供する付加価値を高めている。

ただ，このような状況が，先進国では高付加価値戦略，新興国では低価格戦略をとるという二面作戦の有効性を示しているかというと，必ずしもそうではない。新興国市場でも，日本企業が高付加価値戦略で成功する可能性はある。先進国市場にしろ，新興国市場にしろ，高付加価値戦略をとって成功するためには，提供する製品・サービスの価値を顧客に納得してもらう努力が鍵になる。どのような顧客層をターゲットにするかを決め，そこに対して自社固有の技術やノウハウに裏打ちされた製品・サービスをつくり出し，その価値をマーケティング活動を通して顧客層に訴求していく。これが差別化戦略の基本パターンである。

前節で，品質が 3 倍でも価格も 3 倍なら過剰品質になって売れないという指摘をした。しかし，新興国市場で起きている現象は，すべてが過剰品質であろうか。よく観察してみると，実はそのような現象だけではないことがわかる。現地の消費者が「3 倍」の品質差を認識できていないことがよくあるのである。実質的には 3 倍の品質差があっても，消費者はそれほど大きな差とは思わずに，価格差だけを見て安い商品を選択していることがある。「3 倍品質で 3 倍価格」ではなく，「1.5 倍品質で 3 倍価格」であると認知している場合，顧客はその製品を選ばない。目に見える価格差だけが浮彫りになり，目に見えない品質差は矮小化されてしまう。

実は，前節であげた台湾企業の CD-R や DVD-R にも，そのような側面がある。ディスクの耐久性（ディスク寿命，つまりディスクが読めなくなるまでの時間）を測定してみると，国内ブランドのメディア（台湾製も含む）には，差はあっても 10 年以上の寿命がある。しかし，台湾メーカーが適正品質であると主張した台湾ブランドのメディアは，すべてにエラーが著しく，計測不能であった。これは，もはや寿命が尽きているということを意味しており，つまり台湾

図 2-5　品質差の見える化

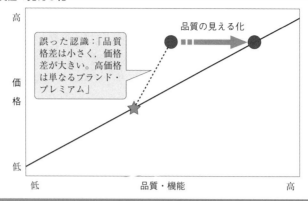

ブランドは耐久性が著しく低い。しかし，多くの消費者は，CD-R や DVD-R は規格品なので，どれも基本的には同じだと思っている。価格の高い製品は，ブランドの価値が上乗せされているだけであると認識している場合も多いだろう。

しかし，消費者がそのように認識するのももっともである。日本企業から，このようなディスク寿命や，その他の品質差についての情報が，消費者に向けて積極的に発信されることはあまりなかったからである。最近，日本の業界人が中心になって，ディスク寿命を推定する測定方法が ISO の国際標準として定められた（ISO/IEC10995）。このような国際標準化は，目に見えない品質差を見える化するための有効な手段である。特定企業の基準では消費者に対する説得力に欠けるので，国際標準の活用が有効になるのである。さらに，これをベースにして，マーケティング活動につなげていくことが重要であろう。

省エネの分野でも同様に，国際標準や国家標準でその差を訴求することが重要である。中国市場で日本製の家電製品は長らく苦戦してきた。しかし，最近では中国でも省エネ基準が定められ（1～5つ星），店頭での表示が義務づけられるようになった。その結果，2008年ごろから海外製品のシェアが伸びてきた。エアコンでは従来，日本製品はインバータ技術で省エネを訴求しようとしたが，低価格でノンインバータの中国製品に勝てなかった。この状況が，省エネ基準表示によって，少しずつ変化しつつある。業務用エアコンの分野では，ダイキンが高いシェアを達成している。ダイキンは，上海に「ソリューションセンター」というショールームをつくり，その高品質を訴求する努力をしてい

る。

　中国の液晶TVでも，少しずつ状況が変わってきている。2005年に薄型TVが普及し始めたときは，瞬く間に中国企業が市場を席巻したが，07年ごろから日本製や韓国製のTVの逆転が始まった。原因の1つは，売れ筋商品の画面サイズが大型化していることである。画面サイズが大きくなると，比較的小さな画面では目立たなかった画質の差が目立つようになる。大画面化することで，品質差が見える化したのである。

　このように，新興国において品質差を見える化する戦略をとれば，新興国市場でも高付加価値戦略を実現できる可能性がある。これを図示すれば，図2-5のようになる。こうした高付加価値戦略の成功例については，第4章や第9章で紹介する。

3.3　メリハリをつけた現地化商品——差別化軸の転換

　第3の戦略は，いわゆる現地化商品の開発である。これは差別化軸の転換と言い換えることもできる。日本市場，中国市場，インド市場，それぞれの市場でどのような品質・機能を重視していくかは異なってくる。現地市場が重視する品質・機能軸を高め，現地市場がそれほど重視しない品質・機能軸では若干手を抜く。新興国市場だからといって，すべての機能要求が日本より低いということはない。たとえば，インドでは自動車泥棒が多いので，防犯のためのメカニズムを強化するためであれば，たとえそれが価格増になっても受け入れられる（朴，2009）。一方，日本の顧客が要求するきめ細かな仕様については，それほど頓着しない面もある。

　現地市場が気にしない軸では品質レベルを下げてコスト削減し，現地市場が重視する軸はコストをかけても高めていくというのが，差別化軸の転換である。それほど価格を上げずに現地市場に差別化商品を投入するには，こういった二面戦略が必要で，現地化商品を開発するためには，このようなメリハリのついた商品開発が必要なのである。言い換えると，ある軸では前述の第1の戦略，別の軸では第2の戦略を活用するということである。これを図示すると，図2-6のようになる。

　最近では日本企業も，新興国市場向けにメリハリの利いた差別化商品を開発するために，さまざまな取組みを始め出した。一例に，パナソニックが2005年に上海に設立した中国生活研究センターがあり，この事例は第14章で詳細

図2-6　差別化軸の転換による現地化商品開発

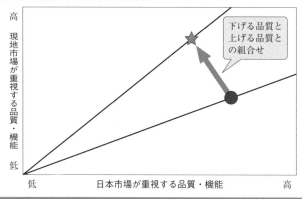

に取り上げる。中国生活研究センターの活動内容は，中国の消費者に対する徹底したフィールド調査を実施して，その情報に基づいて商品企画を提案することである。中国にはインターネットなどからの情報を加工して提供する調査会社は数多くあるが，信頼できるフィールド調査を実施する調査会社は少ない。インターネット調査などからは，生きた情報は手に入らない。そこで，フィールド調査を自ら行い，日本にいる製品開発部門にフィードバックをかけていこうというのが目的である。日本市場でも，パナソニックが「くらし研究所」，シャープが「生活ソフトセンター」など，同様の機能の組織を持っている。

　設立当初の中国生活研究センターの提案が実際の商品として実現した例は少なかったが，成功例の1つとしてスリム型冷蔵庫をあげることができる。冷蔵庫では従来60 cm幅が国際的に標準的であったが，それを55 cm幅にした商品である。中国の家庭では冷蔵庫を台所に置かずに居間に置いている例が多い。それについて，「中国人は最新の冷蔵庫を客に見えるように居間に置いているのだ」という言説もあった。しかし，よく調査してみると，中国の一般家庭では台所のドア幅が狭く，60 cm幅の冷蔵庫を台所に入れることができなかっただけであった。このサイズ変更を実行しただけで，売上げは10倍にもなったという。

　台所のドアが狭くて冷蔵庫が入らないという認識は，中国人にとっては当たり前かもしれない。しかし，サイズ変更するには金型などコストの掛かる変更が必要になる。また，日本ではわざわざ55 cm幅の中途半端な商品を出す価値はない。その価値を日本にいる開発部隊に納得させるために，徹底したフィ

ールド調査データが必要になるのであろう。

　現地市場と日本の開発部隊との間の空間的距離・心理的距離をいかに縮めるかが，現地化商品開発を成功させるための1つの鍵になる。パナソニックの生活研究センターの活動は，開発組織は動かさずに解決する1つの方法である。この問題に対するもう1つのアプローチは，開発組織の現地化であろう。インドのエアコン市場の日立がその成功例である。

　日立はインドのエアコン会社と合弁会社を設立してインド事業を展開し，現在ではその会社を子会社化している。もともとインド企業であったため，期せずして開発の現地化が実現できた。そこではインド人エンジニアが，日立の技術を吸収しながら，インド市場向け商品を開発しているという。その成功商品に自動検知機能付き送風エアコンがある。

　インドやASEAN諸国では日本と異なり，エアコンの冷風が直接感じられなければ，人々はエアコンで冷やされている気がしないという。そこで，インド人エンジニアの発案で，人間の動きを感知するセンサーを付け，人間のいる方向に集中して送風するエアコンを市場投入したところ，好評であったという。このような日本では見られないニーズは，他の家電製品でもある。たとえば，インドではいまだに停電が多いので，洗濯機を動かしている最中も停電で止まってしまうことが多い。通常の洗濯機は停電で止まっても，どこまで洗濯が進んだ状態で停止したのかわからない。そこで，洗濯機にメモリを付けて，停電した瞬間の洗濯機の状態を記憶させ，停電から回復して洗濯を再開したときに，自動的に続きから始まるようにしたのである。

4 新興国に向けた組織の再編成

　新興国市場に向けた戦略を考えるときに，製品・サービスの品質と価格の選択と同様に重要になるのが，組織設計・組織能力の再編成である。組織設計とは，部門や拠点の編成・配置，それら部門・拠点への責任・権限分担，本国拠点と海外拠点とのつなぎ方といった「組織の形」であり，組織能力とは，実際に事業活動をしていく上で効果的な行動ノウハウ，部門内や部門間での連携，問題解決の方法，それらを支える情報システムといった「組織の動き方」である。製品・サービスで適正品質化を進めるなら，それに合わせた組織設計と能力の再編成が必要になる。

4.1 現地適応とグローバル統合の両立

　品質の見切りや低価格戦略に移行を果たした企業は，その資源戦略においても大胆な転換を実行している場合がほとんどである．ホンダ二輪車の ASEAN 戦略，サムスン電子の海外市場戦略，ノキアの中国携帯電話市場での巻返しなど，いずれもそうしたケースである．市場戦略の転換には，組織再編においても大きな転換を必要とする．

　ホンダの例で検討してみよう．ホンダが中国製二輪車の急拡大に対抗すべく ASEAN 市場に Wave α を投入したのは 2002 年である．この製品の投入を契機にベトナムやインドネシア市場では日本製二輪車の市場シェアが再度伸び始め，逆に中国製二輪車は品質上の問題などもあり，市場での販売台数が縮小していく．

　Wave α の市場投入に際して，ホンダは ASEAN でのこれまでの製品開発体制を抜本的に変更した．二輪車は，自動車と同じように，ファッション性のある製品である．ASEAN 市場とはいえ，タイとインドネシア，ベトナムでは，それぞれ外観デザインに求められる特性が異なり，それゆえ外観部品については，各市場に応じた商品企画や設計開発，金型開発，部品の量産（内製／外部調達）などが必要である．それらは ASEAN の中でも各国で行うことが望ましく，市場における企画と調達がコスト削減にもつながる．ホンダは，Wave α の製品開発プロセスで，外観意匠・部品の各国開発・調達を徹底させてきた．こうした製品企画や開発の現地化による市場適応（第 12 章）は，新興国市場攻略のための組織設計の第一原則と考えられる．

　現地適応のためには，現地サプライヤーの活用も大切である．ホンダはベトナムにおいて，2001 年に 53％だった部品の現地調達率を 03 年には 76％まで上昇させている．インドネシアでも同様に部品の製造・調達体制は強化されており，工場での部品内製率は 10％ほどで，自社工場内に部分的に工程を残して品質をコントロールしながら，約 130 社に及ぶサプライヤーに取引先を広げて彼らの加工レベルが上がるように指導している．

　なお，ホンダは，駆動部品については ASEAN 市場内で標準化し，開発資源の共用化を図っている．ホンダは，ASEAN 用二輪車のプラットフォームについてはタイに駆動部品の設計開発拠点を置き，ここを ASEAN 市場全体の研究開発拠点と位置づけ，強化してきた．ASEAN 各国の二輪車の使用データなどはタイに集約化され，タイで各国共通のプラットフォームの駆動部品が設

図2-7　ASEAN カブ・プラットフォームにおける開発体制の分業化

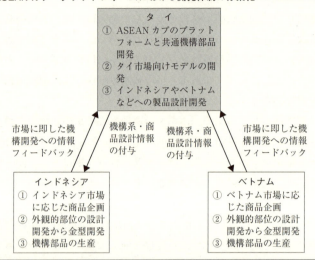

計される。その設計情報は各国拠点に移転され，金型や部品の量産は各国に任される。こうしたグローバル・レベルでの活動統合も，大幅なコスト・ダウンが要求される現地向け事業構築には必要となる。

以上の開発分業体制は，図2-7のようになる。すなわち，タイでは，①ASEAN カブのプラットフォームと共通で使われる駆動系機構部品の開発，②タイ市場向けのモデル開発，③インドネシアやベトナムなどへの製品開発を行い，ベトナムやインドネシアでは，①各国市場に応じた商品企画，②外観的部位（成型部品）の設計開発から金型開発，③機構部品の生産を行う体制である（天野，2007）。このように，現地適応とグローバル統合を両立する体制構築（第12～15章）が，ホンダの東南アジアでの競争優位をもたらしており，そしてまた他の多くの事例にも共通して見られる特徴となっている。

2　タイではもともと1988年ごろから二輪車の設計開発が行われてきたが，97年にHonda R&D Southeast Asia Co., Ltd. Thailand が設置され，設計開発活動の拠点となった。ホンダは，その後2003年には，このセンターに80万パーツを投じ，ASEAN 市場の二輪設計活動を強化した。R&D 活動は，市場調査，商品企画，設計，モックアップ，試作，検査の諸活動を含む本格的なものとなった。

4.2 市場ニーズ吸上げと具体化のための能力構築

前述のように,新興国市場には先進国市場にはない固有の市場特性があり,そこに対してメリハリの利いた製品開発をしなければ,ヒット商品はなかなか生まれない。単に既存の製品ラインからローエンドのものを選択し,低機能化(defeaturization)して持ち込むだけでは,市場と製品のミスマッチの本質的な解決にはなっていない。

多くの先進国企業は,製品開発拠点を本国に持っており,製品にはおのずと「先進国市場バイアス」が掛かる。そのバイアスから離れ,新興国市場での差別化商品を開発するには,成長する現地市場の中に情報収集や企画・開発の機能・拠点を持ち,現地ニーズを吸い上げて具体化する能力を構築すること(第14章)が求められる。現地市場での差別化軸は,事前にわかるものではなく,かなり深いローカル市場調査やユーザーとのインタラクションの結果として事後的に見えてくるものだからである。そのような市場とのインタラクションと資源蓄積の場をどう設計し,知識や資源をどう活用するかが課題である。

市場との接点づくりや企画・開発の場の設計という意味では,製造業よりも消費者に近い小売業に一歩先行している事例が見出されうる。第15章のセブン-イレブンの事例では,中国市場からどうニーズを吸い上げ,いかに調達や製品企画,あるいは店舗運営に反映させたかを詳述している。そこで鍵となるのは「市場実験」という考え方である。セブン-イレブンの北京直営店網は,ここで多額の利益を創出するというよりも,ローカル市場の特性を販売現場から学び,商品開発における試行実験を重ねることで,競合との差別化ができ,かつ標準化が可能な商品やシステムを開発することを目的としていた。組織小売業という業態を擁する同社が扱える商品は,そうした複数の観点から吟味を重ねてはじめて企画化が可能なものばかりである。それらは現地の販売現場で市場実験を重ね,現地顧客と同じ目線に立った試行錯誤と供給条件の検討が行われなければ生み出しえないのである。

4.3 戦略インフラとしてのITシステム

最後に,やや補足的になるが,上述の4つのオペレーションを実践する上でのITシステムの重要性(第9章,第17章)について触れておきたい。国内の限られた組織の中で事業を進める場合とは異なり,新興国市場への参入においては,ビジネスが広範囲かつ大規模になる可能性が高い。また,そこにはさま

ざまな国籍やバックグラウンドを持つ人材や企業が関与することになるため，ITシステムによる関係者への情報の開示や共有化，遠隔地への伝達，セキュリティの管理などがきわめて大事になる。

　大規模工場で現地人管理者やスタッフの組織能力を高めるには，組織の部門間の垣根や階層を越えて，組織のメンバー全員に迅速で正確な情報開示が行われ，各部署でそれに沿った自律的な判断が行われることが重要である。技能の伝達にしても，標準化が可能なところはできるだけ標準化して，伝達対象となる範囲を広げていかねばならない。これらの情報インフラが整備されることで，現地人への判断の権限委譲やコミュニケーションの促進，管理者としての意識づけ，彼らへの教育トレーニングなどが進めやすくなる。

　ITシステムをより戦略的に新興国市場開拓に活用する企業も出てきた。コマツは，広大な中国市場に建設機械を販売するために，建設機械にGPSを付けて，販売後の建設機械の所在地や作動状況を把握し，機械の盗難を防止したり，不具合を察知して部品供給などのアフター・サービスを円滑化したりしている。建設機械の分布状況から工事が多く行われている地域などもわかり，そこからかなり綿密な需要予測を立てることができる。販売部隊はこうした「生きた情報」を活用できるため，きわめて効果的・効率的に営業活動を展開できる。本国側も，新興国市場で想定されるさまざまな要件を考慮して，そこでの市場開拓や組織能力開発が進みやすいようなITシステムを開発する必要があろう。新興国市場戦略や中・下位市場における販売や生産のオペレーションは不確実性が高いため，それらの不確実性に対して現地側が自律的に問題を解決できるようなITインフラやシステムを開発すべきである。そのようなところに本国拠点の果たすべき役割があるのかもしれない。

5　むすび——本書の視点

　本章では，適正品質と市場戦略，組織の再設計という2つの視点から，今後の新興国市場戦略に求められる論点を整理してきた。

　現在，深刻な経済危機を打開する鍵として「イノベーション待望論」のような空気が蔓延しつつあるように思われる。しかし，閉塞状態の中から抜け出すのに，画期的なイノベーションで一発大逆転を狙おうという発想は危険である。これは，新興国市場に対しても，技術とイノベーションで勝負すればよいとい

う考え方にもつながる。ところが，新しい市場を開拓するときに，技術力だけでは決して成功しない。

一方で，新興国市場は所得レベルが低いから，とにかく価格を安くすればよいという発想も危険である。価格低下は，市場開拓の第一歩としては重要だが，価格を下げること自体が重要なのではない。その国の消費者が，何に対してどのくらいの価格を受容できるかが重要である。価格を下げることを目的にしてしまい，その市場を理解しようとしなければ，やはり長期の成功にはつながらないであろう。

また，先進諸国とは異なり，新興国市場は，そもそも経営資源面での制約が多く，市場展開のプロセスにおいて進出先国で経営資源の開発や蓄積をどう行い，そこで得た資源をいかに有効に活用するかという視点が重要である。新興国市場や中・下位市場の規模は広大であるがゆえに，組織を再設計し，資源の開発・蓄積・活用を正しく行っていかなければ，戦略は実行プロセスの途中で頓挫してしまう。

新しいからこそ，その国の市場と資源の特性をよく理解することが重要なのである。その上で，技術・製造・販売を統一したビジネス・モデルでつなげていくことが求められる。そうしたビジネス・モデルを考える際のヒントを与えるのが，本書の目的である。

本書の以下の章では，まず製品・サービス戦略，続いて組織について議論をする。

第Ⅱ部「製品・サービス戦略」では，日系企業が製品戦略に工夫を凝らすことで，新興国で一定の成功を収めた事例を，多様な産業から集めた。これらは，品質を見切って成功した事例，高付加価値な製品によって成功した事例，品質にメリハリをつけて成功した事例と，さまざまである。各企業がどのような製品を投入したのか，そのような製品を投入するためにどのような取組みを行ったのかを説明することで，新興国で有効な製品戦略に関する示唆を与える。事例においては，各企業の製品だけでなく，企画・開発・マーケティング・販売のやり方にも言及することで，新興国での各企業の取組みをより深く理解できるように説明する。

第Ⅲ部「組織の設計・能力構築」では，新興国市場に展開する際に必要な組織体制について深く取り上げる。本章でも説明した通り，新興国に進出する際には，本国と現地の分業体制，現地の組織能力の蓄積に適した組織体制等，組

織を再設計しなければならない。こうした組織的な変革を行わなければ，新興国市場で継続的に成功していくことは難しい。そこで，日本企業としてどのように組織を変革するのかについて，各事例で説明する。

* 本章は，新宅・天野（2009a）をもとに，加筆・修正を加えたものである。

第Ⅱ部　製品・サービス戦略

第3章　市場戦略再構築の重要性
第4章　日本企業の優位性の活用
第5章　低価格モデルの投入と製品戦略の革新
第6章　現地エンジニア主導の製品開発
第7章　産業財の製品開発戦略
第8章　産業財のサービス，ソリューション戦略
第9章　ITシステム活用によるハイエンド市場進出
第10章　自動車メーカーの環境適応戦略
第11章　部品メーカーの標準化とカスタマイズ

第3章

市場戦略再構築の重要性
プリンタ産業の事例

天野倫文・中川功一

1 はじめに──新興国主体の市場戦略再構築

　本章は,天野によって遺された事例分析(第2~6節)に,中川が解説(本節)を追記したものである。天野は,プリンタ産業を素材として,「新興国で,旧技術の製品が依然として好まれて使われているのはなぜなのだろうか」という問いを発し,分析から「新興国には,先進国とは異なる各国固有の市場ニーズが存在しており,それを満たす上では旧技術のほうが望ましいこともある」ことを見出している。

　天野の分析で注目すべきは,新興国で旧技術製品が使われる理由として,単に安いからとか,あるいは新興国の発展水準が先進国より相対的に低いからというような安易な理由づけをしなかった点である。プリンタ産業では,新興国であっても,新技術製品も手に届く価格で購入可能であった。にもかかわらず新興国で旧技術製品が使われているということは,新興国のユーザーはより積極的な理由で旧技術製品を購入しているのだと考えられるわけである。

　この発見から導かれる企業経営上の示唆は,新興国市場を開拓するにあたっては,先進国とのニーズの違いをよく吟味して,製品ラインナップを軸とした市場戦略すなわち4P(product:製品,price:価格,place:流通チャネル,promotion:販売促進策。McCarthy, 1960)を各国別に見直さなければならないということである。製品ラインナップにおいては,旧技術も含めて当該国のニーズに最も合致する機能を実現するものを選択しなければならない。マーケティング策全般へと視野を広げるならば,各国の流通構造に合った販売チャネルの構築,

各国別の用途や消費者心理を考慮したプロモーション，どういった価格づけでどのように利益を上げるかといったビジネス・モデルの見直しまでもが必要となるのである。事例分析では，消耗品で利益を稼ぐという先進国プリンタ産業の基本的構造が，新興国では必ずしも適切ではなく，見直しの必要があることが指摘されている。

　競争の状況を踏まえて，製品・マーケティング策を個別構築する――この命題は，新興国ビジネスのみならず企業経営一般にいえる，至極当たり前のことのように聞こえるだろう。だが，ことに新興国ビジネスを考えた場合，各国事情に照らして製品・マーケティング策を再構築するということは，とりわけ重要な意味をもつ。その理由を，ここで簡単に説明しておこう。

　先進国の企業が後発国市場へと進出し始めるのは，決して最近のことではない。アメリカ企業の後発国進出（当時はその中に日本も含まれていたのであるが）は，すでに1960年代には大規模に展開されており，日本企業にしても，70年代にはシンガポールなど東南アジア地域への進出が始まり，90年代にはすでに一定の成果を見ている。

　この20世紀に行われていた「後発国市場進出」は，概して，本国で開発あるいは生産された製品をそのまま利用し，マーケティング策も基本的には本国市場のやり方を踏襲するというものであった。もちろん価格設定は見直されるし，文字や外観，製品機能などの修正も加えられる。だが，ここで重要なことは，程度に違いはあれど，基本思想が「先進国（本国）を基本形として，そこから一定程度の修正を加えていく」というものであったことである。後発国市場はまだ主戦場とするには小さく，後発国本位で戦略・組織・製品を用意することは理に適わなかったのである。

　これに対し，21世紀に入ってからの「新興国市場戦略」では，企業は現地本位の，各国の固有事情に合わせた市場進出策をとる必要が生じている。製品設計も，価格設定も，そしてまたビジネス・モデルをも，「新興国そのものをターゲットに再構築する」必要があるのである。新興国市場は，もはや日・米・欧市場と並ぶ第4の市場として，先進国企業にとって見過ごすことのできない規模となっている。たとえば日本を除くアジア圏は，現在では世界のGDPのうち約17％を占め，日米欧に並んでいる（アメリカ25％，日本8％，ヨーロッパ35％）。しかもその市場は日米欧とは比べものにならないペースで成長している。業界のグローバル・リーダーとなるためには，各社ともこの市場

に本腰を入れて攻め入っていくことが必要になっている。

　しかも，その市場は各国別の固有性を強く残したまま成長している。一概に東南アジア地域といっても，たとえばタイ，フィリピン，インドネシア，マレーシアと，それぞれの国にはまったく異なった言語があり，生活習慣があり，文化がある。もちろん経済水準も異なっているし，商慣行や流通システムなど，ビジネスにかかわるすべての要素が国ごとに大きく異なっているのである。地域によっては，自然災害や，テロ，国家間の緊張といったものを考慮しなければならない場合すらある。この多様性ゆえ，新興国市場を制するのに，企業は，日米欧市場と同様の戦略を適用するのではなく，国ごとに異なった戦略を用意することが求められる。

　プリンタ産業の事例は，新興国の多様性と，それに対してプリンタ企業がいかに各国別適応を図っているかを，われわれに豊かに語ってくれる。そこから，新興国戦略における製品・マーケティング策の抜本的見直しの大切さが伝われば幸いである。

2　世界のプリンタ市場と途上国市場

　IDCによれば，世界のプリンタ市場規模は2010年現在，年間売上げ1億2522万台であり，09年の1億1173万台からさらに12.1％の成長を示した。成長の牽引役となっているのが，途上国市場である。表3-1は，プリンタの地域別出荷シェアと成長率である。アメリカ，西欧，日本を足し合わせた先進国の市場シェアは53％，これに対して中東欧・中東・アフリカ，アジア・パシフィックの市場シェアの合計が36％，またその他の11％の中に中南米諸国が入っている。これらの地域の市場成長率は先進諸国を上回っており，とくにアジア・パシフィックの市場の成長率が11％と高い。この地域はシェアでも22％を占めていることから，市場として有望と思われる。一方，プリンタ市場では世界規模で寡占が進んでおり，IDCの統計によれば，ヒューレット・パッカードのシェアが42.1％，キヤノンが18.1％，エプソンが14.6％，サムスンが5.5％，ブラザーが5.4％である。

　印字方式別に見れば，プリンタの市場は，ドット・マトリクス・プリンタ（以下，ドット・マトリクス），ページ・プリンタ，インクジェット・プリンタ（以下，インクジェット）の3種類に大別される。ページ・プリンタは，主にレ

表3-1 プリンタの地域別出荷シェアと成長率

	シェア	成長率
アメリカ	22 %	5 %
西　欧	23 %	n. a.
中東欧・中東・アフリカ	14 %	8 %
アジア・パシフィック	22 %	11 %
日　本	8 %	5 %
その他	11 %	n. a.

（注）　2010年第4四半期のデータ。成長率は前年同期比。
（出所）　IDCプレスリリース（2011年3月9日）より作成。

ーザー・プリンタ（以下，レーザー）のことである。ドット・マトリクスは，細かなピンを用紙に打ち付けて，ドットで文字をつくる方式のプリンタのことである。最近はあまり目にすることがなくなったが，小さな点を並べて文字がつくられたレシートを手にしたことがある読者も少なくないだろう。現在では業務用途が中心になっているが，プリンタ市場の黎明期においては，ドット・マトリクスはむしろ支配的な印字方法であった。その後，インクジェットやレーザーの普及により，市場ではややマイナーとなった。

　表3-2は，3つのプリンタの市場規模を主要国と世界市場で比較したものである。世界市場では，インクジェットが71.2 %，ページ・プリンタが26.7 %，ドット・マトリクスが2.2 %である。日本の印字別市場構成はこれに近く，インクジェットが80.9 %，ページ・プリンタが16.5 %，ドット・マトリクスが2.6 %である。これと比べると，中国やインドの市場構成は，やや異なっている。中国では，インクジェットが31.2 %，ページ・プリンタが50.2 %，ドット・マトリクスが18.6 %，インドでも，インクジェットが46.2 %，ページ・プリンタが39.6 %，ドット・マトリクスが14.2 %である。日本など先進国市場と比べると，インクジェットの比率が低く，ページ・プリンタとドット・マトリクスの比率が高い。

　ドット・マトリクスは全体から見れば縮小傾向にあるが，途上国市場では一定の比率を占めてきた。ドット・マトリクスには，ピンを用紙に打ち付けることから，複数枚の用紙をまとめて一括して印字・複写できるという利点がある。さらに，インクのように消えやすいということがなく，長持ちする。したがって，重要書類の長期保存には適しており，この領域に限ってみれば優位性があるのである。

表3-2 主要国の印字方式別プリンタ市場規模

	日本		中国		インド		世界	
	販売台数(千台)	シェア(%)	販売台数(千台)	シェア(%)	販売台数(千台)	シェア(%)	販売台数(千台)	シェア(%)
インクジェット・プリンタ	5,215	80.9	2,600	31.2	846	46.2	89,737	71.2
ページ・プリンタ	1,065	16.5	4,186	50.2	724	39.6	33,652	26.7
ドット・マトリクス・プリンタ	168	2.6	1,550	18.6	260	14.2	2,729	2.2
合計	6,448	100.0	8,336	100.0	1,830	100.0	126,118	100.0

(注) 日本は2003年，中国は08年，インドは10年，世界は08年のデータ。
(出所) 日本はガートナージャパン・ニュースリリース（2004年4月20日）を筆者加工，中国はサンワイス・インフォメーション，インドは訪問企業提供資料，世界は電子情報技術産業協会（2009）。

　以上がプリンタ市場の概観だが，本章では，とくに次の2点を検討していきたい。第1は，世界市場構成と比べると，途上国ではドット・マトリクスのような旧式のプリンタがまだ比較的使われているが，その理由はどこにあるかという点である。つまり，途上国市場においては，旧式の印字方式でも価値を創出する方法がありうることを議論していく。第2は，新興諸国の成長期においては，3つの印字方式がいずれも利用可能だったにもかかわらず，先進国と比較してインクジェットの普及が相対的に遅れているのはなぜかという点である。第1の論点は，途上国のプリンタ市場（とくにB to B市場）での固有の市場機会やビジネス・モデルのあり方を探ることにつながる。第2の論点は，プリンタ・メーカーが先進国では支配的なインクジェット市場を途上国市場に向けて拡大する際のボトルネックを議論することになる。

3 消耗品ビジネス・モデルから見る新興国市場戦略

　本章が他章の事例と異なる点は，本章で取り上げるプリンタ・ビジネスが，いわゆる消耗品ビジネスを基盤としている点である。家電，自動車，二輪など，以降の各章では，製品のハードウェアそのものに焦点が当てられるケースが多い。しかし，消耗品ビジネスを前提としたプリンタでは，製品のハードウェアのみならず，消耗品やアフター・サービスを含めたビジネス・モデル全体に目を向けなければならない。

　プリンタ業界では，1990年代に，製品そのものを主たる収入源とする従来

の方式から，製品に加えてインクやトナー，カートリッジ，紙といった消耗品（サプライ品）を収入源に加えるビジネス・モデルへの転換が起きたとされる。当初はヒューレット・パッカードが主導したといわれるが，このモデルが支配的となっていくと業界の競争方式が変わり，企業は，ハードウェアの製品価格を大幅に下げて製品の普及を促す一方で，サプライ品の値段を維持し，収益を安定化させてきた。

　先の3つの印字方式のうち，インクジェットやレーザーなどは，消耗品ビジネスの興隆とともに発展した製品分野である。そのためハードウェアの製品価格が比較的安価で，サプライ品の価格が高くなっている。他方，ドット・マトリクスは，基本的な技術や製品の構造，ビジネスの仕組みが1980年代に確立しており，消耗品ビジネスが登場する前にビジネス・モデルがつくられていた。それらの仕組みは現在でもそれほど変わっておらず，そのため，ハードウェアの価格が比較的高く，消耗品が安価である。

　消耗品を伴う製品分野の新興国市場戦略では，単に製品のハードウェアの設計という視点のみならず，消耗品やアフター・サービスを含めたビジネス・モデル全体の設計という視点が重要になる。市場で製品が選択される条件の中に，製品ハードウェアそのものの価格や品質，機能といった要素に加えて，消耗品の価格やその入手可能性，製品のメンテナンスやアフター・サービスといった要素も含められるからである。

　ユーザーにとって，製品ハードウェアの購入はいわば初期投資であり，一定の使用期間ごとに購入される消耗品の入手コスト（たとえば，インクやカートリッジ等のコスト）や製品補修のためのメンテナンス・コスト（たとえばヘッドの補修や交換のためのコスト）はランニング・コストになる。消耗品ビジネスでは，ユーザーの長期にわたる製品使用を前提とし，そこに用いられる消耗品やメンテナンス等をも企業の主たる収入源とすることを想定している。

　消耗品の価格が高く入手可能性が乏しい場合や製品補修のコストが高くなる場合などは，たとえハードウェアの価格が安くとも，ランニング・コストを重視するユーザーはそのハードウェアを選択しにくい。そうしたユーザーには逆に，ハードウェアの価格が高くとも，サプライ品の価格が安いか，あるいは入手可能性が高い，または製品補修のコストが安いハードウェアのほうが，選択されやすくなる。

　新興国市場の場合には，これらのことを考慮してビジネス・モデルを設計す

る必要があるのである。具体的にはケースの中で議論していくが，インドや中国，ブラジルといった途上国市場では，先進国市場とは異なる条件が3点ほど観察される。

　第1は，ユーザー側の製品使用頻度の違いである。筆者らは，東南アジア，インド，ブラジルでフィールド調査を行ったが，日本などの先進諸国と比べ，これらの途上国市場では，一般的に，ユーザーの製品使用頻度がかなり高かった。途上国市場の場合，先進国市場とは異なり，業務用と家庭用の線引きが曖昧で，家庭用に販売されたプリンタも，実際は自営業などの業務用で使われるケースが多い。インドネシアではプリンタの6割程度は事実上業務用で使われているという話もあった。

　"ITU World Telecommunication Indicators Database" によれば，2006年の人口100人当たりのパソコンの保有台数は，インドが2.76台，中国が5.6台である（電波産業会, 2010）。携帯電話やTVなどの家電製品と比べ，パソコンが一般家庭に普及するにはまだ時間がかかり，現在途上国で購入されているプリンタは，法人向けや自営業・SOHO等業務用として使われているものが多いと考えられる。彼らは，商品の包装やプロモーションを行うときに，包装紙やチラシ，ポスター等を自らパソコンで作って，印刷する。そこに大量のインクが使われる。こうしたヘビー・ユーザーの場合，ハードウェアの価格のみならず，ランニング・コストや補修コストがかなり重視される。

　第2は，市場での消耗品の価格や入手可能性など，消耗品の供給コンディションである。ヘビー・ユーザーが多い市場では，ハードウェアの普及において，消耗品の価格や入手可能性等の供給条件がより重要となる。BRICs等の途上国市場は地理的にも広範囲にわたるため，消耗品を市場の末端まで届けるサプライチェーンを現地で構築できるかどうかは大事な要素となる。また，消耗品の価格水準を途上国の実用基準に合わせて変更するという方法もありうる。これらが未整備な場合，消耗品のサード・パーティが出てくる可能性が高い。これは，先進国企業側から見ればむろん容認できることではないが，現実的な問題として，たとえば都市から遠く離れた地方に住むユーザーがプリンタを使用していて純正のトナーやカートリッジをすぐに入手できない場合，あるいはユーザーの所得水準から見てサプライ品の値段が高すぎる場合などには，ユーザーがサード・パーティ品に手を出す可能性は高くなる。

　第3が，製品補修サービスの重要性である。途上国市場の場合，製品の使用

頻度が高く，使用環境が劣悪なこともしばしばである。それゆえ，プリンタのヘッドも目詰まりを起こしやすく，それらを洗浄し，部品のリプレースメントを行う補修サービスのニーズが大きくなる。これらのサービス・ニーズに対する企業側の対応が，ユーザーのハードウェア選択に影響を及ぼしうる。製品補修のためのサービス・ネットワークが進出国において広範囲に形成されている場合，競合よりも有利な保証制度を準備できる場合，また，製品技術特性上，製品補修の頻度が他製品よりも少なくて済むような場合，ユーザーは製品補修コストを抑えることができる。そのような場合，企業はそのビジネス価値をユーザーに提案していくことが可能となる。

　プリンタに代表される，消耗品ビジネスという特徴を持った製品の途上国市場戦略の場合，ハードウェアの機能や品質，価格という基本要素に加え，上述のような視点からの分析や考察が必要になる。さらに考えてみれば，これらの3点は，プリンタに限らず，消耗品やアフター・サービスを必要とする多くのB to C（消費者市場），およびB to B（業務用市場）にあてはまる観点でもある。その意味で，われわれはこのケースを汎用性のある事例と位置づけている。以下では，ドット・マトリクスとインクジェットの事例をそれぞれ見ていこう。

4　業務用プリンタの市場開拓——ドット・マトリクスを中心に

4.1　業務用プリンティングというニーズ

　本節では，ドット・マトリクスを中心に，途上国市場における業務用プリンタのニーズを分析していく。途上国市場において，プリンタは業務用途で使われる機会が多く，ドット・マトリクスやレーザー，サーマル・プリンタなどがよく使われている。そのことは，たとえば前掲の表3-2で見たように，中国やインドなどで，レーザーやドット・マトリクスの市場が比較的大きいことからも推察される。なお，サーマル・プリンタとは，熱転写による印字方式を採用したプリンタであり，レジのレシート印刷などに広く用いられているものである。ただし，熱転写による印字は年数の経過とともに劣化するため，印字の長期保存が必要な用途には適さない。そのような用途には，やはりドット・マトリクスやレーザーが使われる。

　一方，レーザーとドット・マトリクスの違いもある。前述のように，ドット・マトリクスは，細かなピンを用紙に打ち付けて，ドットで文字をつくるイ

ンパクト方式のプリンタであり，複数枚の用紙へ同時印刷が可能である。またインク・リボンが安価なことから，ランニング・コストが低く，いわゆるTCO（total cost of ownership）が低いとされる。ドット・マトリクスの印字の精度は，ヘッドに搭載されるピンの細さや数によって決まる。最大手のエプソンは，1979年に7ピンのプリンタを発売し，それ以降多ピン化による印字精度の向上を狙って，82年に24ピン，88年に48ピンを発売した（藤原，2008）。沖電気も1979年に9ピンのプリンタを発売し，翌年に24ピンのタイプを発売している。以下に，レーザーやサーマル等と比較したときのドット・マトリクスの製品特性（優位性）を整理しておく。

(1) ピンを用紙に打ち付けることから，カーボン紙を入れるなどして，複数枚の用紙をまとめ，一括して印字・複写ができる。

(2) ドット・マトリクスのインク・リボンは安価で，レーザーやインクジェットと比較して，TCOが低い。

(3) インクジェットと比較して，ヘッドの目詰まりなどの故障が少なく，紙詰まりも起きにくい。

(4) サーマル・プリンタなどでは印字が時間とともに劣化していく可能性があるが，ドット・マトリクスの印字は長持ちするため，重要書類の保存に適している。

業務用プリンタ市場におけるこのような印字方式の違いは，市場におけるプリンタの用途にも反映される。アジアや中南米のような途上国では，業務用プリンタは以下のような市場で用いられている。

第1は，政府機関などの公的機関の市場である。公的機関では，オフィシャル・ドキュメントやオフィシャル・レポートについて，同じものを数枚コピーして異なる部署で保管するというニーズがあり，それらは規制によって義務づけられていることもある。それらの保管文書に対しては印字が長期間保持される必要があり，そのような用途においては，ドット・マトリクスがより適している。

第2は，金融機関の市場である。途上国の金融機関でもオートメーション化が進んできた。しかし，先進国の金融機関のように，先進的なATM装置を全国的に普及させるレベルにはなく，多くの金融機関では，投資額をできるだけ抑え，必要最小限のIT化を図りながらビジネスの目的を達成する方法が採用されている。ドット・マトリクスは，TCOが低く印字を長く保持できること

から，途上国の金融機関の店舗において，通帳印刷などの用途に用いられてきた。ただし近年は，サーマル・プリンタの用紙の値段が下がったことから，印刷速度が優先され簡易印刷でよいところ（レシート印刷など）ではサーマル・プリンタが使われ，印字品質や長期印字保持が必要なところ（通帳記入や内部文書など）にはドット・マトリクスが使われている。

　第3は，民間企業や店舗等でのインボイスやレシートの市場である。この市場も金融機関と同様，印字品質や長期印字保持が必要なところにはドット・マトリクスが使われ，スピードや簡易性が求められるところにはサーマル・プリンタが使われている。たとえば，ブラジルなどの南米諸国では，政府機関が徴税をする際に民間企業の脱税を防ぐため，彼らにインボイスやレシートを複数枚印刷させ，同じドキュメントを自社・顧客・税務当局で保管するよう義務づけている。このような徴税市場は「フィスカル市場」と呼ばれるが，ここでは主にドット・マトリクスが使われてきた。ただし，この市場も，近年では，情報保管や当局への報告を電子データによって行うように変わってきており，そのような場合には企業や店舗での複数枚印刷の必要がないことからサーマル・プリンタが好んで使われている。

　また，民間企業や都市の店舗などには，こうした用途に限らないノン・フィスカル市場と呼ばれる通常のレシート市場が幅広く存在している。たとえばレストランなどには，レシートを印刷する用途や，フロアでの顧客からの注文を厨房に無線で飛ばし，厨房で料理をする人がそのオーダーを印刷するといった用途がある。レシートの印刷では，ドット・マトリクスやサーマル，レーザーなど各種のプリンタが併用されている。高級レストランや専門店，ホテルなどのように，顧客にA4サイズの立派な領収書を渡したい場合には，レーザーやドット・マトリクスが使われている。一方，スーパーやコンビニエンス・ストアのように，レシートが簡易的なものでよい場合には，サーマルが使われている。厨房でのオーダーの印刷では，印刷速度と簡易性という機能を合わせ持ったサーマルが圧倒的に強い。

　第4は，病院の処方箋や薬局の領収書に関係する市場である。これも国の法律と関係している。医薬品の分野においては，病院や薬局でのドキュメンテーションの形式が決められている。たとえばインドでは，街角に多くの薬局が並んでいるが，そこで印刷される領収書は医薬品の名称と数量が記載された公式的なものである。顧客はその領収書を税務署や保険会社に提出するため，領収

書を一定期間保管しておかねばならない。また病院では，医師が出した処方箋を病院用，医師用，薬局用，個人用と複数枚印刷し，1部ずつ保管しておく必要がある。このような市場ではドット・マトリクスが使われ，その使用が義務づけられているところもある。

第5は，物流や運輸の市場である。物流や運輸のプロセスの中で，デリバリー情報を一時的にプリントアウトするニーズは数多く存在している。これらの市場には，多くの場合，物流や運輸のシステム全体を設計するシステム・インテグレータが存在し，プリンタ企業はそこと連携しながら，あるいはそこへのOEM供給として，プリンタを収めている。たとえば，ブラジルでは飛行機の搭乗券の発券にサーマル・プリンタが使われている。飛行機への搭乗時には搭乗券の印刷スピードが優先されるからである。一方インドでは，鉄道の駅の切符発券に，ドット・マトリクスが使われている。インドの切符はIDを印字する必要があり，印字枚数も多いことから，印字保持性がありTCOの低いドット・マトリクスが適しているとされているのである。

4.2 製品・システムのカスタマイゼーション

業務用プリンタの場合，プリンティングのニーズは多様であり，国や業務分野によってかなり変わる。それぞれの用途を正確に分析した上で，異なる印字方式を持つプリンタの製品特性を考慮しながら，より適した製品やシステムを提案する必要がある。こうした提案営業は，いわゆるコンシューマ系製品の販売とは異なる。インクジェットに代表されるコンシューマ系のプリンタは，製品をとくにカスタマイズせず大量に生産し，そのまま量販店やディストリビュータに流す，いわば大量生産・大量販売型のビジネスである。この点では，TVや白物家電などとあまり違わない。一方で，ドット・マトリクスやサーマルに代表されるビジネス系では，顧客の業務プロセスを理解し，用途を把握し，そこに対して製品，システム，サービスで総合的に付加価値をつけて販売する。そのため，ローカルな顧客の業務用途を探索し，その用途に製品やシステムをマッチングさせる企画・開発活動がより重要になる。システムも簡単なものなら自社で開発することが可能だが，大規模で複雑なシステムの場合には，その開発を専門に行うシステム・ベンダーとの連携が不可欠となる。また，カスタマイゼーションはシステムのみならず，ハードウェアにまで及びうる。

なお，システム・ベンダーは，対象顧客の業界によって棲み分けている。た

とえば，病院のシステムと小売システム，輸送システムは，すべてニーズが異なり，それぞれ異なるシステム・ベンダーがノウハウを持っている。また顧客の規模やIT化の程度によってもシステム・ニーズは異なり，ベンダーが違ってくる。顧客が外資系企業の場合は外資系システム・ベンダーが，顧客がローカル系企業の場合はローカル系のベンダーが，それぞれ重要な役割を果たす。前者の顧客の代表例が，外資系の小売チェーンや外食チェーンなどである。彼らは本国で開発されたシステムをそのまま現地に持ち込む傾向があり，その場合はプリンタ企業もグローバルなシステム・ベンダーと連携を図る必要がある。一方後者の顧客の代表例が，ローカルな交通システムやチェーン化が進んでいない小売店，レストランなどである。彼らのシステムは現地で開発される傾向が高いので，現地のシステム・ベンダーとの連携が必要になる。このように，プリンタ企業は，自社が対象とする顧客業界に合わせて，システム開発を得意とするベンダーを選び，彼らとの協業関係を築いていかなければならない。

　以下に，製品・システムのカスタマイゼーションの事例を2つほどあげよう。いずれも前項で簡単に触れたが，1つはインドの鉄道における切符の発券システム，もう1つは南米で政府の徴税用途に使われるフィスカル・システムである。

　まず前者についてである。インドでは，鉄道は比較的安価な交通手段であり，遠近距離移動のために人々に多用されている。駅舎の切符発券はまだそれほど自動化が進んでおらず，スタッフがカウンターに座り，乗客に切符を発券している。そこには先進国のような発券機はなく，切符の印刷にドット・マトリクスが使われている（写真参照）。

　駅舎の券売カウンターには大勢の人が並ぶ。粉塵も多く発生し，印刷環境は決してよくない。またプリンタは業務時間のほとんど稼働しているが，もしプリンタが止まるとそのカウンターについては発券業務自体が止まるため，乗客にも迷惑がかかる。そのような状況の中で，ドット・マトリクスは，劣悪な使用環境に強く，機構も単純なため故障しにくいという特性を発揮している。また，ドット・マトリクスはインパクト型のプリンタであり，印字の有効性（validity）が高く，TCOが低いため，切符のように大量の紙を印刷するには適している。

　なお，切符は金銭的価値を持つ券なので，発券場では厳重な管理が必要である。われわれが訪問した駅には4つのカウンターがあり40ほどのスタッフの

インドの駅舎で切符発券に使われるドット・マトリクス・プリンタ（筆者撮影）

席があったが，スタッフが扱う切符のロールはセキュリティおよび管理上の理由からマネジャーが管理しており，プリンタのロールが不足したらマネジャーがプリンタの鍵を開けてロールを交換するようになっていた。

　このような業務上のニーズに合わせるため，駅舎で使われるドット・マトリクスには，カバーや鍵を付けるなどの製品カスタマイズが行われていた。企業は，鉄道会社と共同でシステムや製品の開発を行ったが，それらの設計開発はシンガポールからの支援を受けて行われたという。また，発券場には，定期的にサービス員を派遣してメンテナンスにあたり，カウンターでのプリンタの稼働率低下を防ぐ努力が行われていた。デリー駅を起点として導入されたこのシステムは，コルカタなど地方都市にも広がり，今後インド全体への普及が目指されている。

　もう1つの事例は，南米のフィスカル・ビジネスである。すでに述べたように，南米諸国では，政府機関の徴税業務にも関係し，また，そこでの不正を排除するために，企業側でインボイスやレシートを複数枚印刷して，同じドキュメントを企業・顧客・税務当局が保管するように義務づけている。このような印刷市場はフィスカル市場と呼ばれてきた。南米でこうした市場が発達する背景には，これらの国々の複雑な税システムや税率の高さ，納税率の低さなどがある。

　たとえば，ブラジルでは，電気製品の小売価格の約30％は税金である。税金の内訳は「工業製品税」（IPI），「商品流通サービス税」（ICMS），「社会保険融資負担」（COFINS），「社会統合計画」（PIS）等である。これらのうち，IPIは連邦税であり，COFINSやPISなどは国民の健康や年金および弱者救済を目的として国レベルで徴収される税である。これに対してICMSは商品の流

通や通信・運輸サービス等に適用される税で，州税である。これらに加えて輸入品の場合には関税が掛かる。こうした税制の複雑さがフィスカル・ビジネスが生まれる環境条件となっているのである。

　しかし，フィスカル・ビジネスに適したシステムを開発しようとすれば，現地の税制に対する深い理解が必要となる。カスタマイゼーションの多くは現地のソフトウェア開発によるところになるが，その開発は現地人と日本人の共同作業になる。もしハードにまで及ぶ設計変更が必要になれば，日本側が中心になって開発を進めていく。システム開発は現地人の力によるところが大きいようである。以前，ある会社で，南米のフィスカル・ビジネスに対して，カナダ人が北米からシステム開発を行おうとした。しかし開発担当者は「いったいなぜこんなに複雑なのか。合理的ではない」と思うばかりで，結局，中南米の法律を深く理解し，システムを開発するには至らなかった。そうした経験から，この会社では，法律や税体系は国の文化と関係しており，文化や国の仕組みがわかる現地人がシステム開発をしたほうがよいという結論を得たという。

　ちなみに，このフィスカル・ビジネスは，日本を起点にしていないビジネス・モデルであるという点が興味深い。この会社の場合，そのコンセプトの起源は1980年代半ばのイタリアにあり，それを97年にアルゼンチンやベネズエラに持ち込み，主に南米諸国でビジネス化した。2000年にブラジル市場に参入するためのプロジェクトが立ち上がったが，公共性の高いビジネスゆえに政府や議会で了承が得られなければビジネスをスタートできないので，実際に同国で販売を開始したのは2003年であった。

　インドの切符の発券システムや南米のフィスカル・システムは，日本側の製品技術と現地側の製品やシステムのカスタマイゼーションによって生まれてきた事例である。日本は基本的な製品技術を提供するが，現地における製品の使用環境や商慣行を把握し，製品仕様を決め，顧客の業務フローに合わせてシステムを開発していくのは，現地側，あるいは現地と結びつきの深い第三国であり，そこでの企画・開発活動がきわめて重要な意味を持っている。業務用ビジネスの場合，そのような開発機能や組織能力を企業の国際展開の中でどうつくっていくかが成長を左右する問題となる。

4.3　製品の市場浸透を促す補完的資源――3つのチャネル

　プリンタは消耗品を伴うビジネスであり，それらを途上国市場に浸透させる

ためには，製品・システムのカスタマイゼーションとともに，いくつかのビジネス・モデル上の補完的資源（Teece, 1986）が必要となる。大きなものとしては，①製品の流通チャネル，②消耗品の流通チャネル，③アフター・サービスのネットワークの3つである。これらのネットワークを現地市場でどう編成するかによって，製品の普及率や消耗品の純正率などが変わってくると考えられる。

第1は，製品の流通チャネルである。途上国市場の場合，先進国ほど量販店流通網が発達しておらず，メーカーは卸売業者を通して地域の中小店舗に製品を流通させていく必要がある。こうしたIT系の中小店舗は地元の若者がベンチャーとして始めるところも多く，メーカーにも，そうした中小店舗を販売促進や金融面で支援し育てていく姿勢が求められる。最終顧客に対して販売活動を行うのは店舗なので，店舗の経営者に製品情報を伝え，販売活動を動機づける活動が重要になる。そうした活動を進出国市場全体に広げていく必要がある。

第2は，消耗品の流通ネットワークである。業務用で使われるドット・マトリクスのようなプリンタは，そもそもTCOが低いからという理由で顧客に選ばれているはずであるが，それでも，消耗品であるインク・リボン・カートリッジについて非純正品を選ぶ顧客も多い。消耗品の純正率を向上させる考え方はいくつかあるが，基本的条件の1つは，顧客が消耗品を必要とするときに，その顧客のできるだけ近くで消耗品が入手可能な状態をつくることである。しかし，地域も広く，流通も未発達な途上国において，隅々にまで消耗品を届けるチャネルをつくることは，必ずしも容易ではない。

プリンタ企業がハードウェアとしての製品を販売するときに通常使うのは，ITディストリビュータのような卸売業者である。彼らがその地域の小売店に製品を卸していく。しかしこうした小売店の数は，消耗品を末端のユーザーまで流通させるために必要とされる拠点数と比べると圧倒的に少ない。しかも，ネットワークが，どうしても都市部に偏る。また，消耗品は単価が安いため，高額な製品を扱うIT系の小売店にとっては，それらを販促するインセンティブも薄い。

そのため，しばしば使われるのが，IT系ではなく，日用品や文具を取り扱っている卸売業者である。文具はリボン・カートリッジ等の消耗品と単価が同程度であり，卸売業者は多くの代理店・小売店・ショップ等と取引関係を持っている。文具や日用品は，日常生活で必要とされるため，途上国でも地方にま

で流通網が行き届いている。こうした卸売業者と取引を行うことで、消耗品の市場浸透度を高め、純正品の利用率を高めるという方策が考えられる。

　第3は、アフター・サービス・ネットワークである。業務用で使われるプリンタは使用頻度が高く、一定期間の間に修理が必要となる。途上国ではプリンタの使用環境が良好とはいえず、外気にさらされ、砂塵の舞う場所で使われることも多い。そのためプリンタ・ヘッドが劣化し、短期間で修理・交換が必要となってしまう。

　業務用途の場合、製品の故障が顧客のビジネスの稼働率にも影響するため、ヘッド等のトラブルがあったときに迅速に修理できる体制を築くことが重要になってくる。そのためには、サービス・ネットワークを製品が流通する地域に広げておく必要がある。なお、顧客が非純正のカートリッジを使っていると、製品の故障は起こりやすくなる。しかし、そのような場合は、顧客がメーカーに修理サービスを求めても、保証書通り無償修理を受けることはできない。したがって、長期的なTCOを考慮すれば、純正品を使ったほうがメリットは大きい。サービス活動のもう1つの意義は、そうした正しい知識を市場に浸透させ、純正品の利用率を高めることである。もし、そうした活動でも純正品の利用率が伸びない場合には、消耗品の価格設定を含めて検討していく必要があるが、この点については次節のインクジェットの事例で見ていこう。

5　インクジェット・プリンタの課題

5.1　市場の相違と消耗品流通のボトルネック

　前節ではドット・マトリクスを中心に業務用プリンティングの市場特性を見てきたが、本節では、それとの比較対照において、インクジェットの市場特性を分析していきたい。とりわけ、第2節で述べたように、途上国市場で先進国市場と比べてインクジェットの市場構成比率が低い理由は何かという点を、考察していきたい。既述のように、ドット・マトリクスの技術や製品の構造、ビジネスの仕組みは、消耗品ビジネスが業界で支配的になる前に形成されたものである。これに対して、インクジェットは、消耗品ビジネスの興隆とともに発展した製品分野である。そのため、ドット・マトリクスとの比較でいえば、ハードウェアの製品価格は安価で、消耗品の価格設定が高く、TCOが高い。

　われわれのフィールド調査から得られた結論の1つは、先進国と途上国では、

同じインクジェットでも対象とする市場や製品の使われ方がかなり異なるという点である。日本など先進諸国では，インクジェットはホーム・ユースで使われることが多い。デジタル・カメラで撮影した写真をカラーで印刷したり，年賀状やレターを作成するときによく使われる。それらの用途では，量よりも，印刷の画質が重要であり，プリンタ企業も画質の改善に向けて製品開発を進めてきた。

他方，われわれが訪問した東南アジア，インド，ブラジルなどでは，インクジェットは，ホーム・ユースのみならず，ビジネス・ユースで幅広く使われている。たとえば，個人店舗や中小企業は，チラシやポスター，ダイレクト・メール，製品パッケージ等の販促ツールの作成を，専門の業者に頼むのではなく，自分たちでやってしまう。教育機関では，学生のレポートもインクジェットでプリントされる。企業でドキュメントをつくるときもインクジェットで，プレゼンテーション資料やカタログなどの印刷に使われている。このように，インクジェットのカラー印刷はさまざまなシチュエーションで用いられているが，ビジネス・ユースでは，ホーム・ユースと比べて印刷の量が格段に多くなる。画質よりは印刷量が求められるため，インク・カートリッジなどの消耗品の値段の高さがそのようなヘビー・ユーザーにとってはネックになる。

言い換えれば，途上国における消耗品ビジネス・モデルでは，「トナーで収益を得たい」とする企業の意図と，「より多く，より安くプリントしたい」とするユーザーの意図が，TCO が高い製品ほど，対立しやすくなると考えられるのである。アメリカや日本など，先進国で開発され，支配的になった消耗品ビジネス・モデルが，途上国で思ったほど普及しない理由は，こうした「市場のねじれ構造」（つまり，先進国市場を対象に開発された製品やビジネス・モデルが途上国市場の顧客ニーズに必ずしも適さないこと）にあると，筆者らは考えている。

そうしたねじれ構造は，途上国において，消耗品ビジネスの前提をも揺るがす事象を引き起こす。たとえば，インドネシアの IT モールなどで，しばしばプリンタ専門の修理業者を目にする。彼らは，単に非純正のインク・カートリッジを取り付けるにとどまらず，カートリッジにつなげる大容量のインク収容タンクをつくり，プリンタの横に取り付けている。使われているインクはむろん非純正のものであり，タンクのインクは再充塡可能になっている。現地ではこれは「ビッグ・タンク」と呼ばれていた（写真参照）。このビッグ・タンクの改造は，製品本体価格の数十％にもなるという。しかし多くのユーザーが製品

を持ち込み，装着していくというのである。

これはむろん不正であり，途上国の中でもやや極端な例である。しかし，インド，ブラジル，東南アジア，中国など，われわれが訪問した途上国では，東京の秋葉原に類するところに行けば，インクジェットやレーザーのカートリッジに非純正のインクやトナーを詰め替える「リフィル・ビジネス」は，よく目にすることができた。また，インドや中国などではサード・パーティのカートリッジが公然と売られていた。

インドネシアで見られたカートリッジ(手前)とビッグ・タンク(中) (筆者撮影)

アジアでは，この手のビジネスは，多くの場合，個人レベルで成立している。しかしよく考えれば，個人商店を営む彼らが独自に材料を配合してインクをつくれるはずがない。つまり，これらの背後には，非純正品を生み出す，より大規模なネットワークが存在しているということである。しかもそれは国内レベルにとどまらない。非純正品をめぐる国際ビジネスが成り立っていると思われるのである。

ヒアリングによれば，主に中国で非純正インクが製造され，そこから東南アジアやインドに輸出されているようである。各国市場に届いたドラム缶は，そこからインク瓶に小分けされ，各店舗へと流通していく。プリンタが売れるほど，彼らのような非純正品ビジネスが隆盛するという構図が存在する。消耗品ビジネスとして，本体価格を下げ，インク・カートリッジやトナー・カートリッジを高値に据え置くほど，非純正品ビジネスの展開余地を残すことになるのである (天野・藤原, 2011)。

5.2 消耗品ビジネスの再構築

上述のような行為は，むろんプリンタ企業から見れば容認できるものではないが，もう1つ認識すべき重要なことは，インドネシアでも，他の途上国でも，修理費を払ってまで「ビッグ・タンク」に改造するようなヘビー・ユーザーがおり，なるべく安く，たくさんカラー印刷をしたいというニーズが広範囲に存

在しているという事実である。こうしたヘビー・ユーザーが求める製品仕様が本当のところは何なのかということを，既存のプリンタ企業はまだ追求し切れていないといえる。

　非純正品対策には，一筋縄ではいかない側面があるが，それには基本的に次のような2つの考え方があると思われる。第1は，非純正消耗品をいかにブロックするのかというアプローチ，第2は，純正消耗品の普及率をどう高めるのかというアプローチである。

　まず，第1の方法についてである。たとえば，プリンタ企業が，製品設計上，非純正のインクやトナーを注入し難いように仕様を変更したり，カートリッジに純正品でないと作動しないようなICチップを搭載するなどの対策をとることが考えられる。むろん，純製品を使用したほうが製品寿命は長持ちするはずであり，ICチップの搭載は顧客利益と適合した側面がある。しかし，それでも非純正品を好む顧客は多数存在するため，結果，そのチップにかけられた暗号は発売後半年もしないうちに破られ，問題なく作動するようになってしまうこともしばしばだという。また，各社とも非純正品を用いて故障した場合は保証対象外としているものの，市場では激しい競争が繰り広げられ本体価格が下がり続けているため，非純正品を用いて故障したとしても，「次の安い新製品」が顧客を待ってくれている。第1のアプローチにはそうした難しさもある。

　第2の方法は，純正の消耗品の普及を促すための商品企画やビジネス・モデルの導入である。最近になってインクジェット市場に登場し始めたのは，ビッグ・タンクと同様に，インクの交換頻度を下げた製品である。つまり，インク・カートリッジを巨大化し，最初の段階でかなり多くのインクを詰め込めるようにするプリンタである。たとえば，エプソンはインドネシアで2010年に導入した（写真参照）。これまで，店頭に並ぶ製品に搭載されていたインクやトナーは少量であった。そのため顧客にとっては，プリンタを購入してもすぐにインク切れ・トナー切れという事態になる。プリンタ・メーカーにとってみれば，それが顧客を消耗品市場へ導く一手段だったのだが，ヘビー・ユーザーが多い途上国市場でそれをしていると顧客はすぐに非純正品市場に流れてしまう。これは，そうした課題を解消するために行われた製品設計変更なのである。

　また，地道ではあるが，前節の業務用プリンタのところで見てきたように，

エプソンが 2010 年にインドネシアで導入した L200（写真提供：セイコーエプソン株式会社）

純正消耗品を扱うチャネルを市場の隅々にまで広げて市場での入手可能性を高めることや，アフター・サービスのネットワークを広げ，純生品を用いることで製品寿命が長くなりベネフィットがあるということを啓蒙していくことが重要である。

しかし，プリンタ各社の競争は熾烈を極めており，非純正品もここまで市場に浸透している今日，それらとどう向き合っていくかは，依然として悩ましい問題である。消耗品設計なのか，保証範囲で線引きを行うのか，チャネル等の補完的資源戦略なのか，あるいは消耗品ビジネス・モデルからの根本的な転換を行うのか。それとも，彼ら非純正品メーカーを敵対するプレイヤーではなく利用可能なプレイヤーと捉え直して戦略を再構築するのか。現在も各社は模索の最中にいるのである。

6 むすび── B to B ビジネスへのインプリケーション

本章では，プリンタ・ビジネスを事例として，途上国における消耗品ビジネスの可能性と課題を分析してきた。このケースは，プリンタのみならず，途上国の B to B ビジネスで一般的に企業が考慮すべき要件をいくつか示唆しているので，その点を章の最後にまとめておきたい。

第 1 は，製品やシステムのカスタマイズについてである。ドット・マトリクスのケースに見られたように，業務用においては，本国とは異なる現地ユーザーの業務フローやユーザーを取り巻く環境・法制度等について深く理解する必

要があり，製品やシステムをそれに合わせてカスタマイズさせていく必要がある．現地で専門的知識を持つシステム業者等のパートナーとの連携や，進出先国やそれに近い国において，現地法人側のローカルな開発能力を保持することが必要となる．こうした特定の途上国で開発されたソリューションは，しばしば，その国のみならず，ほかの似たような環境を有する途上国にも転用されうる．つまり，現地側の開発活動は，進出先国を起点とするグローバル・イノベーションの発端となりうるのである．

　第2は，ヘビー・ユーザー中心の市場であるため，ハードウェアと消耗品の双方を考慮したTCOの低減という視点が重要となる．ヘビー・ユーザーが相対的に少ない市場に比べ，そうしたユーザーの多い途上国においては，製品そのものと消耗品およびアフター・サービスの価格設定や価格構成の再検討が迫られる．今後も研究が必要だが，そうした価格戦略は純正消耗品の使用率とも関係がありそうである．ユーザーにとって重要なことはTCOの低下であり，企業側はそのことを考慮し，かつ自社の純正消耗品の利用をも前提とした上で，どのような価格モデルをユーザー側に提案できるかが問われているのである．こうした事象は，ほかの，消耗品を用いる多くのB to Bビジネスにもあてはまる．純正消耗品の価格を一定率下げたときに，ユーザーの純正消耗品利用率と自社製品使用年数がどの程度伸び，企業側とユーザー側がそこからどの程度の便益を受けるかという実験や分析が必要であり，それに基づいて，製品やビジネス・モデルを考慮する余地があるだろう．

　第3は，消耗品チャネルやアフター・サービスなどの補完的資源戦略の重要性である．業務用中心の市場の場合，ユーザーは製品のハードウェアだけを見て製品購入の判断をしているわけではない．消耗品の入手可能性やアフター・サービスの利用可能性が製品購入の重要な判断基準になる．純正消耗品の普及率を伸ばすために，価格戦略に代わりうる戦略は，消耗品のチャネルを発達させ，その入手可能性を高めることである．したがって，消耗品ビジネスとしての特徴を持つ製品の場合は，そうでない製品と比べて，より補完的資源に重点を置いたチャネル戦略を検討する必要がある．重要なことは，製品チャネルと，消耗品やサービスのチャネルは，進出先国における拠点数や市場カバレッジを考えたときに，必ずしも同一である必要はないという認識である（むろん同一という場合もありうる）．消耗品供給やアフター・サービスのための拠点は，製品流通と比較して，より多くの数やより広いカバレッジが必要であり，しばし

ば製品チャネルとは別のルートも考慮に入れてチャネルの計画が検討される必要があるのである。

* 本章の事例部分（第2節以降）は，中川・天野・大木（2009）と天野・藤原（2011）をもとに，天野が2011年に執筆したものである。第1節は，本書の構成に合わせて，2013年に中川が執筆したものである。

第4章

日本企業の優位性の活用
日立製作所の白物家電の事例

新宅純二郎・大木清弘・鈴木信貴

1 はじめに

　新興国市場において先進国の多国籍企業が競争優位を築くにはどうすればよいのか。この問いに答えるために，あえて多国籍企業論の初歩的な研究に立ち戻ってみたい。

　初期の多国籍企業論の発展に大きく貢献したのがハイマーの研究である(Hymer, 1976)。彼の研究の問題意識は，「多国籍企業はなぜ直接投資をするのか」にあった。当時，多国籍企業は，さまざまな国の金利の差から利益を得るものであると考えられていたため，為替の差益や株式の保持による配当を得るだけでなく，海外に直接投資を行い，海外拠点のオペレーションまでコントロールする理由が明確でなかったのである。そこでハイマーはこの問いに焦点を当てて研究を行った。

　この問いに対する彼の答えは，簡潔にまとめれば，「直接投資をすることによって，その企業が保有する優位性を海外子会社において完全に利用できるから」というものであった。そもそも多国籍企業の海外子会社というのは，現地でのビジネスにおいて，現地企業に比べて言語・現地経済の知識・商習慣の知識等の面では不利である。このハンディキャップを超えて現地で勝ち抜くには，多国籍企業が「優位性」を持ち，それを現地で活用できなければならない。ここでいう「優位性」とは，競争優位を生み出すような知識（たとえば，生産や販売の効率性を上げるような知識）や技術のことであり，ハイマーは本国事業で培った優位性を強調していた。こうした優位性を現地で活用する際，ライセンス

等の形をとると，知識や技術の供与に伴う対価を決定することが難しく，多国籍企業側が正しい利益を得られない場合がある。そのような場合に企業は直接投資を行うと結論づけたのである。

　この研究は，海外直接投資の意味を問う古典的な研究として位置づけられているが，同時に新興国市場にも重要な示唆をもたらすと思われる。ハイマーは，多国籍企業の海外子会社が現地ビジネスにおいて大きなハンディキャップを背負っていることを前提にしていた。ゆえに，それを補って余りあるような優位性を活用することが求められる。そうでなければ，現地での競争に勝つことはできない。

　この議論を新興国市場での議論に適用するならば，多国籍企業の海外子会社は，新興国の現地企業と同じ取組みを行ったところで競争優位は得られないことになる。潜在的なハンディキャップを克服しただけでは競争優位にはつながらないからである。多国籍企業の海外子会社は常に，その企業自体が持つ優位性の活用を考える必要がある。このような示唆が，ハイマーの古典的な研究から得られるのである。

　では，今の日本企業に，新興国で競争優位を得られるような優位性があるのだろうか。筆者はそのような優位性が日本企業にはまだ十分に存在していると考えている。本章ではその１つの例として，日本企業が保有する要素技術の強みを活用した事例を紹介する。日本企業が保有する要素技術は，新興国の現地企業はもちろん，新興国市場においてライバルとなる韓国企業等の非日系多国籍企業にも対抗できる優位性であると考えられる。こうした優れた要素技術の活用を検討することが，新興国市場での競争優位につながる可能性があるといえるだろう。

　しかし重要なのは，その要素技術が活きるニーズを探すことである。ただ高度な技術を詰め込んでも，「過剰品質」の製品となってしまえば，現地では見向きもされない。しかし，「安いこと」が重視される新興国市場においても，高い要素技術がなければ実現できない現地ならではのニーズは存在しうる。そうしたニーズを優位ある技術で満たすことができれば，現地で競争優位を築くことは可能なのである。

　もちろん，そうした取組みを行うためには，「現地のニーズをしっかりと吸い取る」「その技術によって満たされたニーズをわかりやすく伝える」といった取組みが前提となる。そうしたベーシックな取組みを踏まえた上で，日本企

業が持つ優位性を活用することで，現地において競争優位を築くことができる可能性があるといえるだろう。

本章では，上記で議論してきたような取組みを行っている日立製作所（以下，日立）の白物家電（冷蔵庫，洗濯機，エアコン）事業のアジア海外展開に焦点を当て，日本企業が持つ技術の優位性を活用した新興国市場戦略の可能性を検討していきたい。なお，これらの事業は日立から分社した日立アプライアンスが担当しているが，以下ではそれらも日立として扱う。[1]

2 日立製作所家電部門の海外展開

まず，日立の家電部門の概要を理解するために，2009年時点での日立のアジア地域における海外展開の動向について，冷蔵庫，洗濯機，エアコンという3つの家電製品の製造拠点に焦点を当てて説明しよう。

冷蔵庫は日本とタイの2カ国，洗濯機は日本，タイ，中国の3カ国で製造されている。とくにアジアや中東地域に販売される製品の製造は，タイに集約されている。タイでは，1980年に冷蔵庫，88年に洗濯機の製造が始まった。現在これらの製品は，タイから，東南アジア（タイ，マレーシア，ベトナムなど）や中東へと販売されている。一方，日本国内では栃木工場で大型冷蔵庫，多賀事業所で洗濯機（ドラム式など）を製造している。これらは主に日本国内向けの製品である。

エアコンに関しては，2010年時点で，日本，中国，台湾，マレーシア，インドで製造が行われている。マレーシアのエアコンは，アジアだけでなくヨーロッパや台湾でも支持されているという。またインドでは，1991年から現地企業と技術提携を始めて，99年にジョイント・ベンチャーを設立し，2003年に70％まで株式保有率を上げる等，徐々に現地へのコミットメントを強くしていった。インドでは，ルーム・エアコン，ビル用パッケージ・エアコン，携帯中継基地局用エアコンなどを製造・販売している。一方，日本では，栃木工

---

1 日立アプライアンスは，日立ホーム＆ライフソリューションと日立空調システムが2006年4月に合併してできた企業である。日立ホーム＆ライフソリューションは，エアコン，洗濯機といった白物家電の事業会社として2002年に設立された企業であり，日立アプライアンスの実質的な母体となった企業である。そのため，海外子会社の中には日立ホーム＆ライフソリューションの社名が残されている企業も存在する。たとえば，後述する日立のインド拠点は，日立ホームアンドライフソリューション（インド）と称している（2009年12月時点）。

場でエアコンの製造を行っている。

　以上の通り，現在の日立の家電事業は国内と海外の両方で製造する体制をとっている。ただし，国内は国内向けなどの高付加価値製品の製造に特化し，日本のボリューム・ゾーン向けやアジア・中近東向けの製品は，海外拠点で製造されている。冷蔵庫と洗濯機であればタイ，エアコンであればマレーシア，インド，中国というように，海外市場に製品を供給するのは，主に海外拠点の役割となっているのである。

　このように海外拠点が海外市場向けの製品を製造し出すと，海外拠点に海外市場向けの開発機能やマーケティング機能を持たせるような動きが出てくる。デザイン・フォー・マニュファクチュアリングの観点からは，製造現場と開発現場が近いほうが，よりよいものづくりが容易である。また，現地市場，とりわけアジアの発展途上国のニーズは，発展途上国にある海外拠点のほうが日本よりも敏感に察知・把握できる可能性が高い。そのため，日立においても，タイやインドといった地域で，現地のニーズを捉えた製品を販売するために，現地に開発機能やマーケティング機能を持たせるようになった。以下では，日立のタイ拠点とインド拠点において，開発活動やマーケティング活動がどのように行われているのかを検討していく。

3　タイ拠点での取組み

3.1　タイ拠点の概要

　日立のタイ拠点である日立コンシューマ・プロダクツ（タイ）（以下，HCPT）は，1970年にサムットプラカーンに設立された製造子会社である[2]。設立当初は扇風機をつくっていたが，その後生産品目を拡大し，72年に白黒TV，74年にカラーTVの製造を開始した。1980年には現在の事業の中核となる冷蔵庫，84年には電気釜，88年には洗濯機の製造を開始し，90年以降は，シャワー・ヒーター（99年），掃除機（2001年）などの製造も開始した。2003～04年にTV事業から撤退したため，現在は冷蔵庫，電気釜，洗濯機，シャワー・ヒーター，掃除機が主な製品である（図4-1）。

　2　HCPTという呼称は1980年に付いたものである。なお，設立当時より現地企業からの資本投入を受けており，現在も20％は現地のトンタイ・グループが株式を保有している。また，1997年にサムットプラカーンからカビンブリに工場が移転された。

図 4-1　HCPT の売上構成（2008 年）

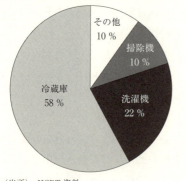

（出所）　HCPT 資料。

表 4-1　HCPT の商品別売り先国・地域（2008 年）

（単位：％）

	ASEAN	中国	日本	その他
冷蔵庫	55.1	21.8	5.2	17.9
洗濯機	50.0	30.2	19.8	0.0
掃除機	68.0	18.4	9.9	3.8
全体	58.2	21.5	10.3	9.9

（出所）　HCPT 資料。

なお，HCPT の商品別の売り先国・地域を見たものが，表 4-1 である。ここからわかる通り，タイから ASEAN 地域や中国へ販売されるものが多く，HCPT は日本への逆輸入拠点というよりも，アジア市場を捉える拠点としての役割が強いことがわかる。また，タイ国内で販売されるのは全体の 25 ％程度であり，事業の大きな部分が ASEAN や中国への輸出にあてられている。

このように，アジア市場を狙うという使命を持った HCPT は，2000 年代から新興国のニーズを取り込んだ製品の開発・販売を現地で行い出した。その際に彼らは，日立本体が持つ要素技術を検討した上で，現地のニーズとマッチした高付加価値の製品を販売することによって，売上高を伸ばしてきた。以下ではその事例を見ていく。

3.2　アジア向け商品開発の開始

まず，タイにおいて商品開発の動きが起きた背景から説明しよう。もともと TV から冷蔵庫といったものまでフルラインで揃えてきた HCPT ではあったが，1997 年に不採算となってしまった。1990 年代後半から 2000 年代前半までの HCPT は厳しい財務環境に置かれており，収支健全化のための改革が目指されることになった。

そのような改革のため，以下の 3 つの方針や取組みが生まれた。

(1)　「ニッチビッグ」の方針

「不採算事業は売上げが大きくても廃止する」という経営方針が，「ニッチビッグ」である。これに基づき，いくつかの不採算事業が整理されることに

なった．とくに TV 事業はコーポレート・レベルで縮小傾向にあり，HCPT も 2003～04 年を最後に TV 事業からの撤退を決定した。さらに，各国の市場の中では中東市場を重視することも決定した．

(2) 「GS プロ」の開始

日本，タイ，中国の間で「GS プロ」(Global Solution Project) と呼ばれるプロジェクト・チームを立ち上げ，現地小売情報の緻密な分析や製品原価の可視化を行うことが目指された．もともと国内では古くから「S プロ」というものが行われており，これは，関係部署がプロジェクトを組み，物理的に一堂に会して物事を決め，意思決定を統一することを目的としたプロジェクトであった．たとえば，工場の開発部門の中で，何かこういうものをつくりたいという案が出る．すると，それに活かせる研究所の技術がないか，販売側や宣伝部隊のその製品への評価・要望はどうかなど，関係した部署の人間が集まることで製品を開発してきたのである．

これのグローバル版が「GS プロ」である．2005 年末から，日本からは工場や研究所所属の社員が，世界からは営業販社の社長やそれに準じるマネジャーがタイに来て，全員で話し合うようになったのである．実際に半年に 1 回，場合によっては 3 カ月に 1 度タイに直接集まり，2 日半ほど緊密な話合いが行われる．1 回の会議には，もともと HCPT に所属している社員も含めて，大体 70 名くらいが参加するという．

たとえば，タイで第 1 回目に行われた GS プロでは，本国拠点が保有する要素技術の確認が行われた．冷蔵庫の「省エネ」や洗濯機の「ビート洗い」など，さまざまな要素技術が提示され，その中でどこに力を入れる必要があるかを，ローカルのアイデアをもらいながら考えていった．

(3) 現地設計の志向

アジア市場を捉えるためには，日本でつくった製品の仕様を変更し，アジア向けの廉価版製品として販売する必要がある．また，ただ廉価版にするだけでなく，アジアのニーズへの対応も行う必要がある．このような取組みに向けて，タイでの現地設計が目指されることになった．そのため，ローカル人材としてタイ人設計者を冷蔵庫で 60 人，洗濯機で 30 人，育成することになった．

3　タイ国内での TV 販売自体も中止された．

「ニッチビッグ」「GSプロ」「現地設計」の3つをキーワードとしながら，本格的にHCPTで現地商品開発が行われるようになったのは，2006年にA氏がHCPTの社長に着任した後であった。着任1年目，彼は製品ラインなどの無駄をなくすところから取組みを始めた。A氏の着任当初，HCPTは70カ国に対して1000機種もの製品を出していた。しかし，本国日本の工場でさえ400～500機種を扱っていたのが過去最高であり，タイでそれ以上の膨大な品種を扱うことは難しかった。そこでまずは機種数を絞ることから始めた。

そのような取組みが半年～1年で一段落すると，今度は本格的に海外市場対応を考えるようになった。その際のHCPTの戦略が「PREMIUM戦略」であった。PREMIUM戦略とは，製品開発から販売・販促にまでわたるもので，とくに製品開発にかかわるものは「PREMIUM製品開発戦略」と呼ばれた。

以下ではPREMIUM製品開発戦略のもと，HCPTで行われた代表的な現地商品開発の事例である冷蔵庫と洗濯機に注目し，その商品開発について説明する。[4]

3.3 冷蔵庫の開発事例

(1) 現地による独自技術開発
　　　　──マイナスゼロクーリングと並列式空力設計エバポレータ

HCPTの冷蔵庫の開発は，まずGSプロによって要素技術を集約するところから始まった。日本発の要素技術として，省エネ技術や冷凍技術といったものを再度確認しながら，ローカルのニーズを取り入れた開発が行われた。

そうした結果，現地で画期的な技術が生まれた。その代表的なものが「マイナスゼロクーリング」という冷却システムである（写真参照）。当時のタイ冷蔵庫市場は韓国勢の価格攻撃が厳しく，日立は厳しい立場に置かれていた。それを打ち破るために，「視覚効果による製品差別化」「より一層の原価低減」「より一層の省エネ」という3つの可能性が考慮された。これらの要素をすべて満たした新冷却システムが，「マイナスゼロクーリング」である。

今までの冷凍庫の冷却システムでは，冷凍庫に霜が付かないように，マイナス18度にまで冷えた冷凍庫の風をダンパーで温度を調節しながらファンで野菜室に送っていた。しかしこの方式では，ファンが必要な分，コストが掛かっ

4　冷蔵庫と洗濯機の事例については，日立製作所に対するインタビューと，畠ほか（2010）を参考にした。

マイナスゼロクーリング採用の冷蔵庫（奥の壁面にあるのが冷却板，写真提供：日立アプライアンス株式会社）

てしまう．一方，マイナスゼロクーリングは，直冷型（冷凍室と冷蔵室が一体となっているタイプの冷蔵庫に使われる冷却方法）に近い方式をとっている．冷凍庫と野菜室の間に冷却板を置き，それを0度に保つことで野菜室の温度を4度に保ちながら，同時に冷凍庫に霜ができないようにしているのである．

　この技術の一番の特徴はファンを使わなくてもよいことであり，それが大きなコスト低下をもたらした．最終的には，ファン削減以外のコスト低減も含めて，3割ほどコストが下がった．また，庫内を均一に冷やすため，これまでのファン式では反射板を付けて全体を均一に冷やしていたが，この方式であれば反射板を使わなくても均一に冷えるため，省エネのメリットも得られた．その他のコンプレッサーやモータ効率の上昇分を合わせて，15％の省エネ効果が得られたという．さらに，この方式を使った製品は，庫内の壁にそれまでなかった青い冷却板が付けられることになるため，消費者の視覚に訴える製品差別化にもつながった．

　結果，この方式を用いた製品は，2006年に市場に投入されて以来，タイ市場で強く支持されることになった．また，この方式はタイでパテントを取得し，2009年には日本に対してもパテントを売るようになった．現在は日本国内で製造される冷蔵庫も，この方式を採用している．

　現地がかかわって開発された技術のその他の例として，「並列式空力設計エバポレータ」というものがある．これは，冷蔵庫に使うブロック型の熱交換器である．もともと熱交換器は「薄いが大きい」形のもので，ブロック型をした

ものではなかった。それに対し，日本人とタイ人が協力して新しいモデルがつくられた。日本人が設計をサポートし，開発や研究所でのテストにかかわった。一方，現地のタイ人は設計図面やマイナー・チェンジを担当した。この開発体制では日本人がリーダー，タイ人がサブリーダーとされ，年間2～3人のタイ人を日本に派遣して共同で開発作業が行われた。

(2) 市場に対応した製品の発売――SBS戦略

HCPTはまた，技術的革新性はそこまで高くないものの，市場を捉えた製品を発売した。それが「サイドバイサイド戦略」(SBS戦略)である。

「サイドバイサイド」というのは，観音開きタイプの冷蔵庫で，冷蔵庫の中の部屋もそのドアの分だけ区切られている冷蔵庫である(写真参照)。SBS戦略の骨子は，「400ℓ以上の大型ゾーンに，独自性の強いSBS冷蔵庫を，日系としてはじめて投入する」ことである。

日本企業の冷蔵庫は基本的に，ドアを増やしながらそれなりに容量を大きくするという形で製品開発がなされてきた。コンパクトでありながらも大容量で，かつ多ドアというのが日本市場のトレンドであった。しかし，これは世界の中では特殊である。タイ市場で，HCPTは日本市場でのやり方を引き継いで3ドア，4ドアの製品も販売したが，韓国系企業は多くても2ドアの製品しか投入せず，容量を大きくすることに専念していた。結果，タイ市場でより支持されたのは韓国系企業の冷蔵庫であった。

このようなアジア市場と日本市場のギャップを考慮して，HCPTは，タイ市場に，2005年に4ドア・フレンチドア(450ℓ)の製品を投入した。フレンチドアとは，観音開きなのだが，左右を区切る壁がなく，庫内がつながっている冷蔵庫である。つまり，2ドアの冷蔵庫を中身の構造はそのままで，ドアのみ4つに増やし，観音開きにしたものである。ただドアを変えただけなので追加の投資が要らない製品であったにもかかわらず，市場では高く評価された。果たして，フレンチドアの製品は，2005年はHCPTの冷蔵庫のタイ国内の販売台数のうち5％弱を占めるのみだったが，07年には20％強を占めるまでになった。

2005年の製品投入後は，フレンチドアの中でも高級ゾーンを狙うことによって，韓国勢のSBSに対抗していく。2006年には，高級な製氷機を備えた製品を販売したり，内装をガラス扉にしたりして，高級志向を高めていった。続いて2007年には，グラスブラックという高級感のある色の製品を投入し，上

3ドア・サイドバイサイド冷蔵庫（R-M600GPTH．写真提供：日立アプライアンス株式会社）

述の通り，HCPTにおける冷蔵庫販売台数の約2割がフレンチドアによって占められることになる。

　しかし，改めて市場調査を行ったところ，意外な結果が明らかになった。高級志向を強めることを目指したフレンチ4ドアの製品であったが，売れているのは安いモデルであり，フレンチドアで高級ゾーンを狙うことには限界のあることが明らかになったのである。それに比べてサムスンやLGは，30〜40機種といったフルラインで製品を投入しトータルで売上げを伸ばしていた。

　そこで2008年，HCPTもSBSを投入することを決定した。しかし，他社をただ真似ただけでは差別化にならないので，製氷機をタンク式にすることにした。それまでは，水道と冷蔵庫を直接つなぎ冷蔵庫内のフィルターを通して氷をつくるという製氷方式をとっていたところに，HCPTはタンク式という新たな製氷方式を導入し，ミネラル・ウォーターなどのきれいな水をタンクに入れ，それを冷蔵庫に入れることで氷をつくれるようにした。また，ドアを開けなくても氷を外側から取り出せるような機構を設けた。この結果，それまで必要だった水道工事やフィルターの手入れが必要なくなり，手軽に氷を利用できる独自の製品として販売することができた。さらに，それまでは市場に少なかった3ドアのSBSという製品を発売することで，外見上のオリジナリティも追求した。結果，基本的な製品ラインアップは2ドアと3ドア，それぞれに製氷機を付けるか，付けないかの，合計4パターンの製品を投入することになっ

た。なお、現在の売れ筋は、3ドア、製氷機付き、かつグラスブラック色の製品であるという。

以上がSBS戦略の概要である。この戦略の結果、HCPTのタイにおける冷蔵庫の販売台数は、2003年から順調に伸び、05年には03年の2.5倍、09年には05年の1.5倍にまで拡大した。上で説明したような製品開発が功を奏し、2009年まで順調に成長を続けているのである。このSBSはまた、タイ市場だけでなく中東でも売れている。ドバイではSBSが3000ドルで売られ、これが月に100台売れる。これは売上げとしては非常に大きい。

(3) 取組みの結果

以上、HCPTの冷蔵庫の事例として、現地の新規技術開発と市場対応を説明してきた。これらの取組みの結果、タイにおける日立の冷蔵庫の市場シェア（金額ベース）は、2006年の11.6％から、09年には16.7％に上昇し、シェア2位の東芝に肉薄している（なお、シェア1位は三菱電機で、シェア20％程度）。前述のように、これらの製品は中東でも好調を維持している。これは、上記のような取組みの結果、日立の製品がアジアのハイエンド市場を捉えることに成功したことを意味しているのである。

3.4 洗濯機の開発事例

洗濯機に関しても、2006年前後から「現地市場に合わせるには現地でつくるべき」という考えから、現地開発が始まった。当時のタイの洗濯機市場において、低価格帯（7〜9kg）についてはLG・サムスンといった韓国勢や東芝がシェアを有していた。これらの企業に対してコスト競争を挑むのは難しく、基本的には高級路線を目指すことになった。

高付加価値にとって重要な要素は大型化であった。当時、台湾の営業マンが「大きい洗濯機をつくれば絶対に売れる」という意見を出してきたため、大型の洗濯機を販売することになった。実際タイ国内でも、布団などの大きいものをそのまま洗いたいというニーズは強く、大型洗濯機の需要は存在していた。ただし、当時の日立の洗濯機の容量は最大でも10kgであった。大型化でリードしている松下などは13kgの製品を投入しており、日立としては改めて大型洗濯機を開発しなければならなかった。

しかし、洗濯機を大型化するというのは技術的に難しいことであった。洗濯槽を大きくすれば、その分、重量は大きくなる。洗濯中はそこに水と洗濯物が

入り，さらに重量が増す。そのような洗濯槽を回転させる際，うまく製品を設計しないと振動や騒音などの問題が生じてしまう。そこで日立では，回転したときの軸ブレを防ぐための工夫として，洗濯槽にバランサーとなる重しを付けるなどの技術的な改良を行った。このような製品開発は，日本本国からの応援も受けながら，タイ国内で行われた。結果，15 kg の超大容量の洗濯機を発売することができた。現在この製品は，タイ国内だけでなく，台湾やマレーシアにも輸出され，アジアの大型洗濯機のニーズを捉えている。

このような取組みによって，日立はアジアの大型洗濯機市場において一定の評価を得ることに成功した。その成功要因は，アジア市場特有の「大型化」へのニーズを捉えた上で，本国等から持ち寄った技術によってそうしたニーズを満たす製品を開発できたことにあったのである。

3.5 小　　括

本節では，日立のタイ拠点における冷蔵庫と洗濯機の開発事例を見てきた。ここにあげた2つの開発事例は，製品開発の際に現地のニーズを取り込むことで，現地市場で高付加価値の商品として評価された事例であった。ここでのポイントは，現地のニーズを捉えた上で，それを本国等の要素技術によって実現したことである。冷蔵庫と洗濯機のいずれの製品開発も，現地のニーズを比較的高度な技術によって満たした事例である。独自の技術を用いた技術的難易度の高い機能が差別化の源泉となっており，ゆえに，市場で一定の評価を受けているのである。

また，これらの製品の機能そのものを，現地の顧客が知覚しやすくしたことも重要な成功要因であった。見て違いのわかるマイナスゼロクーリングやサイドバイサイド冷蔵庫，もしくは「たくさん洗える」というわかりやすい機能を持った大型洗濯機のように，製品自体が高機能であることをわかりやすく伝えていたことが，市場で支持された要因の1つだった。

以上，タイではその機能がわかりやすい製品にすることで，高機能の価値を現地顧客に伝えやすくしていた。では，現地の人に高機能の価値を知覚させるための取組みには，このほかにどのようなものがあるだろうか。この点をより明確にするため，次節では日立のインド拠点での取組みに視点を移したい。

4 インド拠点での取組み

4.1 インド拠点の概要

　日立のインド拠点は，日立の家電関連の事業会社である日立アプライアンスの子会社で，正式名を日立ホームアンドライフソリューション（インド）という[5]。日立本社から見ると孫会社にあたる。本章では，日立ホームインド[6]と略す。

　日立ホームインドの本社と工場はアーメダバードの中心地から車で 1 時間ほどのカディ（Kadi）にある。アーメダバードは 2011 年時点で人口 557 万人程度の都市である。日立ホームインドが製造・販売しているのは，家庭用のルーム・エアコン（ウインドウ型，セパレート型），および業務用のビル用パッケージ・エアコンと携帯電話中継基地局用エアコンである。このほかに，冷蔵庫と洗濯機を日立のタイ工場から輸入して販売している。日立ホームインドのエアコンも中近東に若干輸出しているが，同社の製品のほとんどはインド国内市場向けである。

　インドにおける日立ホームインドの家庭用エアコンのシェアは 4 位，業務用エアコンのシェアでは 3 位という位置につけている。

4.2 インド拠点の沿革

　1984 年に，繊維事業を営んでいたインドのラルバイ・グループがエアコン事業に着手したのが，この会社の発端である。しかし，単独ではうまくいかなかったので技術提携先を探し，1991 年に日立が技術提携を行った。ただ，このときは図面売りだけで，日立から人が派遣されたわけではない。1999 年の増資のときに日立が出資し，社名変更して，アムトレックス日立アプライアンス（Amtrex Hitachi Appliances）という合弁会社となった。もとの会社は 1990～91 年ごろに上場しており，このときに，日立製作所 35 %，ラルバイ 35 %，公開株 30 % という持株比率になった。日立ブランドとアムトレックスのダブル・ブランドで販売していた。

---

[5] 以下のエアコンの事例は，日立ホームインドへのインタビューと，シン = 森本（2010）を参考にしている。

[6] 日立「ホーム」インドと略すのは，ほかに，日立製作所の情報・通信の事業会社である日立インド（Hitachi India Pvt. Ltd.）という会社が存在するためである。

1997年ごろまでは，LG，サムスン，インド現地企業，アムトレックス日立アプライアンスは，ほぼ同じシェアであった。しかし，LG，サムスンといった韓国企業が低価格戦略をとるようになって競争が激化し，アムトレックス日立アプライアンスは赤字に陥った。また，ラルバイが本業の繊維事業でも赤字になり厳しい状況に追い込まれた。その後2003年に，日立グループの再編によって設立された日立ホーム＆ライフソリューションがラルバイ株を買い取ったことで，同社の子会社になった。社名も変更し，現在の日立ホームインドに至っている。

　このころ売上げは減少していたので，従業員に企業に残るかどうか訊き，結果的に約150人が会社を去った。小さな固定費で動ける体制をつくって再スタートし，製品も家庭用ハイエンドと業務用に特化することとした。その結果，2004年から年率25％で売上げが成長し，黒字転換に成功した。2008年には世界的な金融危機の影響を受けたが，それでも売上げは15％伸びた。これには携帯電話中継基地局用エアコンの売上げ増が貢献している。

4.3　インドのエアコン市場

　では，日立ホームインドが相対するインドのエアコン市場は，どのような市場なのだろうか。

　まず，インドにおける家庭用エアコンの2008年の販売台数は236万台と推定され，そのうちウィンドウ型が44％，セパレート型が56％を占める。ウィンドウ型が多いのには，インドのデリー近郊では借家が多く，セパレート型のダクト穴を開けられないので，ウィンドウ型を買わざるをえないという事情がある。2008年の家庭用エアコンの普及率は5％に過ぎないが，年率20％で伸びており，今後も成長が見込まれる市場である。

　2008年の時点で，家庭用では韓国メーカーが強く，LGが31％，サムスンが16％のシェアを有する。この次にタタ・グループのボルタスが15％で続き，日立ホームインドのシェアは8％である。価格を同形のセパレート型（1.5 tタイプ）で比べると，日立製品は前述の通りハイエンドの市場を攻めており，平均価格は3万5000ルピーとなっている。LG，サムスンが2万5000ルピーであることから考えると，日立は顧客により高い価格を許容してもらっていることになる。

　後述するように，日立ホームインドはこの価格差を消費者に受容してもらう

ため"Design for India"をキャッチフレーズにプレミアム商品の開発と入念なマーケティングを実施している。他国企業の製品と比べ，価格が高くなる一因は，輸入の際の税金が高いことにある。エアコンの部品の中には輸入せざるをえないものもあるが，インドでは部品も完成品も輸入関税率が同じであり，完成品を現地で製造しても関税上のメリットは小さい。そのため，インド企業のボルタスやオニダは中国の格力というメーカーから完成品を輸入している。

一方，LG，サムスンは，世界共通仕様の設計のもと，生産はインドで行っている。しかし，ローエンドの製品を出せば，ブランド・イメージは下がる。LG，サムスンは，このために高価格モデルが売れにくい体制になっている可能性もあるという。

4.4 日立ホームインドの取組み
―― ニーズを捉えた製品開発と機能を伝える販売

以上のように，インドのエアコン市場では，韓国勢が強く，日立ホームインドは苦戦を強いられてきた。しかし，前述のように2004年以降は売上高年率25％増という力強い成長を続け，さらに，ハイエンド市場においてある程度のポジションを占めることに成功した。このような成功は，どのような取組みによってもたらされたのだろうか。

（1） ニーズを捉えた製品開発と高機能の知覚化

まず，日立ホームインドは，2006年から毎年，家庭用エアコンの明確な製品コンセプトをつくり，製品開発を行ってきた。インドでエアコンが売れるのは3月から5月である。そのため例年，2月に新製品を発売する。それに合わせて，毎年，製品コンセプトを決め，開発を行う。製品コンセプトの作成は，日立ホームインドの主導でインドの広告会社と共同で行っており，現地のニーズを押さえるようなコンセプトを考えている。たとえば2006年は，30代の共働きの夫婦を対象に，"Emerging New Life Style"をコンセプトに製品開発を行った。

より象徴的な事例は，2009年の製品コンセプトである。2009年の家庭用エアコンは"Save Energy"をコンセプトとしていたが実際のスター・レイティング（消エネ機能の5段階表示）でも，他社製品は2〜3スターが主流だったのに対し，日立ホームインドには5スターの製品が揃っていた。その高い省エネ性能は，しっかりと評価されているのである。

しかしインドでは，省エネだけでは消費者にとっての魅力が薄い。省エネ効果というのでは顧客にとってわかりづらいし，販売店も説明しづらいため，商品コンセプトが製品の売りにつながらない可能性が高い。そこで，コンセプトをわかりやすく顧客に伝えるために，センサーで人を感知し直接人に風を送りつける，「フォローミー機能」を付けた。このフォローミー機能は，栃木事業所の動作センサーのアイデアに基づいて開発されたものであった。この機能が人を追いかけて風を当てることで，無駄なところに風が行っていないことを感じさせ，省エネという目に見えないものを体感させている。加えて，インドの顧客には，自ら動いて冷風に当たりに行くくらい，いち早く身体を冷やしたいというニーズがあったため，「部屋よりもまず人を冷やす」機能によって，そうしたニーズも同時に捉えることができた。このように，一般消費者にわかりやすい製品を投入することで，市場の評価を得ようとしたのである。

また，インドでは，日本製は優れているというよいイメージを持たれているため，プロモーションにおいて，家庭用には「美」，業務用エアコンには「匠」の漢字をロゴに使うなど，そのよいイメージを活用している。

(2) 機能の価値をわかりやすく伝える販売

現地市場からの支持を得るため，日立ホームインドは販売についても工夫をしている。日立ホームインドは，営業支店を4カ所（デリー，ムンバイ，チェンナイ，カルカッタ），その他に営業所を14カ所，さらに地方に小さなオフィスを18カ所の，合計で36カ所の営業拠点を持っている。代理店とは契約せず，すべて直販で製品を販売店に納めている。これは，インドにはまだ大型の販売店が少なく，小さな販売店が多いため，販売店が代理店にマージンを抜かれるのを嫌うからとのことである。

日立ホームインドの販売の内訳を見てみると，家庭用エアコンは，85％が小さな販売店，残りの15％が量販店で売られている。インド全体で小さな販売店が約4000店あるといわれる中，日立ホームインドは677社808店と取引を行う。この808店はLGなどに比べると少ないが，これはむしろ日立ホームインドで販売店を選別している結果である。そうすることで日立ブランドが安売りされないようにしているのである。また，販売店で売る5スターの製品とは別に，B to Bで販売するルーム・エアコン（たとえば，住宅会社に販売するもの）は，3スターにして価格を安くしブランドもチャネルも変えている。このように，しっかりとブランド管理をすることで，低価格製品ばかりが売れて高

い製品が売れないという状態を防いでいるのである。

　さらに，販売プロモーションの際には，他社との製品比較も行う。日立の製品の中には，高性能で他社の製品よりも騒音が小さいものがある。そのような製品を販売する際には，他社の製品と比較できる移動式の設備を持っていき，実際に顧客に音の違いを体感してもらっているという。

　一方，業務用エアコンについては，特約店が159社あり，販売・据付け・サービスを実施している。この159社で約4000人の従業員を抱え，このほかに据付け・サービスだけの特約サービス店が96店あって，これらで約2500人の従業員を抱える。すなわち，日立ホームインドの特約店・特約サービス店で，約6500人の販売資産を持っていることになり，これが販売上の強みとなっている。加えて，業務用エアコンでは，実測値の差を強調する資料づくりをしている。そのため，他社製品についてもカタログ値ではない実際の実力値を比較すべく，社内にある製品開発用の試験設備で実測している。

4.5　小　　括

　以上の通り，日立ホームインドでは，現地のニーズを汲んだ製品を開発した上で，その製品の機能をわかりやすく伝えるための取組みを行っていた。

　まず製品開発では，フォローミー機能のような，顧客が性能差を体感しやすいような機能を付けることで，顧客が製品にプレミアムを感じやすいようにした。この点は，タイと同様の取組みである。それに加えてインドでは，販売での工夫が見られた。日立はエアコンを販売する際に，コンシューマ用では他社製品との比較による販売，業務用では知識を持った販売員の配備とスペックの明記などを行うことで，顧客が日立の製品の性能を理解しやすいようにした。また，エアコンのブランド名は「日本メーカー」であることをアピールするようなものにしていた。こうしたマーケティングでの取組みによって，顧客がその高機能を実感できるような仕組みをつくっていたのである。

　こうした取組みによって日立は，インドでもハイエンド市場において一定のポジションを得ることに成功していた。2009年時点，ハイエンド市場における日立製品のシェアは23％であり，2位のLG（21％）を差し置いて首位に立っている。

5 むすび

　本章では，新興国市場の開拓に成功した日立の家電事業のタイ拠点とインド拠点の事例を紹介してきた。これらの拠点が現地においてある程度の競争優位を築けたのは，本国拠点等が保有する要素技術をもとに，現地のニーズに合致した製品を供給することで，ハイエンドの商品として受け入れられているからであった。本章では，高度な技術をもとに現地のニーズを捉えた製品の例として，日立のタイの冷蔵庫，洗濯機，インドのエアコンを取り上げた。

　タイの冷蔵庫では，現地の低価格のニーズを捉えるために，GSプロを通じて自社が保有する要素技術を持ち寄ることで，マイナスゼロクーリングや並列式空力設計エバポレータといった，原価低減と省エネを同時に達成できる新技術を開発できた。また，サイドバイサイド冷蔵庫では，そこまで高度な技術は用いなかったものの，タンク式の製氷機を備えたり，外観を工夫したりと，他社よりも「高級感」を出すための設計上の工夫を行った。ただし，この製品にもマイナスゼロクーリングや独自の製氷システムが使われているため，高度な技術は活かされているといえるだろう。

　タイの洗濯機では，「布団を丸ごと洗いたい」といった途上国ならではの大型化のニーズを捉え，大型洗濯機を開発した。洗濯機の大型化は技術的な難易度が高いが，この課題に対して日本とタイの技術者が協力することで，15 kgの洗濯機の開発を成し遂げた。

　インドのエアコンでは，ニーズを「省エネ」に絞り込み，各種の省エネ機能を強化する一方，人にだけ冷風が当たる「フォローミー機能」を付けた。このフォローミー機能は，栃木事業所からの自動センサーのアイデアをもとに，すなわち本国の要素技術をもとにつくられたものであった。その上でさらに，日本ブランドを前面に押し出すことで，高級エアコン市場における存在感を出すことに成功した。

　このように日立では，現地のニーズを高度な技術で満たした製品を投入することで新興国市場に攻め入り，一定の成功を収めていた。その一方で，この事例からは，そうした製品の魅力をわかりやすく伝えることの重要性も見て取れる。タイの冷蔵庫の基幹技術であったマイナスゼロクーリングは，一目で通常とは異なる機能を持った製品であることがわかる外見上の特徴を持っており，

顧客へのアピールまで考えられて製品が設計されていた。また，タイの洗濯機も，差別化のポイントが「大きさ」であり，機能が一目でわかりやすいものだった。タイの取組みでは，製品自体が，その優れた機能がわかるようなデザインになっていたといえるだろう。

一方，インドでは，省エネ機能が伝わりやすいフォローミー機能を付けるという設計上の取組みだけでなく，販売店においても優れた機能を伝えられるような努力をしていた。コンシューマ用の製品については，販売店で他社との機能比較を行うことで，機能差をアピールできるようにしていた。業務用の製品については，知識を持った販売員を用意し，かつ社内で他社製品との比較を行って，カタログだけではわからない機能差を把握する努力をしていた。こうした取組みにより，顧客に自社の製品の魅力を明確に伝えることができていたのである。

ここに述べてきた日立の取組みは，日本企業が持つ要素技術の優位性を現地のニーズに適用させているという点で，ハイマーのような古典的な多国籍企業論から見ても整合的な取組みである。その上で，優位性により実現された製品の機能をアピールできるような製品設計や販売の工夫を行って，新興国市場でヒットする製品をつくり上げたのである。

こうした日立の戦略は，アジア新興国市場に展開する日本企業にとって有力な１つの戦略を示唆している。それは，アジア新興国市場において，日本企業らしさを活かした製品開発・製品販売を行っていくという戦略である。日本企業が，韓国勢や中国勢，もしくは地場メーカーと比較したときに優位性を持っているのは，技術力や品質であろう。そうした技術力や品質といった強みが活きるニーズを探し，そのニーズを捉えた製品を開発した上で，その価値を明確に伝える。こうした戦略をとることで，新興国市場において日本企業らしいポジションを築くことができる可能性があるのである。

ただし，技術力を活かした製品を開発すれば，必ずしもヒット商品になるわけではない。加えて，現地に適応したある程度のコストダウンを行うことや，現地のニーズをしっかりと汲み取ることも，必要不可欠である。コストダウンという点に関しては，日立の製品開発においても，一方でコストダウンを視野に入れ，開発の現地化などが同時に行われていた。また，現地のニーズを汲み取るという点に関しても，現地拠点および他拠点間との情報収集を経て，広くアジア全体のニーズを探っていた。このように，現地企業や中国・韓国企業が

強みを持つ「コストダウン」や「現地ニーズ獲得」にもある程度注力した上で，日本企業の強みを活かす必要があるということが，本事例から窺えるだろう。

　もちろん，本章で見た日立の戦略が唯一無二の正解ではないだろうし，この戦略が今後も成功し続けるとは限らない。しかし，企業として「自社の優位性を活用する」という方向に戦略を定め，その方向に資源を集中していくという姿勢は，行き当たりばったりの海外進出が多いといわれる日本企業において，見習われるべき姿勢ではないだろうか。

　　＊　本章は，新宅・大木・鈴木（2010）をもとに，加筆・修正を加えたものである。

第5章

低価格モデルの投入と製品戦略の革新
ホンダ二輪事業のASEAN戦略の事例

天野倫文・新宅純二郎

1 はじめに

　リーマン・ショックによる世界的不況を脱した現在，次の成長市場として，BRICs等の新興諸国の市場が注目されている。急速な経済発展により，この地域には大きな消費市場が形成されている。しかし，多くの先進国企業にとって，これらの市場に製品やビジネスを浸透させ，収益を確保することは，必ずしも容易ではない。先進国で成功体験を積んだ多くの企業にとって，これまでの事業基盤や成功体験はそれらの国の中にあり，ビジネス・モデルもそれらの市場を想定してつくられている。しかし，自国より下位の市場にアプローチする場合，それがそのまま通用するとは限らない。むしろ，成功体験ゆえに新市場への適応が困難になる場合も多い。

　途上国市場への参入を考える際，当面中間層市場へのアクセスを控えて，上位層だけに市場を限定し，製品差別化とブランド構築を目指すやり方もある。ただし，この場合は現地市場での成長は一定の範囲に限られる。競合企業が中間層市場を押さえれば，市場シェアで差を広げられてしまう。これとは逆に，成長する中間層市場に本格的に対応するため，市場戦略を抜本的に再構築するやり方もある。本章で取り上げるケースは，後者のようなタイプである。

　中間層市場に本格的に製品を浸透させるには，ターゲットとする消費者の特性を考えれば，製品価格の設定を考慮する必要がある。低価格化を志向する場合には，製品の機能を見直す必要がある。また製品価格を下げると需要が急増するため，供給側で生産規模と品質，低コストを保証する生産体制を構築す

1 はじめに

ことが不可欠となる。先進国とは異なる労働市場環境や部材調達環境などを考慮すれば，生産能力を拡大するほど，供給側のリスクは高くなると予想され，それらを適切に管理していく必要がある。

　本章では，以上のような観点から，第2章でも触れたホンダの二輪事業のASEAN戦略をより詳細に取り上げる。とくに，同社がASEANの中間層市場に向けて進めた低価格モデルの導入とプラットフォーム戦略について述べる。ASEANの二輪産業については先行研究がいくつかあり[1]，ホンダがASEAN市場で，中国車との輸入競争の脅威に苦しみながらもシェアを確保できたのは，ロー・コスト・モデルの導入を中心とする製品戦略の見直しにあったという点は指摘されている。しかし，そこを境とするホンダの製品戦略革新のプロセス，現地の研究開発活動と製品戦略との相互関係，ASEAN全体の開発・生産戦略とそれらが市場成果に及ぼした影響などについては，そのディテールが十分に明らかになっているわけではない。本章では，われわれのグループの現地調査にも基づきながら，この時期のホンダのASEANにおける低価格モデルの導入と製品戦略の再構築プロセス，研究開発能力の構築プロセスなどを経時的に整理し，先行研究の内容を補完できればと思う。

　二輪産業は，1980年代に日本や欧米などの先進諸国ではいち早く市場の成熟化に直面し，企業が新興国市場に向けて経営を舵取りしていく必要に迫られた産業である。実際，日本の二輪市場は，1980年には総販売台数237万台だったものが，2009年にはわずか38万台にまで縮小した。同時に，日本の国内生産も，1980年の643万台から，2009年には10分の1の64万台にまで縮小している。中国・東南アジア・インドといった市場は重要な成長フロンティアであり，そこにどう事業基盤を築くかは重要な課題であった。

　このとき，間違いなく重要な市場であったのが中国だが，ホンダは，1980年代以降に行った複数社への技術移転が裏目に出て，ローカル企業による低価格コピー車の攻勢に苦しみ，市場シェアを伸ばせなかった。中国車の影響はその後アジア市場全体に広がる可能性を持っていたが，ホンダは東南アジア市場でのプレゼンスを維持するために，低価格モデルを投入し，中国車に対抗する競争力を形成した。これは，中国メーカーをベンチマークしながら，ホンダが

---

[1] 三嶋（2010），太田原（2009），佐藤・大原（2006）などが，東南アジアの二輪産業の産業動向を調査研究した重要な先行研究である。インドネシアの市場動向は，天野（2007）を参照されたい。

アジアで自己革新を遂げたプロセスと考えられる。
　製品戦略の変更後，それまで途上国上位層にとどまっていたホンダの二輪車は，アジアの中間層市場に浸透し，市場を広げる効果を持った。また，低価格モデルの投入は，それまでのホンダの供給体制に再構築を迫った。ホンダはタイを中心に研究開発拠点を編成したが，現地の開発機能を充実させながら，ASEAN 全体の製品ラインのバリエーションを増やしていった。2000 年代前半の ASEAN 市場は低価格モデルの投入が鍵を握っていたが，2000 年代後半になると，スクータなどの高付加価値モデルや各国ごとに異なる法規制および製品ニーズへの細かな対応が，競争力を左右するようになった。タイを中心に開発の現地化を進め，プラットフォーム戦略を取り入れたホンダは，これらの諸条件にも対応するケイパビリティを ASEAN の国際分業体制の中で備えるようになっていった。

2 ホンダの二輪事業とアジア

2.1 グローバル・ビジネスの中の二輪事業

　リーマン・ショック以降の金融危機の影響を受け，ホンダの連結売上高は，2007 年度の 12 兆 28 億円から，08 年度は 10 兆 112 億円へ，09 年度決算では 8 兆 5791 億円にまで減少した。一方，営業利益に関しては，2007 年度の 9531 億円から，08 年度は 1896 億円へと減少したが，09 年度には 3638 億円まで持ち直した。売上高が減少する中での増益については，機種構成の検討，製造面のコストダウン，広告宣伝費・販売費の減少，運賃・保管料の減少，研究開発費の減少など，主にコスト削減によるところが大きい。
　2008 年度の売上高からビジネスの構成を見ると，事業分野別には，売上高の 14.1 ％が二輪事業，76.7 ％が四輪事業，汎用事業およびその他事業が 3.4 ％，金融サービス事業が 5.8 ％である。地域別には，日本が 14.4 ％，北米が 45.1 ％，ヨーロッパが 11.8 ％，アジアが 15.9 ％，その他の地域が 12.7 ％となっている。どの地域でも四輪事業が売上げに占める比率は高いが，四輪事業の中では，北米が 48.5 ％の売上げを占める世界最大の市場で，次に日本が 15.9 ％，アジアが 14.1 ％とほぼ並ぶ。二輪事業の中では，売上げのうちアジアが 32.6 ％を占め，その他の地域も 36.0 ％を占める。北米とヨーロッパがそれぞれ 12.9 ％と 12.6 ％，日本は 5.8 ％に過ぎない。

図 5-1　ホンダ二輪車の売上げ

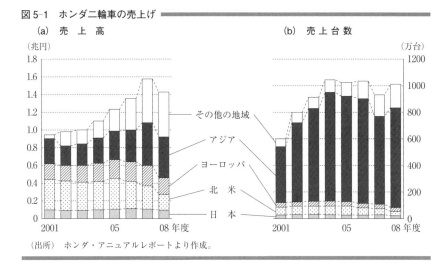

（出所）　ホンダ・アニュアルレポートより作成。

　ホンダの中では四輪事業が占める比率が高く，リーマン・ショックによる北米や日本での四輪事業の低迷は大きな痛手となった。一方，二輪事業においては，アジアやその他の地域が占める比重が高い。先は売上高ベースの構成比だが，台数ベースで見ると，2008年度の合計生産台数が1011万台で，そのうち74.4％がアジアに，17.4％がその他の地域に属する。2007年度から08年度にかけて，日本，北米，ヨーロッパでは，二輪の売上台数が，それぞれ－25.4％，－29.4％，－11.8％の落込みを見せたが，アジアでは13.4％，その他の地域では9.5％の増加であった。2008年度の第4四半期から09年度の第1四半期までは一旦台数が減少したが，その後アジアとその他の地域の販売台数は徐々に持ち直している。なお，ここでいう「その他の地域」には，南米，中東・アフリカ，オセアニアなどの諸国が含まれており，中でもブラジルは最大級の市場である[2]。

　やや長期のトレンドを見るために，図5-1にホンダの二輪車の売上高と売上台数をプロットした。2000年代に入ってホンダの二輪車の売上高を牽引して

2　ホンダのその他の地域における売上げの大部分をブラジルが占める。ホンダは，1976年からブラジルのマナウスで二輪の生産を開始し，2007年には累計生産1000万台を記録している。2008年，ブラジル二輪市場の年間売上台数は191万台であったが，ホンダは80％程度のシェアを保持しているといわれている。なお，ホンダの2008年におけるその他地域での販売台数は176万台である。

きたのは，アジアとブラジルなどその他の地域である．アジアでは，売上台数の多さからも推測できるように，低価格帯の二輪車が普及している．その他の地域においては平均価格にして日本市場と同程度の二輪車が販売されており，近年の売上台数の伸びとともに，ホンダの連結売上高の中で重要な市場となってきた．売上高と売上台数を見ると，北米やヨーロッパでは平均価格の高い二輪車が販売されていることがわかるが，金融危機の影響もあり，市場は縮小傾向にある．

2.2 アジア二輪事業とASEANのプレゼンス

次に，アジアの二輪事業について見ていく．2000年代以降，金融危機の前までは，中国，ASEAN，インドのいずれの国でも二輪車の販売台数は急速に伸びていた．金融危機でタイやベトナムなどの国は一旦調整局面を迎えたが，中国やインドなどはその影響もあまり見られず，成長を続けている（図5-2）．

表5-1は，各国におけるホンダの二輪車販売台数と，その国での市場シェアを示す．中国では，1980年代の日本企業による技術移転後，多くの二輪メーカーが設立され，低価格帯で熾烈な競争が繰り広げられた．ホンダは中国メーカーの攻勢に苦戦し，2003年にシェア11％をとったが，そこでピークを打ち，08年には8.4％まで落とした．アジア主要国の中で，中国はホンダが競争優位を築くことができなかった数少ない国の1つである．それ以外の国では，ホンダは4割から7割程度の市場シェアを確保するに至っている．アジアの主要国におけるホンダの販売台数は，インドが460万台と最大で，次にインドネシアの210万台，タイの112万台，ベトナムの85万台が続く．販売台数で比較すると，ホンダの中国ビジネスはタイのそれとほぼ同格である．ホンダは，ASEANやインドでは，急成長する市場に自らのビジネスをうまく適応させてきたものと思われる．

3 二輪事業のASEANへの展開

3.1 ASEANにおける二輪車の生産・販売

表5-2に，ホンダのアジア・オセアニアにおける生産・販売の展開を示した（二輪車・四輪車・汎用製品を含む）．ASEANの中ではタイへの進出が早く，1964年に二輪車の販売拠点としてアジアホンダモーター社が設立された．翌

図 5-2　アジアの二輪車販売台数

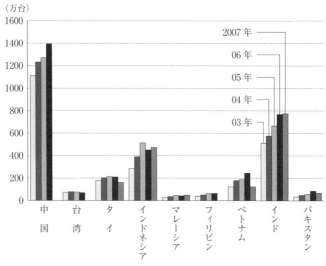

（出所）工業調査研究所（2008）8 頁を参照。

表 5-1　アジアのホンダ二輪車販売台数とシェア（2007 年）

	販売台数 （万台）	ホンダのシェア （％）
中　国	116.6	10
タ　イ	111.8	70
インドネシア	214.1	46
マレーシア	22.3	48
フィリピン(注)	30.8	51
ベトナム(注)	85.1	36
インド	460.0	55
パキスタン	33.2	71

（注）2006 年の統計。
（出所）工業調査研究所（2008）10 頁より作成。

年に二輪車の生産合弁会社としてタイホンダが設立され，67 年から生産を開始している。その後，1969 年にマレーシア，71 年にインドネシア，73 年にフィリピン，84 年にインドと，ASEAN とインドの各国に生産拠点が設立され，需要のあるところで生産するという考え方に基づいて生産活動が展開されてきた。アジア各国での需要の立ち上がりに対する生産拠点展開は，成長する市場を見込んで迅速に行われてきたといえよう。

表5-2 ホンダのアジア・オセアニアにおけるグローバル展開

年	主なできごと
1964年	アジアホンダモーター社設立。
65年	タイに二輪車生産合弁会社設立。
67年	タイで二輪車の生産を開始。
69年	オーストラリアに四輪車販売会社設立。 マレーシアで二輪車および四輪車の生産を開始。 台湾で四輪車の生産を開始。
71年	インドネシアで二輪車の生産を開始。
73年	フィリピンに二輪車生産・販売の合弁会社設立。 フィリピンで二輪車の生産を開始。
75年	インドネシアで四輪車の生産を開始。
84年	インドに二輪車生産・販売の合弁会社設立。 タイで四輪車の生産を開始。
85年	インドで二輪車の生産を開始。 マレーシアで二輪車用エンジンの生産を開始。
87年	タイ製汎用エンジンの輸出開始。
88年	オーストラリアで芝刈機の生産を開始。 ニュージーランドで四輪車の生産を開始。 インドで汎用製品の生産を開始。
92年	フィリピンで四輪車の生産を開始。
94年	パキスタンで四輪車の生産を開始。
96年	アジア地域専用車「シティ」をタイで発売。
97年	インドネシアで汎用製品の生産を開始。 ベトナムで二輪車の生産を開始。 タイに二輪車の研究開発法人を設立。
98年	インドで四輪車の生産を開始。
99年	ホンダモーターサイクルアンドスクーターインディア設立。
2001年	ホンダマレーシアが四輪車の営業を開始。
02年	台湾で四輪車の現地生産を開始。
03年	インドネシア新四輪車工場の稼働。 マレーシア新四輪車工場の稼働。 インド二輪車研究所設立。
04年	韓国で四輪車の販売開始。 タイで二輪車生産累計1000万台を達成。
05年	ホンダフィリピンにて二輪車生産累計100万台を達成。 インドネシアで二輪車の第3工場稼働。
06年	パキスタン新二輪車工場稼働。 ベトナムで四輪車の生産を開始。
07年	インドおよびインドネシアで二輪車生産累計2000万台を達成。 タイで汎用製品生産累計1000万台を達成。 タイで四輪車生産累計100万台を達成。
08年	ベトナムで二輪車生産累計500万台を達成。 インドでインド市場初「シビックハイブリッド」発売。

(出所) ホンダのホームページより作成。

また，二輪車の後に四輪車の生産拠点を展開するのも同社の特徴である。たとえば，タイでは1967年に二輪車の生産を開始し，その後84年に四輪車の生産が始まっている。インドネシアでは1971年に二輪車の生産を開始し，75年に四輪車の生産が始まる。フィリピンでも1973年に二輪車の生産を開始し，92年に四輪車の生産を始める。インドも1985年に二輪車の生産を開始し，98年に四輪車の生産を始めた。二輪車の現地生産を実施しながら，四輪車の生産に関する需要面や調達面のフィージビリティを検討し，その後で四輪車の生産に踏み切るという進出方法を採用しているのである。

二輪事業においては，各国の拠点で，生産拠点の設立後，その国での現地調達率の向上に取り組み，コスト競争力を強化してきた。また，生産する機種を増やして，競争力のある製品ラインアップの編成に努めている。ASEANの拡大に伴って1997年には，ベトナムでも二輪車の生産を開始している。

3.2 タイを中心とする研究開発活動

次に，研究開発活動の現地化について述べる。表5-3に，ASEANでのホンダの二輪事業の開発活動に関する展開をまとめた。この地域での二輪車の開発活動は，1984年のシンガポールオフィスの設置に始まり，その後の88年にはタイ市場拡大に伴って，タイにオフィスが移転された。当初は，開発といっても外部のデザイン，とくにカラスト（カラー＆ストライプ）の変更であり，この延長線上で外装デザインの現地化を進めてきたが，それでも年間1～2モデルといったレベルであった。オフィスの役割は，現地の市場情報を収集して，日本にフィードバックすることであった。

実は，1990年代半ばまで，タイ市場ではヤマハがトップ企業であり，ホンダは4位で，市場シェアも約10％にとどまっていた。当時はまだ本社のグローバル戦略も欧米が中心であり，アジアについては取組みが弱かったのである。当時のタイ市場は，2ストローク・エンジンを用いた安価なモデルが中心であった。しかし，排気ガスが酷く，中心街は真っ白になっていた。そうした現状を鑑み，増えつつあるASEANの二輪車需要への対応と，環境にやさしい4ストローク・エンジンの二輪車の普及を目指して，1997年，本田技術研究所はタイにHRS-T（Honda R&D Southeast Asia Co., Ltd. Thailand Head Office）を設置した。そして翌年の1998年には，4ストロークの普及に向けた「4スト宣言」を行った。

表 5-3　ホンダの ASEAN での開発活動の展開

	主なできごと
1984 年	シンガポールオフィスの設立。
88 年	タイ市場の拡大に伴い，オフィスをタイに移して設計業務を開始。
97 年	タイに HRS-T（Honda R&D Southeast Asia Co., Ltd. Thailand Head Office）を設立。
98 年	インドネシアに HRS-IN，シンガポールに HRS-SIN を設立，ブランチ化。
2003 年	ベトナムに HRS-V を設立，ブランチ化。 インドに二輪車研究所を設立。
04 年	HRS-T に新社屋を建設。

（出所）　取材に基づき筆者作成。

　1997 年はアジアが通貨危機に見舞われた年でもあり，96 年から 98 年にかけてタイでの二輪車販売台数は約 3 分の 1 に減少した。当時はホンダの生産台数はそれほど多くなかったため，この影響は他社と比べれば軽微であったが，販売台数の減少は免れなかった。さらに，1990 年代末ごろには，とりわけベトナムやインドネシアなどを中心に中国から安価なコピー車が輸入され，一定のシェアをとるようになる。中国のコピー車はホンダ車に比べると価格で圧倒的に優位に立っており，中国市場では彼らがドミナンスを得て，ホンダが市場シェアを挽回することができない現状を見たとき，彼らによって ASEAN 市場が脅かされることは大きな脅威であった。

　そこでホンダは，1998 年を現地開発元年として，①デザイン，②設計，③テストの 3 つの分野で研究開発の現地化を進め，現地市場が求める製品ラインを迅速に構築して，競争力を築くことに努めてきた。2010 年時点で，ホンダはタイ市場で 70 ％近いシェアを持つが，R&D の現地化を本格的に進めたことが，市場シェア向上に大きく貢献したと考えられる。

　まず，①デザインの現地化という面では，現地でデザインするモデル数を徐々に増やし，海外製品について日本でデザインするモデル数を減らしていった。その結果，日本でデザインするモデルは減ったが，トータルのモデル数は大幅に増加した。現在では，タイが中心となって，ASEAN 全域のデザイン開発を担当している。

　次に，②設計の現地化であるが，1990 年代から部品の現地化は進めており，現地調達部品のテストや評価などは行っていたが，2002 年ごろからは外観部品のマイナー・チェンジが可能になり，04 年には外観の新デザインもできる

ようになった。さらに2006年には基本骨格の改造と外観のオール・リニューアルを行った。

　最後は，③テストの現地化である。タイでは，四輪車が富裕層の移動手段なら，二輪車は大衆の生活に必要な移動手段である。農村では，道路が整備されていないところも多く，移動距離も長い。生活や仕事の道具であり，使われ方も日本と比べれば雑である。高温多湿という気候条件も厳しい。そのため，1990年から，使い方や気候，交通などの地域特性を検証し，完成車の機能や性能を検査できるように整備がなされてきたが，2001年ごろからは走行テストの実施できる環境が整えられた。

　このように，ホンダは，1997年以降，タイにASEAN全体を見る研究開発機能を持ち，そこを強化することで，ASEAN市場への対応力を強めてきた。ASEAN市場の1つの特徴は，地域の中に環境条件や消費者ニーズの異なる複数の国が存在することである。タイの研究開発拠点は，こうした域内市場に対応し，さらにインドのように離れた市場にも管理範囲を広げねばならない。

　この点に関して，表5-3で注目されるのが，ブランチの存在である。HRS (Honda R&D Southeast Asia Co., Ltd.) は，当初タイにヘッド・オフィスを持ち，インドネシアとシンガポールにブランチを持っていた（HRS-INとHRS-SIN）。その後，シンガポールの市場が僅少であるためHRS-SINは閉鎖し，2003年，新たに市場の規模と成長性を見込めるベトナムにHRS-Vを設立した。また同年には，インドに二輪車の研究所も設立した。

　タイにおける研究開発活動の拡大とともに，タイの生産拠点もそれまでの量産に加えて，他国を指導するマザー拠点としての役割を持ち，ASEANの各拠点の品質保証支援，海外生産支援，生産企画支援，現地化支援などを強化するようになった。購買機能においても，新機種のコスト競争力を強化するため，現地調達化を推進する。タイには事業と生産，研究開発のすべての機能があり，その点がASEANの他国拠点とは異なる。その意味で，アジアのセンター機能を担いつつあるのである。このような機能を充実させながら，現地オペレーションの自立性を高め，事業経営の速度を上げることが狙いとされている。

4 低価格モデルの投入と製品戦略の革新

4.1 タイ市場への低価格モデルの投入——Wave 100 を中心に

　次に，ASEAN におけるホンダの二輪車の製品開発戦略について見ていきたい。ASEAN（タイ）で開発されるモデルが増えてきたのは 2000 年ごろからである。既述のように，そのころまではほぼ日本が開発を担っていた。2001 年にタイでデザインされた主要モデルは 10 機種ある。当時のホンダは，どちらかといえば ASEAN 市場で高級路線をとっていた。2003 年 12 月の調査によれば，4 ストの 125 cc をコア・エンジンとした Wave 125 や Dream 125 などがタイでデザインされているが，01 年 12 月にタイ市場に導入された Wave 125 が 4 万 500 バーツ（980 ドル），02 年 4 月に導入された Dream 125 が 3 万 7500 バーツ（910 ドル）である。潜在的な競争相手と認識されていた中国車が当時 2 万 3650 バーツ（570 ドル）であったから，ホンダのモデルは中国車のほぼ 2 倍の価格であった。

　ASEAN で開発されるモデルは，当時からプラットフォームの共通化が目指されていた。そのための取組みの 1 つが，エンジンの共用化であり，125 cc のエンジンは，Wave 125，Dream 125，Nice 125 など複数機種に搭載されていた。また，タイ市場では Wave 系を中心にフルラインが構成されており，売上げの 8 割が Wave 系で占められていたが，これらはなるべく同じプラットフォームで部品などの共通化を図ることが目指されていた。

　しかし，2001 年の Wave 125 ではタイ市場においては中国車との価格差が大きかったため，ホンダは，02 年 6 月に製品価格 2 万 9800 バーツ（723 ドル）の Wave 100 を導入した。当時 3 万バーツを切るモデルとして注目された，タイ最初のロー・コスト・モデルである。エンジンは 100 cc に抑え，部品の現地調達化を徹底した。続く 2003 年には，製品価格が 2 万 7500 バーツ（667 ドル）の Wave Z（同じく 100 cc）を上市し，ロー・コスト・モデルのラインを強化した。Wave Z には中国製部品が搭載された。中国メーカーの互換性流通部品を調査し，ホンダの品質基準に照合させて，使えるものから採用したという。部品調査は中国の新大州本田で行った。

　当時，実際に中国から輸入されたのは，カムシャフト，キックスピンドル，オイルポンプなど，ギア部品や鍛造部品が多い。一般的に，金型費用が高くボ

図5-3 タイにおける二輪車生産台数

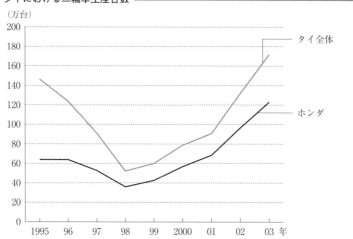

(出所) 現地ヒアリング（2003年）により作成。

リュームが少なくて輸送費が安い機構系部品は輸入に向いており，成形部品のように金型費用が安く輸送費が高い部品は現地生産したほうがよい。実際に輸入採用されたのは，中国のホンダにも納入実績のある優良企業のものであった。なお，当時タイでは，3年3万kmという製品保証が標準だったという。

　中国部品の採用も注目されるが，コスト競争力の確立に，より貢献したのは，域内，とりわけタイでの部品現地調達化である。部品メーカーの進出も進み，2003年ごろにはホンダ二輪車のタイ内での平均現地調達率は96.8％に及んだ。ASEAN域内の部品相互補完も進み，タイはホンダにとってASEANの他拠点への部品輸出国になった。たとえば，クランクシャフト，シリンダー，ピストン，カムシャフト，キャブレータなどの機構部品を中心に，フィリピン，インドネシア，マレーシア，ベトナムなどの隣国に輸出が行われた。部品輸入については，インドネシアから，同じくクランクシャフト，シリンダー，ピストン，カムシャフトなどを受け入れた。

　タイ市場では，Wave 125やWave 100，Wave Zなどといった一連のロー・コスト・モデルの導入により，ホンダは販売台数を大幅に伸ばした（図5-3）。2000年に58万台だった販売台数が，03年には127万台となったのである。このうち80万台ほどをWave 100が占めていた。この間，二輪車のタイ市場全体も回復し，低価格帯への製品戦略の転換が，同社の市場シェアを高め，同時

にタイの二輪車市場を拡大させたといいうる。また，二輪完成車の輸出も2001年ごろから増え始め，03年ごろには50万台規模に達した。

4.2　ベトナム市場での低価格モデルとその後——Wave α を中心に

　ホンダがベトナムで二輪車の投資認可を得たのは1996年，工場完成が97年である。ベトナムでも他国と同様スーパードリームの生産から開始した。当時のスーパードリームの価格は2000万ドン（1230ドル）。その後これをコストダウンして，近年は1500万ドン（923ドル）まで販売価格を下げたが，一般の消費者にはまだまだ高嶺の花であった。

　1999年当時のベトナム市場は，全体で50万台，ホンダ（現地生産分）のシェアは約20％程度であった。全体の半分程度は，まだ日本などからの輸入車であった。輸入車と合わせると，ホンダの市場シェアは5割近くに上っていたと見られる。現地では次のようなエピソードを聞いた。ベトナム戦争中，タイやアメリカに亡命した人が，年間2万台にも上るカブをベトナムに送っていたという。カブは，何でも運び，泥道でも走り，壊れない。戦中や戦後の移動手段として重宝され，人々の生活に根ざしたカブが，今のベトナムにおけるホンダの基礎になっていたのである。

　しかし，このころから，中国製の安価なコピー・バイクが，価格差に付け込み完成車輸入や部品輸入の形でベトナム市場に入り込んできた。彼らは，それまでホンダなど日系メーカーの手が及んでいなかった低価格帯市場で，大幅に販売台数を伸ばした。1年後の2000年には，ベトナム市場は175万台と3倍以上に伸び，中国製二輪車の台頭によってホンダのシェアは9％まで低下した（図5-4）。

　市場構造から見れば，中国製二輪車はベトナムの底辺マーケットを広げたといえる。ホンダは，潜在的な市場規模の大きさを，むしろ中国製バイクによって認識させられたという。ベトナム以外でもインドネシアなどで同じような動きが見られた。そして，このような動向は，ホンダを低価格モデルの本格的導入へと向かわせた。

スーパードリーム
（ホンダのベトナム工場にて筆者撮影）

図 5-4　ベトナム市場の二輪車販売台数

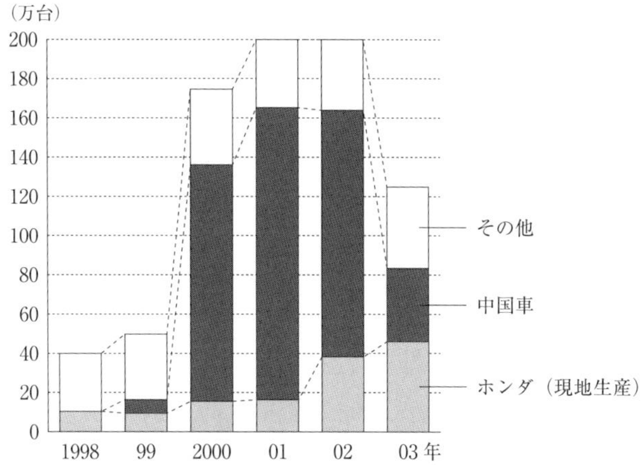

（万台）

凡例：その他／中国車／ホンダ（現地生産）

（出所）　2003 年度の現地調査資料。

　2002 年 1 月，ホンダはベトナム市場でもロー・コスト・モデルの Wave α を上市した。多くの人が購入できるように，徹底的にコストダウンを行った。そのために，ベトナムのユーザーから求められる性能を見直した。ベースはタイの Wave 100 と同機種だが，ベトナムは都市のバイク渋滞が酷く，バイクの速度を上げることは少ないため，時速 80 km 以上の性能を求めず，その代わり販売先はベトナム国内と一部フィリピンへの輸出に限定した（それ以外の域内国の大衆向け二輪車はそれ以上の速度を出すので Wave 100 で対応している）。価格は 1300 万ドン（800 ドル）に抑えた。ベトナムにおける中国製バイクとの価格差は，2000 年当時約 2.3 倍であったが，02 年の Wave α 導入後は約 1.4 倍となった。消費者にも品質や機能に対する価格の割安感が受け入れられ，2003 年にはホンダのベトナムでの生産台数は 42 万台に上った。1999 年が 9 万台であるから，約 4.7 倍の伸びである。また，2003 年のベトナムにおけるホンダの販売台数の約 8 割は，Wave α によるものであった。タイと同様，ベトナムでも低価格車の投入が市場を広げ，ホンダの生産能力を大幅に引き上げることになったのである。

　さらに注目されるのが，2002 年以降の，中国製二輪車のベトナム市場における販売台数の低下である。これには，ホンダの製品戦略の転換以外にもいくつか要因が考えられる。第 1 に，2002 年 9 月に輸入総量規制が敷かれ，それ

Wave α（ホンダのベトナム工場にて筆者撮影）

に違反した中国企業への取締りが強化されることになった。関税も引き上げられた。第2に，交通渋滞や交通事故，排ガス公害が深刻化したため，2003年に政府による登録台数のコントロールが行われることになった。1人1台までの登録とされ，ハノイ中心区では新規登録が禁止された。登録料は引き上げられ，運転免許証の携帯が義務化された。こうした規制により，1人1台しか買えないのであれば，品質のよいものを買うべきだという消費者心理がより強く働くようになった。第3が，中国製二輪車の事故や品質不具合に関する報道などである。これにより消費者の品質意識が高まった。そこに投入された Wave αは，製品価格もさることながら，これらの複合的なニーズを満たすということで，市場シェアを獲得していったと考えられる。

　しかし，近年のベトナム市場には，いくつかの変化が見られる。第1は，道路などのインフラが整備されてきたことに伴い，2005年以降，諸規制の緩和が進んでいることである。具体的には，2005年12月に1人1台登録規制とハノイ中心区登録禁止制度が撤廃された。一方で，2007年12月には新たにヘルメット規制が導入された。

　数量的規制の撤廃により，それまでの買控え需要と新規需要の両方が見込まれたため，ホンダも2005年前後から相次いで新車種を導入した。2004年12月に Wave-ZX と Future Ⅱ，06年10月からはホンダベトナム初のスクータである Click が導入された。無段変速型のスクータは値段がカブの約1.5倍と高いが，変速が円滑にできるということで，販売台数を伸ばしていった。2008年には Click の上位モデルである Air-brade，スクータの次機種の Lead なども導入された。ベトナムでは，カブの平均価格が約12万円に対してスクータが約18万円であるが，最近は消費者の所得増加に伴って，機能や品質への要求も高くなっており，2008年度にはカブ系の生産台数100万台に対して，スクータ系が50万台まで伸びてきている。インドネシアやタイでも同様の傾向が見られている（天野, 2007）。

　ちなみに，スクータの Lead はもともと中国五洋本田で生産されていた機種

である。そのため，このモデルには中
国製部品がかなり使われている。つま
り，最初の立上げがどこで行われたか
によって，採用される部品の地域は異
なってくる。タイで最初に立ち上がり，
それからベトナムに来た機種について
はタイからの部品輸入が多くなり，中
国の場合は中国からの部品輸入が多く
なるようである。

ベトナム市場で近年販売が伸びているスクータ
（ホンダのベトナム工場にて筆者撮影）

4.3 プラットフォーム戦略と派生モデル展開

　以上のように，ホンダは，ASEAN市場において製品戦略を果敢に転換し，中間層市場の成長にビジネスを深く浸透させてきた。現在，ASEAN市場で年間販売されている二輪車モデルは数十車種に上り，その多くは派生モデルである（ただし，単なるカラスト変更などは派生モデルに加えていない。1モデルでカラスト変更は数パターンあるという）。また，売上げは特定のモデルに偏っていることが多い。

　ホンダの二輪事業はプラットフォーム戦略を採用しており，まず日本側で，ASEAN市場向けのプラットフォームが開発される。一般に二輪車はギア部品・鍛造部品・成形部品を合わせると約800から1000の部品で成り立っており，日本でプラットフォームを開発するときには，できるだけ部品の共通化を図り，各国で異なる法規制があったとしても，なるべく同一部品で対応可能なように標準設計する。部品の仕様統合は，サプライヤーに対して，数を背景とした交渉が可能になり，コスト競争力の強化につながる。サプライヤーも数がまとまることで，専用機に投資し，コストを下げられるようになる。部品の統合化は開発スピードや効率を上げるためにも重要な方法なのである。

　プラットフォームの中のエンジンの開発については，日本，タイで設計作業を分担する。新規のエンジン開発は日本でなされるが，設計のモディフィケーションはタイで行う。エンジンの量産プロセスの工程開発なども，タイに分散している。現在，ASEANの最終モデル（二輪車）は数十車種だが，これに対して，コア・エンジンの種類はその数分の1ほどである。つまり，1つのコア・エンジンを複数のモデルに搭載している。また逆に，数量の多いモデルは，

そのモデルに対して複数のエンジンを使うこともありうる。

　プラットフォームによるモデル展開には2つの方向性が考えられる。1つは，同一モデルを基軸にした各国の法規制対応とニーズ対応である。最初のASEANモデルをタイで立ち上げれば，それをベトナムやインドネシア，マレーシアなどの近隣諸国に展開していくときに，外装部品やカラーなどを変更し，モデルのバリエーションを出していく。もう1つは，既存車種のエンジンの流用による車体の一新である。たとえば，タイやベトナムで販売されたAir-bradeのエンジンを空冷に切り替え，ICONというモデルを導入した。同じモデルでもエンジンの変更はある程度可能であり，これによりモデル・バリエーションを出しているのである。この2つの軸でマトリックスを描けば，バリエーションは相当数生まれる。

　以上を考慮すると，商品企画に2つのレベルがありうる。1つはエンジンを含めたプラットフォーム自体の変更（メジャー・チェンジ）であり，これは10年に1回程度の変更で日本が主導する。図面も日本で描かれ，多くの場合は日本国内の生産を経る（日本生産を経ない機種もある）。ただし，その二輪車が販売される国の要望は，最初の商品企画のときに反映される。いま1つは各国の法規制への対応や市場からの要望への対応，エンジンの流用などで，これらはマイナー・チェンジと呼ばれ，3～4年に1回程度ある。ASEAN向けのマイナー・チェンジはタイを中心に行われる。周辺国はカラストや現地対応などのレベルなので，設計変更などはタイ側が行い，同国地域本社で承認を得る。タイには，研究所のみならず，タイホンダの品質管理部門，生産企画，購買，サービスなど，さまざまな機能が近くにあり，エンジニアの数も多い。量産開発の検討もこの場で行うことができ，サプライヤーも近隣にあるため相談しやすい。そのような場所で迅速に意思決定することが効率的であるし，個々の専門領域を持つエンジニアの経験を有効に活用できる。

　エンジンの流用とカラストなどを活用した外見上のデザイン変更などを入れると，1つのプラットフォームから相当数のパターンができると予想される。また，ASEANのように域内に複数の市場がある場合，ある国で起きていることは他の国でも起きるという予想が立てやすく，タイの企画をベトナムに展開するといったことも可能である。各国のブランチや営業拠点から各国で起きていることを把握し，ASEAN市場の商品戦略を編成するのもタイ側の役割になろう。

タイの開発拠点の役割は，ASEAN市場にとどまらず拡大している。2010年3月には，タイで開発・生産された125 ccのスクータ「PCX」が日本で発売された。PCXは，125 ccクラスとしてははじめてアイドリングストップ・システムを採用した新製品で，発売後約3週間で年間販売計画台数8000台の9割を超える7400台以上を販売し，低迷が続く日本市場で久々のヒット商品となった。

　生産面でも，日本とASEAN工場の関係は変わりつつある。日本では，二輪完成品の生産は徐々に減少しており，ホンダは2008年に浜松工場での二輪生産を打ち切り，熊本工場に二輪生産を集約した。生産規模としては，日本の熊本工場はホンダの全世界生産量の1割にも満たないが，グローバル拠点として重要な3つの役割を依然として担っている。第1は，海外生産拠点へのマザー工場としての役割である。海外工場を支援するために，常時，日本から150名ほどが海外駐在員として海外に派遣されている。そのほかに，海外工場での新製品立上げや生産能力拡大などの支援で，250名ほどが出張しているという。第2は，大型二輪のグローバル生産拠点である。一部，海外でも大型二輪を生産しているが，主たる生産は日本に集約され，輸出されている。第3は，部品の供給拠点である。エンジン部品で，とくに加工精度が重要な部品などは，依然としてアジアなど海外工場に輸出している。ただし部品供給は，一方的な関係から，相互供給体制に変わりつつあるという。たとえば，小型エンジンなど，アジア工場が十分に能力を上げ，かつコストが重要な部品については，アジアから日本に輸入されるケースも出てきたという。

5　むすびに代えて

　最後に，本章の事例分析から得られた新興国市場戦略へのインプリケーションについて，2点ほど言及しておきたい。

　第1は，アジアの中間層市場に浸透するときの，機能を絞った低価格モデルの重要性である。タイやベトナムの事例で見られたように，とくに市場成長の初期において，低価格モデルは市場の底辺を広げる役割を果たす。タイのWave 100やWave Z，ベトナムのWave αは，まさにそうしたケースであった。事例の中にあったように，高価格帯で一定の市場を得ている日本企業は，そもそも下位の中間層市場の存在やその大きさすら，正確には認識できていな

いことも少なくない。ホンダの場合は，中国製二輪車への対応から，低価格モデルを投入せざるをえなかったが，それが結果としてASEANの中間層市場への製品浸透力を大幅に伸ばしたことで，中国製二輪車にも対抗しうる競争優位性を模索し，現地で能力を整備していくきっかけになった。中国製二輪車との価格差は重要で，ホンダは中国製二輪車との価格差が一定の範囲内に収まるように意識しながら，同時に彼らとの品質差の価値も認めてもらえるように製品価格を設定し，機能を選定していった。

　第2に，低価格モデルがもたらした市場への影響は大きいが，この事例ではそれのみが大事なのではない。より重要な点は，低価格帯のアジア・バイクに対抗するために，ホンダが二輪車の研究開発機能や本社機能の一部の現地化に本腰を入れて取り組み，ASEAN域内で，機動的な製品開発を行い，各国市場に柔軟かつ迅速に製品導入を図るケイパビリティを備えたことにある。これにより，規制やニーズが異なるASEAN各国において，ローエンドからハイエンドまでのモデルをフルラインで幅広く揃え，消費者の選択の幅を大幅に増やしたことが勝因なのである。

　とくに2000年代後半からは，現地の消費者や政府もさまざまに学習し，単なる価格というよりも，品質や機能も考慮に入れ，価格と比べて，安全や安心，走行性や耐久性，デザイン性などの高い価値を提供する製品に，大きな需要が生まれるようになった。製品開発や設計機能だけではなく，現地市場をターゲットにして商品企画機能を見直すことが，結果として低価格かつ高価値の提供に寄与したと思われる。典型的には，タイやベトナム，インドネシアにおける，近年のスクータ市場の伸びがそれを示唆している。そのような市場の変化にも迅速に対応できるケイパビリティを現地で備えた企業が，ローカルな市場競争において優位に立つことがわかる。中国製二輪車の多くがその後ASEAN市場では市場シェアを減退させたように，低価格だけでは必ずしも消費者の信頼を得るには至らず，場合によっては，それを損なう可能性すらありうる。製品開発のケイパビリティを現地でどう構築し，それを活かして幅広い中間層市場のニーズに対応できる製品戦略をどう形成していくかが本質的な課題である。

　これら2つの点は，業種や国の違いを超えて，新興国市場戦略の一般的な論点としても重要と思われる。低価格戦略の重要性が示唆されているとともに，経済発展による所得増加や消費者の購買経験の蓄積，政府規制の発達などによって，低価格戦略だけでは競争優位を持続できない時期が早晩到来する。その

場合に，現地市場における顧客価値を起点とし，なおかつ，政府規制や競合企業の力が強くなったとしても競争優位性を保持するものづくりが，どこまでできるかが試されているのである。本章の内容が，今後新興諸国の中間層市場への製品展開を真剣に考える企業に示唆するところは，決して少なくないはずである。

＊　本章は，天野・新宅（2010）をもとに加筆・修正したものである。

第6章

現地エンジニア主導の製品開発
デンソー・インドの事例

金　熙珍

1　はじめに

　新興国市場戦略のキーワードの1つとして，製品の現地化が頻繁に指摘される。すなわち，現地顧客のニーズを的確に捉え，それを盛り込んだ製品を開発・供給することが現地事業を成功させる上で重要なのである。では，そのような製品はいかにすれば開発することができるのだろうか。なぜ，現地のニーズを捉えた製品，すなわち「現地化製品」の開発は容易ではないのだろうか。
　経営学の分野では，知識の性質（暗黙知，形式知）や知識移転といった議論から，この疑問にアプローチすることができる。知識の性質を分類すると，「文章化・図表化などによる表現や説明ができる知識」が形式知，「経験や勘に基づく知識のことで，言葉などで表現が難しいもの」が暗黙知と定義される(Nonaka and Takeuchi, 1995)。この定義に拠った場合，たとえば日本企業から見た現地顧客のニーズには，暗黙知的な要素が非常に多い。なぜなら，外国人が持つニーズは，彼らの嗜好，習慣，宗教，生活様式，考え方といった複雑な文化的要素からなっていて，経験を通じてしかわからないところが多いからである。現地顧客のニーズの暗黙の部分に着目すると，その「知識移転」の難しさが浮かび上がってくる (Kogut and Zander, 1993; von Hippel, 1994; Szulanski, 1996; Lord and Ranft, 2000)。このように，現地化製品の開発が容易ではない理由は，既存研究における知識の暗黙性および暗黙知の移転の難しさといった議論から窺い知ることができる。それでは，どのような方法をもってすれば，現地顧客のニーズという暗黙知を掘り出し，移転し，現地化製品の開発へとつな

1 はじめに

ぐことができるのだろうか。本章の問題意識と最も近い既存研究の1つとして，Subramaniam and Venkatraman (2001) の議論を簡単に紹介しよう。

Subramaniam and Venkatraman (2001) は，90件の新製品開発プロジェクトを対象に実証分析を行っている。彼らの主張を一言でいえば，「海外市場に関する暗黙知を移転する方法が，トランスナショナル製品の開発能力に影響する」となる。その移転方法として彼らが取り上げているのは，クロス・ナショナル・チーム，過去に海外駐在経験のあるメンバーが参加する開発チーム，海外マネジャーと頻繁にコミュニケーションをとっている開発チームの3つである。主な論点は，海外暗黙知の獲得とそれらの組織内移転に置かれている。彼らは，海外市場の暗黙知に対する洞察力は，競合他社が容易に感知できない市場機会を与えてくれると主張する。さらに，獲得された海外市場に関する暗黙知を企業内で移転するためには，なるべく対面接触に近いリッチな情報処理メカニズム (Daft and Lengel, 1986) が必要であると指摘している。

現地化製品の開発を考える際に，Subramaniam and Venkatraman (2001) の議論は，以下の3点の示唆を与えてくれる。

第1に，海外市場の顧客ニーズの暗黙性に着目した点である。彼らは，海外暗黙知 (tacit overseas knowledge) を，「体系的な方法で成文化し，移転することが困難な，海外市場間の違いに関する知識」と定義している。海外消費者のニーズに関する暗黙の情報は，容易に獲得できるものではないからこそ，戦略的意味を持つ。

第2に，海外暗黙知は獲得が難しいだけではなく，組織内での移転も難しい。成文化やコミュニケーションが難しいため，人と人との対面接触を通じた移転，あるいは人の移動による移転 (Aoshima, 2002) が必要となる。このような彼らの指摘は，物理的・文化的距離を挟んで現地拠点と本社との間で暗黙知を移転する際に，どのような方法をとるべきかについて考えさせる。

第3に，彼らは暗黙知の「観察者・解釈者」の主観性に注目していて，次のように述べている。「暗黙知の解釈に辿り着くための洞察力 (insight) は，その国の文化の中で個人的な経験を積みながら進化させていくものだ。そのため，ある海外市場ニーズに関する暗黙知についても，各多国籍企業の現地マネジャーはそれぞれ違ったように認識・解釈するはずである」。誰が主体になり海外消費者の暗黙のニーズを観察・解釈し，製品企画・開発プロセスにつなげるのかによって，製品の仕様・デザイン選択は違ってくるだろう。もちろん，それ

によって市場成果も違ってくる。

　本章では，以上の議論を踏まえ，新興国市場向け製品開発における現地エンジニア活用の事例を取り上げたい。海外暗黙知の獲得と移転の困難性，的確な観察・解釈の重要性という課題から考えると，現地エンジニアの育成・活用は1つの方策になりうるからである。

　とくに近年，本国における開発工数の増加と国内人材の不足に伴い，開発業務の一部を切り出して現地拠点のエンジニアに任せるといったような分業は，決して珍しくはなくなってきた（金, 2010; Kim, 2012）。工数の掛かるソフトウェアのコーディングや図面を描く作業を，エンジニアの給料が安い新興国に出しているのである。そこには，労働者の賃金が安いところへ生産設備を移すのと，ちょうど同じようなロジックが働く。しかし，さらに現地で確保したエンジニアリング・リソースをうまく活用することによって，現地ニーズを捉えた製品開発ができる。現地エンジニアにしかできないこと，彼らが最も得意とすることは何であり，それを活かせるマネジメントはどうあるべきか。デンソー・インド（以下，DNIN）の事例から，その答えを探ってみよう。

　現在，多くの日系自動車サプライヤーが世界各地に進出しているが，進出先国においても日系自動車メーカー向けの生産を行う場合がほとんどである。四半世紀以上も前にインドに進出したデンソーの場合も，つい最近まではスズキやトヨタなどの日系顧客との間でしか取引がなかった。しかし，地場資本のトップ，市場全体においては3位につけていたタタ・モーターズから，ワイパー・システムの受注に成功する。それも，超低価格車として世界的な注目を集め，タタ・モーターズとしてもきわめて力を入れていたプロジェクトであるナノ向けであった。欧米系・地場系の多くのサプライヤーが受注競争に参加していた中，タタ・モーターズとは取引実績さえもなかったDNINは，どのようにして受注に成功したのだろうか。

　本章の構成は以下の通りである。まず次節では，本事例の背景として，インドの自動車部品産業の特徴とデンソーのインド・ビジネスの歴史を概観する。第3節では，タタ・ナノ・プロジェクトの特徴を説明し，DNINがそのワイパー・システム受注に至ったプロセスを詳述する。第4節では，DNINの事例が新興国市場戦略について悩む企業に何を示唆するのかを考察する。

2 インド市場とデンソーの進出

2.1 インドの自動車部品市場

「インドは2020年までに世界5位の自動車生産国になると思います」。インド自動車部品工業会（Automotive Component Manufacturers Association of India。以下，ACMA）のビニエ・メタ（Vinnie Mehta）事務局長は，こう話す。インドの乗用車生産は2020年には現在の4倍にあたる900万台の規模に達することが予想され，同年には自動車部品市場も4倍に近い1130億ドル規模に成長することが見込まれているのである。このように急成長してきている市場であるため，外資系サプライヤーの参入も活発に行われてきた。しかしながら，2011年時点では，ボッシュ，マグナ，ビステオン，ヴァレオ，デンソーなどのグローバル・サプライヤーが全体生産に占める割合は約15％に過ぎず，一方で地場資本の大手企業の割合が43％にもなっている。要するに，急拡大する市場の中で，多くの地場系企業と外資系企業が激しい競争を繰り広げているのが，インドの自動車部品市場の現状といえる。

インドの自動車部品産業は，大きく2つの波に乗って成長してきたと見られる。1つ目の波は，政府の産業政策によるもので，とりわけ草創期には，その影響が大きいと考えられる。インド政府は，各自動車メーカーに対して現地調達率の引上げを義務づけてきた。1980年代，国営自動車メーカーのマルチは，この義務をクリアするため，技術提携先のスズキの系列会社にインドへの進出を依頼するとともに，現地の下請企業に対する技術支援を積極的に行った。他の外資系企業も同様に，地場サプライヤーの発掘と育成に励んできたのである。そして，もう1つの波は，1991年の経済自由化政策に呼応して，外資系企業が相次いでインド市場に参入したときから始まる。この時期に進出した外資系自動車メーカーには，大宇，ダイムラー・クライスラー，ゼネラルモーターズ（以上，1994年参入），ホンダ（95年），現代（96年），フィアット，トヨタ（以上，97年），フォード（99年）などがある。こうして，自動車メーカー間の競争が激しくなってくると，各メーカーは生産コストを削減するために積極的に現地調達率を引き上げるよう努力した。

さらに，最近見られる特徴としては，輸出と開発拠点の増加をあげることができる。インドにおいて生産される自動車部品は，インド国内で自動車を生産

図6-1　インド市場における自動車部品の生産額推移

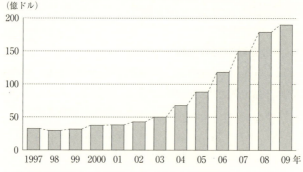

（出所）　インド自動車部品工業会（ACMA）のデータをもとに筆者作成。

している企業に供給されるのみならず，世界各地からの注文が増えている（図6-1）。インドはまさに，自動車産業におけるグローバル・ソーシングの主要な受け皿の1つに急浮上しつつあるのである。ACMA によると，2009年のインドからの自動車部品輸出額は59億ドルで，07年の29億ドルと比較しておよそ2倍余りの規模に成長してきており，14年にはさらに200億ドルにまで拡大すると予測されている。また，コンサルティング会社のマッケンジーも2005年の報告書において，15年にはインドの自動車部品市場が400億ドル規模（うち，輸出が200億～250億ドル）にまで成長する可能性が高いと指摘した。現在，インドから供給されている主な自動車部品には，車軸アセンブリ，プロペラ・シャフト，シリンダー・ヘッド，ベアリング，シリンダー・ブロックなどがあり，欧米産部品と比べて3割近くのコスト削減ができるという。これは人件費などのコストが安いことから生じる効果であり，同様にそうした点をこれまで強みとし，まさに「世界の工場」として急成長を遂げてきた中国との競争は避けられないといえる。その一方で，エンジニア部門の労働生産性は中国よりもインドのほうが40％高く（マッケンジーの調査による），技術的な専門性が要求される部分においてはインドの競争力が高い。

　要するに，多国籍企業にとって，生産のパートナーとしては中国が，開発のパートナーとしてはインドが適しているということなのだろうか。すでに，世界トップ・クラスのグローバル・サプライヤーはすべてインドに進出しており，活発にビジネスを展開している。インドの優秀なエンジニアリング力を活用しようと大規模R&Dセンターを設けているグローバル・サプライヤーも，ボッ

シュ，デルファイ，マグナなどというように増え続けている。たとえば，ボッシュは，4000人以上のソフトウェア・エンジニアを抱え，ボッシュ・グループにおいてはドイツ国外で最大のソフトウェア開発拠点となっている。インドは，世界の実に約30%のソフトウェア開発を担っているという（『日経Automotive Technology』2008年7月）。デルファイも，約800人規模のテクニカル・センター（以下，T/C）を南部のバンガロールに設けており，デルファイ・グループにおいて世界最大の車載ソフト開発拠点となっている。

2.2　デンソーのインド事業の展開

　インドの自動車産業および自動車部品産業が世界的な注目を集めたのはここ十数年のことだが，デンソーのインド進出は四半世紀以上前の1986年と随分早い。当時は社会主義経済体制下で，さまざまな規制があったインドでの事業開始は決して簡単ではなかったし，その後トヨタの撤退もあり，デンソーがいろいろと苦難の道を歩んできたことは想像に難くない。その中で，デンソーはどのようにインド・ビジネスを安定・拡大していったのだろうか。大きく4つの時期に分けて見てみよう。

　（1）　進出初期（1986〜92年）

　DNIN は，1986年に SRF（Shri Ram Fibres Ltd.）社という地場資本企業とのジョイント・ベンチャーで，「SRF日本電装」を設立し，インドにおける事業を始めた。それぞれ1983年と85年にインド進出を果たしたスズキとトヨタからの要請を受け，前述したインド政府の国産化政策（現地調達化）に応えるための進出であった。最初はオルタネーターとスターターのノックダウン生産を行い，トヨタ，スズキ，ホンダに納入した。しかし，この時期の会社経営はうまくいかず，赤字が続いた。背景として，大きく2つの理由があげられよう。

　1つ目は，部品輸入が多かったことである。製品の品質を一定水準以上に保つ必要上，日本からの輸入部品の割合が高く，価格競争力を弱める大きな原因になった。さらに，輸入関税の引上げ（1992年）やインド通貨ルピーの切下げといった環境の変化が経営難に拍車を掛けた。2つ目の理由は，合弁相手の

1　以下，本項の内容は，筆者によるインタビューと津田（2007）に基づく。
2　Shri Ram Fibres Ltd. は，約40年の歴史を持つ紡織会社である。有機棉花や大豆の生産，棉の梱包材を製造するなどのビジネスを行っている。なお同社は，トヨタの合弁相手であった DCM（Delhi Cloth Mills）社のグループ会社である。

SRFとの関係に起因する。もちろん，進出当時，紡績事業を営むSRFから人事や総務部門についての支援を受けられたメリットはある。しかし，自動車部門に関する事業経験がなく，投資利益を重要視するSRFと技術志向のデンソーが融合することは簡単ではなかったのである。

ついにSRF日本電装は債務超過に陥り，そのままでは経営が債権委員会による公的管理下に置かれる危機に直面する。

(2) **事業再建期**（1993～96年）

この時期には2つ，大きな出来事があった。1つは，1992年にトヨタが合弁を解除し，インド市場から撤退してしまったことである。もう1つは，1993年に第三者割当増資を通じてSRFからデンソーへ経営権が移管され，経営再建が進められたことである[3]。1986年のインド進出以降，最初の大変革期ともいえよう。

まず，トヨタの撤退後，デンソーは現地での生き残りを賭け，顧客確保に力を注いだ。しばらくの間は，主要取引先であったマルチ・スズキ（Maruti Suzuki）に加え，取引数量は少ないものの，二輪車のビジネスも手がけた[4]。その後，1990年代半ばからは外資系自動車メーカーのインド進出が相次ぎ，部品確保競争が激しくなっていくこととなる。そのため，当初マルチ・スズキ（四輪）とヤマハのみであった取引先は，ホンダ（四輪，二輪），スズキ（二輪）と順次増えていった。このように，インドの自動車市場が好転していくのに伴い，業績は急速に回復していった。1996年には累積損失を一掃するまでになり，長期経営計画を上回るペースで業績は改善された。

取引先が増えていく中で，各機能を拡大・強化する必要性が出てきた。とくに，設計，品質保証，工機，TIE（total industrial engineering）機能を充実させた。設計と品質保証（外注指導）機能は現地調達の必要性から，工機（型・設備の設計や製作）とTIE（内製の工数低減）機能は社内競争力のためにそれぞれ強化された。インドのように，現地調達化の必要性が高い拠点において現地ビジネス規模が拡大すると，現地調達部品の図面，評価，仕入先指導が重要となる

---

3 1993年に，自動車産業に対する外国人持株規制が緩和された。また，SRFとの交渉や増資，経営権移管に関する詳しい記述は，津田（2007）の301頁を参照していただきたい。

4 1980年代前半に日本企業4社が技術提携または資本提携で進出していた。ホンダは自動車メーカーのヒーローと，スズキは自動車部品メーカーのTVSと，ヤマハは二輪メーカーのエスコートと，それぞれ合弁会社を設立し，川崎重工は二輪メーカーのバジャージと技術提携を締結した。

表6-1 デンソーのインド拠点

拠点名	設立年	従業員数	主要生産品目
DIIN (DENSO International India)	2011年(注)	73名	インド生産会社製品の販売委託業務／テクニカル・センター。
DNIN (DENSO India)	1984年	1,049名	電装品，電動ファン，ベンチレーター，マグネット，ワイパー・モーターなどの製造販売。
DNHA (DENSO Haryana)	1997年	545名	フュエル・ポンプ，インジェクター，エンジンECU，ISCVの製造販売。
DEKI (DENSO Kirloskar Industries)	1998年	289名	ラジエーター，カー・エアコンの製造販売。
DTPU (DENSO Thermal Systems Pune)	1999年	54名	HVAC，ヒーターの製造販売（フィアット向け）。

(注) 1999年に設立されたDSIN（Denso Sales India）にテクニカル・センター機能が追加され，2011年に組織再編・社名変更された。
(出所) デンソー「会社案内 資料編」2011年。

ため，前述したような現地でのエンジニアリング機能の強化が避けられなくなる。この時点で，最も問題となったのはローカル人材であった。現地生産をサポートするエンジニアリング機能を強化していく中で，ローカル人材の育成が課題になってきたのである。

(3) 事業拡張期（1997～2001年）

1997年に，トヨタがインドに再進出した。トヨタの再進出と排ガス規制に対応するため，デンソーは1998年に，デンソー・キルロスカ（DENSO Kirloskar Industries），デンソー・ハリアナ（DENSO Haryana）など，相次いで新会社を設立した。

順次納入先が増えていく中で，2次下請けの成長により部品品質も進出時に比べ徐々に向上してきた。インドにおけるデンソーの主要2次，3次下請けは約80社に上る。注目すべきは，そのうち日系5社・欧米系2社を除いた残りが全部，地場資本であることだ。2次下請け以下の日系メーカーの進出が非常に少なかったことが原因だが，その分現地における2次下請けの育成に力を入れてきたのである。DNINの品質保証にはBPU（business partner upgrade）というチームがあり，品質を中心にサプライヤーを指導・教育している。それに加え，生産技術やTIE，また購買部門からも個別指導を行うといった体制になっている。

(4) 安定期（2002年～現在）

　2000年代に入ってからは，比較的安定的に成長してきたといえる。主要取引先は日系メーカーがほとんどで，顧客の数が増えたというよりは，取引のある顧客からの数量の増加・新規車種の増加に確実に対応してきた。2011年現在，デンソーは，インドに連結子会社を5社，非連結出資会社を2社（スプロス，プリコール），技術提携先を1社（ルーカスTVS）構えている。連結子会社である5社の概要は，表6-1の通りである。

　売上高の構成は，インド市場の特性をよく反映している。5割に近い国内シェアをマルチ・スズキが占めているため，同社向けの製品がインドにおけるデンソー・グループの売上げの約3分の2を占めている。次いで，トヨタと二輪向けが約15％となっている。なお，本章のケース・スタディ対象企業であるDNINでは，4割を二輪向けの部品が占めている。

3　インド系自動車メーカーからの受注挑戦

　インドにおけるビジネスを着実に拡大してきたデンソーは，インド地場系最大手自動車メーカーで，マルチ・スズキと現代自動車に次ぐ3位のマーケット・シェアを誇るタタ・モーターズからの受注に挑戦することとなる。以下では，タタ・モーターズのナノ・プロジェクトの特徴，それからデンソーがワイパー・システムの受注に至ったプロセスについて詳述する。

3.1　タタ・モーターズの10万ルピー車（ナノ）開発プロジェクト

　インドの地場自動車メーカー，タタ・モーターズの10万ルピー車プロジェクトについては，日本でも多くの報道がなされてきた。詳細はそれらに譲るが，これは，現在のインドのモータリゼーションの中心である二輪車ユーザーをターゲットに，徹底的なコストダウンで彼らにも購入可能な価格を実現し，その取込みを図ろうとした野心的なプロジェクトとして，世界的に注目を集めたものである。当初は2008年秋の発売を予定していた。しかし，主要生産拠点を当初西ベンガル州に設置する予定だったのを，地元農民の反対で変更するなどした結果，発売が1年弱ずれ込み2009年7月から納車が始まった。以下では，『日経Automotive Technology』誌の報道（2010年5月），および現地調査データをもとに，概観していくこととする。

表 6-2　タタ・ナノの主要装備

装備		スタンダード	CX	LX
外装	ボディ同色バンパー			○
	フォグランプ			○
	着色グラス		○	○
	ワイパー速度	2段階	2段階	2段階＋間欠
	スポイラー			
内装	シート素材	樹脂単色	樹脂2色	布
	ドアトリム	樹脂単色	樹脂2色	布＋樹脂
	荷室カバー		○	○
	A/Bピラートリム		○	○
	電子トリップメーター			○
	ステアリングホイール	2スポーク	2スポーク	3スポーク
快適装備	エアコン		○	○
	前席パワーウインドウ			○
	カップホルダー		○	○
	シールスライド	運転席 （リクライニングなし）	運転席，助手席 （リクライニングあり）	運転席，助手席 （リクライニングあり）
	リアシート可倒	○	○	○
	集中ドアロック			○
安全装備	ハイマウントランプ	○	○	○
	合わせガラス	○	○	○
	真空倍力装置		○	○
	ドアビーム	ドア一体型	ドア一体型	ドア一体型
価格 （デリー，2009年8月調査時点）		12万3000ルピー （約25万円）	14万8000ルピー （約30万円）	17万2000ルピー （約35万円）

（出所）『日経 Automotive Technology』2010年5月，および筆者インタビュー調査（2009年8月）。

「10万ルピー車」ナノは，排気量624ccの水冷2気筒エンジンを搭載したRR（後部エンジン，後輪駆動）の4人乗り・4ドア自動車である。トランスミッションはマニュアル4速，車体寸法は全長3099 mm×全幅1495 mm×全高1652 mm・ホイールベース2230 mm，車両重量は標準モデルで600 kg，燃料タンクのサイズは15ℓ，燃費は1ℓ当たり23.6 km，最高速度は時速105 kmである。

装備の違いにより，3つのタイプが用意されている。最も安いスタンダード・モデル（大都市向け以外）の工場出荷価格は10万ルピーだが，実際に購入する消費者が負担することになる販売店価格は，輸送費や付加価値税が上乗せされ，これよりも高くなる。デリーやムンバイなどの大都市圏では，排ガス基準BS3（ユーロ3に相当）を満たさなければならないために価格はさらに押し上

タタ・ナノ（写真提供：AFP＝時事）

げられる。各タイプの仕様、および 2009 年 8 月のインタビュー時点でのデリーにおける販売価格は表 6-2 の通りである。

　この表の主要装備を見てわかるように、通常の乗用車と比較して、かなり装備が簡略化されている。たとえば、エアバッグはどのタイプにも搭載されていない。このほか、随所にコストダウンの努力の跡が見て取れる。タタ・モーターズ側の話によると、1 本ワイパーや車輪のボルトを 3 本にするなど、約 60〜70 カ所のイノベーションが組み込まれているという。ナノ開発プロジェクトは、タタ・モーターズが社を挙げて挑戦したものであり、次のインタビュー内容からもそれが窺える。

「ナノは、ラタン・タタ会長のビジョンをもとに、インド全国の異なる所得層の約 1600 人を対象に消費者調査を行った上でそのキーニーズを明確にし、開発に着手した。ラタン・タタ会長も月に 2 回程度訪れ、開発プロセスに関与した。ナノが公開されるまで 15 回ぐらいは来ている勘定で、これは異例のことであった」。

「顧客ターゲットと彼らのニーズを特定した後は、ロー・コスト・イノベーションを目指して自由な発想ができるように組織面で工夫をした。ナノの開発にかかわったエンジニアは約 500 名で、平均年齢は 30〜32 歳、プロジェクト・リーダーは当時 36 歳だった。過去の経験に縛られない人材でチームを構成することを意図し、子どものような目で世界を見、変化を受け入れるように、人々を促すことを重視した」。

3.2　デンソーのタタ・ナノ受注への挑戦

　ナノの各種部品の納入企業の顔ぶれを見ると、現地メーカーおよび欧米系メーカーが目立つのに対し、日系メーカーの影は薄いのが実態である（『FOURIN アジア自動車調査月報』2008 年 3 月）。約 90％が地場資本のサプライヤーということからは、コスト面での理由も大きい一方、タタ・モーターズの挑戦を心か

5　地方向けは BS2（ユーロ 2）対応。
6　ナノ開発のプロジェクト・マネジャーを務めたウメッシュ・アブヤンカール（Umesh Abhyankar）、およびプロジェクト・メンバーへのインタビュー調査による（2011 年 2 月）。

ら信じてサポートしてくれる地場資本のサプライヤーが多く存在したという理解もできるだろう。このような中，デンソーは，以下のようなプロセスと体制で，ナノ・プロジェクトに参加し，受注に至った[7]。

(1) 受注競争への参加

デンソーは，ナノのワイパー・システムの開発に，スタート時点から参加していたわけではなかった。実は当初，ワイパー・システムの開発作業は，デンソー以外の3社で行われてきたという。しかし，これらの3社からよい提案が出てこなかったため，ナノの開発が始まって1年が経った2006年になってからデンソーに声が掛かり，4社で競合することになったのである。

タタ・モーターズの製品開発と発注プロセスは日系メーカーのそれとは違った。タタは，多数のサプライヤーに，製品コンセプトを検討する最初の段階から参加してもらい，一緒にシミュレーションを行っていく。その多くのサプライヤーの中から，後で2社に絞って発注をする。インドの自動車産業においては，1部品当たり2社以上への複社発注が一般的な慣行となっているのである。2社にまで絞っていくプロセスで，さまざまな提案と議論が行われる。まず，タタ・モーターズ側がコンセプト策定段階で目標を設定し，複数のサプライヤーに要件を提示する。すると，たとえば，あるサプライヤーは規制面でよい解決案を持っており，他のサプライヤーはコスト面でよいアイデアを持っているというようなことが起きる。こういった場合，タタのほうからサプライヤーみなを呼んで討論会を開き，みなのよい提案をまとめて逆提案をする。そして，タタの提案するウィッシュ・リストに対応できるサプライヤーが，最終的に受注することができる[8]。

ただ，デンソーには，これまでタタ・モーターズとの取引実績がなかったため，まず情報収集が必要だった。そこで，資本参加や技術提携でパートナーシップ関係にある地場企業（スブロス，プリコール，ルーカス TVS）から，いろいろと情報を得た。それらの地場企業は，タタ・モーターズとは長い付合いがあり，参考になる助言を得ることができた。

(2) 開発作業の担い手

デンソー側で誰がタタ・モーターズとの開発作業を担ったのか。タタ・モー

---

[7] 2009年8月に DNIN で行ったインタビュー調査による。
[8] タタ・モーターズでのインタビュー調査による（2011年2月）。

ターズでは，担当の技術者は当然インド人である。したがって，結局インド人同士で進めたほうがよいだろうと，DNIN に所属しているインド人エンジニアがいわばチーフ・エンジニア的な役割を担当することになった。彼は，日本での研修を受け，日本の設計基準，日本での開発作業の現場を知っていた。作業は主に彼を中心とする DNIN の技術者がインドで行い，それを日本に送っていろいろな評価を実施した。もちろんインドにも簡単な評価設備はあるのだが，最終耐久検査は日本へ送った上で実施した。

DNIN での「プロジェクト・チーム」は，開発者3名＋管理者1名であった。先述のチーフ・エンジニア的な役割を果たした人物が，日本サイドと日本語で調整を行った。一方，日本側からは，受注確定前後から仕様確定までの間，2名のエンジニアがかなりのサポートを行った。いずれも，日本でワイパー・モーターを担当しているデンソーの子会社・アスモのエンジニアである[9]。これに加えて，アスモから DNIN へ出向しているエンジニアも1名いた。

(3) インド人の発想を織り込んだ製品構想とデンソーの提案力

では，デンソーはタタ・モーターズに具体的にどういった提案をし，結果的に受注を勝ち取ることができたのだろうか。鍵となったのは，従来のグローバル標準に縛られず，インド人エンジニアたちが中心となって，タタ・モーターズの設計基準と感覚，インドの市場環境・使われ方などを最優先に，検討を進めたことである。それらを踏まえた上で，技術的な提案を加えていったのである。どういった視点を優先するかというのは，新興国戦略を考える上では意外と重要かもしれない。

開発初期の製品企画段階を振り返って，DNIN の関係者は次のように述べる[10]。

「当初，タタ・モーターズ側のインド人エンジニアたちは，既存のワイパー・システムからこれもあれもとってしまえと，モーターとハンドルだけで十分といった提案をしてきました。つまり，ワイパーは動きさえすればよいといった考え方で，いわば『素うどん』のような状態にたとえることができます。しかし，デンソー側が性能安定性の観点などから検討を行い，これだけは付けようということで，いくつかの機能を追加するようになりました。素うどんにかまぼことほうれん草を載せるような感じですね。機

---

9 日本国内では，アスモ湖西工場にてワイパー・モータの生産を行っている。
10 脚注7と同様のインタビュー調査による。

図 6-2　ワイパー面積の割り切り（イメージ図）

(a)　従来の2本ワイパーの払拭面積　　　(b)　DNIN開発の1本ワイパーの払拭面積

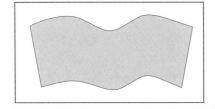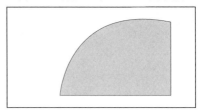

能や部品の追加によって，もちろんコストはその分高くなりますが，技術的な面を説明しながら説得していき，タタ・モーターズ側の理解を得ることができたのです」。

今回はじめて試みたこうした活動を，デンソーの社内では，「割り切り（適正化）活動」と呼んでいる。まず考えなければいけなかったのは，インドという市場の環境や製品の使われ方であった。

「インドは，雨が降る季節が短く，集中しています[11]。雨季にはスコールが1時間ぐらい降る感じで，日本やヨーロッパなど頻繁に雨が降る地域とは異なった発想が要求されます。インドの国内法規は遵守しつつ，激しく降雨している際には，運転を控えるということを前提に，払拭面積については抑制する提案がなされました」。

ワイパーの使用環境を踏まえた払拭面積についての提案は，「助手席まで拭く機能は余計なもので，ドライバーの視野が確保されればよい」という発想と結び付き，ワイパー・アームを1本に減らす決定に至った（図6-2）。

(4)　顧客のコスト要求への対応

さらに，ナノが10万ルピー・カーをスローガンにした低価格車であったために，顧客であるタタ・モーターズのコスト目標に合った適正品質・適正コストを実現することが大きな課題となった。ナノに使われるワイパー・システムは，保証期間，耐久回数，作動音などの設計基準において，タタ・モーターズ自身の社内基準とも異なった基準をとっている。デンソーの社内設計基準のみならず，インド第1位の車両メーカーであるマルチ・スズキのそれともかけ離

11　地方や年による差はあるが，ヒマラヤ山脈とタール砂漠の影響を強く受けるモンスーン気候であるため，インドの雨は6月から10月に集中している。

従来のワイパー・システム（上）とDNIN開発のナノ用ワイパー・システム（写真提供：DNIN）

れていることはいうまでもない。経験したことのなかったであろう「新たな品質・コスト基準」をクリアするために，DNINではさまざまな技術的な工夫がなされた。インド人エンジニアで構成された開発チームから，部品の省略・変更に関するアイデアが次々と出されることとなった。減らしてもよいもの，省いてもよいもの，より安いものに代替してもよいものを彼らの目線から提案してもらう。たとえば，ワイパーリング，ベアリング，ラバーキャップといったさまざまな部品の必要性や使い方が，インドという国の環境とタタ・モーターズのナノという顧客・製品特性を踏まえた上で見直された。その詳細な内容をここで明かすことはできないが，彼らのさまざまな工夫は，約3割のコスト削減という成果をもたらすこととなった。

（5）きっかけとなったワイパー・システム開発

これまでインドで行われてきた製品開発は，基本的には，ベースは日本，アプリケーションはインドといった形のものであった。すなわち，図6-3の①から⑥までが本国でなされ，現地において顧客への早いレスポンスが求められる⑦と⑧のみをインドの設計部隊が担っていたのである。そのほか，日本とは同じ材料がないときに，現地で入手可能な材料を探り，その材料で同じ機能を満たせるかを検討する「材料現地化」活動が，現地エンジニアの主な仕事の1つであった。

今回のプロジェクトで行った軸受の変更は，こうした「アプリケーションのみ」という範囲から少し踏み出したものとなった。つまり，本国のサポートを受けながらではあるものの，図6-3における⑤から⑧までという一連の設計プロセスを，現地で完結していったのである。ここまで踏み込んだのは，はじめてのことだったという。現地エンジニアとしても，DNINとしても，今後のインド・ビジネス拡大に向け，貴重な経験ときっかけを得られたのではないだろうか。

図6-3 開発機能の詳細

①	②	③	④	⑤	⑥	⑦	⑧
基礎研究	応用研究	製品構想	開 発	基本設計	量産設計	アプリケーション設計	評 価

(6) セカンド・サプライヤーとしての受注

　DNINは，ナノの部品について，これまで述べてきたワイパー・システムのほかに，パワーウインドウ・モーターをセカンド・サプライヤーとして受注した。これは，ファースト・サプライヤーが開発を完了した後に受注したものである。ウインドウ・モーターにはデンソー本社が開発した最新のモーターを採用しており，ファースト・サプライヤーが使用しているものとは異なるが，アタッチメントを調整することでタタ・モーターズの承認を得た。こうした新たな仕事がタタ・モーターズ側から持ち込まれた背景には，ワイパー・システム開発プロセスでの提案能力が高く評価されたことがあると見られる。つまり，今回の経験は，現地拠点が開発作業の力量を広げられただけではなく，現地顧客との信頼を築き始めるきっかけともなったのである。

4 鍵は現地エンジニア

4.1 現地エンジニアの育成と製品開発への参加

　上記の事例の重要な意義の1つは，現地エンジニアの手足だけではなく，頭脳，つまり彼らの創造力をうまく活用できたというところにあろう。新興国での製品戦略を真剣に悩む企業なら，現地ニーズを的確に分析・解釈し，製品に反映するプロセスにおいて中心的な役割を担ってくれる現地エンジニアの育成を，重要な課題として捉える必要がある。もちろん，それは時間が掛かる課題であり，DNINにも製品企画から設計作業までできるような人材が最初からいたわけではない。

　DNINにとって，現地エンジニア育成の必要性が浮かび上がったのは，前述したように現地における生産設備や機能を強化し始めた1990年代半ばごろであった。現地のビジネス規模が大きくなると，一般に現地でのエンジニアリング規模も大きくなる。エンジニアリング・ニーズは，製造競争力のための社内的ニーズと顧客対応ニーズという，2通りに分けて考えることができる。進出

当時や事業拡張期であった1990年代までは，社内的ニーズが主であった。当時，日系および欧米系自動車メーカーは本国で設計を行っていたため，デンソーが現地対応する必要はなかった。その代わり，ビジネスの拡大とともに製造設備にかかわるエンジニアリング・ニーズが徐々に増えてきていた。

それが最近では，顧客である日系自動車メーカーも現地設計を始めているので，アプリケーション設計の要望が出てくるようになった。さらに，ケース・スタディに取り上げたように，地場資本の自動車メーカー向けに製品開発をするとなると，現地エンジニアが欠かすことのできない存在となる。地場資本のみならず，インドに進出している欧米・韓国系自動車メーカー向けビジネスにおいても，現地での迅速な技術サポートが鍵となる。このように，現地エンジニアによる顧客対応ニーズが増えている中で，現地エンジニアを育成し活用する仕組みとそのマネジメントが重要性を増しているのである。

デンソーは，現地におけるエンジニアリング機能強化のため，日本本社研修などで確実にアプリケーション設計のできる人材を育成してきた。毎年2人が1年間の日本研修を経験し，すでに経験者はほぼ30人に上る。これは，1990年代末の工場立上げ時から行っている制度である。

日本研修に派遣するエンジニアは，DNINのトップが本人と相談の上で決める。研修中の教育は，設計，生産技術，品質保証，保全など多岐にわたる。研修を受けた後インドに帰国すると，個人差はあるが約6割は活躍してくれるという。彼らに求められるのは，日本で学んだことの実践，日本で学んだことの社内への展開（同僚への教育），日本的なものづくりの考え方の展開，日本語や人脈を使った日本側とのコミュニケーション（窓口役）などである。デンソー本社には，インド以外の海外拠点からも多くのエンジニアが研修に来ている。現地拠点の自立化，現地調達化などが進む中，研修者の数は増加しているとのことである。

4.2 現地エンジニアにしかわからないこと・できないこと

日系企業の新興国戦略，とりわけ製品戦略を取り扱う多くの報道や記事においても，どのようにすれば現地のニーズを的確に吸い上げ，製品に反映できるのかに関する議論が後を絶たない。トヨタのエティオス開発や，パナソニック，富士ゼロックスなど，多くの事例を検討した『日経ものづくり』の記事は，現地の好みについての肌感覚は日本人ではわからないと結論づけている。

「大事なのはアンケートや訪問調査の結果をどう読むか。同じ結果を見ても日本人と現地の人では読み解き方が全く違う。この点が新興国市場向け製品開発のもっとも厄介なところ。あうんの呼吸でつくり込めた，日本を含めた先進国市場向け製品開発とは大きくことなるところだ。現地の人でないと，実態を正しく読み取ることができないのだ」(『日経ものづくり』2011年4月)。

このような実務家の悩みを，Subramaniam and Venkatraman (2001) は以下のように表した。しかしこれは，どの企業にとっても難しいことであるからこそ，チャンスになるといえるのである。

「その国独特の要求を理解するのは暗黙知である。なぜなら，その理解は，消費者の行動を観察する個人の観点や解釈によって左右されるからである。このような文化的癖(気まぐれ)を一貫した記述として客観的に整理することは難しいため，さまざまな解釈が生まれてしまう。暗黙知をどう解釈するかによって，開発される新製品のデザインや仕様選択が変わるのである。そのため，暗黙知に対する洞察力は，競合他社は容易に感知できない市場機会を摑める，豊かな可能性をもたらしてくれる」。

DNINの事例においても，顧客となるタタ・モーターズの企業文化，ニーズ，ビジネス方式，コスト感覚，口にはされない暗黙的な要求などについて，日本からの出向者や本社で関連情報を持っている人々の見方や解釈は現地エンジニアのそれとは異なったはずである。どちらがより正確な解釈ができるかは予測に難くない。インド人の口に合うカレーをつくれる可能性が最も高いのは，その地に生まれ，無意識のうちに何十年間もカレーと触れてきたインド人であろう。私たちが最高級のシステム・キッチンを持ち，インドカレーの立派なレシピを手に入れることができたとしても，微妙な火加減や隠し味のスパイスを入れるタイミングといった暗黙知なしにはなかなかつくれない味があるはずなのである。

このように，現地顧客のニーズを掘り出すためには現地エンジニアの役割が重要であるといえるが，製品設計自体は本社に集中させたほうがよいという議論もあることは事実である。にもかかわらず，「現地顧客のニーズ獲得や情報収集」のみならず，「現地開発」が必要な理由は，以下の3点から説明することができる。

まず，本社のエンジニアリング・リソースが不足していることである。現在

の日本では，少子化や理工系離れが進んでいるためエンジニアの雇用が難しくなっている。しかし一方で，製品や市場の多様化によりエンジニアリング力の必要性は高まっている。そのため，現地人材が開発に加わることが求められるのである。

2つ目に，現地拠点が現地顧客にスピーディに対応するためである。試作品の製作，現地調達した部品の評価，設計変更など，開発プロセスにおける課題が発生した際に，現地で迅速に対応できるかどうかは現地市場における同企業の競争力に直結する。本社からの対応では，どうしても時間的なロスが発生し，それが顧客を逃す理由になりうる。

3つ目は，現地市場におけるコスト競争力のためである。本社で手に入る材料や部品を想定して設計された製品は，新興国では価格競争力を持ちにくい。また，そういった材料や部品に代替できるものを，本社が現地において探し，検証を行い続けるには，大きな限界がある。そのため，最初から，現地の材料や部品，生産設備を考慮した設計のできる能力を現地拠点が持つということは，製品のコスト競争力において大きな意味がある。

しかも，新興国における重要な競争相手の1つである地場系サプライヤーは，現地企業同士で強く深いパートナシップを築いている場合も多い。ナノにスターターとオルタネーターを供給しているルーカスTVSというインド地場系サプライヤーを訪れた際，次のような話を聞くことができた[12]。

「ナノの構想ができ上がり，開発が始まったとき，日系を含めた多くの外資系サプライヤーが『これは不可能だ，これは安全ではない』といいました。ナノの開発自体を無理だと思った会社も多いでしょう。しかし，われわれは違います。50年以上タタ・モーターズと付き合ってきた私たちは，とても濃密な関係を常に維持していて，お互いの成長を支えてきたのです。ですので，ラタン・タタ会長が『こういった車をつくりたい』というと，それが実現できるようにみなが全力でサポートします。わが社が供給するスターターにおいても，完全に異なったプラットフォームを考案し，3割弱のコスト削減に成功しましたし，オルタネーターはサイズ，材料，重量を徹底的に見直しました」。

---

12 2011年2月，ルーカスTVSプネ工場でのインタビュー調査による。ルーカスTVSは，1961年にイギリスのルーカス社との合弁で設立されたが，2001年，TVS側が全株を取得した。二輪と四輪用向け電装品を開発・生産している。

こういった環境の中で，日系企業は競争するのである。現地市場は暗黙知だらけで，地場系企業同士には現地でしかわからないような関係性が存在する。こうした新興国市場において，成功するための鍵の1つは，現地エンジニアではないか。

もちろん，本章で取り上げた DNIN の事例には，自動車サプライヤーと完成車メーカーとの間の，開発プロセスにおける特殊性が確かに存在する。しかし，本事例の本質は，一般消費者向けの耐久消費財メーカーなど，さまざまな企業に適用できるものである。顧客の真のニーズを摑み，それに合った製品をつくりたいと思うのは，新興国市場に勝負を賭ける多くの企業の思いであろう。

しかしながら，現地エンジニアの育成と活用というテーマには，まだ多くの課題が存在している。どうすれば良質で優秀なエンジニアを一定数以上，安定的に確保できるか。一般的にエンジニアの勤続年数が長い日本とは違い，離職率が高い国において，どのようにすればエンジニアの転職を防げるのか。日本研修など，時間とお金を投資して育ててきたエンジニアの流出対策はないのか。これらは，現地開発を進めていく多くの日系企業に投げ掛けられる課題であろう。

5　むすび

本章で取り上げた事例では，現地顧客の真のニーズを摑んだ製品開発のために，現地エンジニアを育成・活用することの重要性について述べた。最後に，こうした現地エンジニアの役割を，Subramaniam and Venkatraman（2001）が指摘した海外市場での製品開発における3つの論点に立ち戻って，再度検討したい。

1つ目は，現地暗黙知の獲得である。DNIN がナノ・プロジェクトに参加し，受注に成功できたのは，現地顧客であるタタ・モーターズの開発目標およびコスト感覚などに深い理解を有する現地エンジニアがいたからであった。現地顧客と同じ文化の中で生活し経験を積んできた現地エンジニアの洞察力を発揮させることによって，現地暗黙知の獲得とより正確な解釈が可能になったのである。

しかし，現地でうまく顧客ニーズを把握できたとしても，それを本社における技術や知識の蓄積と結び付けることができなければ，多国籍企業としての強

みを発揮することは難しい。このときに，2つ目の論点である海外暗黙知の組織内移転が重要になってくる。この海外暗黙知の組織内移転を，デンソーでは，現地エンジニアが本国研修を行うことで可能にしていた。日本で1年間研修を受けたインド人エンジニアは，日本人エンジニアたちと豊かな対面接触のチャンスを持つだけでなく，インドに帰ってからも日本人エンジニアとよりスムーズなコミュニケーションができるようになる。なぜなら，研修期間中には，日本人エンジニアとの日々の交流を通じて，仕事のやり方や考え方を学ぶと同時に，同じ組織の一員としての一体感も覚えるからである。それが，その後にも続くコミュニケーションにおける共通言語として働く。信頼構築のためのメンバー間の社会的相互作用（初期の顔合せ，定期的なミーティング）は，グローバル製品開発チームに関する諸研究においても強調されている（Govindarajan and Gupta, 2001; Lagerström and Andersson, 2003）。

　新興国市場を狙う企業による「顧客ニーズ調査」の方法は多様だ。パナソニックのように生活研究所を現地に設ける企業もあれば，ソニーのように本社のエンジニアが現地調査に赴く企業もある。現地の調査機関に消費者調査から商品企画まで依頼する企業もあれば，製品開発組織を現地に新設する企業もある。こうした違いは，製品の特性や企業戦略などによるもので，一概にどの方法がよいとはいえない。ただ，いずれの企業も，今までとは違う，異質性の非常に高い顧客を目の前にして，悩んでいるのは明らかだ。DNINの事例からは，本国研修などで時間を掛けて現地エンジニアを育成すること，また彼らの発想を積極的に活用した製品開発を行うことの重要性を学ぶことができる。

　この事例は，既存研究に対しても示唆するところがある。Subramaniam and Venkatraman（2001）のみならず，ほとんどの既存研究は，本社の開発チームを中心としたグローバル製品開発を論じている。主には，現地駐在員やエンジニアをチーム・メンバーに含めることで顧客ニーズに関する暗黙知を共有できるという視点なのである。しかし最近は，市場規模などの経済合理性が前提であるものの，現地に開発機能を設け，現地で製品開発ができるような体制をとる企業も増えている。本事例のように，開発ができる現地エンジニアを育成することを通じて，現地暗黙知の移転や移転プロセスで生じうる変形の悩みを軽減できるのではないだろうか。

　また，単純な図面変更作業に限らず，より創造力を発揮できるような仕事を任せられれば，現地エンジニアのモチベーションも上がるだろう。それが，現

地開発拠点の能力構築につながるだけではなく,自分が設計したモノが市場に出回ることを見るエンジニアの喜びとなり,離職率が下がるといったような好循環も期待できるかもしれない。

* 本章は,金 (2012) をもとに,加筆・修正したものである。

第7章

産業財の製品開発戦略
DMG, 森精機, 安川電機の事例

鈴木 信貴

1 はじめに

　新興国市場において，先進国の企業が効果的に市場戦略を進めていくためにはどのようにすればよいのだろうか。新興国市場は，大きく，ハイエンド市場，ミドル（中間層）市場，ローエンド市場に分類することができる。このうち，先進国企業にとっては最も大きな市場，すなわちボリューム・ゾーンとなるのがミドル市場である。

　このミドル市場で先進国企業が競争優位を獲得するために，これまでの先行研究では，主に自動車，家電などの最終消費財を事例として研究が積み重ねられてきた。それらの研究においては，先進国の企業が新興国で効果的に市場展開するには，先進国向けに開発された製品をそのまま持ち込むのではなく，各新興国の現地市場に合わせて価格と品質・機能を最適化した製品を新たに開発し市場へ投入することが競争優位を構築する上で重要であると論じられてきた（新宅・天野, 2009a；天野・新宅, 2010）。果たして，このような先行研究は，産業財[1]（industrial goods）の製品にも該当するのだろうか。

　産業財とは，企業の生産活動や組織の業務遂行のために使用される財を指し，

---

[1] 商学・マーケティングの分野では「生産財」と呼ばれることもある。経済統計などでは，部品・原材料のように生産要素として直接投入される財を「生産財」（production goods）と呼び，機械・設備などは「資本財」（capital goods）として区別するが，商学・マーケティングの分野では，資本財を含めて産業財または生産財（いずれも英語では industrial goods）という用語が使われている。本章でも，商学・マーケティングの分野での産業財の定義を用いる（高嶋・南, 2006, 2-3頁；『日経 経済・ビジネス用語辞典 2007年版』）。

部品，原材料，機械・設備などが代表的なものである（高嶋・南，2006，2頁）。より具体的な例としては，携帯電話の通信モジュール，熱や衝撃に強い高機能プラスチック素材，生産活動に用いる工作機械，産業用ロボットなどが産業財である。

詳しくは次節で比較していくが，消費財と産業財とでは財の質が異なるため，一般に，製品開発や市場戦略の方法が異なる。それでは，新興国市場では，先進国の産業財企業はどのように製品開発を行い，市場戦略を進めていけばよいのだろうか。本章では，このような問題意識に立ち，産業財の新興国市場戦略について，とくに製品開発に焦点を当て論じていく。

本章は，工作機械，サーボモーター[2]，サーボアンプ，インバータ[3]といった標準的な産業財の事例をもとに，議論を進めていく。同じ産業財といっても，製品の技術的な複雑性によって，顧客数，顧客へのカスタマイズの程度，購買頻度，価格，取引形態は異なる（Webster, 1991）。たとえば，石油プラントで使われる設備は，その顧客のみにカスタマイズされた設備になる。その一方で，半導体などの部品は，標準品になることが多い。本章で事例とする工作機械，サーボ，インバータは，極端にカスタマイズ化や標準化が求められる製品ではなく，新興国市場でもボリューム・ゾーンであるミドル市場を対象とする標準的な産業財であるため，本章の事例とした。

より具体的にいえば，本章では，中国市場で2003年に上海工場を立ち上げたドイツ工作機械メーカーのギルデマイスター（略称はDMG。以下，DMGと表記），そのDMGと2009年に業務・資本提携することにより中国市場戦略を展開している森精機製作所（以下，森精機），2001年から主要製品であるサーボモーター，サーボアンプ，インバータの中国現地生産を行っている安川電機の3社の事例を扱う。これらの事例をもとに，議論を進めていく。

---

[2] サーボは，主に工作機械や産業用ロボットなどの機械の制御・駆動に用いられる装置のことである。たとえば，工作機械で部品加工を行う際には，司令部であるコントローラーが指示した位置や速度通りに正しく加工が行われるように，サーボアンプが電力を制御し，サーボモーターを駆動させ加工を行っていく。この際，正しく駆動が行われるように，サーボモーターにはサーボアンプへのフィードバック機能が付いている。

[3] インバータは，電力を目的に応じた周波数の交流電力に変化させることにより，供給する電力を制御する装置である。インバータが搭載されていなければ，電力はフルパワーのオンとオフしかない。インバータ搭載の機種であれば，使用場面ごとに電力の周波数を変化させ制御することができるので，電力を節約しながら最適な運転を行うことができる。

2 産業財企業と製品開発の分析視点

　産業財の新興国市場戦略を論じるにあたり，最初に，消費財と産業財との市場戦略の違いについて確認する。

　まず，消費財と産業財とでは，顧客，顧客の専門知識，顧客の購買決定プロセス，顧客との取引体制が大きく異なる（余田・首藤，2006）。産業財の場合，顧客は企業，団体，大学，病院といった組織・法人であり，顧客数は限定されている。これらの顧客は，製品・技術に関する専門知識を持っている。消費財では個人の選好によって購買が決定されるが，産業財の場合，企業のさまざまな部署が関与し，総合的な判断のもとに購買が決定される。産業財の取引では，1回当たりの購買金額や購買量が大きくなることが多い。顧客企業の要望によって，製品開発，改良を行うことも多く，購入後のサービスも必要とされる。そのため，産業財の取引関係は長期で相互依存の関係になる場合が多い。

　たとえば，産業財である工作機械の場合，顧客は，主に自動車メーカー，電機メーカー，そのサプライヤー・メーカーなどのメーカーとなる。顧客であるこれらのメーカーは，生産技術に関する専門知識を持っている。購買の際に一担当者の選好によって決定するということはまずありえない。企業の生産活動に本当に必要なのかどうか，担当部署だけでなく財務部なども関与し，企業内で総合的に検討された結果，購入の意思決定がなされる。そして，工作機械は，10年といった単位で使用され，その間のアフター・サービスや製品の改良，新製品開発への展開もあることから，顧客との関係は長期で相互依存的な関係になる。

　このように，消費財と産業財とでは顧客の特性が異なるため，製品開発活動と販売活動の流れも異なってくる（高嶋・南，2006）。自動車，家電などの消費財の場合，基本的に，最初に顧客の選好を知るために，マーケティング部門が市場調査を通じて顧客情報を収集，分析し，製品開発部門が製品開発を行う。新製品は，販売部門が広告などのプロモーションを通じて販売活動を展開する。

　それに対し，産業財では，製品開発活動と販売活動の境は明確になっていないことが多い。たとえば，カスタマイズの程度が高い産業財の場合には，販売担当者と開発担当者が顧客企業を訪れ，製品開発の検討をする。つまり，この場合，情報収集活動，製品開発活動，販売活動が同時並行で行われることにな

る。

　標準的な産業財の場合，一般的に，販売部門が顧客との取引の中でニーズを収集していき，それを製品開発部門などの関係部署と共有しながら製品開発活動が行われていくことが多い。

　産業財では，このように企業と顧客との継続的な相互作用プロセスの中で製品が開発されていくため，この相互作用を管理することが産業財企業にとって重要な活動となる（Håkansson, 1982）。さらにいえば，企業間関係を所与とするだけでなく，産業財企業の戦略的行動によって，顧客とより望ましい企業間関係を構築していくことが，その後の企業行動や競争優位を規定する重要な要因となっていく（高嶋, 1998; Ritter, Wilkinson and Johnston, 2004）。

　次に，新興国市場戦略について確認する。従来，多くの先進国企業にとって，後発の新興国市場は先進国市場の補完的市場という位置づけにあり，先進国市場で築き上げた製品ラインからローエンドのものを選択したり，それらを低機能化したりして新興国市場に投入してきた。販売や生産，調達の方法も，先進国市場で構築したものを，多少の修正を加えて持ち込むにとどまることが多かった。しかし，新興国市場において，こうした製品やビジネス・モデルは，一部のハイエンド市場に受け入れられるものの，全体の市場シェアとしては伸び悩むことが多かった（天野, 2009）。

　このような状況を受けて，新興国市場戦略の研究では，主に最終消費財を事例として，ボリューム・ゾーンとなるミドル市場で製品を展開する場合，先進国向けの製品をそのまま新興国市場へ投入するのではなく，各国の現地市場に合わせ，価格と品質・機能を最適化した製品，つまり各市場特性に合った適正な製品を開発，生産し，市場へ投入することの重要性が論じられてきた（新宅・天野, 2009a; 天野・新宅, 2010）。

　前述した通り，消費財の場合，主にマーケティング部門が多数の消費者のニーズを収集，分析し，それに基づいて製品開発が行われる。とくに新興国向け製品を開発するためには，かなり深いレベルでのローカル市場調査や顧客観察が必要である（新宅・天野, 2009a）。しかし，産業財の場合，顧客との長期取引の中でニーズがわかってくることが多いため，そもそも消費財のような市場調査には馴染まない。

　産業財と新興国市場の先行研究から考察すると，先進国の産業財企業が新興国市場に適した製品を開発し，効果的に市場戦略を進めていくためには，まず，

現地企業との長期的・継続的な関係をつくり，この関係を維持しながら，現地の顧客ニーズを収集していくことが必要になると考えられる。産業財の場合，このときに重要な役割を果たすのが販売部門である。その上で，販売部門の収集した現地の顧客情報を製品開発部門や関連する部門と正しく共有することが，産業財企業が新興国市場に適した新製品を開発する際に，重要な要素となるだろう。

それでは，先進国の産業財企業は，新興国市場の現地企業との関係をどのようにつくり，その関係をベースとしていかに製品開発を進めていけばよいのだろうか。次節からは，事例をもとにさらにこの問題を検討する。

3 DMG，森精機，安川電機の中国市場戦略

3.1 森精機，DMG
（1） 森精機とDMGの提携

森精機の歴史は，戦後，1948年に奈良県大和郡山市において，創業者である森林平，茂，幸男の三兄弟がメリヤス機械を開発したことから始まった。その後，1958年に高速精密旋盤，68年からはNC旋盤の開発を始めるなど，60年代に工作機械産業へ本格的に参入した。1976年にはNC旋盤の売上高で国内1位となり，現在では世界的な工作機械メーカーとして広く知られている。

創業以来，森精機は，開発，生産は日本で行い，海外市場へは日本で生産された製品を輸出するという方針をとっていた。しかし，2000年代の後半に入ると，中国などの新興国市場の発展や円高の問題などにより，海外戦略を見直す必要に迫られた。同社は，これから自社単独で海外の生産拠点，販売・サービス拠点を整えていくよりも，外資系企業などと連携して海外展開を進めたほうがスピードが速く効率的であると判断し，M&A戦略を進めた。2007年にスイスの工作機械メーカーであるディキシー・マシーンズを買収し，09年3月にはドイツのDMGと業務提携および資本提携を行った。DMGはドイツ最大の工作機械メーカーであり，日本のヤマザキマザックと売上高で長く世界1位の座を争っていた。

ギルデマイスター（Gildemeister）は，もともと，1870年にフレドリッヒ・ギルデマイスターがドイツにて起業した工作機械メーカーである。第二次世界大戦後，連合国側の占領政策によりギルデマイスターは一旦，解体された。そ

の後，旋盤メーカーとして再建し，1994年にフライス盤メーカーのディケル（Deckel）とマホ（Maho）をそれぞれ買収しグループ化した。この3社の頭文字をとり，会社の略称やブランド名はDMGとしている。2013年現在，同社は，世界に11の工場と135の営業・サービス拠点を持つ。

提携当初の2009年3月の段階では，森精機，DMGは株式をそれぞれ約5%ずつ相互に持ち合い，森精機の森雅彦社長がDMGの監査役会メンバーに，DMGのルーディガー・カピッツァCEOが森精機の専務執行役員に就任した。その後，森精機は，提携の度合いを高めていき，2011年にはDMGの第三者割当増資および新株発行を引き受け，DMGへの出資比率を約2割に引き上げた。

森精機は，DMGと提携することにより，研究開発，部品調達だけでなく，生産，販売・サービス，顧客向けファイナンス事業といった分野でも連携した活動を行っている。

それでは，新興国市場である中国市場において，森精機とDMGはどのように連携を行い，市場戦略を進めているのだろうか。DMGは，中国市場で本格的に事業を進めるため，2003年1月に上海に新工場を建設した。このDMG上海工場は，ヨーロッパ以外の地域でDMGが設立した最初の工場であり，同社の中国市場戦略の拠点となっている。このDMG上海工場に焦点を当てて，森精機とDMGの中国市場戦略を分析する。

(2) 森精機とDMGの中国市場戦略[4]

2003年に設立されたDMG上海工場では，03年から06年までは，それまでDMGが先進国市場向けに開発した機種の中から中級機，低級機レベルの機種をそのまま移して生産を行い，同工場の販売部門が販売活動を行っていた（以下，先進国市場向けに開発された製品モデルを先進国モデルと呼ぶことにする）。

DMG上海工場では，2003年に先進国モデルを3モデル，04年に5モデル，06年に8モデルと，DMG本社の指示のもと，次々と先進国モデルの生産を拡張していった。DMG上海工場で生産されていた先進国モデルは，中国市場を

---

[4] ここでの記述は主に，2010年9月20日にDMG上海工場にて行ったDMGのクリスチャン・ドーフヒューバー（Christian Dorfhuber）プロダクション&ロジスティック部門ディレクター，王燁（Ye Wang）ファクトリーセールス部門ディレクター，森精機のDMG上海製品検査チームへのインタビュー調査，DMG上海工場調査，およびDMG会社資料，森精機会社資料に基づく。

図 7-1　DMG 上海工場の生産モデルと売上高の推移

マシニングセンタ									DMU 50 eco
					DMC 1035 V	DMC 1035 V			
							DMC 1035 V eco	DMC 1035 V eco	
				DMC 635 V	DMC 635 V	DMC 635 V	DMC 635 V		
						DMC 635 V eco	DMC 635 V eco	DMC 635 V eco	
			DMC 103 V	DMC 103 V	DMC 103 V				
	DMC 64 V	DMC 64 V	DMC 64 V	DMC 64 V	DMC 64 V	DMC 64 V	DMC 64 V		
	DMC 63 V	DMC 63 V	DMC 63 V	DMC 63 V					
NC旋盤				NEF 600					
			NEF 400	NEF 400	NEF 400				
							CTX 510 eco	CTX 510 eco	
		CTX 410	CTX 410	CTX 410	CTX 410				
	CTX 310	CTX 310	CTX 310	CTX 310	CTX 310	CTX 310	CTX 310		
					CTX 310 eco	CTX 310 eco	CTX 310 eco	CTX 310 eco	

（万ユーロ）

```
5000
4000                                              ▇       ▇
3000                                    ▇                 
2000                          ▇                           
1000  ▇    ▇    ▇    ▇                                    
   0 2003  04   05   06    07    08    09   10年
```

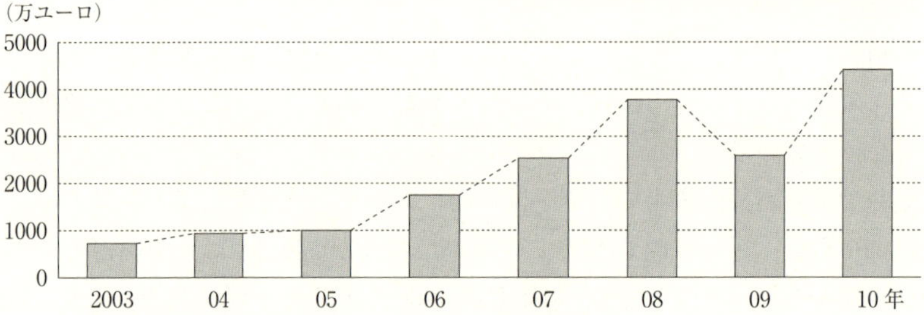

（注）　1）　表中の網掛けは ECOLINE，ゴチック体は一部輸出も実施。
　　　2）　2009 年の売上高減は，リーマン・ショックの影響による。
（出所）　DMG 上海工場の資料をもとに筆者作成。

主な市場としていたが，NC 旋盤の NEF 400 というモデルだけは，中国市場での販売のほかに，一部，他の海外市場へも輸出が行われていた（図7-1）。

　このように，2003 年から 4 年間かけて，DMG 上海工場は，先進国モデルを拡張して生産，販売活動を行ってきたが，売上げは伸び悩んでいた。DMG 上海工場だけでなく DMG 本社側も，先進国市場向けに開発された機種と中国市場で求められる性能・機能との間にギャップがあることを，徐々に認識するようになっていった。このギャップを明らかにするため，DMG 本社が主導して，同社の中国における各販売拠点および現地企業への聞取りなどといった本格的な中国市場の調査が行われた。

　一連の調査の結果，中国では，まだ現地企業の生産部門の能力が成長段階であるため，DMG がこれまで市場に投入してきた先進国モデルは，性能と機能の面で明らかにオーバーパフォーマンスであり，価格も高いと思われていることが判明した。

この調査の結果を受けて，DMG の本社は方針を転換した。すなわち，先進国モデルを中国市場に投入するのではなく，中国市場に合わせて性能・機能，価格をダウングレードした機種を新たに開発，生産し中国市場に投入することに方針転換した（以下，新興国市場向けに開発されたモデルを新興国モデルと呼ぶことにする）。

　その上で，中国市場の顧客企業は，今後，成長していくことが考えられるため，新興国市場向けに開発した製品を，そのままの状態にするのではなく，現地企業の進化に合わせて進化させていくという方針をとることにした。

　一連の中国市場向けの新製品の開発は，DMG のドイツ本社ではなく，イタリア支社の研究開発部門が担当した。イタリアの研究開発部門は，軽工業が盛んなイタリア市場の特性に合わせて，小型・ローエンドの工作機械の開発を得意としていた。それに対し，ドイツの研究開発部門は，重工業が多いドイツ市場の特性に合わせて，大型・ハイエンドの工作機械の開発を得意としていた。そのため，新興国モデルの開発には，ドイツではなくイタリアが選ばれた。

　DMG のイタリアの研究開発部門は，DMG 上海工場との連携を密にし，中国市場に合わせて製品の性能・機能，価格を大幅に落とし，ミドル市場の中でもエントリー・モデルといった位置づけで NC 旋盤，マシニングセンタの開発を行った。新たに開発された新興国モデルは，ECOLINE（エコライン）と名づけられた。

　新興国モデルの NC 旋盤は，2006 年から試験的に DMG 上海工場で生産が始められた。この段階で，DMG 上海工場は，先進国モデルを 8 モデル生産していた。2007 年には，先進国モデルを 8 モデルから 6 モデルに減らし，代わりに新興国モデルの NC 旋盤の本格的な生産を開始した。2008 年は先進国モデルを 6 モデルから 4 モデルにまでに減らし，新興国モデルのマシニングセンタの生産も始めた。さらに 2009 年には NC 旋盤とマシニングセンタでそれぞれ新たな新興国モデルの生産を開始し，新興国モデルは 4 モデルとなり，先進国モデルは 2 モデルとなった。そして 2010 年には，先進国モデルの生産をすべて止め，新興国モデルのマシニングセンタのモデルを追加し，合計で 5 モデルの新興国モデルの生産を行うようになった。一連の先進国モデルから新興国モデルへの切替えにより，DMG 上海工場の売上高は大幅に伸びていった（図 7-1）。

　前述の通り，DMG の最初の新興国モデルは，NC 旋盤，マシニングセンタ

とも，エントリー・モデルという位置づけであった。DMG はまず，このエントリー・モデルを起点として現地企業との継続的な関係を築いていった。そして，この現地企業との関係を活かし，DMG は顧客の成長に合わせて性能・機能を向上させたモデルを次々と開発していった。今後も DMG は，中国の製造業の発展に合わせて，新興国モデルを進化・開発させていくことを計画している。なお，ECOLINE 以外のモデルについては，主にドイツで生産し中国に輸入するようにしている。

　森精機は，DMG と資本・業務提携を行うことにより，森精機の製品ラインアップに DMG の ECOLINE シリーズや他のシリーズを加えている。さらに，DMG 上海工場で，森精機のエントリー・モデルである DURA（デュラ）[5]シリーズの生産も委託するようになった。

　DURA シリーズは，2006 年に森精機が，主に新興国市場を対象として開発したエントリー・モデルである。同シリーズは，徹底して無駄を省く設計，シリーズ間での部品共用，仕様設定の見直しを行うことによって品質は維持しつつ大幅な価格減を実現した。その一方で，新規ユニットの開発，最新技術の導入により，顧客に必要な性能・機能は搭載している。従来の森精機の主力製品（NC 旋盤，マシニングセンタ）の価格帯が 2000 万円以上であるのに対し，DURA シリーズは，NC 旋盤で約 800 万円，マシニングセンタで約 1000 万円という価格を実現した。最初の 2006 年の段階では，NC 旋盤，マシニングセンタとも，それぞれ 1 モデルずつ開発された。

　さらに，森精機は，2009 年に DURA シリーズの下のモデルになる「DURA エコシリーズ」を開発し，市場に投入した。DURA エコシリーズは，DURA シリーズに比べ，操作盤や電装などをさらにシンプルな設計に改め，NC 旋盤，マシニングセンタとも約 500 万円台まで価格を抑えた。[6]2012 年現在，DURA シリーズは 5 モデルまで拡張している。DURA エコシリーズの 2 モデルと合わせて，森精機のエントリー・モデルは 7 モデルとなっている。

　DURA シリーズ，DURA エコシリーズといった新興国モデルを開発するた

5　DURA は，D（durable，長く使える），U（universal，多目的に使える），R（reliable，ダウンタイムが少ない），A（affordable, accurate，お求めやすい価格で確かな精度）という意味から名付けられている（森精機会社資料）。

6　森精機の主力製品，DURA シリーズ，DURA エコシリーズの価格帯についての情報は，『日経ビジネス』（2005 年 6 月 13 日，14 頁），『日刊工業新聞』（2009 年 2 月 26 日）による。

めに，森精機では，本社の製品開発部門と現地の販売部門との連携を密にするほかに，開発担当者が販売担当者とともに中国市場の顧客を直接，回ったり，試作機を顧客に提供しテストを行ったりするなど，現地の顧客企業との継続的な関係を築くことに努めている。そもそも DURA エコシリーズは，DURA シリーズを使用する中国の現地企業が，より簡易で価格が安い製品を求めていることから開発が始まり，試作機の貸与など中国の現地企業との関係の中で開発が進められた機種であった。一連の DURA シリーズ，DURA エコシリーズの開発・市場投入により，森精機は中国市場での売上げを伸ばしていった。

　DMG，森精機とも，エントリー・モデルの数を増やしているのは，中国ローカルの自動車メーカーやサプライヤー・メーカーなど，現地企業の生産に関する技術能力が，年々，進化・多様化していることに対応するためである。

　DURA シリーズは，森精機と DMG が提携する前までは，日本の森精機の工場で生産が行われていた。しかし，性能・機能，価格を抑えたエントリー・モデルであればあるほど，生産コスト，為替の面から現地市場で生産するほうが望ましい。そこで，2009 年の両社の提携後に DMG 上海工場で試験的に DURA シリーズの生産が開始され，翌 10 年には月産 100 台のペースで DURA シリーズを生産するまでになった。森精機の製品の生産指導や DMG 側との連絡を行うために，森精機の社員も DMG 上海工場に常駐している。その後，森精機と DMG との連携が進むにつれて，現在では DURA エコシリーズは ECOLINE シリーズと統合され，引き続き，DMG 上海工場で生産が続けられている。

　このような森精機と DMG の生産提携は，DMG の上海工場だけでなく，他の地域でも行われている。現在，両社の提携は，生産だけでなく，共同研究開発，共同購買，販売，サービス拠点の統合など多方面にわたっている。たとえば，2009 年 7 月からは，タイ，インドネシア，台湾，トルコにおいて共同販売を行い，サービス活動も統合している。これらの地域においては，森精機，DMG のいずれの製品であるかにかかわらず，販売・サービス活動を共同会社が担当している。2013 年 10 月からは森精機は DMG 森精機，DMG は DMG MORI SEIKI とそれぞれ社名変更し，協業関係をさらに強化させている。

　森精機と DMG の事例は，単に新興国モデルを開発するだけでなく，日本とドイツの企業とが提携し，互いの経営資源を補完することにより，新興国での市場展開を効率的に進めていく試みであるといえよう。

3.2 安川電機
(1) 安川電機の国際展開
　1915年に北九州市で創業した安川電機は，炭坑用電動機（モーター）の開発から出発し，その後，鉄鋼業向け各種電機製品の開発，産業用ロボットの開発と，モーターを軸にさまざまな分野で事業展開を行ってきた。主要技術としては，1958年にDCサーボモーター，77年に産業用ロボット，83年にACサーボアンプの開発に，それぞれ成功している。

　現在の安川電機の主要製品は，産業用のサーボモーター，サーボアンプ，コントローラー，インバータ，ロボットである。2010年の段階で，同社は，サーボモーター，サーボアンプ，インバータ，産業用ロボットの各分野でそれぞれ世界シェア1位を獲得している[7]。

　安川電機は，創業の地である北九州市に本社を置く。2010年の段階で，産業用ロボットは，北九州市の八幡西事業所のみで生産し，ここから世界各国へ輸出している。一方，サーボモーター，サーボアンプ，コントローラー，インバータは，国内・海外の両方で生産を行っている。国内は北九州市の八幡東事業所，福岡県行橋市の行橋事業所，埼玉県入間市の入間事業所で生産を行っており，八幡東事業所，入間事業所が海外拠点のマザー工場となっている。同社の販売・サービス拠点は，アメリカ，カナダ，ブラジル，メキシコ，ドイツ，スウェーデン，イギリス，イスラエル，中国，台湾，韓国，シンガポール，インドの13拠点である。これらの拠点のうち，アメリカ，ドイツ，イギリス，中国ではサーボモーター，サーボアンプ，コントローラー，インバータの生産を行っている。イスラエルはサーボモーター，サーボアンプ，コントローラーの開発および生産，インドではインバータの生産を行っている。

　本節で対象とする中国市場では，安川電機は，1994年に上海事務所および北京サービスセンタ（現，北京事務所）を設立したのをはじめとして，96年から上海工場で，2010年からは瀋陽工場で，それぞれ現地生産を開始している。それでは次に，安川電機の中国市場における展開を分析する。

(2) 安川電機の中国市場戦略[8]
　2010年の段階で，中国市場における安川電機の主要子会社は，安川電機（上

　7　IFR, JARA等のデータをもとにした安川電機会社資料による。

　8　ここでの記述は主に，2010年9月19日に上海安川電機にて行った稚枝和久董事 総経理，山朋正人副総経理（工場管理本部長），鰐口篤史管理本部長補佐，朱子燕人事企画部部長，肖

海)有限公司(以下,安川電機(上海)),上海安川電機機器有限公司(以下,上海安川電機),首鋼莫托曼机器人有限公司,安川電機(瀋陽)有限公司の4社であり,この4社を軸に中国市場戦略を展開している。

　安川電機(上海)は,1999年に設立された現地法人会社である。同社は,安川電機の中国戦略の立案と製品の販売・サービスを担当する。安川電機の中国市場への輸出は,長らく安川電機本社の輸出部門が担当していた。その後,中国市場との取引の増加を受け,安川電機と中国の同済大学とで現地合弁会社がつくられた。1990年代後半に入り中国市場への本格的な市場展開を図るため,99年に安川電機の100％出資となる安川電機(上海)が設立された。同社は,広州,北京,成都,瀋陽に支店を持っている。

　安川電機(上海)が主にサーボモーター,サーボアンプ,インバータを扱うのに対し,1996年に北京に設立された首鋼莫托曼机器人有限公司は,産業用ロボット・システムの販売・サービスに特化した会社である。

　上海安川電機は,サーボモーター,サーボアンプ,インバータ,IPMモーター[9](エレベーター用モーター),空調モーターの生産を行う工場である。同社の工場は,1995年に上海に建設され,96年から単相モーター(インダクション・モーター)の生産を開始した。単相モーターから始まった上海安川電機の工場は,1999年にインバータ,2001年にはサーボモーターの生産を開始している。2010年現在,単相モーターの生産は行っていない。

　2010年の段階で,上海安川電機は,小型の空調用モーターを月産300台,インバータを月産2万7000台,サーボモーターとサーボアンプをそれぞれ月産1万5000台,IPMモーターを月産2000台生産するまでに,規模が拡大している。

　中国市場におけるサーボモーターとサーボアンプのさらなる需要増,および瀋陽市からの要請を受けて,安川電機は2008年に,瀋陽市に安川電機(瀋陽)有限公司を設立した。安川電機(瀋陽)有限公司もサーボモーター,サーボアンプを生産する工場であり,2009年から生産を開始している。

　　凱翔生産本部生産統括部長,翌20日に安川電機(上海)にて行った後藤英樹董事長　総経理,栄則一事業戦略室長,水谷春林中国事業推進室長へのインタビュー調査,および同社会社資料に基づく。
　9　IPMは,interior permanent magnet の略である。その名の通り,IPMモータは,永久磁石をロータ内部に埋め込んだモータのことである。電圧を抑えながらトルクを出せることに特長がある。

上海安川電機に話を戻すと，2010年現在，この工場で生産しているのは，基本的には先進国モデルの中級機，低級機レベルのモデル，および新興国モデルである。ただし，先進国モデルは中国市場への対応のため改良が施されている。

新興国モデルの開発について，安川電機は，2000年代前半という比較的早い段階から開発を行っている。多くの先進国の産業財企業と同様に，安川電機にとっても新興国のミドル市場は未知の領域であったため，同社は，まずは最初の製品をいち早く市場に出し現地企業の反応を得ることを優先した。すなわち，いち早く製品開発の行動を起こすことにより，現地企業の特性を学習しながら市場戦略を進める方針を，安川電機はとった。

安川電機の最初の新興国モデルは，①手離れのよさ，②低コスト化，③中国環境対応，④小型化，の4つをコンセプトとして，日本の製品開発部門にて開発が進められ，2000年代前半にサーボモーター，サーボアンプの最初の新興国モデルが開発された。このサーボモーターとサーボアンプは，中国のミドル市場に合わせるために，これまでの同社の製品に比べて性能・機能を削減し大幅に価格を下げた。

日本で開発されたサーボモーターとサーボアンプの最初の新興国モデルは，上海安川電機で生産が行われ，中国市場で販売が行われた。この製品を中国の現地企業に実際に使用してもらう中で，安川電機はさまざまなフィードバックを得ることが可能となった。一連のフィードバックや経験から，安川電機は，新興国モデルの開発にあたっては，日本の研究開発部門が中国市場の顧客情報を製品開発の早い段階で共有する重要性や顧客情報の流れの重要性について，認識するようになっていった。

ただし，中国の現地市場に根差した顧客情報であればあるほど，日本の研究開発部門にその情報を移転するのがなかなか難しく，さらに，顧客情報の流れについては，中国市場では製品ごとに流れが異なるという。そのため，販売部門が把握する顧客情報については製品ごとに差があった。

中国市場における販売・サービス部門である安川電機（上海）は，インバータ，サーボ，いずれについても，広州，北京，成都，瀋陽の支店を軸とした代理店制度をとっている。

一般に，中国の代理店は，顧客を代理店内で囲い込みたいという傾向が強く，顧客と扱っている製品のメーカーとが接触することを好まず，メーカーに情報

図 7-2　製品ごとに異なる顧客情報の流れ

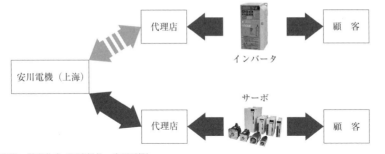

(出所)　筆者作成（写真提供：安川電機）。

を上げない傾向が強いという。安川電機（上海）にとっても，当初，インバータについては，代理店が修理などのサービス活動も行っていたため，安川電機（上海）には，インバータの顧客情報がほとんど入ってこない状態だった。

それに対し，サーボモーター，サーボアンプについては，サーボモーターの細かい位置決めなども含めてサーボの性能を十二分に使いたいという顧客からの要望があり，当初から代理店が安川電機（上海）に相談する形で顧客情報が入ってきていた（図7-2）。

したがって，安川電機（上海）には，代理店制度を始めてからしばらくは，サーボモーター，サーボアンプについては8割程度の顧客情報が入ってきていたが，インバータの顧客情報についてはなかなかわからない状態であったという。

このようなインバータとサーボの顧客情報の流れの違いは，サーボには細かい位置決めなどのサービスが必要とされる一方，インバータは汎用性が高く，それほどサービスが必要とされないという製品の特性による。つまり，同じ産業財といっても，製品特性の違いによって，サービスと顧客情報の流れが異なる。

サーボについては，代理店からの相談が多いため，安川電機（上海）では，早い時期から，顧客の細かいニュアンスなどへ対応するのには同じ言語を用いたほうがよいと考えて，サーボの販売・サービス部門は現地中国人スタッフに任せるようにした。

一方，インバータについては，製品をそのまま代理店に卸すだけでは競争力があまりなく，安川電機（上海）にも顧客情報が入ってこないため，同社は

2010年にインバータのソリューション・センターを設立し，顧客の用途に合わせたソフトウェアの開発を進めている。顧客，代理店と相談しながら最適なソフトウェアを開発，提供することによって，他社との差別化を図るとともに，顧客，代理店との接点をつくることで顧客情報の収集に努めている。

安川電機は，このように，早い段階から新興国市場戦略を進め，試行錯誤しながら，いわば先行者利益を得る形で，中国市場の開拓を進めてきた。現在，同社では，最初の新興国モデルで得た一連の情報や経験をもとに，次の新興国モデルの開発が進められている。さらに，同社が主催となっているメカトロリンク協会のモーション・フィールド・ネットワークの規格をオープン化し中国市場での普及も図るなど，多面的に中国での市場戦略を進めている。

4 産業財の製品開発と顧客情報の流れ

4.1 顧客の進化と新興国モデルの開発

第2節で述べた通り，従来，多くの先進国企業にとって，後発の新興国市場は先進国市場の補完的市場という位置づけと捉えられ，先進国市場での製品ラインからローエンドのものを選択したり，それらを低機能化して市場へ持ち込むなどしてきた。こうした製品やビジネス・モデルは，新興国市場では，一部のハイエンド市場には受け入れられるものの，全体の市場シェアとしては伸び悩むことが多かった（天野，2009）。産業財においても，本章の事例でるDMGの中国市場戦略の初期には，同様の傾向が見られた。そのため，DMGはECOLINEを開発し，先進国モデルから新興国モデルに転換することで売上げを伸ばしていった。

同じく第2節で検討したように，新興国市場に適した産業財の製品を開発するためには，まず，現地企業との継続的な相互作用関係をつくり，この関係を維持しながら，現地企業の情報を収集・管理するマネジメントを行っていく必要がある。事例として取り上げた森精機の場合は，製品開発部門と販売部門との連携を密にするほかに，開発担当者が販売担当者とともに現地企業を回ったり，試作機を顧客に提供しテストを行ったりするなどして，まず，現地企業との関係づくりを行い，新興国市場に適した性能・機能および価格の顕在化を図っていた。DMG，安川電機も，現地企業との継続的な関係づくりに努めていた。

その上で，先進国の産業財企業が新興国モデルの製品開発を行う際に注意しなければならないのは，新興国市場では，市場が求める適正な価格や性能・機能は，時とともに急速に変化していくということである。前述したとおり，中国市場では，ローカルの自動車メーカー，サプライヤー・メーカーなど，現地企業の生産に関する技術能力は，年々，進化・多様化している。
　このような市場の動きに対して，DMGは，まず，エントリー・モデルを開発して，そのモデルを使用する現地企業との関係を築き，その後，この現地企業の進化に合わせてモデルの開発を行っている。森精機もDURAシリーズを基軸として現地企業との関係を築き，次の製品開発に活かしている。
　中国工作機械・工具工業協会のデータによれば，2009年度の中国の工作機械の消費高は148億ドルと，世界最大の工作機械市場となっている。日本の工作機械メーカー数社へのヒアリングによれば，中国の場合，概ね，ハイエンド市場の機械は3000万円以上，ミドル市場の機械は1000万〜3000万円台，ローエンド市場の機械は1000万円台以下である。ただし，同じミドル市場・ローエンド市場といっても価格，性能・機能にはかなりの幅がある。さらに，自動車，家電などの最終消費財の高品質化に伴い，ミドル市場，ローエンド市場で生産を担う現地企業の生産技術の進化が著しいという。
　ローエンド市場の顧客の進化により，現在，ミドル市場向けに開発した製品が，将来のローエンド市場の顧客向けの製品になるということもある。DMG，森精機は，新興国モデルに幅を持たせることで，このような市場の進化・多様化に対応している。
　このように，新興国市場の急速な変化に先進国の産業企業が効果的に対応するためには，まず現地企業との関係が構築できるような新興国モデルを開発し，現地企業との関係を構築し，それを軸に次に開発していく新興国モデルに幅を持たせていくといった製品開発戦略，市場戦略を進めていくことが，有効であると考える（図7-3）。
　これまでの新興国市場戦略の議論では，市場が拡大するということに焦点が当たっていたため，新興国向けモデルの開発がやや静態的に論じられてきたきらいがある。成熟した先進国市場とは異なり，新興国市場であればあるほど，市場の進化・多様化の幅は大きい。すなわち，ある時点でミドル市場に適した製品を開発したとしても，適正な性能・機能，価格は，時とともに急速に変化していく。そのため，今後は，より動態的に新興国市場の分析を行っていく必

図7-3　顧客の進化と新興国モデルの開発

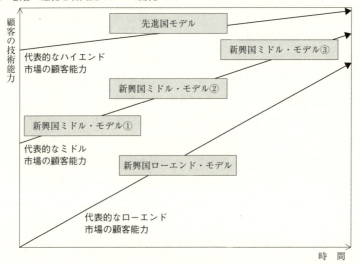

(注)　新興国市場における顧客進化のスピードは「ローエンド市場＞ミドル市場＞ハイエンド市場」であると考えられるため，市場ごとに進化の角度を変えている。
(出所)　筆者作成。

要があると考える。

4.2　顧客情報の流れと粘着性

　産業財の製品開発では，販売部門が軸となり，顧客との継続的な関係をつくり，顧客情報を収集し，それをもとに製品開発を行うことが望ましい。ただし，顧客情報については，同じ産業財といっても，事例で見たインバータとサーボのように，製品の特性，販売・サービスの方法などの違いによって企業への情報の流れが大きく異なってくる場合もある。

　TV，冷蔵庫といった家電のような消費財は，販売・サービスの方法などが比較的似通っているため，顧客情報の流れも同じになりやすい。しかし，産業財は，製品の技術的な複雑性によって，顧客や取引形態が大きく異なる（Webster, 1991）。

　安川電機のインバータの事例では，当初，代理店で顧客情報が止まってしまい，販売・サービス部門には届いていなかった。それでは顧客との関係を構築できないため，安川電機はインバータのソリューション・センターを設立し，

顧客との接点をつくって，顧客情報を収集するようにした。なお，本章で別の事例として取り上げた工作機械の場合は，日系工作機械メーカー数社へのインタビュー調査によると，顧客がより最適な加工方法を求めてきたり，熱変異といった問題に対処するといった要望があるために，比較的，代理店から顧客情報が工作機械メーカーに入ってくるという。

　すなわち，新興国市場に進出する先進国の産業財企業は，まず，新興国市場における製品ごとの顧客情報の流れを正しく把握し，その流れを良くすることが求められる。代理店で顧客情報が止まってしまった場合，先進企業は現地の顧客情報を盛り込んだ新興国モデルを開発することはできない（図7-4）。

　このような情報の流れに加えて，安川電機の最初の新興国モデルの製品開発事例からもう1つ考えなければならないのは，情報の移転の問題や情報の粘着性（sticky information）に関する問題である。情報の粘着性とは，ある場所で生成された情報をその場所から別の場所へ移転するのにどれだけコストが掛かるかを示す概念である（von Hippel, 1994）。情報移転のコストが高い場合を情報の粘着性が高いと表現し，コストが低い場合を情報の粘着性が低いと表現する。

　第2節で述べた通り，標準的な産業財の場合，販売部門が顧客との取引の中でニーズを収集していき，それを製品開発部門などの関係部署と共有しながら製品開発活動が行われていくことが多い。

　現在，新興国市場においては，販売・サービスの活動を向上させるためや賃金の面から，先進国の産業財企業が新興国の現地スタッフに販売・サービス部門を任せることが進んでいる[10]。このことで顧客から販売・サービス部門への情報の移転もより速く進展する。これは正しい判断であろう。ただし，注意しなければならないのは，このような現地化を進めることが，新興国側から先進国側へ情報を移転する際の移転コストの上昇につながる危険性もあるということである。

　よりよい産業財の新興国モデルを開発するためには，新興国の顧客情報と先進国の経営資源を組み合わせていく必要がある。先進国の経営資源を活用できなければ，同じ製品を開発する現地企業との差別化はできず，価格競争に陥ることになる。しかし，販売・サービス部門の現地化が進めば進むほど，情報の

　10　新興国市場における産業財企業のサービス，ソリューション・ビジネス，現地エンジニアの役割については，第8章で改めて論じる。

図7-4　産業財市場における顧客情報の流れ

(a) 代理店で顧客情報が止まり製品開発部門に届かないケース

(b) 情報の粘着性が増加し製品開発部門に移転できないケース

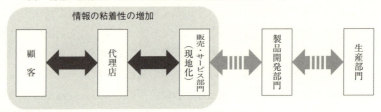

(出所)　筆者作成。

粘着性は高まり，先進国の製品開発部門に情報を移転することが困難になっていく可能性が高い（図7-4）。

前述の安川電機の事例でも，中国の現地市場に根差した顧客情報であればあるほど，日本の研究開発部門にその情報を移転するのが難しいという指摘があった。

それでは，どのようにして情報の粘着性を減少させればよいのだろうか。von Hippel（1994）は，情報の粘着性を減少させるためには，情報の種類，情報の受け手側の属性，情報の量が鍵になると指摘している。情報の種類とは，暗黙的な情報（暗黙知）のままでなく，できるだけ明確に言語化や数値化（形式知化）すればするほど，より移転しやすくなるということである[11]。情報の受け手側の属性とは，受け手側にその情報に関する知識があればあるだけ情報の移転はスムーズになるということであり，情報の量とは，移転すべき情報の量が少なければ少ないほど，移転のコストが減少し，多ければ多いほど，移転コストが上昇するということである。

このような議論に沿って考えると，DMGが中国市場向けの新興国モデルの

11　第8章では，中国市場のほかにインド市場を事例とし，産業財のサービス，ソリューション・ビジネスに焦点を当てて議論を行うが，インド市場では一般的に英語が使われているため，中国語を主とする中国市場よりも，新興国と先進国との間の情報の移転が行いやすいといった側面があると考えられる。

開発を大型・ハイエンドの開発を得意とするドイツの研究開発部門でなく，小型・ローエンドを得意とするイタリアの研究開発部門に任せたのは，情報の受け手側に知識があることを活用し，情報の粘着性の問題を低減させる行動であったと解釈できる。

　情報の粘着性の問題は，たとえ新興国市場に製品開発部門を新設したとしても，その製品開発部門に配属されるのが先進国の人間ばかりであれば，引き続き残ることになる。一方，現地の製品開発部門を現地スタッフだけに任せれば，販売部門と製品開発部門との情報の流れはスムーズになる反面，先進国にある本社が持つ経営資源を活用することはできない。

　このような問題を解決するためには，先進国，新興国，どちらの人材であれ，先進国と新興国の間で顧客情報や経営資源を正しく橋渡しすることができる人材を育成したり，顧客情報の形式知化をより強化するといった，長期的かつ組織的な対応が必要であろう。

5　むすび

　本章では，産業財の新興国市場戦略について，とくに製品開発に焦点を当てて議論を進めてきた。消費財と産業財とは顧客の特性が異なるため，製品開発活動と販売活動の流れも異なる。産業財においては，一般的に，取引が長期かつ継続的になるため，販売部門が顧客との取引の中でニーズを収集し，それを製品開発部門などの関係部署と共有しながら製品開発活動が行われていく。

　先進国の産業財企業が，新興国市場に適した産業財の製品を開発するためには，まず現地企業との継続的な関係をつくり，この関係を維持しながら現地の顧客情報の収集を行っていくことが必要となる。現地の顧客情報を正しく収集・分析することで，市場に合った適正な価格や性能・機能の新興国モデルの開発を進めていくことが可能となる。

　ただし，新興国の産業財市場においては，顧客が求める適正な価格や性能・機能が，時とともに急速に進化・多様化していく場合がある。このような新興国市場の変化に対応するには，DMGのECOLINEや森精機のDURAのように，まず現地企業との間で最初の関係が構築できるような新興国モデルを開発し，この関係をもとに顧客情報を収集して，顧客の進化に合わせ，開発していく新興国モデルに幅を持たせるといった製品開発戦略，市場戦略を進めていくこと

が効果的である。

　さらに，先進国の産業財企業は，新興国市場での顧客情報の流れを注意深く見ていく必要がある。安川電機の事例で取り上げたインバータのように，製品によっては，顧客情報が代理店のところで止まってしまう場合がある。

　新興国内の代理店と販売・サービス部門間の顧客情報の流れがよかったとしても，先進国側に顧客情報を移転するときに情報の粘着性の問題が生じる場合もある。新興国市場における販売・サービスの向上と賃金の観点から，販売・サービス部門を現地スタッフに任せるといった現地化を進めていけばいくほど，情報の粘着性は高まり，先進国側への情報の移転が困難になる可能性がある。

　先進国の産業財企業が新興国モデルを開発するためには，新興国側の販売・サービス部門が収集した顧客情報と先進国側の経営資源をうまく融合することが求められる。新興国と先進国の間の情報の粘着性の問題を低下させ，より優れた新興国モデルの開発を進めていくためには，新興国と先進国との間で顧客情報や経営資源をうまく橋渡しできる人材の育成や顧客情報の数値化など，長期的で組織的な対応が必要になってくる。

　産業財の新興国市場戦略は，単に価格と性能・機能を落としたモデルを開発すればよいということではない。先進国の産業財企業は，本社の関連部門と連携させながら，開発，生産，販売の各部門を新興国市場の中でどのように組織化し，企業全体として最適なものにしていくか。先進国企業は，他社との連携も含めて製品開発の前にまず組織設計を考えていく必要がある。新興国市場に適した組織が設計されて，はじめて，現地市場に合った本当の新興国モデルを開発することが可能となると考える。

＊　本章は書き下ろしである。

第8章

産業財のサービス，ソリューション戦略
マザック，ファナック，牧野フライスの事例

鈴木信貴・新宅純二郎

1 はじめに

　日本の産業財企業の競争力は，その製品の性能に加え，国内の自動車，電機，機械といった消費財企業との取引過程で磨き上げてきたサービスおよびソリューション・ビジネスの組織能力にある（高嶋・南, 2006; 富田, 2008; 藤本・桑嶋, 2009）。

　たとえば，日本の工作機械メーカーは，取引先工場の自社の工作機械が故障し，電話，インターネット対応での修復が難しい場合，すぐにサービス担当者が工場を訪問し問題を解決することで，迅速な生産の再開を可能としている。また，顧客の消費財企業が新製品の投入，製品のモデル・チェンジをする際には，よりよい生産体制を構築するために工作機械メーカーが積極的に支援している。このような事業展開をしているのは日本市場に限らず欧米市場でも同様で，日本の工作機械メーカーはこれまで製品の性能だけでなく，サービス，ソリューション・ビジネスの展開によって幅広い支持を受けてきた。

　工作機械に限らず，素材，電子部品などの分野でも，日本の産業財企業は，先進国市場において，製品の性能，およびサービス，ソリューション・ビジネスによって，高い競争力を獲得してきた。それでは，新興国市場においても，サービス，ソリューション・ビジネスは競争力の源泉になるのだろうか。先進国市場と新興国市場とでは違いはないのだろうか。

　このような問題意識に立脚し，前章でも製品開発にかかわる顧客情報の流れのところでサービス，ソリューション・ビジネスに少し触れたが，本章ではよ

りサービス,ソリューション・ビジネスに焦点を当て,産業財の新興国市場戦略について議論していく。事例としては前章に引き続き代表的な産業財である工作機械を対象とし,新興国市場である中国市場,インド市場に焦点を当てて,分析を進めていく。

本章では,最初に,新興国市場と産業財のサービス,ソリューション・ビジネスに関する先行研究を検討する。次に,日本の工作機械産業について概観し,具体的な事例としてヤマザキマザック(以下,マザック),ファナック,牧野フライスの国際展開と新興国市場戦略を分析する。この3社は,先進国市場だけでなく新興国市場においても先行してサービスのネットワークを構築し,自社の製品をサービス,ソリューション・ビジネスと組み合わせることによって,競争優位を構築していった。その際には,日本人エンジニアではなく,現地人のエンジニアを活用していた。

3社の事例を検討した後,産業財の新興国市場戦略におけるサービス,ソリューション・ビジネスの役割,現地エンジニアの役割について考察していく。その上で,産業財の新興国市場戦略では,サービス,ソリューション・ビジネスの充実が先進国市場よりも重要であり,また,本国や先進国市場で蓄積したサービス,ソリューション・ビジネスに関する知識をベースにして,現地エンジニアをサービス,ソリューション・ビジネスに活用していくことが競争優位の源泉になることを議論していく。

2 産業財とサービス,ソリューションの分析視点

新興国市場は,消費財,産業財とも,大きくハイエンド,ミドル,ローエンドに市場が分かれる。最近盛んになった新興国市場に対する研究では,いわゆるBOP(base of pyramid)と呼ばれるローエンド市場に焦点が当てられ,たとえば新興国の貧困課題をどのように先進国企業がビジネスの枠に組み込み,解決するかといった研究が行われてきた(Hart and Christensen, 2002; Prahalad and Hart, 2002; Hart and Milstein, 2003; Hart and Sharma, 2004; London and Hart, 2004)。

これに対し,BOPの上のミドル市場に焦点を当て,家電・自動車など主に耐久消費財を対象にした研究も盛んになりつつある。そこでは,日本の消費財企業が,新興国市場において競争優位を得るためには,ミドル市場に対して日本の製品をそのまま市場投入するのではなく,現地の事情に合わせて価格と品

図8-1 消費財企業の新興国市場戦略

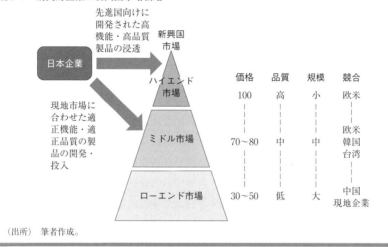

(出所) 筆者作成。

質・機能を最適化した製品を開発し提供すること，一方，ハイエンドの分野では日本企業が先進国向けに開発した高機能な製品の価値を現地市場に理解してもらって市場に浸透させていくべきことが指摘されてきた（新宅・天野, 2009a；天野・新宅, 2010）。

産業財に関する先行研究では，主に先進国市場を対象として，産業財企業が製品の品質・機能に加え，高いレベルのサービスや顧客企業（消費財企業）が抱える問題に対してソリューションとして素材，設備を提供する重要性が指摘されている（高嶋・南, 2006；富田, 2008；藤本・桑嶋, 2009）。

たとえば，液晶材料・電子材料といった機能性化学品産業の分野では，化学品メーカーは，エレクトロニクス・メーカーなどの顧客企業（消費財企業）が抱える問題に対し，ソリューションとなる製品構造を早期に特定し，顧客の評価を得ることに努めている（藤本・桑嶋, 2009）。さらに顧客企業の製品開発においては，産業財企業が最終消費者のニーズを顧客企業よりも先に把握して必要となる産業財を開発し，顧客企業に最終製品のコンセプトやスペックを提案することが産業財企業の競争優位につながる（富田, 2008）。

サービスに関しては，機械・設備，電子部品などの分野で顕著であるが，一般に，産業財では製品が高機能化すればするほど，システムやソフトウェアや製品の保守・点検・修理などのサービスが重要になってくる。このような傾向は，サービスが重要な要素となる一方で，さまざまな製品とサービスとを組み

合わせることによって顧客へのソリューション提案の幅を広げられる可能性を意味している（高嶋・南, 2006）。

　先進国市場だけでなく新興国市場においても，産業財の役割の重要性は高まってきているが，産業財の新興国市場戦略に関する研究，とくにサービス，ソリューションに焦点を当てた研究の蓄積はまだまだ少ない。先進国市場では，消費財企業も産業財を活用する能力を構築してきたが，新興国では，現地の消費財企業の能力が先進国の企業と比べて成長段階にあるために，サービス，ソリューションの要素はより重要になると考えられる。

　先進国の消費財企業は，これまでの知識や経験の蓄積から最先端の製造機械や部材も十分に活用できる。しかし，新興国の消費財企業は，先進的な製造機械や部材を導入しても，それを活用する知識や能力に乏しい。そのため，先進国の産業財企業がこれまで先進国市場で構築してきたサービス，ソリューションは，新興国市場戦略を進める上でも重要な要素になるだろう。

　ただし，新興国市場は先進国市場とは異なる環境であるため，先進国におけるサービス，ソリューションをそのまま展開しただけでは適切でなく，それらを新興国向けにアレンジする必要があると考えられる。それでは，先進国の産業財企業は，どのようにサービス，ソリューションをアレンジして提供すれば，新興国市場での競争力を獲得することができるのだろうか。

　次節からは，この問題を考える具体的な事例として，マザック，ファナック，牧野フライスの国際展開と新興国市場戦略を取り上げていく。この3社を事例とするのは，工作機械という代表的な産業財において，新興国市場でサービスおよびソリューション・ビジネスにより高い競争優位を構築しているためである。

　ただし，3社とも最初から新興国市場で強い競争力を持っていたわけではない。たとえば，インド市場は，戦前からイギリスをはじめとしたヨーロッパ企業との結びつきが強く，戦後もそれが続いた。工作機械産業においてもドイツ企業が市場の大半を押さえていた。しかし，2010年現在，ファナックは，NC装置の分野で80％のシェアを獲得し（ファナック・インディア推定），牧野フライスは，インド市場に進出する先進国企業から，タタ，マヒンドラ＆マヒンドラといったインドの有力企業，そして同国の中小企業に至るまで，2010年までに750以上のソリューション・ビジネスを展開している。

　具体的な事例に入る前に，次節では，この3社の市場戦略をよりよく理解す

るために，まず，日本の工作機械産業の概観を確認していく。

3 マザック，ファナック，牧野フライスの新興国市場戦略

3.1 日本工作機械産業

われわれの日常において，時計のような精密機械から自動車，航空機のような大型機械まで，金属およびセラミック，ガラスのような非金属を材料とする製品は，あらゆる分野に存在する。工作機械は，このような製品を構成する部品を製造する機械であるため，代表的な産業財であるといえる。

戦後，日本の工作機械産業はNC[1]化を契機に躍進した。このNC化の際に大きな貢献を果たしたのがファナックであった。NC装置自体は，アメリカのMITで1952年に開発されたが，ファナックはその4年後の1956年に国産NC装置の開発に成功した。同社は，故障が少なく安定した独自のNC装置を開発し続け，それを使用する日本の工作機械メーカーもコスト削減と品質，性能・機能の向上に努めた。このような取組みによって日本の工作機械産業は躍進し，1982年には生産高で世界1位となり，それはリーマン・ショックの影響を受ける前の2008年まで続いた。

日本の工作機械産業の貿易構造を見ると，戦後しばらくは，欧米との技術格差から輸入額が輸出額を大きく上回る状態が続いた。しかし，工作機械のNC化を受けて1960年代後半から輸出が急増し，72年に輸出額が輸入額を上回った。1987年には，生産高に占める輸出比率は43％となった。

輸出額を市場別に見ると，1980年代前半まではアメリカ向けの輸出が40％強を占めた。その後，ヨーロッパ市場への輸出も伸び，1989年には輸出の68％が欧米市場向けであった。日本の工作機械は，製品の性能，販売価格の割安感，安定した品質に加え，きめ細かいサービスによって，欧米諸国で幅広い支持層を形成していった（日本工作機械工業会，1992，93頁）。

1980年代には，日本からの急激な輸出増によって欧米との貿易摩擦が進展したため，日本の工作機械メーカーは欧米各国に工場を建設してそれに対応した。その結果，1991年には生産高に占める輸出比率が32.5％にまで減少した。

欧米との貿易摩擦が一段落した1993年から，日本の工作機械産業は再び輸

1　NCはnumerical control（数値制御）の略。数値情報により工作機械を自動制御する方法。

図 8-2　工作機械の主要国別需要（消費）額の推移

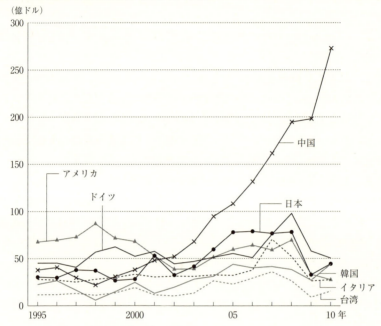

（注）　需要（消費）額＝（生産額＋輸入額）－輸出額。
（出所）　Gardner Publication, *Metalworking Insiders' Report* のデータをもとに筆者作成。

出を増やしていった。1990年代には台湾，韓国，および東南アジア向けの輸出が伸び，2000年代には中国向け輸出が急速な勢いで拡大していった。生産高に対する輸出比率は再び増加し，2000年代は70％台で推移するまでになった。

　2008年に日本の工作機械産業の生産高は，過去最大の1兆2492億円となった。この年の輸出額は8747億円であった。同年の日本の主要地域への輸出は，東アジア2590億円（中国1618億円，韓国515億円，台湾319億円，その他138億円），アメリカ2235億円，ヨーロッパ2190億円，東南アジア1395億円であった。

　世界の工作機械主要生産国（28カ国）の2010年の生産額は[2]，合計で482億ドルであり，国別では，上から順に，中国146億ドル，日本105億ドル，ドイ

---

[2]　Gardner Publication, *Metalworking Insiders' Report* による。生産額のデータは，一般的に用いられる切削型工作機械のものである。

ツ 68 億ドル，韓国 31 億ドル，台湾 29 億ドル，イタリア 27 億ドルとなっている。インドの生産額は 4.5 億ドルであった。日本は，2009 年から生産額世界 1 位の座を中国に譲っている。

一方，工作機械の需要（消費）では，2001 年まではアメリカ，ドイツ，日本が需要の中心であったが，2002 年に中国が最大の消費国となり，以後，急速な勢いで需要が伸びている（図 8-2）。2010 年の工作機械主要 28 カ国の全需要額は 599 億ドルであるが，国別の内訳は中国 46％，ドイツ 8％，日本 7％，韓国 7％，イタリア 5％，アメリカ 5％と，中国が世界の需要の約半分を占めている状況にある。2000 年代に入り，工作機械の消費額，生産額，いずれを見ても，中国が「世界の工場」となっていることがわかる。

インドは，需要額がまだ少ないため，図 8-2 には取り上げていないが，2000 年に 2 億ドルだったものが 10 年には 17 億ドルと大きく伸びている。インドでは今後，自動車産業を中心とした製造業の躍進が予想されるため，工作機械の需要は中国と同様にさらに伸びていくことが予測されている。

以上の概観を踏まえた上で，マザック，ファナック，牧野フライスの国際展開と新興国市場戦略について分析する。

3.2 マザック

(1) マザックの国際展開[3]

1919 年に愛知県名古屋市に創業したマザック[4]は，工作機械のグローバル・メーカーとして広く知られている。1987 年からリーマン・ショックの影響を受ける前の 2008 年までの間，工作機械の売上高で長く世界 1 位の座にあり，この間は，平均 15％以上という高い売上高経常利益率を維持してきた[5]。

現在，マザックの海外売上高比率は約 85％であり，開発，生産，販売において，日本，アメリカ，ヨーロッパ，アジアの 4 極体制を構築するなど，世界

---

3 ここでの記述は主に，2010 年 7 月 8 日にマザック本社にて行った青木修常任顧問（元，専務取締役・元，マザックアメリカ現地法人社長〔1981～88 年〕），および春田守年常務取締役（初代マザックベルギー事務所駐在員〔1975～83 年〕・元，マザック中国工場副工場長〔2003～07 年〕）へのインタビュー調査，ならびに同社会社資料に基づく。

4 マザックのもともとの社名は山崎鉄工所であり，1985 年にヤマザキマザックへと社名変更するが，本章では原則マザックという表記で統一した。

5 Gardner Publication, *Metalworking Insiders' Report* の「工作機械売上ランキング」の各年度データ，および『日刊工業新聞』（2004 年 11 月 9 日，同 11 日），同社インタビュー調査による。

の工作機械メーカーの中でも国際化が最も進んでいる企業の1つである。新興国市場においても，中国で外資系の工作機械メーカーとしては初となる工場を2000年に建設するなど，いち早く新興国市場戦略を展開している。このような国際展開がマザックの売上高と利益率に貢献している。

　日本の工作機械メーカーは，主に国内で開発，生産し，海外に輸出するという体制をとっている企業が多い。そのような中で，なぜマザックは，新興国市場も含めた国際展開を効果的に進めることができたのだろうか。その主な要因は，同社が1963年に日本の工作機械メーカーとして，はじめてアメリカへの工作機械の輸出に成功し，それ以後，堅実で地道な組織行動を積み重ねたことによる。最初のアメリカでの市場戦略が以後のマザックの海外市場戦略の基本となっているため，まず，アメリカでの展開について詳しく論じる。

　マザックの最初の海外進出は，1962年の初めであった，アメリカの専門商社・A社からの「旋盤を購入したい」という突然の問合せをきっかけに始まった。当時，社長であった山崎照幸は，この問合せに半信半疑であった。なぜならば，1960年代の当時，日米の工作機械における技術格差は大きく，日本の工作機械をアメリカ市場へ輸出するなど，到底考えられない時代であったからである。

　交渉当時，日本は昭和40年不況に陥っていた。一方，アメリカの製造業は好景気に沸き，アメリカ国内は，工作機械の新製品だけでなく中古品も不足するような状況だった。そのため，A社は，日本の製品をアメリカ市場での中古工作機械の代替品として考え，マザックへ問合せをしてきたのである。1962年の春先にA社の経営トップが来日し，マザックの工場の生産現場を視察した後，200台の旋盤を発注し，具体的な契約はアメリカで行うことを取り決めて帰国した。

　A社の発注後，山崎はアメリカに渡り具体的な契約の交渉にあたった。ただし，交渉は厳しいものであった。厳しい交渉の結果，最終的に，マザックから輸入する工作機械には，①価格はアメリカの中古工作機械の価格まで値下げする，②機械は30カ所以上の設計変更を行う，③アメリカにおける商標はA社側が保有するインポーターズ・ブランドとする，という3つの条件が付けられた。そのため山崎は，ひとまず30台の契約を結び帰国した。

　A社から指示された工作機械の設計変更は困難を極めた。たとえば，ベッド摺動面の焼入れ加工は，耐久性を向上させるために，今でこそ常識となって

いるが，当時，日本の工作機械メーカーでそれを行っている企業は存在しなかった。その他，A社の設計変更の要求は，それまでマザックが国内用に開発，生産していた製品を基準とすると，約8割の部分の修正を必要とするものであった。

1962年12月に何とか契約に沿った旋盤を完成させることができたため，A社から担当営業部長が立会検査のため，マザックを訪れた。しかし，立会検査後，担当営業部長は，「当社が要求した通りの製品に仕上がっていない。注文はキャンセルする」と述べた。キャンセルの理由には技術的な問題もあったが，それよりもむしろハンドル位置の高さや操作仕様などが要求したアメリカの生産現場の状況に十分に合っていないことが問題とされた。

不合格となった旋盤にはさまざまな変更が行われていたため，もはや国内市場向けに転換することも不可能であった。マザックは，開発担当者を結集させ，再度，旋盤の修正を行った。その結果，1963年4月にA社が納得するレベルの旋盤が完成し，30台の旋盤をアメリカへ輸出することが可能となった。この30台の旋盤は日本がはじめてアメリカへ輸出した工作機械となった。

マザックのアメリカへの初輸出は，交渉の段階から中古機械並みの値下げを要求され，その後も何度にもわたる機械の修正が求められたため，収益の面では明らかにマイナスであった。しかし，当時，製造業の最先端であったアメリカの技術レベル，工作機械の価格，生産現場の状況をマザックの開発担当者が認識し，学習する機会になった。

アメリカへの初輸出を通して，マザックは，市場の特性を把握することの重要性を認識し，1960年代半ばから，開発担当者が国内，海外のユーザーや代理店を直接訪問し，現場の情報を収集することを制度化した。アメリカ初輸出の経緯から，マザックの開発担当者は国内よりも海外のユーザー，代理店へより多く訪問し，現地情報を収集することに努めた。

開発担当者は，ユーザー，代理店を訪問し，納入機の状況，ユーザーの加工物，加工方法を見学，確認するだけでなく，納入機の修理・調整やクレームにも対応し，ユーザー，代理店からの要望を積極的に集めていった。このような制度が存在していたため，マザックでは，開発担当者が現場の状況，各市場の違いを実経験として理解し，その上で，新製品の開発と現行製品の改良を進めていくことができた。

さらに，1968年のA社との輸出契約の終了後，マザックは，商社に頼らず，

自らの力で海外市場を開拓する方針をとった。この当時，海外に展開するほとんどの日系工作機械メーカーは，日本の商社と提携し海外での販売は商社に任せていた。それに対してマザックは，経営陣以下，営業担当者が率先して海外市場を回り，現地市場に直接，触れることを優先した。

1960年代にマザックが欧米で海外市場戦略を展開し始めたころ，欧米の工作機械メーカーは，サービス活動を行うことはほとんどなかった。その後も，工作機械を顧客に販売したらそのままという状態が長く続いていた。それに対し，前述した通り，1970年代から80年代にかけて，マザックをはじめとする日系の工作機械メーカーは，製品の性能，販売価格の割安感，安定した品質に加え，きめ細かいサービスによって，欧米諸国で幅広い支持層を形成していった。

ただし，同じ日系工作機械メーカーといっても，他のメーカーでは，商社依存の状態が長く続いていたため，マザックと比べて海外の販売・サービス網づくりに遅れが目立った。さらに，不況時においては海外展開は二の次とされた。それに対してマザックは，不況時においても地道に海外の販売・サービス網づくりを行い，市場戦略を進めると同時にノウハウも蓄積していった。

生産拠点については，マザックは，1974年のアメリカ工場の建設に続き，87年にイギリス工場，92年にシンガポール工場，2000年に中国工場といったように，次々と海外工場の建設を進めた。

以上のように，マザックでは1960年代から，開発担当者が国内，海外のユーザー，代理店の訪問を続け，販売・サービス網および生産拠点づくりを堅実に進めるという海外市場戦略をとってきた。2010年の段階で，同社の生産拠点は日本，アメリカ，イギリス，シンガポール，中国の5拠点，営業・サービス拠点は世界で78拠点となっている。このようなマザックの海外市場戦略について理解した上で，次に，同社の具体的な新興国市場戦略について中国市場を事例に分析する。

(2) マザックの中国市場戦略[6]

マザックは，外資系の工作機械メーカーとしてはじめて，2000年に中国に工場を建設し，それと合わせて，中国をはじめとする新興国市場向け機種の開

---

[6] ここでの記述は主に，2010年10月5日にマザック本社にて行った春田守年常務取締役（前出），大島康嗣中国課課長（2001～10年に中国駐在し，中国各地の販売・サービス拠点の立上げ業務に従事）へのインタビュー調査，および同社会社資料に基づく。

発，中国における販売・サービス網づくりと中国での市場戦略を展開してきた。以下，生産拠点の建設，新興国市場向け機種の開発，販売・サービス網づくりの順番で論じていく。

マザックの中国工場は，中国政府の改革開放政策によって，2000年代の初めに世界各国の工場進出が進んだ上海や深圳といった東部沿海部地域ではなく，西部内陸部の寧夏回族自治区に建設された。

改革開放政策により中国の東部沿海部は目覚ましい経済発展を遂げていたが，中国内陸部の経済発展は立ち遅れ，沿海部との経済格差は拡大していた。そこで，中国政府は，内陸部の経済発展を促すべく，インフラや投資環境整備の計画を練り，2000年から西部大開発計画が開始された。この西部大開発を計画するにあたって，中国政府は日本や他の外国企業に同地域への投資を呼びかけたが，東部沿海部に比べて実績がないため，各国企業とも進出を躊躇する状況が続いていた。そのような状況をマザックは逆にチャンスと考え，西部大開発の対象地域への進出を決意した。

工作機械は，軍事転用の恐れがあるため，「通常兵器及び関連汎用品・技術の輸出管理に関するワッセナー・アレンジメント」(Wassenaar Arrangement) の対象となる。そのため，同条約参加国以外での工作機械工場の建設は非常に難しく，建設を進めても途中で断念する場合が多い。中国やインドといった新興国の多くはワッセナー・アレンジメントの対象国である。

しかし，他社に先駆けて中国西部内陸部にいち早く進出を決意したマザックに対しては，寧夏回族自治区の地方政府だけでなく中国の中央政府も積極的な支援を行い，日本政府への理解を求める働きかけも行った。そのため，マザックは，通常は困難である中国での工場建設をスムーズに進めることができた。

中国工場の建設に合わせて，マザックは100人に及ぶ中国の工科大学の新卒生を採用し，マザック本社にて製品・生産に関する十分な教育を行ってから，中国の新工場に配属した。完成後の中国工場の月産台数は，50台，100台と着実に伸びていった。2011年の段階で，マザックの中国工場の月産台数は200台を超え，マザックの全生産量の4分の1を超える規模になっている。その一方で，マザックの中国工場で働く従業員500人のうち日本人は3人のみと，現地化が進んでいる。

7　ワッセナー・アレンジメントの詳しい内容については，外務省 (2012) を参照のこと。

マザックの中国工場では，工作機械の生産に必要な部品を，NC装置などの一部の例外を除き，ほとんど内製化している。これは，中国の内陸部では，現地企業が生産する部品の品質が日本で調達するものよりも劣り，輸送も不安定であるためである。そのため，日本国内では外注する部品も中国工場では内製化している。

　中国での生産拠点の建設と合わせて，マザックは開発機種の二極化を進めていった。それまで同社は，先進国市場向けとして，主に複合加工機，5軸加工機などの高級・大型機の開発に力を入れていた。しかし，中国をはじめとする新興国市場との取引が増加したことにより，2002年から，新興国向けの少機能・低価格の中・小型機の開発を始めた。この新興国市場向け機種の開発においても，マザックの開発担当者，営業担当者，サービス担当者が新興国市場を訪問し，顧客情報，現地情報を収集していった。これらの情報は日本本社で集約，分析され，その上で，新興国市場向け機種としての開発が行われた。

　マザックは，2000年の中国工場の建設，02年からの新興国市場向け機種の開発と合わせて，中国での販売・サービス網づくりに取り組んでいった[8]。しかし，マザックが市場開拓を始めた2000年当時は，中国国内には工作機械の販売店がほぼ存在しない状況だった[9]。そのため，ほとんどの場合，マザックが現地の鉄鋼販売商社や工具販売商社を見つけてきて，新たに工作機械の販売をさせたり，興味のある起業家を募り販売をさせるといったことをせざるをえなかった。

　このようにしてマザックの代理店となった販売店は，当然ながら，技術サポートやサービス活動を行うことはできない。そのため，マザックは自身で，次々と中国に販売・サービスの主要拠点を構築していった。

　中国におけるマザックの販売・サービスの主要拠点は，2011年現在，設立順に上海（1998年），北京（2002年），重慶（05年），広州（10年），大連（10年）の5拠点となっている。拠点には技術のわかる営業担当者，サービス担当者を配備し，中国各地の代理店をサポートしている。そのため，代理店は基本的に，

8　マザックは，1991年から中国市場における工作機械の販売活動を開始しているが，当時は中国と自由に貿易ができる状態ではなかったので，香港にあるオリエンタル社（販売店）を通して販売活動を行っていた。

9　2000年当時，日本の商社も中国に進出していたが，工作機械に関しては，現地の日系企業に限った限定的な販売活動しか行っていない状況だった（2010年10月5日，春田常務コメント）。

顧客紹介，引合紹介，輸入業務，回収業務等の販売業務に集中している。

　各拠点には，最初は当然ながら日本のマザックのスタッフが配置され，サービスや技術に関する対応を行っていた。しかし，現在では現地採用のエンジニアが育ち，彼らのほうが言葉の壁もなく現地ユーザーの細かいニュアンスも理解できるため，現地スタッフに任せるようになっている。

　なお，これら5拠点の販売・サービス網は，主に日本から輸出している高級機向けのネットワークである。マザックは，この高級機向けのネットワークとは別に，寧夏回族自治区にある中国工場をベースにした中級機向けの販売・サービス網づくりを行っている。2011年現在で中国の主要都市16拠点に展開し，各拠点に中国工場が採用した営業担当者とサービス担当者を配備している。つまり，マザックは，日本で生産し中国へ輸出している高級機向けの販売・サービスのネットワークと，中国工場で生産し中国市場で販売している中級機向けのネットワークとを分けて，中国での市場戦略を展開している。

　一概に販売・サービス活動といっても，機種のレベルによって顧客の要求は異なり，必要とされる人材の能力も異なる。そのため，マザックは別々のネットワークで最適な販売・サービス活動を展開している[10]。

　このような販売・サービス網づくりだけでなく，マザックは，顧客の加工部品，加工形態に合わせた工作機械，生産システムの提案や新製品の導入効果のシミュレーションを行うソリューション・ビジネスの展開にも力を入れている。同社は，地道な販売・サービス網づくりをベースとして製品の付加価値を高めるサービスやソリューション・ビジネスにより，中国において高級機市場だけでなく中級機市場でも単純な価格競争に陥ることを防いでいる。

3.3　ファナック

(1)　ファナックの国際展開

　ファナック[11]のNC装置は，基本的には，日本国内のみで開発，生産が行われている。同社のNC装置の性能の高さはよく知られている。性能の高い製品を

　10　ただし，中国の一部の拠点では，高級機向けのネットワークの拠点と中級機向けネットワークの拠点が同じになっている場合もある。

　11　ファナックは，もともと富士通のコントロール部門だったものが，1972年に富士通から独立して富士通ファナックとなり，82年にファナックと社名変更した。本章では，ファナックで表記を統一した。

開発するために，多くの研究員が研究・開発に従事し，開発を行っている。NC装置の卓越した製品競争力に加えて，ファナックは，国内・海外のサービス拠点づくりも積極的に行ってきた。これらの拠点は，NC装置の修理だけでなく，メンテナンス，工場のライン変更によるNC装置の設定の変更等のサービスにも，率先して取り組んできた（松崎，2000）。

ファナックの市場展開には，サービスの軸と販売の軸の2つがある。ファナックの基本的な方針は，サービスの軸で先行して拠点をつくり，販売につなげるというものである。このような姿勢は，ファナックの創業者である稲葉清右衛門の「サービスは販売に先行する」という考え方に基づいている（加納，1983，176頁）。

稲葉は，産業財であるNC装置を販売するためには，何よりもサービスが重要であることを強く認識していた。著書でも「商品を売るために必要な準備とは何か。それは，まずサービスの拠点を作ることである。そしてサービス拠点を設置する以上は，その地域から絶対に撤退しないという覚悟のもとに，そこに根を張った永久的な土地と建物を所有することである。そうした心構えがあってこそ，ユーザーへの完璧なサービスを保証することができると同時にユーザーの信用を得ることができるのである」（稲葉，1982，109-110頁）と述べており，国内だけでなく海外にも先行してサービス拠点を構築していった。

このようなファナックの海外拠点づくりは，1976年にドイツのシーメンスと共同で，アメリカのシカゴに合弁会社ゼネラル・ニューメリック社を設立したことから始まった。1986年からはシーメンスとの契約を辞めて，新たにアメリカのGEとNC装置およびファクトリー・オートメーション分野における契約を結び，合弁会社GEファナックオートメーションを設立し，国際化を展開していった。GEとの提携は2009年まで続いた。

国際企業との提携と合わせて，ファナックは，1970年代の後半から次々と海外にサービス拠点を設立した。先進国からNC工作機械を輸出する地域は，製造業が盛んな地域であり，基本的にサービスの軸はそれで決まることになる。歴史的に見れば，ファナックは，アメリカ，ヨーロッパ，台湾，韓国，中国，タイ，インドの順で，工作機械メーカーに先行して海外拠点を設立していった。[12]

---

[12] ファナックは，1965年から75年の間，シーメンスに技術供与し，ヨーロッパでの販売権も与えていたが，それとは別に，ヨーロッパの主要国にファナック100％出資の現地法人を設立し，ファナック製NC装置のサービス活動を行った。

このことにより，先進国の工作機械メーカーが海外で工作機械を販売しようとすると，サービスを確保するためにはファナックのNC装置を使用しなければならないという状況が構築されていった。

　ファナックは，海外のサービス拠点を拡大して現地で販売会社をつくる際には，基本的に現地の有力企業との合弁の形態をとり，販売は現地有力企業のルートを活用した。ファナックの技術が高く，財務内容も非常に良いため，現地の有力企業は率先して提携に乗り出した。

　NC装置以外のファナックの主要事業である産業用ロボットや射出成型機事業は，NC装置と一緒の拠点になることもあったが，産業用ロボットに関しては1982年からGMと合弁会社を設立し，この合弁会社のもとで海外展開を進めた。そのため，産業用ロボットの拠点とNC装置の拠点が異なることもあった。

　このように，ファナックは，開発，製造こそ国内にこだわるが，サービスに関しては，他のNC装置メーカー，工作機械メーカーよりも先に海外進出し，体制を整えた。さらに，シーメンス，GE，GMといった国際企業や現地有力企業と組むことで，現地企業への販売・サービスのルートを確立していった。

　ファナックの市場戦略は，新興国市場でも同様である。たとえば，現在，最大の新興国市場であり，今後も大きな拡大が望める中国とインドについては，1992年という非常に早い段階で，中国では中国機械工業部北京机床研究所との共同出資により北京發那科（ファナック）機電有限公司を，インドではGEおよびインドの有力企業であるボルタス（Voltas）とファナック・インディアを，それぞれ設立している。

(2)　ファナック・インディアのインド市場戦略[13]

　インドのNC装置市場は，ファナックが本格的に進出する前は，シーメンスが市場をほぼ占領していた状態であった。しかし，現在では市場シェアは逆転し，インドで使用されているNC装置の80％がファナック製である（ファナック・インディア推定）。なぜ，このような逆転が起こったのだろうか。

13　ここでの記述は主に，2010年11月23日にファナック・インディアにて行ったソナリ・クルカーニー（Sonali Kulkarni）社長，井上勲副社長，およびB. N. ナンダカマー（B. N. Nandakumar）ジェネラル・マネジャー（サービス担当）へのインタビュー調査，および同社会社資料に基づく。

ファナックがインドにおける販売・サービスの拠点会社となるファナック・インディアをバンガロールに設立したのは1992年であった。前述の通り、ファナックは、当時、アメリカのGEとファクトリー・オートメーションの分野で合弁会社を設立していた。同時に、インドでは現地企業であるボルタスと提携していた。その結果、ファナック・インディアは、ファナック、GE、ボルタスの3社による合弁会社となった。この会社は、後にファナックがGE、ボルタスとの合弁を解消したため、現在はファナック100％出資の子会社となっている。

ファナックが最初にバンガロールにオフィスを設けた理由は、バンガロールおよび近郊のチェンナイが、インド製造業の産業集積の1つだからであった。マヒンドラ＆マヒンドラなどのインド系自動車メーカーもこの地域に集積している。インドの3大工作機械メーカー（HMT、エースデザイナー、BFW）もバンガロールを拠点とし、欧米系の工作機械メーカーもバンガロールを拠点とするところが多い。牧野フライス以外の日系の工作機械メーカーはインドに生産拠点を持っていないため、ファナック・インディアの販売における主要な顧客は、インド系工作機械メーカーや欧米系工作機械メーカーとなっている。

ファナック・インディアは、バンガロールにヘッドオフィスを設立後、1994年にデリー事務所を設立、95年にプネー事務所を設立した。事務所の下に16の支店がある。また、グルガオンに大きなサービス・センターを設立している。すべてを合計すると、2010年現在、インドに20拠点を持っており、インド全土にわたって販売・サービスのネットワークを構築している。

インドのNC装置市場では、前述の通り、シーメンスが先行者として圧倒的な市場シェアを有していた。その市場において、ファナック・インディアは、サービスに力を入れた。ファナック・インディアの20のサービス拠点では、インド全土できめ細かな対応を行っている。提供されるサービスの質は、基本的に日本と同じレベルのものである。たとえば、バンガロールのサービス・センターには月に約1600件の電話があるが、3分の1は電話対応で問題を解決できるレベルにある。電話の待ち時間等も細かく管理され、電話で対応できない場合は、担当者がすぐに現場を訪問し対応する。その結果、電話の問合せに対する同日内の問題解決の割合は6割という高い数字になっている。

一方のシーメンスは、サービスの拠点数も少なく、質もファナックに劣る。たとえば、インドの農業用トラクター企業でシェア2位のトラクター＆ファー

ム・エクイップメントは，ファナックのシステムは使いやすく，これまで大きな問題は生じたことはないが，シーメンスのインドにおけるサポート体制は十分でないと指摘している（日本工作機械工業会, 2011, 65頁）。

NC装置や産業用ロボットの操作を教えるファナック・インディアのトレーニング・センターは，バンガロールとプネーの拠点の中にある。トレーニング料は低く設定されており，多くの人にNC装置・ロボットの操作を覚えてもらい，製品の販売につなげることを目的としている。

インド市場に進出している先進国企業は，工場の温度，湿気，埃，停電など，先進国市場にはない問題に直面することになる。そのため，先進国と同じレベルのサービスを提供するファナックは高く支持されている。一方，NC装置や生産加工に関する知識・経験が不足しているインドの現地企業にとっても，ファナックのサービス・教育体制は高い価値を持つ。

販売においても，ファナックは国内，海外を問わず直販を基本としており，代理店販売が基本のシーメンスとは大きく異なる。ファナック・インディアでは，現地スタッフが販売，教育，サービスを行っている。2010年には，ファナック・インディアのバンガロールのヘッドオフィスにいる日本人の駐在員は，NC装置と産業用ロボットの技術者2名のみであった。ほかはすべて現地スタッフで，販売・サービスを担当している。経営トップもインドの人が務めている。現地社員は1992年の設立時から在籍する者が多く，離職率はきわめて低い。現地スタッフの教育にも非常に力を入れており，インドだけでなく，日本の本社にも派遣し教育している。このような現地スタッフがインド市場に合わせた販売，サービス，教育を行っている。

現地スタッフの力を活用した販売，教育，サービスで充実を図ったファナックは，シーメンスと差をつけ，市場シェアは逆転した。前述のように，2010年現在，インドのNC装置の市場シェアは，ファナック80％であり，シーメンスは15％と推定されている（ファナック・インディア推定）。インドの工作機械メーカーでも，ファナックのNC装置を使用するところが多い。エースデザイナー，BFW，AMSといったインドの工作機械メーカーは，ファナックのNC装置のみを使用している。

3.4 牧野フライス

(1) 牧野フライスの国際展開

　牧野フライスを創業した牧野常造が著書の中で「工作機械の真髄は何かと聞かれたら，ためらうことなく『クオリティーファースト』と答えることにしている。私にとって工作機械は芸術であり，一生のパフォーマンスにつながる。極端な表現かもしれないが，工作機械メーカーは最高の作品を一つだけつくればよいのであって，あくまで『量より質』という考え方を基本としている」(牧野, 1973, 55頁) と書いている通り，同社は設立当初から一貫して高性能，高信頼性を追求してきた。

　牧野フライスは，1958年にファナックと共同で日本ではじめてNCフライス盤を開発したのに続き，66年には日本ではじめてマシニングセンタの開発に成功した。その後も同社は，NC工作機械の技術開発，とりわけマシニングセンタの製品開発で，日本の工作機械産業を牽引してきた。生産拠点として，日本，ドイツ，アメリカ，シンガポール，中国，インドに工場を持つ。この地域内での販売・サービスの拠点づくりも率先して進めている。その他，フランス，スロバキア，イタリア，韓国，インドネシア，ベトナム，タイ，メキシコ，ブラジルに販売・サービス拠点を持っている。

　牧野フライスのマシニングセンタの性能の高さはよく知られており，さまざまな分野で使用されている。中でも，最も複雑な加工が求められる航空機産業で幅広く使用され，ブリティッシュ・エアロスペース，エアバス，ロールス・ロイス，ボーイング，GE，三菱重工業，川崎重工業，富士重工業，IHIといった世界の主要航空機メーカーが牧野フライスの製品を使用している。このような航空機産業の要請に対応するため，牧野フライスは1996年に，関連するグループ会社と代理店からなるMakino Aerospace Group (MAG) を結成した。これ以降，牧野フライスの航空機産業向けの工作機械はMAGブランドの名前で出荷され，2010年3月末までに155台を出荷している。

(2) マキノ・インディアのインド市場戦略[14]

　インドの工作機械市場では，戦前から欧米の工作機械メーカーが競争力を持

---

[14] ここでの記述は主に，2010年11月23日にマキノ・インディアにて行ったランジット・A. ブハイド (Ranjit A. Bhide) 社長，ラガハワ・バッドヒャ・T. V. (Raghava Badhya T. V.) 副社長，カイパ・パドマナブハイア (Kaipa Padmanabhaiah) ジェネラル・マネジャー (サプライチェーン・マネジメント，品質保証，国際ビジネス担当)，S. サバーレイアン (S. Sub-

っており，中でもハイエンド市場では圧倒的な競争力を持っていた。牧野フライスは，軍需との結びつきが強いインド航空機産業以外のハイエンド市場で欧米企業と対等に渡り合い，インドに進出する先進国企業から，インドの大企業，中小企業に至るまで，幅広く自社製品を浸透させている。

牧野フライスのインド拠点であるマキノ・インディアは，1993年にシンガポールのマキノ・アジア社のインド連絡事務所（バンガロール）として始まった。1996年に牧野フライス本社とマキノ・アジア社の100％子会社として会社が設立され，98年にテクニカル・センターとしての機能を持った。1995年から2000年にかけてムンバイ，プネー，デリーに販売支店を設立し，02年からはバンガロールにて現地生産（バンガロール第1工場）を開始した。その後，2007年，10年に第2工場，第3工場をそれぞれ建設し，生産を拡張した。また，デリーとプネーの支店をテクニカル・センターとし，サポートを充実させている。マキノ・インディアの正規従業員は300人強，トップや主要幹部はインドの人である。日本人は短期派遣も含め約10人いるが，すべて技術部門の人である。

マキノ・インディアの顧客は，インドの現地企業が多く，タタ，バジャージ，マヒンドラ＆マヒンドラ等のインド主要メーカーに納品している。同社の製品は，これらのメーカーの1次サプライヤー，2次サプライヤーにも多く導入されている。ただし，同社が得意とするハイエンド市場の航空機産業向けMAGシリーズは，ワッセナー・アレンジメントの運用に厳しい日本政府の許可が下りないため，インド国内での販売は難しい状況にある。一方，欧米の工作機械メーカーは，ワッセナー・アレンジメントの運用が日本よりも緩やかであるため，インド航空機産業に高性能の工作機械を数多く販売している。

マキノ・インディアは，強みを持つハイエンド市場に自社の製品を販売する一方で，ミドル市場に対しては牧野フライスのシンガポール工場で設計・開発した製品をインド工場でも生産してインド市場へ投入し，それぞれの市場で高い支持を得ている。

インドの現地企業がマキノ・インディアを高く支持しているのは，製品の品質，性能・機能のためだけではない。同社は単に製品を販売するのではなく，

---

barayan）副ジェネラル・マネジャー（金型担当）へのインタビュー調査，同社工場調査，同社会社資料，およびマキノ・テクニカル・トレーニング・センター訪問調査に基づく。

製品をソリューションと組み合わせて顧客に提供している。具体的には，マキノ・インディアのスタッフが顧客の生産加工に合わせた工作機械の選定，プログラム作成，工具の準備を行い，提供している。さらに大規模な場合には，工場全体の生産ラインを開発することもある。

インドと日本とでは気温，湿度など生産加工の環境が異なるが，マキノ・インディアは，長年にわたってインドの加工環境のノウハウを蓄積しているため，インドに進出している先進国の消費財企業にも最適なソリューションを提案することを可能としている。なお，このようなソリューション・ビジネスに対し，マキノ・インディアが別途料金を徴収することはない。そもそも同社の製品は，品質，性能・機能の高さから，もともとの価格自体が高いが，先進国企業，現地企業とも，マキノ・インディアの良質なソリューションを期待して，提示価格を受け入れている。

ソリューション・ビジネスに加えて，マキノ・インディアは，現地企業の教育サービスにも熱心に取り組んでいる。マキノ・インディア自身もカイゼン活動，QC 活動，5S といった生産改善活動に取り組んでいるが，合わせて，顧客企業やマキノ・インディアのサプライヤーのトレーニングも実施している[15]。これは，2 カ月のトレーニング・システムとなっており，具体的には，プロセス・シートやカイゼンを 4 つのカテゴリーに分け，インド人にわかりやすく教えるために工夫している。

このようなソリューション・ビジネスやサービスは，基本的にマキノ・インディアの現地スタッフのみで展開している。牧野フライスのシンガポール拠点でも勤務経験のあるマキノ・インディアのインド人マネジャーによると，中国，シンガポールといった拠点の中で，インドの強みはエンジニアリング工数が多い仕事にあり，複雑で細かい仕事は，同じ新興国の中では中国よりも優位にあるという。インドには理工系の教育機関が多く，優秀なエンジニアが数多くおり，他の地域と比べても比較的安い給与で雇用することが可能であると指摘する。

マキノ・インディアに見られるサービス，ソリューションの知識は，もともと，牧野フライスをはじめとする日本の工作機械メーカーが日本国内において自動車産業，電機産業などと長期取引する中で蓄積してきたものであった。

---

15 マキノ・インディアの主なローカル・サプライヤーは，2010 年現在で 11 社を数える。

図8-3 牧野フライスの地域別売上高

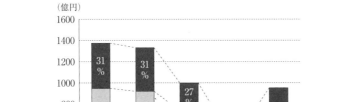

（注）「アジアほか」の中に日米欧以外のその他の地域も含まれるが，その他の地域の売上高は全体のおよそ1～2％程度である。
（出所）牧野フライス会社資料。

1980年代に多くの日本の工作機械メーカーが欧米に進出した際も，サービス，ソリューションによって欧米諸国に幅広い支持層を形成した。インドの消費財企業は生産加工に関する知識・経験が不足しているため，マキノ・インディアのサービス，ソリューションはより高い価値を持つこととなる。インドに進出しているドイツなど海外の工作機械メーカーは，サービス，ソリューションの蓄積と活用の点で日系メーカーとは大きな差がある。

また，CSRの一環として，マキノ・インディアは，マキノ・テクニカル・トレーニング・センターという教育機関を運営している。同センターは，工作機械の技術習得を目的とした教育機関であり，インドの貧困層の子供に教育機会を与えるため，2006年に設立された。このセンターは，マキノ・インディアの従業員の給与の一部を活動にあてることで運営されており，4人の社員が教員として指導を行っている。2010年までに204人の学生が卒業した。

サービス，ソシューション・ビジネスを軸とした市場戦略により，牧野フライスでは，先進国市場の売上げが減少する一方で，インド，中国をはじめとするアジア新興国の売上げが伸び，2010年度には同社の売上高の約半分がアジア市場での売上げとなった（図8-3）。

4 産業財と現地エンジニアの役割

4.1 産業財における先進国市場と新興国市場の相違

　本章で事例として取り上げたマザック，ファナック，牧野フライスの3社は，先進国市場でも新興国市場でも，先行してサービスやソリューションの拠点を構築し，現地エンジニアを活用して，自社の製品にサービスやソリューションを組み合わせて市場戦略を進めることにより，他社との差別化を図っていた。本節では，新興国市場における産業財企業のサービス，ソリューションの役割について，現地エンジニアの採用・育成も含め，改めて検討する。

　日本の産業財企業は，これまで，サービスやソリューションの能力を，先進国の自動車，電機，機械といった分野の消費財企業との取引の過程で磨き上げてきた。その一方で，それらの消費財企業も，産業財を活用する能力を構築してきた。

　事例で見てきた通り，産業財の活用について，新興国市場には先進国市場と異なる2つの特徴がある。1つは，産業財のユーザーとなる現地の消費財企業の知識や能力が先進国企業に比べて未熟であるという点である。もう1つの特徴は，新興国市場に進出した先進国の消費財企業にとって，開発環境，生産環境が先進国と大きく異なるという点である。気温や湿度といった気候の違い，電力などのインフラ状況，工場内の塵や埃の状況など，先進国と新興国とでは環境が大きく異なる。

　新興国の産業財市場において，まずユーザー側を見ると，現地ユーザーは産業財を活用する知識や能力が不足し，先進国から進出したユーザーは市場環境についての知識が不足している状態にある。これらを補うため，新興国市場では，現地ユーザーにとっても先進国ユーザーにとっても，サービス，ソリューションの役割がより一層重要となってくる。

　一方，産業財のメーカー側を見ていくと，現地の産業財企業は市場環境の知識は豊富だが技術知識が不足しており，逆に先進国の産業財企業は技術知識は豊富だが市場環境の知識が不足している。そのため，先進国の産業財企業が新興国でサービス，ソリューションを効果的に実施するためには，先進国で蓄積した本国のサービス，ソリューションの知識体系を現地に移転させ，現地の事情や環境に合わせて改変していく必要がある。

4.2 サービス,ソリューションの提供と現地エンジニアの活用

　先進国の産業財企業にとって,これまで先進国で蓄積してきた知識を新興国の市場環境に合わせて改変していくことが,新興国市場戦略において重要な課題になる。製品の価格や品質,性能・機能だけでなく,このような補完的資産の形成が競争優位の源泉になる (Teece, 1986)。

　これまでの事例によれば,その際に重要な役割を果たすと考えられるのが,現地エンジニアの育成と活用である。たとえば,現地企業で新製品の導入のために工作機械の設定変更が必要になった場合,現地のユーザーから工作機械メーカーに,そのようなサービスの依頼が来る。工作機械メーカーの担当者はユーザーの細かいニュアンスも正確に理解しなければならない。こうした場合,日本人がサービスを行うよりも,技術訓練をしっかり受けた現地エンジニアのほうが現地のコンテクストをよりよく理解することができるため,スムーズに問題が解決する。つまり,先進国で蓄積した本国のサービス,ソリューションの技術知識を現地に移転させ,現地の事情や環境に合わせて改変する上で,現地エンジニアが大きな役割を担っている。

　新興国ではこれまで,このような現地エンジニアを比較的低い賃金で雇用することができた。図8-4は,1995年以降5年ごとの,各都市の日系企業で働いているエンジニアの賃金(月額)の中央値を示している。中国,インドの各都市の賃金は急速に上昇しているが,2005年ごろまではバンコクよりも低い水準にあった。とくに,事例で取り上げたファナックは1992年に,牧野フライスは96年に,インドに現地法人を設立しているため,比較的賃金の低い時代に現地エンジニアを採用することができ,同時に堅実なサービスやソリューション・ビジネスの体制をいち早く築いたことにより,自社製品をインド市場に浸透させることに成功した。

　ただし,同程度の賃金といっても,中国とインドではエンジニアの採用の難しさが異なる。優秀な人材を大量に採用しやすいインドに比べ,中国では採用が難しい。新興国の中でインドの強みは,毎年,理工系の技術者を豊富に供給できることにある。

　1947年のインド独立後,初代首相のネルーは,将来の経済発展のために,51年のインド工科大学(IIT)の設立をはじめとして,理工系の研究・教育の整備に力を入れた。統計データがある2003年では,インドの大学卒業生数は203万人であり,このうち理工系の学生は約4割を占めた。インド政府の理工[16]

図 8-4 アジア新興国におけるエンジニアの賃金比較（日系企業，月給）

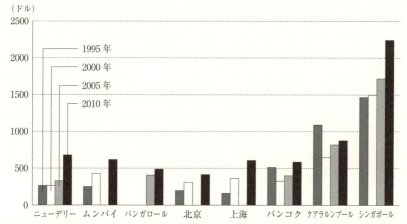

(注) 日系企業に対するアンケートによるもので，値は回答の中央値を示す。一部，データのない箇所がある。
(出所) 日本貿易振興機構「アジア主要都市・地域の投資関連コスト比較」より筆者作成。

系高等教育への取組みの結果，同年のスイス経営大学院 IMD の調査による高度なエンジニアと熟練工の調達可能指標を見ると，インドはエンジニアで 8.9，熟練工で 7.2 と高い数値を示している（図 8-5）。逆に中国は，エンジニアが 3.9，熟練工は 4.3 と低い。インドには優秀なエンジニアと熟練工が豊富に存在することが示されている。つまり，豊富で優秀なエンジニアを比較的低い賃金で活用できるのがインドの強みであるといえる。

これまで，中国は，工場で働く工員を安い賃金で大量に採用でき，低コストの生産が可能なことが強みであった。しかし優秀なエンジニアや熟練工の採用が難しいという弱みがあり，現在では工員の賃金も上昇している。マザックが，中国工場の建設時に 100 人に及ぶ中国の工科大学の新卒生を採用して育成する方針をとったり，高級機と中級機とで販売・サービスのネットワークを分けたりするのには，中国では優秀なエンジニアや熟練工の採用が困難であるという

---

16 Government of India, Ministry of Human Resource Development, "Selected educational statistics 2004-2005" による（2011 年 9 月 8 日閲覧）。
17 高度なエンジニアと熟練工の調達可能指標は，0 がなし，7 が十分な調達可能性があることを示す。同指標は，国際機関，各国の統計データと，IMD が実施する国際的な質問票調査のデータを統計処理し，企業のトップ，ミドル層へのインタビュー調査を踏まえた上で，算出されている。

図8-5 高度なエンジニアと熟練工の調達可能指標

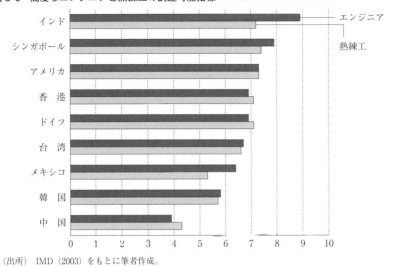

（出所）IMD（2003）をもとに筆者作成。

側面もあるのだろう。

　本章では，日本の産業財企業の新興国市場における現地エンジニアの活用を取り上げたが，新興国の現地企業もエンジニアを活用することで競争力を伸ばしている。ITサービス産業におけるインフォシスなどのインド企業の急成長は，優秀で低い賃金のインド人エンジニアを活用した典型例である。

　ITサービス産業だけでなく，製造業でも，同様に現地エンジニアを活用して成功している例がある。光ディスク型記録メディア・メーカーであるインドのモーザー・ベア・インディア（Moser Baer India）は，日本企業からOEMの依頼を受け，CD，DVDなどの光ディスク型記録メディアの生産を行っている。同社は日本企業との提携を通じて日本的な経営管理，品質管理を導入し，インドの大学・大学院を卒業したエンジニアを生産ラインに配置して，カイゼンやメンテナンスを行うことで品質，生産性を高めている。その結果，1999年の市場参入後に急成長し，記録メディアで世界シェア1位の座を争っている（新宅, 2007）。

　タタ・コンサルタンシー・サービシズ（Tata Consultancy Services）のエンジニアリング・サービス部門は，日米欧の大手自動車メーカーの製品開発における設計業務の一部を受託している。同社も現地エンジニアを教育・活用し，自

動車メーカーの開発コストやリードタイムの削減に大きく寄与している。たとえば，日産自動車は同社に設計業務の一部を委託しているが，このことによる開発コスト削減とリードタイム短縮を高く評価している[18]。

インドについてはこれまで，ITのアウトソーシングやソフトウェア開発のグローバル拠点としての優位性がよく論じられてきた。しかし，インドは同時に，製造業でも競争力を持ちつつある。いうなれば，インドは，アメリカ的なソフトウェアの顔と日本的なものづくりの顔の二面性を持っているのである。この背景には，優秀なエンジニアが豊富にいるということが共通の基盤になっている。高等教育を受けた優秀な人材が豊富におり，それがインドの国際競争力を支えている。同じ新興国といっても，中国の製造業とインドの製造業とはこの点で異なっている。新興国市場に進出する産業財企業は，現地エンジニアの採用・活用については，国ごとの特性に合わせ異なる方法をとる必要があるだろう。

4.3 産業財企業と消費財企業との関係

ここまで，先進国の産業財企業の新興国市場戦略について，サービス，ソリューションに焦点を当てて議論を進めてきた。このような戦略は，第2節で取り上げた消費財企業の新興国市場戦略と，どのような関係にあるのだろうか。図8-1で提示したモデルを拡大して検討する（図8-6）。

現在，新興国における現地の消費財企業は，主にローエンド市場を対象としている。現地の消費財企業は，規模が大きいローエンド市場において生産の効率化を図りたいが，まだまだ産業財を活用する知識や能力は不足している。そのため，先進国の産業財企業の製品だけでなく，それを活用するためのサポート，ソリューションが求められる。

さらに，今後，現地企業がローエンド市場からミドル市場に進出する場合，製品の性能・品質・機能を向上させていくことが必要となる。その際にも，産業財企業のサービス，ソリューションが必要となるだろう。先進国の産業財企業は，サービス，ソリューションを提供するだけでなく，マザックや牧野フライスの事例に見られたように，新興国の現地企業を対象とした新製品を開発し

---

[18] タタ・コンサルタンシー・サービシズ・ホームページにおける，日産自動車の志津田篤常務のコメントを参照（2011年9月12日閲覧）。

図 8-6　産業財企業と消費財企業との関係

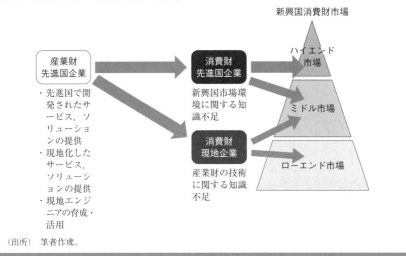

（出所）筆者作成。

ていくことも求められる。

　先進国の消費財企業は，ミドル市場に対し，日本の製品をそのまま市場投入するのではなく，現地の事情に合わせて価格と品質・機能を最適化した製品を開発し提供することが求められている。そのようなミドル市場を対象とする製品を開発し，現地生産を行おうとすると，先進国の企業は，新興国現地の気温，湿度，電力不足，塵，埃といった問題に直面する。そのため，それを補う先進国産業財企業のサービス，ソリューションが大きな意味を持つことになる。

　今後，ミドル市場やハイエンド市場の拡大に合わせて，最終製品の生産は増加し，現地生産の規模は広がっていくと考えられる。製品も高機能化，高品質化していくだろう。新興国市場で，先進国消費財企業が，先進国市場と質・量において同じレベルの生産を行うことができるか。ここでも，産業財企業のサービス，ソリューションの役割は大きいと考えられる。

　このように，消費財の新興国市場戦略と産業財の新興国市場戦略は補完関係にある。先進国産業財企業と新興国の先進国消費財企業，現地消費財企業を結ぶ役割は，現地エンジニアが担っている。先進国産業財企業が新興国で競争優位を構築するためには，先進国消費財企業に先んじて新興国市場に進出し，販売・サービスのネットワークの形成，市場環境の知識の蓄積，現地エンジニア

の採用・育成に努める必要がある。

　ただし，先進国産業財企業が現地エンジニアを活用し，新興国市場でのサービス，ソリューション・ビジネスを進めれば進めるほど，第7章で議論した新興国の拠点から先進国の会社に情報の移転を行う際の情報の粘着性の問題に配慮することが求められるだろう。

5　むすび

　本章では，マザック，ファナック，牧野フライスの新興国市場戦略を事例に，産業財の新興国市場戦略について議論を行ってきた。本章の意義は，これまで主に消費財に焦点が当てられてきた新興国市場の研究の中で，産業財を対象とし，サービス，ソリューション・ビジネスに焦点を当てて議論を進めてきたことにあると考える。

　前節まで述べてきたように，新興国の産業財市場において，現地ユーザーは産業財を活用する知識や能力が不足し，先進国から進出したユーザーは市場環境の知識が不足している状態にある。これらを補うために，新興国市場では，現地ユーザーにとっても，先進国ユーザーにとっても，サービス，ソリューションの役割がより一層重要となってくる。

　先進国の産業財企業が新興国でサービス，ソリューションを効果的に実施するためには，先進国で蓄積した本国のサービス，ソリューションの知識体系を現地に移転させ，現地の事情や環境に合わせて改変していく必要がある。その際に重要な役割を果たすのが，現地エンジニアである。

　本章では，新興国市場における産業財企業のサービス，ソリューションの役割に加え，新興国における現地エンジニアの賃金，採用の可能指標といったデータや他の事例を用いながら，新興国市場における現地エンジニアの役割についても議論してきた。

　急速な成長を遂げる新興国市場において，産業財の役割はますます重要になっている。本章では代表的な産業財である工作機械を事例として取り上げて新興国市場戦略を議論したが，研究をさらに進展させるためには，他の新興国や産業財についての調査を進め，研究を精緻化していく必要があると考える。

　新興国市場戦略を推進しようとする日系産業財企業は，本国で蓄積してきた

知識を核としながらも，現地人材などの現地資源を活用して事業を展開していくことが求められている。

　＊　本章は，鈴木・新宅（2011b）をもとに，加筆・修正を加えたものである。

第9章

ITシステム活用によるハイエンド市場進出
小松製作所の事例

朴英元・新宅純二郎

1 はじめに

　日本企業が新興国市場に進出する際の1つの戦略は，日本製品が持つ高品質・高機能という特性を活かし，現地のハイエンド市場に進出することである。しかし，過剰品質に陥る可能性もある中で，どのようにしてハイエンド市場を狙っていけばよいのだろうか。本章では，建設機械を取り扱っている小松製作所（以下，コマツ）の中国市場・ブラジル市場での事例から，ハイエンド市場への進出の際にITシステム（情報システム）の活用が有効となる可能性を議論する。

　結論を先取りすれば，コマツは，KOMTRAX（コムトラックス）というITシステムを活用することで，顧客のニーズを満たしながらも，需要予測と生販統合を実現し，ハイエンドの価値を実現してきた。同社は，産業財を販売する多くの日系企業と同様に，現地の取引に代理店を挟んでいたが，個々のユーザーの情報を吸い上げるITシステムを自ら持つことで，顧客のニーズに個別対応できる体制を構築してきたのである。本章では，こうしたコマツの事例から，新興国市場において先進国企業がとるべき戦略について1つの示唆を得る。

　加えて本章では，コマツのライバルとなる韓国企業2社の新興国市場戦略についても紹介する。1社は，コマツと同じようにITシステムを活用することで新興国への進出を加速させている現代重工業（Hyundai Heavy Industries）であり，ITシステムを活用するということが日本企業以外でも有力な戦略となることを確認する。もう1社は斗山インフラコア（Doosan Infracore）であり，

コマツほどITシステムを活用しないものの,現地の製品ニーズを捉えることで,現地のミドルエンド市場を捉えている企業である。こうした韓国企業の事例も加えることで,ITシステムの活用の有効性を再度強調し,その上で,それとは異なる戦略で新興国市場を狙っている企業があることを確認する。

2　コマツの復活と新興国進出

　コマツの国際化は,最初の海外進出先であるベルギーに小松ヨーロッパを設立した1967年からスタートしたと考えられる（小松製作所,1971）。その後,1970年に小松アメリカを設立し,国際化を加速させ,引き続きブラジル,シンガポールに拠点を設立しただけではなく,中国など,当時の共産圏への輸出にも力を入れた。しかし,本当の意味でのグローバル化は,グローバル生産を始めた2000年代からだといえよう。

　2001年に,コマツは自社の歴史上はじめて赤字に陥る。そのとき坂根正弘社長（後,会長）は,「経営の見える化,成長とコストの分離,強みを磨き弱みを改革,大手術は1回で済ます」という4つのキーワードを掲げて構造改革を行った。具体的には,300社あった子会社を,2年間で110社減らし,「経営の見える化」を実行した。また,関連会社を統廃合し,日本でしか売っていない製品の販売は止め,グローバル展開に力を入れた。

　当時,坂根社長は,コマツの強みはやはりものづくりであるとし,その強みを徹底的に磨くことで世界で通じる「ダントツ商品」を創るように指示したのである。「ダントツ商品」とは,環境・安全・ITをキーワードに,他社に絶対に負けない商品づくりを目指すことである（『日経ビジネス』2006年6月19日）。コマツの建設機械はGPS（全地球測位システム）を搭載し,世界中どこにあってもその位置をリアルタイムで把握できる。このKOMTRAXというシステムを利用することで,コマツは部品交換や修理,盗難などにもより迅速に対応できるようになり,顧客の満足度を高めている。日本では2001年からすべての製品にこのシステムが搭載されており,2000年代半ば以降,ヨーロッパやアメリカ,中国でも活用されている（『日経ビジネス』2007年6月4日a）。

　このように同社は,2001年に事業が傾いたとき,KOMTRAXシステムを導入することによって新たに復活したとされる。実際に,2010年度会計（2010年4月〜11年3月）では,連結1兆8431億円の売上げを達成した。リーマン・

図 9-1　コマツの経営成果

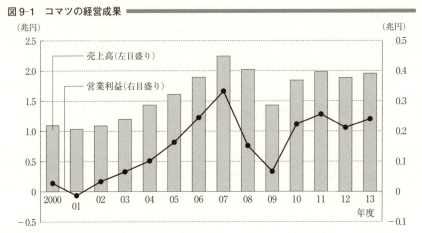

(注)　連結決算のデータ。
(出所)　コマツ・ホームページおよび同社提供資料より。

ショックの影響で2009年に一時期落ち込んだが,復活した02年以来,顕著に売上げと利益の増加を成し遂げ,その後も業績を維持している(図9-1)。

ところが,コマツがKOMTRAXシステムを構築するようになったきっかけは,実は新事業として推進してきたエレクトロニクス事業が不振に陥ったからだったのである。斜陽産業のように思われていた建設機械で,これ以上の収益を増やすことは難しいと考えたコマツは,野心的に新事業領域を開拓した。しかし,本来の計画とは異なって赤字に陥り,2001年には800億円の最終赤字を記録した。結局,当時リストラを率いた坂根社長が,本業の建設機械事業の改革に乗り出し,果敢な投資を実施する過程で誕生したのがKOMTRAXシステムである。このシステムを構築することで,先述したように坂根社長の「何でも見える化する」という坂根イズムを実現したのである(『日経ビジネス』2007年6月4日 a)。坂根社長は,「開発も販売もファクト(fact)を見つけなければ,何をやっても正確な判断が難しく,徹底的に事実を把握する過程が最終的には,経営の質と利益率の向上につながる」ことを明らかにした(『日経ビジネス』2007年6月4日 b)。コマツの事例は,新規事業の発掘という理由で無理に新たな産業に飛び込むのではなく,本業のものづくりをより充実させることによって復活できることを示した代表的事例であろう。

また,コマツの復活は新興国ビジネスの成功にもよる。そもそも本章で扱っ

図9-2 戦略市場と伝統市場の売上高構成比の推移（2006〜10年度）

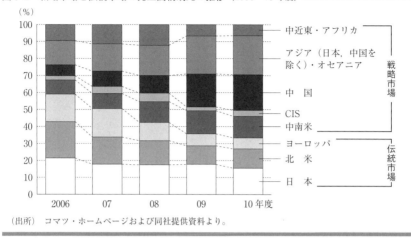

（出所）コマツ・ホームページおよび同社提供資料より。

ている中国やブラジルなどに本格的に進出した理由は，後述するように，新興国の国産化政策に対応するための戦略であった。コマツの経営成果を見ると，2010年度も売上高営業利益率は12％を上回っており，その強さを示している（『日経ビジネス』2010年12月13日）。さらに，2011年3月決算の地域別売上高を見ると，新興国が67％を占め，中国などの成長率は非常に高い。

コマツでは，これまでの先進国市場の停滞を受け，戦略市場と伝統市場を分けて成長率の比較をしている。図9-2に示しているように，日本，北米，ヨーロッパの伝統市場は縮小しているが，戦略市場である新興国市場の高成長は2006年度以降の傾向からも明らかである。とくに，コマツの中国など新興国市場における2010年から12年までの販売台数の伸び率は年平均16％と，きわめて高い成長率を実現すると予想されている（『日経マネー』2010年10月）。

3 ICTを活用した顧客ニーズに対応する戦略

3.1 コマツ中国の概要と歴史

コマツ中国の歴史を概観してみよう。コマツが最初に中国市場を探ったのは1956〜78年のことであり，日本からの完成車の輸出でスタートした。その後，1979〜94年の時期に，中国国営企業の技術革新に協力し，パートナーの育成に力を入れた。当時，建設機械の9社，産業機械の3社に技術提供している。

図9-3　コマツ中国の売上高の推移

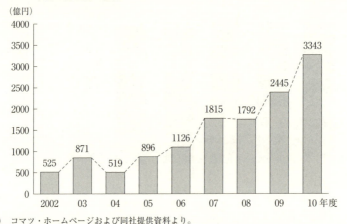

（出所）コマツ・ホームページおよび同社提供資料より。

　なお，この時期にはキャタピラー社も，コマツから5年ほど遅れて技術提供している。さらに，1995～2000年には，直接投資による合弁事業を展開している。拡大する中国の建機市場に対応するために，日本の中古ショベルを中国の南部地域に投入した。1995年に始めた合弁事業は，中国の経営スタイルと日本式の品質・生産管理の融合を図る試みであった。

　中国市場に本格的に参入したのは2001年からである。中国のWTO加盟を背景に，地域統括会社を設立したのである。すなわち，2001年にコマツは，グローバル戦略の一翼として独自の販売およびサービス・ネットワークを構築し，小松（中国）投資有限公司（以下，コマツ中国）を設立した。一気に工場も立ち上げて，山東省および上海近辺に本体の組立てと鋳物の工場を建設した。

　2011年現在，コマツ中国のもとには，生産法人9社，販売法人3社，その他1社，および32社の代理店がある。中国における流通システムは，1省1代理店体制である。代理店は，すべてローカル資本で，32社で6000人，1社平均200人くらいの規模である。

　このように，コマツの中国事業は2000年に入ってから本格的に伸展するが，04年に中国政府がマクロ・コントロールによって土地開発などを止めさせたとき，競合他社に先駆けていち早く環境変化に気づいたことが，確固たる成長の起爆剤となった。後述するが，当時，KOMTRAXを通して機械稼働が止まっていることがわかり，生産を3カ月ストップさせることがあった。しかし，

図 9-4 コマツの建設機械・車両部門の地域別売上高構成（2010年度）

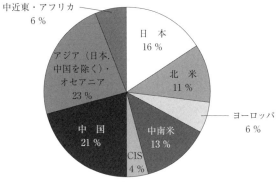

（出所）　コマツ・ホームページおよび同社提供資料より。

そのとき以外は，ほぼ右上がりで，急激に伸びている。とりわけ2009年からは，中国政府の4兆円景気刺激策の影響を大きく受け，さらに急成長を遂げている（図9-3）。2011年3月時点で，コマツのグローバル売上高のうち21％を中国が占めるに至っているのである（図9-4）。

3.2 コマツ中国のKOMTRAXの仕組み

中国などの新興国市場におけるビジネス・モデルを確立する上で欠かせなかったのが，GPSなどを使って建設機械の稼働状況を遠隔監視する，KOMTRAXシステムである（図9-5）。もともとは盗難防止を目的に開発されたものだが，機械の動いている地域や台数を日本の本社で把握できることから，これによって将来の需要を予測しながら効率的に生産することができるようになっている。

コマツは，KOMTRAXシステムをベースに建設機械ごとの稼働履歴・状況を遠隔から管理するシステムも運用している。これを利用して，同社は部品の迅速な供給体制を構築し，事業拡大に弾みをつけている。なお，コマツの建機は，2010年現在，世界で約19万台が動いており，中国が最も多い。上記のシステムは，2020年までにすべての製品に搭載される予定である。

KOMTRAXは無料で装着するが，通信費はオーナーから事前に徴収している。販売価格に，3年間の通信費が含まれているのである。たとえば中国の場合は，1年で600元なので，3年で1800元の前払いとなる。KOMTRAXの通信は，1時間に1回という頻度で行われる。KOMTRAXは日本で始められた

図9-5 KOMTRAXの仕組み

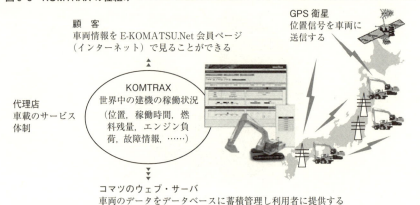

(出所) コマツ・ホームページ，同社提供資料および『日経ビジネス』(2006年6月19日，2010年12月13日) より筆者作成。

ものだが，中国では多様な周辺システムと連携させることで活用度を高めている。KOMTRAXによる情報提供の仕方は，以下の3つである。①毎朝の定時発信。②顧客からの要求を受けての発信。これは顧客の携帯電話にショート・メッセージの文字を発信する仕組みである。③WAPというシステムを開発し，携帯電話のウェブサイトを利用して，顧客の携帯電話で常時グラフまで見られるようにしている。

3.3 中国など新興国におけるKOMTRAXの活用状況

365日24時間体制でKOMTRAXから送られる情報は，コマツのみならず，販売店，顧客にとっても宝物のような情報である。このシステムを装備することで，海外の最終顧客が使用している建設機械に内蔵したセンサーから，機械の稼働状況などのデータを収集し，分析することが可能となった。現在，主に日本，北米，中国で利用されているが，他の地域へも展開し始めている。

コマツ中国では，KOMTRAXを①盗難の防止，②レンタル管理，③需要の予測による生産計画策定，④債権管理，⑤オペレーション・コスト(とくに燃費)の管理に活用している。このようにKOMTRAXは，顧客，代理店，工場，コマツの内部販売部門すべてにつながっており，建設機械の健康(＝運行)状態，燃費など，あらゆる情報が把握できる仕組みになっている。

一般的に建設機械には購入価格の3倍以上のオペレーション・コストが掛か

るが，機械の稼働データをもとにすれば，不必要な動作や故障を減らすことができるし，販売店も最適な時期に部品交換を提案できるため在庫管理コストの削減につながるメリットがある。また，たとえばKOMTRAXシステムを利用してある車体番号の油圧ショベルを探すと，画面上にその機械がどこにあるかが出てくる。つまり，KOMTRAXを装備している建設機械にはGPS端末も組み込まれており，個々の建設機械の現在位置が地図上で確認できるのである。のみならず，エンジンが動いているか止まっているかもチェックできる。エンジンが動いていた時間のうち何時間実際に作業していたかや，エンジンの油圧や油温が正常だったかまでわかる。さらに，盗難に遭った際には，たとえ輸送中であれ今どこの道をトレーラーに載って移動中かというところまで把握できる（『GLOBIS. JP』2009年10月7日）。これに加えて現在では，世界中の機械の平均稼働時間が前月比で増えたのか減ったのかも，手元でわかるようになっている。

　作業員のコストが安い中国では，機械のオペレーション・コストのうち，半分以上は燃料コストである。20tクラスの油圧ショベルに掛かるコストを日本と中国で比較すると，日本では圧倒的にオペレーターの人件費が大きいが，中国では，稼働時間が日本の3倍近いので燃料費の占める割合が高く，コストダウンを考える上では燃料代に対する意識が非常に高い。しかも，もし機械が止まっていて作業していないのに燃料が減っているというデータが出てきた場合，燃料が盗まれているとわかるであろう。上述のような情報が送られてくることによって，KOMTRAXは中国の機械のオーナーにとって非常に重要な情報源となっているのである。

　一方，コマツも，KOMTRAXシステムによって需要予測やメンテナンスがしやすくなっている。たとえば，世界各地の鉱山にあるブルドーザーが何tの土砂を積んで，何km走行したかといったことが，日本からでも即座にわかるようになった。こうした建設機械のメーターに表示される走行距離や温度などのデータのほか，建設機械に組み込んだ各種センサーからもデータを集めることができる。このことで，コマツ本社はKOMTRAXを情報源とした需要予測，およびそれと連動した生産計画ができるようになったのである。とりわけ新興国では，政府の政策などの変化によって環境が時々刻々変わることがあるが，KOMTRAXシステムによってこうした環境変化にも俊敏に対応することができている。たとえば，先に少し触れたが，2004年4月に中国が思い切った金

融引締めを行った際，中国で販売した機械が次から次へと稼働を停止させたことがわかり，コマツは中国の工場の生産ラインを直ちにストップさせた。坂根社長は，当時，中国や韓国の競合メーカーの機械にはGPSが付いていなかったために，稼働状況の把握が遅れたことが在庫増を招き，半年後には同社と大きな差が開いたと指摘している（『GLOBIS. JP』2009年10月7日）。コマツは，KOMTRAXシステムというIT技術により，市場の動きまでを手にとるように把握することができたのである。

KOMTRAXシステムは，サービスにも活かされている。坂根社長は，サービスの活用事例として，「1日10時間エンジンが回っているが，実際に仕事をしたのは6時間だとすると，お客様に，仕事のないときはエンジンを止めるような使い方がいい，というようなリコメンドができる」と話している。

あるいは，修理などのメンテナンスのサービスにもKOMTRAXは活用されている。コマツは建機向けの修理部品を世界で「翌朝配送」することを宣言した（『日経速報ニュース』2011年1月6日）。同社は，建設機械向け修理用部品や消耗品を受注の翌日までに届けるという地域を，新興国を中心に世界中で広げているのである。「翌朝供給率」というコマツ独自の指標があり，これは，代理店や顧客から夕方までに受注した部品のうち，翌日の午前中に届けることができた割合を示す。2011年時点で翌朝供給率が95％以上の地域は日本，アメリカ，ドイツ，フランスなどであったが，部品供給拠点の増設などで2年以内に中国，ブラジル，インドネシア，インドへ拡大していく方針を掲げている。

この方針は，2008年秋のリーマン・ショック前に販売した鉱山向け機械の補修・点検需要を睨み，顧客を囲い込むためである。コマツは，鉄鉱石や銅，石炭などの資源開発に使う「鉱山機械」と呼ばれる大型のダンプ・トラックや油圧ショベルを，開発が活発化した2007〜08年に世界中で大量に販売した。これらは2011年以降に点検の目安とされる稼働1万5000〜2万時間を迎え，修理や消耗品の交換需要が急増すると予想された。コマツは，2010年3月末時点で世界35カ所に供給拠点である「パーツセンター」を持ち，油圧機器やタイヤ，車軸などの部品を販売している。中国では北京と上海に同センターを持っており，前出の翌朝供給率が90％以上の地域もあるが，10億〜20億円を投じて2〜3カ所に新設することで，今後は全省で95％以上に引き上げる予定だという。部品の迅速な供給体制を構築して事業拡大を狙っているのである。

また，銀行の債権管理などにもKOMTRAXは活用されており，中国の銀行

ローン審査ではコマツ建設機械は優遇されている。中国の銀行は，KOMTRAX が付いている機械であれば稼働状況がわかってリスクが少ないため，ローンの優先順位を高くできるのである。つまり，銀行から見るとコマツ機械は債権管理がしやすいということである。3 カ月ローンの支払いがなければ銀行と代理店が機械を止める権利を持っているが，機械がロックされると 9 割の債務者は支払いをするとのことである。

自社製品の優位性をアピールするために，コマツ中国では，「ダラー・パー・トン」（= 1 t 当たりのランニング・コスト）というコンセプトを導入している。ランニング・コストを計算すると，コマツの機械は，初期投資は高いもののダラー・パー・トンは安い。作業量，稼働時間，修理コスト，作業効率（workability, operability），スピード，燃費の効率などによってコストは違ってくるが，コマツ中国は競合メーカーに比べ，ダラー・パー・トンでは圧倒的に優位なのである。

コマツ中国は，産業財を販売する多くの日系企業のように代理店を挟みながらも，個々のユーザーの情報を把握することができている。顧客 1 人 1 人のニーズに個別対応できる IT システムの仕組みは，韓国企業も導入しておらず，コマツの KOMTRAX の強みであるといえる。多くの企業は，代理店あるいは販売店を介すると最終顧客のニーズを捉えられなくなるが，コマツは KOMTRAX システムによって，代理店と顧客のニーズに応えながらも自社のビジネスを展開する仕組みを構築した。KOMTRAX を活用したビジネス・システムによって，代理店も，コマツも，顧客にとっても win-win であるという関係を実現させたことが大きいのである。

4 ICT 活用とレシピ提供による顧客満足の実現

4.1 コマツブラジルの概要と歴史

図 9-4 に示したように，コマツの地域別売上高構成（2010 年度）のうち，新興国の比率は非常に高い。中国が最も大きいが，中南米も 13 % であり，今後ますます伸びていくことが予測されている。そこで本節では，コマツブラジルの事例を取り上げる。コマツブラジルは，中国と同様に IT システムを有効に活用しつつ，「レシピ」と呼ばれる「効率的な建機の使い方」まで提供することで顧客満足を実現しているのが特徴である。

コマツブラジルは，ブラジル国内に工場1社，販売拠点1社，販売代理店10社という体制である。ブラジルにおけるコマツのスタートは，ブラジル政府による1969年の「トラクター国産化法」に対応するために，73年にコマツブラジル有限会社（KDB）を設立したことによる。しかし，ブラジルでの販売実績がなく，生産工場を持っていなかったため，KDBは「ブル国産化」（ブルドーザー製造の国産化）の申請書をブラジル政府に提出したものの却下された。そこで，重機のローカル・メーカーであるブラジルのFNV社との連携を決めて，1973年にコマツ・FNV社を設立し，75年からブラジルでの生産販売サービスを開始した。その後，ブラジルの国産メーカーとして認められる。

販売機種は，建設機械とマイニング向け建設機械である。ブラジル国内における建設機械のうち，中型機種需要の80％以上が現地生産されている。マイニング向け建設機械は，アメリカ，日本，ドイツから輸入している。アフターサービスは，ブラジルの23州をカバーしている。部品在庫は販売拠点が持ち，消耗部品は代理店が持つ。重要なポイントは，アフターサービスの必要性をKOMTRAXで事前に予測していることである。そのため，故障の際の対応に掛かる時間を短縮することができる。

ブラジル建機市場の特徴として，まず，産業保護政策により国産メーカーが主流のマーケットであるため，顧客には国産の限られた商品しか選択肢がなかったことがあげられよう。また，土地が広大なためタイヤ式の建機需要が大きく，石炭鉱山が少ないため大型ショベルやダンプ・トラックの需要が小さいということも，特徴的である。

現地生産しているメーカーは，コマツのほかにキャタピラー，ニューホランド，ケース，ボルボである。建機全体の市場シェアは，コマツが20％強，キャタピラー30％，その他がそれぞれ15％程度である。このほかにも，韓国メーカーと中国メーカーが進出してきている。油圧ショベルでは，韓国の現代重工業と斗山インフラコア，中国の三一重工（サニー）が，国産化するとアピールしており，競争が激しくなっている。

4.2 ブラジルでの建機の使われ方とコマツブラジルの対応

ブラジル全体の建設機械の需要を見ると，都市部と農村部の割合は9対1であるが，インフラ拡張により今後は農村部で伸びることが予測されている。同じ建設機械であっても，都市部で使われる場合と，農村部で使われる場合とで

はケースが異なる．農村部では，サトウキビ畑などで酷使されるので，耐久性と価格競争への対応が農業建機の課題となっている．本項では，都市部と農村部の事例をそれぞれ紹介する．

はじめに，ブラジルの都市部での機械の使われ方を見てみよう．ブラジルでは，南部と東南部，一部の北東部のみが都市にあたり，その他のエリアは都市ではない．これは，たとえばインドとは異なる特徴である．インドはさまざまな地域に地方都市があるが，ブラジルは集中型で，需要も南部に集中している．サンパウロはサウスイーストに含まれ，そこでは油圧ショベル全体の需要が増えているが，とりわけ小さいクラスの需要が伸びている．都市部におけるビルの建設では，20tクラスの中型だけでなく，それより小さいクラスを一段上に置いて作業が行われている．地下での作業も，もともと人の手によって行われてきたものを時間が間に合わないので機械化していることから，使われるのは小さいクラスである．あるいは，サントス地域の電線埋設工事でも，小型のショベルが使われている．かつてはバックホー・ローダーが活躍しており，これはすべてブラジル国産メーカー製であった．しかし，油圧ショベルを使い出すと，このほうが掘削力や作業範囲の広さに優れているため，アメリカ合衆国にも同様の傾向が見られるが，汎用機のバックホー・ローダーは全世界的に使われなくなってきている．

一方，ブラジルの農業分野における建機の使われ方は，都市部とは異なる．ブラジルには他の地域に比べてタイヤ式の機械が多いが，その理由は，広い国土の中でサトウキビなどの農作物の生産量が伸びているためである．サトウキビ工場の建設や農地の整地のために建設機械が売れており，しかもブラジル特有の使われ方で使われている．

たとえば，ブラジルでのサトウキビ畑での使われ方を見ると，農地を平らにするとき，他の国ではブルドーザーで作業するところにホイール・ローダーが利用され，土を押し出して平らにする作業を行っている．このように用いられることは日本ではありえず，しかも，本来のホイール・ローダーの用途から見れば非常にハードな使われ方である．サトウキビ畑以外でも，農場整備，肥料の運搬に建機が使われている．たとえば，バガス（搾り滓）処理において，搾り滓をバイオマスの燃料にする過程の，詰込み作業を，ホイール・ローダーで行うのである．ホイール・ローダーの需要は建機全体の3割であり，比率としては減ってきているが需要は増えているという．

このように，同じ建機であっても，用途によって使い方と求められる性能はまったく違ってくる。そこでコマツは，先述したKOMTRAXの活用だけではなく，多様な環境における建機の使い方に関するレシピを提供することで，顧客満足を高めている。都市部で使うときはどのように動かすのが最も燃費がよいか。農村部で使うときはどのように動かすと燃費もよく，耐久性も伸びるか。そうした情報を蓄積し，付加価値として顧客に提供している。ハードに加え，使い方の提供などのサービスをセットにした戦略によって，他社との差別化を図り，ハイエンド市場を攻める戦略を展開しているのである。

また，コマツブラジルはアフター・サービス体制（ディーラー）を強化し，すでにアマゾナスとその上の州以外の23州をカバーしている。補修のための部品在庫はコマツの内部販売部門が持ち，代理店（ディーラー）の在庫は，フィルターや早期消耗部品，およびKOMTRAXからの情報によりあと1000時間経つと使えなくなるといったことが事前に予想される部品だけに限定している。顧客の製品が壊れたら，その情報はディーラーに来るが，ディーラーからさらにコマツブラジルに壊れた部品を送る仕組みをとり，コマツではその情報を蓄積してサービス強化に活かしている。というのも，ブラジルでは，機械が一度故障すると，その対応に時間が掛かる。もちろん飛行機ならすぐに行けるのだが，車で行くとなると北部のほうでは5日間掛かるような地域もある。そこで，コマツブラジルでは，壊れたら直すのではなく，KOMTRAXによって壊れるタイミングを把握して，壊れる少し前に修理する体制をとっているのである。こうしたサービス体制を展開すると，顧客にとっても，ダウンタイムが短く，壊れる前のメンテナンスのほうが全体で使う部品も少なくなるため，コストが抑えられる。現在，コマツブラジルでは，顧客満足度および利益率向上のため，SOD（サービス・オペレーション・デベロップメント）活動を継続的に実施している。

5 競合企業との比較

5.1 中国，ブラジルの市場構造

これまでコマツは，グローバルでキャタピラーをキャッチアップしながら世界2位の地位に上りついた。コマツはハイエンド市場に特化しており，KOMTRAXなどを活用してサービスを充実化させることによって高いシェアを握

図9-6　中国油圧ショベル市場におけるコマツおよびローカル企業のシェアの変遷

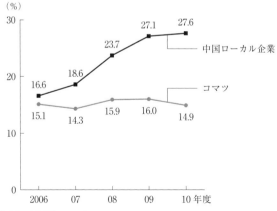

（注）　2010年度は第1四半期のデータ。
（出所）　コマツ中国提供資料．『日経マネー』2010年10月。

っている。2009年に燃料油で動くエンジンと電気モーターを併用する世界初のハイブリッドの低燃費製品を投入し，技術力に裏打ちされた品質の高さを示している（『日経ビジネス』2010年12月13日）。近年，中国では土木の組織化・効率化を背景に油圧ショベルに需要が移りつつあり，年々ホイール・ローダーの割合が低下し，油圧ショベルの割合が高まっている。2010年現在，コマツは，中国の油圧ショベル市場でシェア2割強（ローカル企業を除く）を握るトップ企業である。

　しかし，ホイール・ローダーとは異なり，キャタピラーやコマツが優勢であった油圧ショベル市場にも，中国ローカル企業が現れ始めている。図9-6で最近の中国油圧ショベル市場のシェア推移を見ると，中国ローカル企業は2006年に17％だったものが10年には28％まで伸びてきている。このように，中国メーカーの成長は著しく，ローカル企業のシェアは2010年以降は30％を超えると予想されている。

　中国ローカル企業はエンジンや油圧を自社でつくることはできないのだが，日系企業の川崎重工業，いすゞなどから購入しているため，製品自体の品質は悪くない。しかも，この油圧ショベル市場には，これら中国ローカル・メーカーだけでなく，グローバル外資系メーカーの参入も増えている。とりわけ現代重工業や斗山インフラコアなどの競争力が高まっており，こういった韓国系企業などの成長も注視すべきであろう（図9-7）。

図9-7　中国のハイエンド建機（油圧ショベル）の市場構造

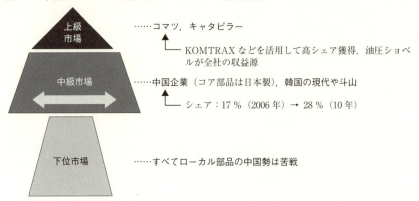

図9-8　中国市場における油圧ショベル販売価格の比較（2010年現在）

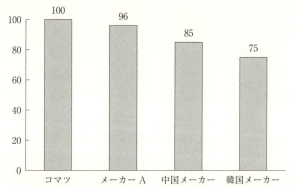

（注）　コマツを100としたときの比率。
（出所）　コマツ中国提供資料。

　実際に，中国市場における20ｔクラスの油圧ショベルの販売価格を比較すると，コマツの製品価格を100とすれば，中国民営メーカーは85，さらに韓国系は75の価格で勝負を賭けてきているのである（図9-8）。客観的にも，韓国系の機械はコマツに比べて25％安いが，機械自体は悪くないと評価されている。

　一方，ローエンドのホイール・ローダー市場では，中国建設機械メーカーと韓国メーカーのプレゼンスが圧倒的に大きい。ホイール・ローダー市場の場合，比較的安価であることと汎用性が高いことから，中国建機市場の半分以上をローカル・メーカーが支配している。中国では実際，ホイール・ローダーは日本

図 9-9　中国のホイール・ローダーの市場構造

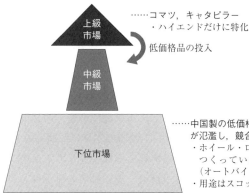

の 3 分の 1 の価格で売られている。元来，中国ローカル・メーカーによるホイール・ローダーの生産は，中国政府の図面からスタートしたので，みなが同じものをつくっていた。企業数は，現在では 10 社程度になっている。そのためコマツは，ホイール・ローダー市場ではハイエンドだけに特化している（図 9-9）。

　ブラジル市場でも，油圧ショベルに対する競争が激しくなっている。前述の通り，近年，韓国系の現代重工業と斗山インフラコア，中国のサニーが国産化するとのアピールをしており，その結果，ますます競争が激しくなる可能性が強くなった。現在，韓国系メーカー・中国メーカーともサービス・ポイントを設置しつつあり，小さな町工場のような企業をディーラーにしている。いずれも独自にブルドーザーなどを生産しているが，今のところコマツの「真似」をしており，コマツ製品に比べれば燃費や耐久性が劣る。しかし，安い価格で勝負に出てきているので，市場は相当に侵食されている。

　次項以降で，競合メーカーの中でも，韓国系の 2 社の戦略を紹介する。現代重工業がコマツのように IT システムの活用によるキャッチアップを試みている一方で，斗山インフラコアは資本投資により建機企業を買収することでグローバル・プレーヤーとして成長し，巧みに新興国のニーズを汲み取った製品を開発・展開している。ここでは，コマツとの比較という観点から，両社の新興国戦略を紹介することとする。

5.2　現代重工業
(1)　新興国戦略

　近年，建設機械事業における中国市場攻略に最も積極的な企業は，現代重工業である。主力である造船事業の不振から，建設機械事業で突破口を開こうとしているのである。1995年に中国に進出した現代重工業は，2009年には建設機械分野において韓国国内からの輸出と中国現地生産を合わせて30億ドルほどの売上高を達成した。これは前年比1.8倍を超える業績であり，同社はさらに，2010年の建設機械の売上高目標を09年比47％増の水準に設定した（『韓国経済TV』2010年4月26日）。この目標を達成するために，ローカル市場に合わせた新モデルを多く投入し，代理店を大型化する一方，顧客の確保に力を注いでいる。その結果，一時は7％にまで落ちた中国市場でのシェアも，2009年には12％にまで回復した。2010年7月には4800万ドルを投資し，中国山東省に年産8000台規模のホイール・ローダー工場を建設，11年からの生産開始を計画している（『Money Today』2010年7月19日）。さらには，既存の中国工場だけでなく，ブラジルやロシア，インドなどのいわゆるBRICs全地域に，生産基地を建設している。2010年上半期には，インドに大規模重電機器工場を設立，南米の最大市場であるブラジルでは建設機械工場に着工した。同じく2010年にロシアにも重電機器工場を建設，一方，中国では現地重電機器企業の買収を推進している。これら同時多発的な海外投資によって非造船事業を大幅に拡大し，従来の造船企業から脱皮してグローバル総合重工業企業に変身しようという戦略をとっているのである。

　上述のブラジルの建設機械工場は，年間3000～4000台の油圧ショベルとホイール・ローダーを生産することができる工場である。同工場は，中国，インドに次ぐ，同社3番目の海外建設機械工場となり，現代自動車の生産工場のあるサンパウロ北西に位置している。さらに，ブラジルに続いて，ロシアにも，油圧ショベル生産工場の建設案を検討している。現代重工業も，斗山インフラコアのような事業の多角化のため，BRICs全地域を対象に大々的な重電機器および建設機械への投資を展開していることがわかる。

(2)　先発企業をベンチマークしたIT戦略

　先行するアメリカと日本の建設機械メーカーは，2000年前後にIT融合の技術開発に本格的に取り組んだ。世界1位のキャタピラー（アメリカ）が1999年に「プロダクトリンク」（Product Link）システムを，日本のコマツが2001年

に「KOMTRAX」システムを，日立建機が03年に「ザクシスネット」(ZAXIS NET）システムを，それぞれオープンした。現代重工業は，これらの先発企業に追い付こうと，2008年末に「ハイメート」システムの商用化を行った（『In-ews24』2009年9月21日）。

　上掲した先発企業の油圧ショベルの遠隔管理システムは，2000年代初めまでは，単純に機械の位置およびエンジンの稼働時間のみを遠隔でモニタリングするもので，何台もの機械を保有した賃貸事業者対象の選択的サービスに過ぎなかった。しかしその後，機械の多様な稼働情報が追加され，顧客サービスにとどまらず，営業情報および販売戦略と連携した総合ソリューションへと発展し始めた。たとえば，ある先発企業は，2007年からアメリカで販売するすべての油圧ショベルに遠隔管理システムを装着し，5年間は通信料無料で提供するという攻撃的な戦略を展開している。

　そこで，現代重工業は，先発企業をベンチマークして油圧ショベルと情報技術を融合し顧客支援と営業・サービスおよび製品開発戦略とが連携できるようにする「ハイメート」システムの開発に，2002年から取り掛かった。これには，メーカーが市場ニーズに受動的に対応するのではなく，前もって顧客に多様なサービスを提供することでメーカーが市場ニーズを先導し，機械分野に新しいパラダイムを提示するという狙いがあった。「ハイメート」システムが適用された油圧ショベルには，衛星と通信することができるアンテナと，通信端末機（RMCU），装置制御ユニット（MCU）が搭載されている。アンテナがGPS衛星と通信して位置情報を記録し，機械の状態および稼働状況などを含んだ情報をリアルタイムで衛星に送るという仕組みである。これらの情報は電子メールによって現代重工業の各種サーバーに送信される。現代重工業のモニタリング・ルームは，ウェブ上でリアルタイムに各種情報を制御・活用することができる構造を備えている。先端的なIT技術が結合された「ハイメート」システムを活用すれば，作業現場に出て直接機械を確認しなくても，機械の使用者に効率的な運営・管理のための多様な情報を伝達できるという仕組みなのである。これらの情報を，地域別作業環境に密着した最適な機械開発とマーケティングに利用することもできるようになる。さらに，各国の建設景気と作業の進捗度を把握することで，機械の販売と在庫のコントロールもより綿密に進めることができる。2008年以降，現代重工業は，「ハイメート」システムを自社の顧客関係管理（CRM），統合営業管理システム，品質経営システムなどと

連動させ，営業を強化し始めている。

つまり，現代重工業も「ハイメート」システムを構築することで，キャタピラーの「プロダクトリンク」システム，コマツの「KOMTRAX」システムをベンチマークし，ハードとサービスを統合したソリューション・ビジネスの展開を試みるようになったのである。まだシェアは大きくなく，機械に搭載される割合は多くないと思われるが，こうしたシステムを搭載すれば，コマツなどの先発企業にとってはますます厳しい競争が強いられると予想できよう。

5.3 斗山インフラコア
(1) 歴　　史

「30年投資をして世界1位企業になることもできるし，世界1位企業を買収して30年を縮めることもできる」。韓国で話題となった斗山インフラコアのTV広告である。斗山グループは，2000年以後，毎年2社以上の企業に対してM&Aを行っている。同社の建設機械と工作機械の事業をグローバルで展開する斗山インフラコアを通じて，2007年には韓国企業史上最大規模の49億ドル（4兆5000億ウォン，当時）を投資し，世界1位の小型建設機械メーカーであるアメリカのインガソール・ランド社の3事業部（ボブキャットなど）を買収した。その買収金額は，斗山グループの全体資産（16兆ウォン）の4分の1に該当し，買収した斗山インフラコアの資産（2兆5000億ウォン）の2倍に迫る規模であった。この買収を通して，斗山インフラコアは，建設機械業界のシェア17位から一気に7位に浮かび上がったのである。

斗山グループは，1896年創業の，韓国で最も古い長寿企業の1つである。同社は1995年に，グループの歴史上最も重大な決断を下した。

斗山グループは，1950年代にOBビール，60年代に斗山産業開発（現．斗山建設）と斗山飲料，80年代には出版と広告などへと事業を拡張しながら，韓国を代表する酒類企業に成長した。その同社が，半世紀以上，食品産業の先頭を走ってきたグループの伝統を崩し，食品とはまったく異なる重工業へと主力事業を変えたのである。こうした背景には，既存の食品事業の収益性が環境事故および競争深化によって急速に悪くなったことがある。たとえば，1991年のフェノール汚染事故以後，OBビールの韓国ビール市場におけるシェアは70％から40％へと急落し，全国の代理店システムが崩れた。その後，ライバル企業であるハイトビールがまたもや市場を蚕食し，1995年には9000億ウォン

の赤字を記録する。これを受けて，斗山グループは1995年から構造調整を始め，OBビールを含めた代表的な主力企業を売却し，それらに代えて，2000年に韓国重工業（現、斗山重工業），05年に大宇総合機械（現、斗山インフラコア）などを買収し，重工業企業へと変身した。1996年には食品産業と関連流通産業がグループ全体の売上高に占める比率が72.3％であったのが，構造調整がほぼ完了した2005年には，機械関連産業すなわち重工業の比率が78.5％であるのに対して，食品産業が18.6％，流通事業は0％になり，事業構造を画期的に切り替えることに成功したのである（ジョンほか，2008）。そして，新規参入した斗山重工業・斗山インフラコアが，それぞれグローバル戦略を強化している。

斗山インフラコアは建設機械市場で急速に成長している。とりわけ，2000年代半ばに中国油圧ショベル市場で20％近いシェアを獲得しただけではなく，06年には中国に持株会社を設立し，中国市場攻略にさらなる拍車を掛けている。のみならず，ベルギーに油圧ショベル工場を増設，西ヨーロッパ市場にも力を入れている。先述したように，2007年には49億ドルを投資して，小型建設機械分野の一流企業であるインガソール・ランド傘下のボブキャットのアタッチメント生産部門を買収した。

(2) 中国戦略

斗山インフラコア（1994年当時は大宇重工業）は，キャタピラー，コマツ，日立など世界有数の建設機械企業より遅れて1994年に生産・販売を開始し中国市場へ進出したが，わずか6年後の2000年には先発メーカーを追い抜き，9年目に中国の油圧ショベル市場を席巻した。

図9-10で示すように，1997年は234台に過ぎなかった油圧ショベルの年間販売実績は，2008年には1万2101台を記録，11年間で50倍を超える高成長を遂げた（『韓国日報』2009年7月7日）。さらに，2009年には1万4584台を販売し，史上最大の販売記録を更新した（『Money Today』2010年5月31日）。2010年の中国市場におけるシェアは14.9％であり，コマツおよび韓国の現代重工業と熾烈に競争している（『韓国経済TV』2010年4月26日）。

こうした成功の要因としては，徹底的な現地化・差別化戦略，および割賦販売，差別化されたアフターサービスなどをあげることができる（『AJNEWS』2009年7月23日）。以下で詳しく述べるが，斗山インフラコアは，中国の顧客が複雑な仕様の高級型機械より故障の少ない中低価格の基本型油圧ショベルを

図9-10 斗山インフラコアの中国市場における油圧ショベルの販売実績

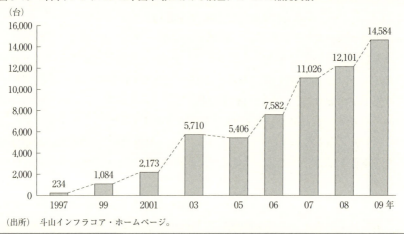

(出所) 斗山インフラコア・ホームページ。

好むことに着眼し，機械の価格を下げて重要部品の耐久性を強化した中国向けの機種を投入した。また，購買力の低い中国の顧客のために，中国市場でははじめてとなる油圧ショベルの割賦販売制度を導入した。同時に，全国的な営業およびアフターサービス・ネットワークの構築に力を入れ，2010年現在，中国で最も多い370社の営業およびアフターサービス・ネットワークを同国全域に展開している。

斗山インフラコアは，こうした成功をベースに2006年には資本金3000万ドルを投資し，北京に斗山（中国）投資有限公司という現地持株会社を設立した。2010年現在，従業員1600人を擁する斗山工程機械（DICC，1994年に設立された斗山インフラコアの中国現地法人）は，11万m^2の工場を構え，29種類の油圧ショベルを年間最大1万7500台まで生産することができる。

中国のローカル顧客の機械の使い方は，先進国より3〜4倍は苛酷である場合が多い。中国の顧客は，各種オプションが付いている高級型機械より，1日20時間以上の連続使用にも故障しない中低価格の基本型油圧ショベルを好む（『韓国日報』2009年7月7日）。そのため，先述したように，コアではない高価な仕様を除くことで価格を下げる一方，重要部品の耐久性を大幅に強化した中国向け油圧ショベルを供給しているのである（『聯合ニュース』2009年12月3日）。また，中国の多様な特殊地形に合わせ，たとえば空気の稀薄な高原地域専用の油圧ショベル，東北地域の酷寒気候に合わせた油圧ショベルなど，現地化され

た製品も供給している。

　斗山工程機械は，現地の主要大学を直接訪問し優秀な人材を採用して主要部署の管理者に育成する一方，営業網を効果的に管理することができる営業支社を設置するなど，現地事情に対応できる営業組職を構築してきた。一部の大都市を中心とした現金販売だけに重点を置く競合企業の営業戦略から脱皮し，2008 年には中国ではじめての割賦販売を取り入れたことで，斗山工程機械のマーケット・シェアは 1 年で 2 倍近く高まったのである。

　さらに，機械の故障で顧客を困らせないよう，サービス管理体制にも力を入れている。斗山工程機械は，中国全体に，7 つある圏域別に置いた支社，38 の代理店，370 の営業・サービス店舗など，同国に展開する油圧ショベル・メーカーの中で最も強力な営業インフラを構築している。とりわけ，4000 人の従業員のうちアフターサービス関連だけで 1400 人を配置しており，現地顧客のための密着サービスを提供して，品質向上に力を入れている（『韓国日報』2009 年 12 月 3 日）。業界で最初に「24 時間以内 A/S 処理完了保証」「1 万時間 A/S 点検」等の制度も導入し，中国市場を攻略している。

　上記のように，現地化・差別化した製品力と営業網，アフターサービスが，中国市場における斗山成功神話の秘訣であるとされる。さらに，斗山は，油圧ショベルとフォークリフトを生産する斗山工程機械のほかにも，2003 年に工作機械法人である斗山机床を，07 年には中国ローカル企業を買収してホイール・ローダーを生産する斗山工程機械山東有限公司を，それぞれ設立した。2010 年現在，中国進出後 15 年で，煙台地域だけでも 3 つの現地法人と 4 つの生産工場を保有するようになったのである（『Money Today』2010 年 5 月 31 日）。

　年間 8000 台生産規模でスタートした斗山工程機械山東有限公司は，急速に生産を伸ばしている。ホイール・ローダー市場は中国建設機械市場の 40％を占有するほど大きい。先述したように，コマツが強い油圧ショベル市場と異なり，中国ローカル・メーカーがこの市場の大部分を握っているため，価格競争が熾烈である。しかし，斗山工程機械山東有限公司は，2009 年の 906 台に続いて，10 年にはその 3 倍の販売を目指し，11 年にはさらに前年の 2 倍程度の成長を期待して，工場の追加増設も検討したという。そして，中国で生産するホイール・ローダーの価格競争力をベースに，中国以外の市場への輸出も模索している。

　さらに，斗山インフラコアが 2007 年に買収したアメリカの建設機械メーカ

一，インガソール・ランド傘下のボブキャットの油圧ショベルの小型モデルも，2009年下半期から中国市場へ本格的に投入し始めた。これは，内需振興のために社会間接資本（SOC）建設とインフラ構築が盛んな中国市場攻略を企図して，小型製品に強いボブキャットと，アジア市場のノウハウを持つ斗山が，6～8ｔの小型級の油圧ショベルの新製品を中国市場に相応しい主力モデルとして共同開発し，シナジー効果を極大化しようという計画である。これにより，煙台の油圧ショベル工場と蘇州の小型油圧ショベル工場が本格稼働する2011年以降，中国インフラ支援事業（ISB）のリーダーに浮上しようと狙ったのである（『韓国経済TV』2010年4月26日）。

斗山インフラコアの今後の戦略は，相互連携して進出した斗山キャピタルを通じて中国ローカル市場での割賦金融を強化する一方，蘇州に建設している小型油圧ショベル工場の早期完工を通じて製品ポートフォリオを多様化していくというものである。同社は2010年以降，中国市場だけで1万8000台以上の販売と，2兆ウォンを超える売上げを目標にしている。中国の中・大型油圧ショベル市場のみならず，小型油圧ショベル市場を積極的に攻略し，ホイール・ローダー市場でも2010年以後は先頭へ躍り出る計画である。

一方で，斗山インフラコアは，中国建設機械市場で要求される製品群に変化が生じているとも分析している。油圧ショベル市場で70％を超えていた大型機械の比率が最近58％へと低下し，小型機械の市場が広がっていると見ているのである。また，今のところは建設機械全体にホイール・ローダーの占める比重は40％を超えている一方，高価なハイエンド機械の需要が増えているという点にも注目しているという（『聯合ニュース』2009年12月3日）。

中国斗山の副社長は，同社の課題として，「中国市場が求める製品は多様化しているし，斗山機械が多く売れているといっても，キャタピラー，コマツ，日立などに比べて10万～20万元ほど価格を安く販売している点も乗り越えなければならない」と話している。この課題に対応するため，斗山インフラコアは，韓国と中国の間の西海を中心に，両国の東海岸を結ぶ環西海に7カ所ある生産拠点を統合し，需要変化に対応する方針を明確にしている。山東省煙台地域には，1996年に油圧ショベル工場を，先述したように，2003年に工作機械工場を設立し，2007年には現地ホイール・ローダー企業を買収して年産8000台規模の生産基地にした。さらに，江蘇省蘇州に小型油圧ショベルをつくる第2生産工場を建設し，2012年に稼働した。同工場は，第一段階として2011年

までに小型油圧ショベル年産8500台規模の生産ラインを備え，その後に設備を拡張して年産1万2000台規模の大型生産基地になった。斗山インフラコアは，2013年には年産5万台規模のディーゼル・エンジン工場も設立した。これらに韓国国内で稼働している仁川工場と2010年に生産を始めた群山（クンサン）工場を合わせると，韓国の西海を取り囲む地域および中国各地に，7カ所の生産拠点が完成したのである。

6 むすび

　本章では，コマツの新興国市場における取組みから，新興国ハイエンド市場にどのように進出すべきかに関する示唆を得た。コマツの新興国における成功要因の1つは，コマツ中国やコマツブラジルの事例で紹介したように，ITシステムを経由してハードとサービスを統合したソリューション・ビジネスや，コマツブラジルによるレシピ提供のような，個別の顧客ニーズにきめ細かく対応できるビジネス・モデルだった。さらに，建機を購入した直接の顧客だけではなく，政府や銀行などといったステークホルダーとも，ICTを活用して効果的に連携するという戦略パターンをつくることも重要だった。新興国においては，政府の政策にうまく乗ることも重要である。本章の事例でも見たように，新興国では環境や制度に制約が多く，そういった中でステークホルダーとのネットワークをいかに緊密に持つかということは，新興国ビジネス戦略にとって非常に重要な課題となるのである。

　また，代理店や販売店を経由して販売を行う場合，一般的に，顧客情報はそこで管理される傾向が強く，最終顧客のニーズがわかりづらくなってしまう。ところが，コマツのKOMTRAXというITシステムが，最終顧客のニーズを吸収することを可能にしたのである。こうしたシステム構築によって，代理店・コマツ・顧客の間にはwin-win関係が成立している。多くの企業が足で稼ぐ顧客情報を，コマツ中国はKOMTRAXによって自動的に調達できるようになり，顧客ニーズや市場の動きの情報を刻々と得られるようになったといえる。

　ただし，資本投資をベースとした韓国のグローバル企業と中国ローカル企業の競争力も，ますます進化を遂げている。本章では代表的な強豪として韓国のグローバル企業2社の事例をあげた。現代重工業は，先進国企業をベンチマー

クしたIT戦略をとり，新興国におけるポジションを高めている。斗山インフラコアは，コマツとは異なる戦略をとりながらも，新興国のニーズを汲み取った製品を開発し，コマツよりもやや下の市場からそのポジションを上げてきている。今後日本企業は，こうした多様な新興国企業のキャッチアップの動向をも注視しなければならないだろう。

　　＊　本章は書き下ろしである。

211

第10章

自動車メーカーの環境適応戦略
BRICs自動車市場の生成

李　澤建

1 はじめに

　2000年以降，自動車産業はグローバルに大きな変貌を遂げている。産業全体は毎年増加の傾向にあり，高価耐久財という性格を有しながら，成長の主軸は北米，西欧，日本といった自動車産業の中心部から，南米，東欧，東アジアといった周辺部へと，次第に移り変わろうとしている。こうした地殻変動に追随して，メジャー自動車メーカーのグローバル生産体制も急速に見直され，新興需要地への移転が急ピッチで行われると同時に，地域内のハブとして輸出拠点国での生産体制強化も図られている。

　図10-1はこうした地殻変化を表している。2000年時点では西欧と北米（アメリカ，カナダ，メキシコ），日本は，世界三極として，世界全体の生産台数の8割弱を占めていたが，12年には45.6％に急減した。一方，BRICsと称されて2000年以降次第に注目されるようになった，ブラジル，ロシア，中国，インドなどの地域での生産台数のウェイトは，2000年の9.9％から12年の34.5％へと急増した。

　生産だけではなく，BRICsは市場としても無視できない存在になってきている。とりわけ，中国市場の躍進からは目が離せない。2000年の年間新車販売台数わずか210万台に過ぎなかった中国は，10年には新車販売1800万台となり，アメリカの過去最高記録である1781.2万台を塗り替え，名実ともに世界第一の自動車市場になった。また，ブラジルも，2000年ごろは150万台の年間販売台数であったものが10年には350万台になり，ドイツを抜いて中国，

図 10-1 主要な自動車生産国の生産台数推移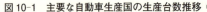

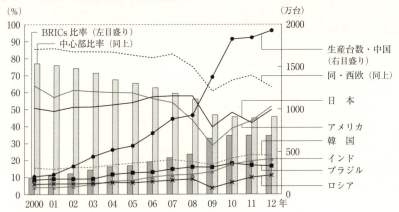

(注) 1)「西欧」には，ベルギー，フィンランド，フランス，ドイツ，イタリア，オランダ，スペイン，スウェーデン，イギリスを含む。
2)「中心部」とは，北米，西欧，日本の合計を指す。
(出所) 国際自動車工業連合会（OICA）"Production Statistics"（2000～12年）より筆者作成。

アメリカ，日本に次ぐ世界第4位の自動車市場に成長した。同様な躍進はロシアとインドでも見られた。ロシアは，2009年こそ金融危機の影響で急速に縮小したものの，08年前半にドイツを抜き，一瞬にしてヨーロッパ最大の自動車市場にもなっている。同じく，2000年ごろに販売では82万台規模しかなかったインド市場は10年には320万台に達し，フランス，イギリス，イタリアを凌いで世界第6位になった。

そこで，本章では，BRICsを新興国[2]の代表事例とし，まず，次節で各国における2000年以降の市場拡大の要因分析を行いながら，直近の競争構造を描き出す。ただ，中国は市場規模と競争構造のいずれにおいても突出しているので，議論をしやすくするため，節を改めて第3節で，その市場拡大の要因を論じることとする。続いて第4節で，中国市場の競争構造を分析する。最後に第

---

1 自動車純輸入台数を加算すれば，2010年の中国国内販売台数は1834.7万台になる。
2 昨今では，「新興国」に関する議論は，厳密な定義が欠如したまま，主に高い経済成長が達成されていればそれ以外の要素は主観的な認識に基づき行われることも多い。本章では，議論をより明快にするため，従来のように経済成長の潜在性のほか長期にわたる一国経済の持続可能性と安定性をも合わせて考慮に入れ，新興国を，一定の人口と経済規模を有し内生要因による近代化・工業化が始動していることによって購買力が急激に増大する国もしくは経済圏，と定義する。

5節では，BRICsの代表事例として規模急拡大中の中国を取り上げ，そこで順調に業績を伸ばしている多国籍自動車メーカーの成長過程に共通して見られる「V字回復」現象に注目，成長要因と市場構造がそれぞれ異なる新興国の市場環境においては，個別に環境適応的な戦略調整をするのが有効であることを確認する。

2 2000年以降のBRICs市場と競争構造
―― ロシア，ブラジル，インド

2.1 ロシア自動車市場の概況[3]

(1) 2000年以降の市場拡大の要因

2000年ごろ，ロシアは，人口1億4500万人，1000人当たりの自動車保有率は175台に達していた（IRF, 2006）。これは，同時期のブラジルの170台よりも多く，BRICsの中では最も高い水準であった。つまり，ロシアでは高成長以前に自動車の普及がすでに一定程度進行しており，出発点は決して低くなかったのである。この点は，2000年以降の市場拡大に関する分析を理解する上で重要である。

需要側の要因分析のために，ロシア市場の特徴を見てみる。まず，1998年の金融危機以降，2000年から08年の金融危機まで，ロシア経済は一貫して5％以上のGDP成長率を維持し続けてきた[4]。国民1人当たりGDP（PPP）も，2004年の4086ドルから，わずか3年で倍以上の9103ドルに上昇した[5]（IMF, 2009）。この継続的な経済成長が自動車需要の拡大を底支えした。また，ソ連崩壊以後の移行経済のもとでは，経済状況の悪化と中古車輸入の激増によって平均車齢が伸び，10年以上の車が多く保有されている。2008年10月の時点で，乗用車の保有台数の最も多いウラジオストックにおいては，車齢が10年以上の車両が全保有台数の80％を占め，この比率はモスクワとサンクトペテルブルクにおいても，それぞれ37％，38％と高い（蓋世汽車，2008）。買替えの潜在

---

3 とくに断らない限り，本項の記述は李（2010b）に基づく。
4 ロシアのGDP成長率は，リーマン・ショックの影響で2009年に一気にマイナスへ転じ，−7.9％となった。翌2010年には景気が回復し4％（速報値）に戻ったが，経済の不安定性の一面を見せた。なお，速報値については，『ロシアNIS経済速報』（2011年2月5日）を参照。
5 Russia: Gross domestic product per capita, current prices（U.S. dollars）。

需要が大きくあるのである。とりわけ，2003年以降の石油価格の高騰により国民収入が継続的に逓増し，ロシア市場で長期にわたって溜まっていた買替え需要が一気に顕在化した。このことでロシア市場は，世界中の自動車メーカーから最も有望な新規参入先として注目されるようになった。

(2) 市場の競争構造

供給側でもロシアならではの特徴が見られる。第1に，急激な上級志向の回復である。図10-2に示す通り，ロシア市場は，2003年ごろは1万ドル以下の大衆車が全体の8割以上も占めていたものが，07年には3割以下にまで縮小した。同時に，市場全体の新車平均価格も2003年の1万ドル前後から，4年間で2万ドルへ跳ね上がっている。第2に，外資系製品とロシア国産車の棲分け構造である。2000年以降のロシア自動車市場の拡大は，主に，WTO加盟に向けた2001年からの一連の規制緩和による外国直接投資の増大という内部要因，および同時期に始まった一次産品の世界的な価格上昇による経済の安定成長という外部要因が相互作用したことによるといえよう。そのため，2004年からロシア自動車市場が急に拡大基調に転じた後も，アフトヴァース（AvtoVAZ）やガズ（GAZ）などロシアの主流国産車メーカーの生産台数は08年まで大きな変化を見せず，年間80万〜90万台前後の規模で安定的に推移した。逆にいえば，連年拡大した市場の増加部分は，主に外資系メーカーによって供給されたのである。その結果，外資系ブランド車の市場シェアは，2002年にはわずか10％前後に過ぎなかったものが，09年前後には，金融危機の影

---

6 ロシア市場では，2001年に159.8万台の車が販売され，07年には約2倍の313.1万台が販売された（Renaissance Capital, 2008）。

7 所得税・法人税の引下げと税制の簡素化に関しては，2001年に所得税が一律13％へ，02年に法人税率が35％から24％へ，04年に付加価値税率が20％から18％へ引き下げられ，また同年には最高5％の売上税率が撤廃された。加えて，2001年に外国企業に土地の所有を認める土地法が発効し，03年にWTO加盟に向けた重要法案の1つであった「新関税法」が署名された。これでロシアのWTO加盟への期待が高まり，外国直接投資が急激に増大し始めた。2006年の外国人投資額は，2000年の約7倍の140億ドル弱に達した（水野，2008；日本貿易振興機構，2005）。

8 アフトヴァース，ガズ，アフトワズ（AvtoUAZ），モスクヴィッチ（Moskovich），カマーズ（KamAZ），イジェフスク（IzhMash）などのロシア国産車メーカーの，1991年から2009年までの生産量（台）は，年順に，102万9800，96万3042，95万5844，79万7924，83万4916，86万7339，98万5809，83万9608，95万5406，96万9235，102万1682，97万4273，88万2733，80万3938，83万9718，83万5567，92万2300，83万3186，45万9199で，08年までは80〜90万台前後の規模を維持できていた（Ireland, Hoskisson and Hitt, 2006，および現地取材による）。

図10-2　ロシア市場における車格構成比と平均価格帯の推移

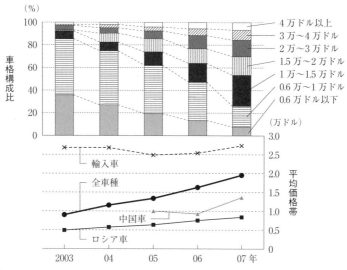

（出所）　Renaissance Capital（2008）。ただし，中国車の平均価格は，「中国汽車出口年報」2006, 2007年版より筆者算出。

響があってもなお，70％前後を安定的に維持するまでになった。この棲分けの構図は図10-2でも確認できる。平均価格が2万5000ドルの外資系製品に対して，ロシア国産車の平均価格は破格の5000ドル前後なのである。

　ロシア国産車の安さの原因は，ラーダ（Lada）クラシックなどに代表される主流国産車メーカーが，製品技術そのものは1980年代に本格化した電子制御への対応が遅れていた反面，部品の構造が簡単で，しかも長期にわたり車種間で部品の共通化が図られていたため，低コストで生産できるというメリットがあったからである。自動車文化が長いロシアでは男性ドライバーに自ら車を修理できる人が多いため，部品が入手しやすく維持費用が比較的少額な国産車に対する硬直的な需要は，2000年以降も安定的に維持されたのである。

　このように，2000年以降のロシア自動車市場の成長・拡大には，その拡大要因に遍在性が確認できる。市場拡大の推進力となっているのは，一般大衆というより，急激に財力をつけ，平均価格から見れば先進国並みの製品を購入できるまでになったユーザー層の購買力回復であると考えられる。このことこそ，品質面と性能面において国産車と鮮明に差別化した外資系製品が市場が拡大した部分の需要を席巻し，とくに進出の早かったアメリカ勢と高品質の日欧勢の

シェア拡張が著しい所以である。

　ロシア市場全体では，50万ルーブル（約1万7000ドル）以下が乗用車のボリューム・ゾーンとなっており，そこを構成するのは主にロシア国産車，および韓国系・中国系・欧米系の現地組立て車である。そしてそれらは，30万ルーブル（約1万ドル）以下の国産車と30万～50万ルーブルの外資系ブランドという2層構造となっている。したがって，ラーダなどの国産車需要が安定的に推移する中，国産車・外国産中古車から外資系新車への買替え需要をすくい上げるためには，30万～50万ルーブル層のエントリー・カーをいかに投入できるかが外資系自動車メーカーの製品戦略の重要な一環となっている。[9]

　2000年以降のロシア経済は，全体としては資源エネルギー依存経済であり，世界の一次産品相場に左右されやすい体質を依然色濃く残している。国内の産業構造についても，地方にはソ連時代のモノカルチャー的な産業分業構造が残っており，景気変動によって地方経済の状況が大きく変動してしまう産業構造の脆弱性も抱える。結果，原油高に支えられた景気上昇には一過性というリスクが根強く存在し，先進国並みの消費者層は，その収入安定性が問われることとなるのである。このリスクをいかに製品ラインアップに織り込むかが，ロシア市場における製品戦略の最大の課題であるといえるだろう。

　9　ルノーのローガン（Logan）やフォードのフォーカス（Focus）の投入がその一例である。ローガン1400ccと1600ccは最低価格30万9000ルーブルと35万4000ルーブルで2009年に合計5万3869台が販売された。またフォーカスには，1400cc，1600cc，1800cc，2000ccという4つの選択肢があり，同年に合計4万8263台が販売された。一方，日本車に目を向けると，主に先進国市場と同様の製品ラインアップを投入し，製品全体としてはボリューム・ゾーンより高い価格帯に位置しており，内訳を見ると70万ルーブル以上の中高級車が販売実績を積み上げていることが特徴である。代表的な商品をあげると，2009年仕様の日産ノート（Note，1400cc）の最低価格が54万3200ルーブルで，同年の販売台数が679台であった。トヨタ・オーリス（Auris，1300cc）の最低価格が56万8000ルーブルで，2009年に305台が販売された。日系主力車種では，日産ティーダ（Tiida，1600cc）の最低価格が58万9900ルーブル・年間販売台数が6363台，トヨタ・カローラ（Corolla，1600cc）は最低価格67万7000ルーブル・年間1万3681台の販売実績であった。さらに，日産キャシュカイ（Qashqai，2000cc）の最低価格が85万4000ルーブル・年間販売台数が9425台，トヨタ・カムリ（Camry，2400cc）の最低価格が88万2000ルーブル・年間販売台数が1万4180台であった。より高い車がより多く販売されていることがわかる。先進国並みの消費者層を対象にすれば，現行の日系メーカーの商品戦略にも妥当性があるといえるが，リスクもある。

2.2 ブラジル自動車市場の概況

(1) 2000年以降の市場拡大の要因

　ブラジルは，OECD（1979）が新興工業国（NICs, Newly Industrializing Countries）として提起した中にもあげられていた国である。これがBRICsの他の国々とは異なるところで，つまり，一度「ブラジルの奇跡」とも呼ばれた経済成長（1968～73年）を経験しているブラジルは，2000年以降の経済成長においては同時期のロシア，中国，インドと比較すると経営資源の賦存量が高いのである[10]。とはいえ，戦後ブラジルの工業化過程では深刻な貧困問題が生じており，さらに1980年代の債務危機とハイパーインフレは消費環境を一層悪化させた。

　ブラジルの歴史には，大規模農園への土地集中に特徴づけられる大土地所有制度がある。1995年の農業センサスの結果によれば，農園数の1％に過ぎない大規模農園が全土地面積の45.1％を所有している一方で，49.4％の零細農（土地面積10 ha未満）が全土地面積の2.2％しか所有していなかった[11]。著しい土地集中の結果，1950年代から始まった農業の近代化過程においては大規模農園が主導する資本集約型農業が主流となり，農業労働者に対しての技能要求が次第に上昇した反面，人数への要求は減少し，農村において大量の余剰労働力がつくり出されたのである。このことで，仕事を求めて大量の農業労働者が都市へ移住し，都市部の失業問題が激化した。貧困問題もいっそう深刻化した[12]。世界銀行のデータによれば，1989年にブラジルのジニ係数はピークの0.6に達し，社会騒乱多発の警戒ラインである0.4を大幅に上回った。

　加えて，1980年代に対外債務の返済負担問題が顕在化し，IMF主導のもと，「ワシントン・コンセンサス」などの危機対応策の導入を余儀なくされた。「小さな政府」や「自由市場主義」などといった価値観に基づく「ワシントン・コンセンサス」の導入は，後に急激な輸入自由化をもたらし，それまで手厚く保護されていた国内幼稚産業に大きな打撃を与えた。さらに，1980年代に一貫して高進したハイパーインフレが信用制度をゆがめ，企業の生産・販売から家庭消費に至るまで正常な価値連鎖を麻痺させ，深刻な経済停滞をもたらした。

　10　出発点が高いという意味では，1990年代初めごろすでに，サンパウロには20階建て以上のビルが5000棟以上あったということも，その証左である。詳細は，鈴木（2008）22頁を参照。
　11　詳細は，西島（2002）を参照。
　12　2009年時点でブラジルの都市化率は86.1％に達し，経済発展速度に許容される範囲を超えた過度都市化現象が，インフラと公共サービスの供給不足，スラム化などの社会問題も引き起こしている。

これにより，ブラジル経済は一転，「奇跡」から「失われた10年」に陥ったのである。

2000年以降の経済成長は，上記のような1980年代以来の工業化過程に噴出した問題の収拾と経済安定化に向けて打ち出された一連の経済政策が奏功したことによって達成されたともいえよう。その最大の成果は，「経済活性化と所得格差是正」による中間所得層の拡大である。

1994年に「レアル・プラン」が実施されたことをきっかけに，深刻な経済不安を招いたハイパーインフレが次第に収束に向かい，インフレの年率もピークの2477.15％（1993年）から3年間で1桁台へと減っていき，2000年代には概ね6％前後で推移するようになった。通貨価値が安定的になったことによって販売信用が回復し，割賦やクレジット・カードも使えるようになったため，ブラジル国民の購買力は一気に30％増大した（鈴木, 2010, 58頁）。また，1995年に発足したカルドーゾ政権は，民営化・外資参入に対する規制緩和を行って経済の活性化を図りながら，最低賃金改定や生活補助などといった社会全体の底上げを狙う政策を打ち出し，所得格差の是正に取り組み始めた。2003年に発足したルーラ政権も，カルドーゾ時代の「インフレ抑制と経済安定化」路線を受け継ぎ，所得格差是正と購買力の創出による内需拡大に取り組み続けた[13]。

この結果，2000年以降の所得階層は，中間層にあたるCクラス（月間世帯所得が1115レアル〔約5万2000円〕から4807レアル〔約22万5000円〕未満の層）の割合が02年の43.2％から09年の53.6％へ上昇し，1億9000万の人口のうち半分が中間層になった。一方，低所得のDおよびEクラス（0〜1115レアル未満）は，2002年の44.7％から30.8％へと3割ほど減少した[14]。このように，1980年代以来90年代にかけて波乱の経済不安を経験したブラジルにおいて，90年代後半からの経済安定化政策と不平等な所得分配是正に対する取組みが，2000年以降の高成長と市場拡大を生み出した主要な原因となっているのである。

(2) 市場の競争構造

まず，2010年の市場構造を見てみよう。乗用車市場では，最低価格が2万1000レアル（約100万円）の中国車から62万6000レアル（約3100万円）の

---

[13] 両政権の16年間において，最低賃金の実質引上率は88％となった（鈴木, 2010）。

[14] 月間世帯所得が4807レアル（約22万5000円）以上の割合は，2002年の12.0％から09年には15.6％へ微増した（Brazil Ministry of Finance, 2010）。

図10-3 ブラジル乗用車市場の競争構造（全車種，2010年）

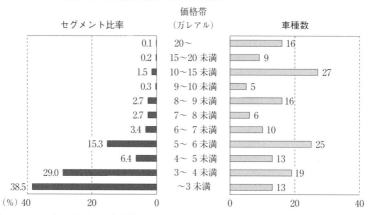

(注) 1レアルは約50円（2010年時点）。
(出所) ANFAVEA，および価格情報は *Motor Show*, agosto 2010, pp. 91-114 より，筆者作成。

BMW 760 L まで実に幅広い商品が売られているが，特徴は5万レアル以下のいわゆる小型低価格車が全新車販売台数の73.9％を占めていることである[15]（図10-3）。ボリューム・ゾーンに対する主な供給源は，フィアット，フォルクスワーゲン，ルノーなどのヨーロッパ系，GM，フォードのアメリカ系，そして奇瑞汽車（Chery），哈飛汽車（Hafei），長安汽車（Chana），力帆集団（Lifan）などの中国系である。日系の製品は，日産のリヴィナ（Livina）の1車種のみである。

　もともとブラジル市場は欧米系自動車メーカーの伝統市場であり，フィアット，フォルクスワーゲン，GM，フォードがビッグ4として市場に君臨してきた。2011年上半期の販売実績では，上記4社がそれぞれ1位から4位で，36万8000台，36万6000台，30万3000台，17万台を販売しており，強い存在感を示している。追いかける日系（ホンダ5万1000台・6位，トヨタ4万5000台・9位）は厳しい戦いを強いられている。

　ブラジルの競争構造には，以下のような特徴がある。まず，フィアット，フォルクスワーゲン，GM，フォード，ルノーなどの欧米ブランドは，より安い

---

[15] 5万レアルを為替換算すると約228万円という高額になるが，ブラジルは自動車に関連する税制が複雑で，関税や工業製品税（IPI）など税目が多い。税率は排気量によって変わるが，通常，新車価格の半分は税金といわれる。したがって，5万レアル以下の製品は，他国市場では100万円以下の製品にあたる。

モデルから洗練されたハイエンド製品まで，すべての顧客を満足させるために，フル・ラインアップで豊富な品揃えを用意し，スケール・メリットを追求している。しかも，その大半はブラジル市場の特質に対応した専用モデルである。

　一方，日系メーカーは，欧米メーカーのようなフルライン戦略というよりは，少数精鋭的に商品投入し，所属するセグメントで高い顧客満足度を獲得しながら量を伸ばすという製品戦略をとっている。ポジショニングとしても，ロシア市場ほどの明確な上澄み戦略ではないものの，ボリューム・ゾーンより上のところに商品を配置している。たとえば，1958年にはじめてブラジルに生産拠[16]点を立ち上げ，ブラジル市場に参入したトヨタは，2005年ごろ，Small Low, Middle Hatchback, Middle Sedan, Middle Station Wagon, Large Sedan, VAN, Middle Pickup, Small SUV, Middle SUV, Large SUV, Luxury, その他商用車などという，全12の市場セグメントのうち，7つのセグメント[17]に商品を投入したが，10年になってこれを5つに絞り込んだ。

　というのも，ブラジルでは，「失われた10年」にインフラ投資が止まってしまったため所々に悪路があることに加え，ユーザーの高速走行性能に対する要求も厳しいので，足回りに関しては特別なチューニングが必要である。また，燃料事情ということでいえば，ガソリンのバイオエタノール混合率に25～100％の幅があるため，それにフレキシブルに対応できるエンジン技術が必要とされるなど，ブラジル市場には特質性が存在している。ブラジル市場で戦う日系メーカーは，欧米メーカーのようにブラジル専用車をつくっておらずフル・ラインアップでは戦えない反面，量の出ない車種に対する特別な資源投入もなかなかできない，というジレンマに直面しているのである。それゆえ，ブランド・イメージでは常に顧客から高い評価を得ており，投入した車種も所属セグメントの販売台数上位をキープしているものの，ボリューム・ゾーンから外れていることや販売できる車種の制約から，市場の急成長を追いかけるのに苦労している。

---

[16] 2010年実績で確認すると，最低価格4万6200レアルの日産リヴィナの販売台数が1万3796台，最低価格5万800レアルの日産ティーダが5669台，ホンダ・フィット（Fit）の最低価格が5万2333レアルで4万954台であった。トヨタ・カローラは，最低価格が5万9960レアルとボリューム・ゾーンから離れるが，5万5024台の好成績を出した。

[17] Middle Sedan, Middle Station Wagon, Large Sedan, Middle Pickup, Small SUV, Middle SUV, Large SUVの7つのセグメント。

2.3 インド自動車市場の概況

(1) 2000年以降の市場拡大の要因

インドは，人口11億5500万人（2009年時点）で，中国に次ぐ世界第2位の人口大国である。1960年から改革前の90年までという30年間に，輸入代替工業化政策のもとで平均年率7.2％の経済成長（GDP）を遂げている。1991年の国際収支危機をきっかけに，経済自由化路線（New Economic Policy）へと転換し，規制緩和・外資導入等を中心とする経済改革を断行した。その結果，2009年までの年平均GDP成長率は9％に達し，高成長を続けている。この時期の経済成長には，1980年代後半から2002年にかけてのITサービス業が牽引した時代と，03年以降のITサービスと製造業の「ダブル・エンジン」による成長という，2段階がある[18]。とりわけ，ITサービス牽引時代（1991～2002年）の5.5％に比べ，2003年以降はGDPの年平均成長率が12％に達しており，高成長ぶりを見せている[19]。

こうした産業構造の変化による経済成長がもたらした最も大きな影響は，インド社会における中間所得層の台頭である。2001年時点の物価および為替水準で年間世帯収入が20万～100万ルピー（4000～2万1000ドル）の家庭が中間層と定義されているが，その全世帯数に占める比率が，1995年の2.7％から，2001年の5.7％を経て，09年に13％・1億5000万人規模に急増したのである。インド市場において現在，乗用車とエアコンの60％，TV，冷蔵庫，二輪車の25％が，新たに台頭した中間層によって保有されている[20]。したがって，2000年以降のインド自動車市場の成長は，主に中間層の台頭によって推進されたといっても過言ではない[21]。

---

18 年間サービス業付加価値対工業付加価値の比率は，1989年の1.6倍からピークの2003年の2.0倍へと上昇し，その後は1.8倍で推移傾向を辿る。つまり，2003年以降のインドの経済構造における製造業の台頭が確認できる。
19 1993年を100としたときの，94年から2009年のインドの製造業生産指数は，年順に，109.1，124.5，133.6，142.5，148.8，159.4，167.9，172.7，183.1，196.6（03年），214.6，234.2，263.5，287.2，295.1，327.3であり，03年以降の好調が窺える（Ministry of Statistics and Programme Implementationのデータによる）。
20 National Council of Applied Economic Researchの資料による。
21 通常，日本では，税引き後の「年間の世帯可処分所得が5000ドル以上3万5000ドル未満の世帯」を中間層として定義するが，インドの中間層の定義では，税込みの世帯収入ではあるが，下限が4000ドル相当のラインになっている点に留意されたい。

図 10-4 インド乗用車市場の競争構造（全車種，2010 年度）

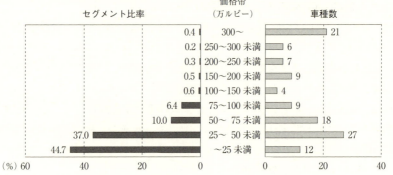

(注) 販売台数は，2010 年 4 月から 11 年 3 月までの 2010 年度の実績を用いた。
(出所) SIAM，および価格は *Overdrive*, November 2010, pp.242-258 より，筆者作成。

(2) 市場の競争構造

図 10-4 に 2010 年度のインド乗用車市場の競争構造を示しているが，50 万ルピー（約 100 万円）未満の低価格車が全体の約 8 割を占めることがわかる。前述の通り中間層の台頭が著しいが，中間層の定義からわかるように，自動車購入に費せる金額は 1 万ドル程度と考えられるため，小型低価格車が主流の市場構造となったのである。とくに 45％前後のシェアを占めるマルチ・スズキの存在感は絶大である。後を追う現代自動車とタタ・モーターズを入れると上位 3 社の販売台数が全体の 7 割に上るので，販売車種数は BRICs 中で最も少なく，市場構造は寡占的である。もう 1 つの特徴は，価格 50 万ルピー以下のボリューム・ゾーンにおける日系車の存在感が，スズキを除いたとしても，BRICs では最も高い点である。日産のマイクラ（Micra）やトヨタのエティオス（Etios）が相次いで市場投入されたが，とくに後者は新興国専用のエントリー・モデルとして 2010 年に投入された車種で，グローバル製品ラインアップの中でインドにおいて台頭する中間層への対応が企図されている。その結果は日系自動車メーカーの新興国市場全体における商品戦略にも波及すると考えられ，期待が寄せられている。

3 2000 年以降の中国市場の拡大要因
―― 消費構造の変化と市場の 3 層構造の形成

3.1 消費構造の変化 ―― 個人需要の台頭と低価格化の進行

　1990 年ごろ，中国における民用自動車の保有台数はたった 554 万台で，うち個人所有は 82 万台しかなかった。この個人所有の過半にあたる 52 万台は貨物用車両で，人を乗せるための載客自動車は 24 万台に過ぎなかった。しかも，個人所有の載客自動車の大半はバスやミニバンのような営業車両で，個人所有のファミリー・カーはほとんどなかったのである。2000 年に至って，中国民用自動車保有台数 1609 万台のうち，個人所有の自動車は 38.9 %・625 万台となり，個人に所有される載客自動車も 365 万台に増加したものの，まだ全保有台数の 22.7 % に過ぎなかった[22]。ところが，2009 年には，中国民用自動車保有台数は 6280 万 6086 台に膨らみ，個人所有の自動車の比率も 72.8 % になる。中でも，個人所有の載客自動車の保有台数が全体の 59.5 % に相当する 3740 万台へと急増した。つまり，中国市場におけるマイカー・ブームは，1990 年代以降に始まり，2000 年代に勃興したのである。

　2000 年以降の市場急拡大の主要動因は，個人需要の台頭である[23]。個人用車の普及過程においても，かつては，登録名義が個人用車になっていてもビジネス兼用であることが多かったのが，2000 年以降は，通勤やレジャーなどで純粋に個人用の交通手段として使われる自動車が急増したという変化が認められる。とりわけ純粋な個人用の交通手段における女性顧客と若年層の台頭は，より個性を主張する自動車製品が求められる傾向へと市場拡大の方向を変化させつつある。2006 年に中国 24 都市，127 車種の 1 万 5000 人の自動車保有者に対して行われたアンケート調査「中国汽車用戸消費形態報告」によれば，女性顧

22　2000 年の統計では，乗用車とバスは合計して「載客用車」として計算されている。そのため，365 万 900 台には大型バス・中型バスなどの商用車も含まれる。したがって，個人所有の乗用車の比率は，22.7 % をさらに下回ると考えられる。

23　乗用車需要に占める個人比率の上昇は，日本のモータリゼーションの期間（高度成長段階）でも見られた。この比率は，1962 年にはわずか 14 % に過ぎなかったのが，67 年には 39 %，70 年には 50.6 % に達した。このように，，乗用車需要に占める個人比率の上昇は，乗用車比率の上昇や新車販売台数対前年比 2 桁成長ということと合わせて，モータリゼーションを特定する指標になる。

客率は2002年の20.3％から06年には30.9％に上昇している。顧客平均年齢が35.3歳から32.2歳へ低下する傾向も見られる。2000年以降はとくに，1980年代以降に生まれた個性・主張の強い一人っ子世代が成人し始めて，自動車購入の潜在消費者層としても台頭し，女性顧客の増加とともに，商品需要の多様化を促したのである。

　同時に，個人需要の台頭に伴って自動車商品の価格低下も急進行しており，金融危機後に一層エスカレートした。2001年に中国がWTO加盟に成功したことで，自動車市場への参入が再開され，上海GM，一汽豊田，北京現代，東風日産，長安フォードマツダなどのビッグ・プロジェクトが相次いで承認された。一方，2000年より，外資と合弁せず独自開発で国産車生産に取り組む民族系メーカー（代表的な企業に，奇瑞汽車，吉利汽車などがある）が参入し，それまで自動車製品では空白となっていた10万元以下の市場を根拠地に勢力を伸ばしてきた。[24] これらのことで，2000年以前から継続されていたフォルクスワーゲン（以下，VW）による乗用車生産の一極集中状態は打破され，競争構造は外資合弁メーカーと民族系メーカーによる混戦状態へ移行し始めている。[25] こうした変化が市場全体にもたらした顕著な影響の1つが，自動車価格の低価格化である。上海VWの「サンタナ」を例にとれば，2006年末の販売価格は6万6000元であり，01年時点における12万4000元の約半値にまで低下しているのである。また，奇瑞汽車の小型車「QQ」（最低価格3万元）に代表されるように，民族系メーカーは5万元以下のゾーンに多数のモデルを投入し，エントリー需要を喚起している。

3.2　市場の3層構造の形成

　2009年の中国自動車市場は全体として急成長したものの，製品価格帯別に見ると，その成長は大きなばらつきを伴っていることがわかる（図10-5）。中でも，10万～15万元未満と5万元未満の価格帯での増加が突出しており，市場全体の成長を強く牽引した。その背後には，中国政府が救済のために打ち出した「購置（取得）税半減」という減税策や，「汽車下郷」（農村地域への自動車

---

[24]　乗用車市場における民族系・自主ブランドの比率は，2006年以降，概ね3割前後で推移している。

[25]　2011年9月時点，乗用車市場では，輸出専門会社の本田汽車（中国）有限公司を含む合計63社が営業している。

図10-5 中国の乗用車市場における価格帯別構成比・対前年比の推移(2009～11年)

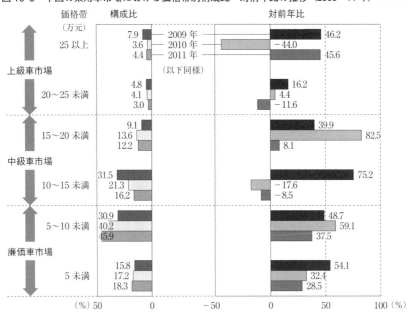

(注) 乗用車販売台数には,乗貨両用車は含まれない。
(出所) 販売データはCATARC,価格情報はSohu.com(2009年12月,10年12月,11年12月に閲覧)により,筆者作成。

普及促進策),「以旧換新」(スクラップ・インセンティブ)などといった助成金制度の影響がある(李, 2010b)。とくに,前者の1600 cc以下の乗用車を対象とした「購置(取得)税」半減政策は奏功し,1600 cc以下の乗用車の販売台数を全体の71.3％にあたる720万台にまで押し上げた。

このように,2000年代以降は新規参入によって競争が激化し,外資合弁メーカーの製品価格の低下傾向が顕在化したほか,民族系メーカーの参入により従来存在しなかった10万元以下の市場が新たに掘り起こされた。こうした供給環境の変化が,持続的な経済成長による所得増加と相まって,自動車製品の急速な普及を促した。その結果,乗用車市場も,1990年代の政府所有の公務用車を主とする中高級車への一極集中構造から,「上級車」「中級車」「廉価車」の3層ピラミッド構造へと変貌していったのである。

4 2000年以降の中国市場の競争構造
　　──変貌するグローバル・メーカーの勢力図

　表10-1に示した，ここ10年間の主要乗用車メーカーの順位の変化から，中国市場の競争構造に関して，以下のような特徴を析出できる。第1に，第1陣営の固定化である。GMがはじめて参入した2001年を除外すれば，順位に変動はあるものの，VWとGMの現地合弁3社（上海VW，一汽VW，上海GM）が一貫してトップ3の座をキープして，第1陣営を結成している。しかも，2000年代の後半には，第1陣営と4位以下のメーカーとの差が徐々に拡大していく傾向も見て取れる。表から，第3位と第4位の販売台数の差を第4位企業の販売台数で割った比率を計算すると，2005年は2.6％，06年は14.2％，07年19.7％，08年21.6％，10年23.8％となり，年を追って拡大していることがわかる。とりわけ2008年の金融危機後，その格差は一層増大した。2008年の第3位・上海GMと第4位・一汽豊田との販売台数の差は7万9000台であったが，10年には第3位の一汽VWと第4位の北京現代との差は16万7000台に拡大している。金融危機後，第1陣営は4位以下のメーカーによる追上げを振り切って，その優位を一層拡大させたのである。

　第2に，4位以下のメーカーの間で順位争いが激化している点である。表からわかるように，2005～06年を境目にして，4位以下のメーカーの間で大規模な順位の入替りが起こった。2005年以前に活躍していた一汽夏利（元，天津夏利），神龍汽車，長安鈴木，風神汽車が，北京現代，一汽豊田，東風日産，長安フォードマツダなどの新規参入組へと次第に取って代わられ，徐々にトップ10から姿を消していったのである。その背景としては，現地市場の競争激化に伴って，売れ筋になる量産車種の投入や市場の急変に対応できる柔軟な現地経営体制の構築がうまくできなかったことが指摘できるだろう。

　第3に，民族系自動車メーカーのプレゼンスの増大である。上述した第2陣営における激しい順位入替りと対照的に，10年間を通し安定した存在感を維持できたのが，奇瑞汽車や吉利汽車などの中国民族系自動車メーカーである。また，比亜迪汽車（以下，BYD）は，金融危機後に急激に存在感を増し，新たにトップ10に加わってきた。しかし，同社は，2010年に連年の急拡張で積み重なった販売網の不安要因が噴出し，その対応に追われたため，12年現在は

表 10-1　中国乗用車市場の販売台数トップ 10（メーカー別）

（単位：万台）

順位	2001年	02年	03年	04年	05年	06年	07年	08年	09年	10年
1	上海VW 24.1	上海VW 30.1	上海VW 39.6	上海VW 35.4	上海GM 32.5	上海GM 40.6	上海GM 49.5	一汽VW 49.9	上海VW 72.8	上海GM 101.2
2	一汽VW 12.5	一汽VW 20.8	一汽VW 29.8	一汽VW 30.0	上海VW 25.0	一汽VW 34.9	一汽VW 46.1	上海VW 49.0	上海GM 70.8	上海VW 100.1
3	天津汽車 8.0	上海GM 11.1	上海GM 20.1	上海GM 25.2	一汽VW 24.0	上海VW 34.5	上海VW 45.6	上海GM 44.5	一汽VW 66.9	一汽VW 87.0
4	上海GM 5.8	一汽夏利 9.5	広州本田 11.7	広州本田 20.2	北京現代 23.4	奇瑞汽車 30.2	奇瑞汽車 38.1	一汽豊田 36.6	北京現代 57.0	北京現代 70.3
5	神龍汽車 5.3	神龍汽車 8.5	一汽夏利 11.4	北京現代 14.4	広州本田 23.0	北京現代 29.0	広州本田 29.5	奇瑞汽車 35.6	東風日産 51.9	東風日産 66.1
6	広州本田 5.1	長安鈴木 6.5	神龍汽車 10.3	一汽夏利 13.0	一汽夏利 19.0	広州本田 26.0	一汽豊田 28.2	東風日産 35.1	奇瑞汽車 48.4	奇瑞汽車 61.7
7	上海奇瑞 2.8	広州本田 5.9	長安鈴木 10.0	長安鈴木 11.0	奇瑞汽車 18.9	一汽豊田 21.9	東風日産 27.2	広州本田 30.6	比亜迪 44.8	比亜迪 52.0
8	吉利汽車 2.2	上海奇瑞 5.0	上海奇瑞 8.5	吉利汽車 9.7	東風日産 15.8	吉利汽車 20.4	北京現代 23.1	北京現代 29.5	一汽豊田 41.7	一汽豊田 50.6
9	──	風神汽車 4.1	吉利汽車 7.6	神龍汽車 8.9	吉利汽車 15.0	東風日産 20.3	吉利汽車 22.0	吉利汽車 22.2	広州本田 36.5	吉利汽車 41.6
10	──	吉利汽車 4.0	風神汽車 6.5	奇瑞汽車 8.7	神龍汽車 14.0	神龍汽車 20.1	長安福特 21.8	長安福特 20.5	吉利汽車 32.9	長安福特 41.1

（注）　1)　ゴチック体は中国民族系自動車メーカー。
　　　　2)　2002年6月に天津夏利が第一汽車に吸収合併されたため，表中の社名は「天津汽車」から「一汽夏利」に変わっている。
　　　　3)　2004年に奇瑞汽車は上海汽車集団から独立し，社名を「上海奇瑞汽車有限公司」（表では「上海奇瑞」）から「奇瑞汽車有限公司」（同様に「奇瑞汽車」）へと変更した。
　　　　4)　吉利汽車に関するデータには，関連各社，「羊日」や「華普」などの台数を含む。
　　　　5)　交叉乗用車（乗貨両用車）は計上されていない。
　　　　6)　2001年のデータは出所が異なるため，以降のデータとの整合性は保証の限りではない。
（出所）　CATARCより筆者作成。

少し足踏み状態に陥っている。先出の2社については，吉利汽車が9位前後で安定的に成長しているのに対し，奇瑞汽車は規模を急速に拡大させながら常に順位を激しく上下してきた。

　第4に，金融危機後に顕在化した日系メーカーの失速である。金融危機が発生するまでは順調に順位を上げていた一汽豊田と広州本田は，2009年に入ると減速し始め，翌10年になっても勢いを回復できずに，他の大手メーカーの金融危機後の実績と比べると，相対的に成長が鈍化している。とりわけ広州本田は，2010年，ついにトップ10からランク外に転落した。

5 環境適応競争の幕開け──「V字回復」の含意

前節で分析した競争構造の一連の変化は，どのように理解すべきであろうか。本章が最も重要視するのは，紆余曲折を経験しながらも持続的成長を成し遂げた，VW，GM，現代自動車などの成長過程に共通して見られる「V字回復」という現象である。

5.1 VW（上海 VW，一汽 VW）と GM（上海 GM）

VW が，前述のように第1集団の地位を死守できた背景には，2005年の販売不振をきっかけに，中国の競争環境に適応するため一連の組織変革を通じて経営の現地化を行ったという経緯があった。2005年は，市場全体の販売台数は対前年比 13.7％増の 576万6700台に達したのだが，表10-1 からは，逆に上海 VW と一汽 VW の販売台数は前年割れとなって首位の座を上海 GM に明け渡していることがわかる。そのため，VW を中心とするドイツ系乗用車の市場シェア（現地生産車のみ）は，2002年の 40％から，05年には 18％へ急減少した。販売不振に陥った VW は，2005年に「オリンピック計画」と名付けた新中国戦略を打ち出し，主に以下の6つの取組みによって復活を期した。①2009年までに 10～12種類の新モデルを導入し，経営体制と製品の現地化を強化する。②コストを 40％削減し，部品の現地調達化率を引き上げる。③一汽 VW と上海 VW の製品ラインアップの棲分けを推進する。上海 VW では，2007年から「シュコダ」ブランドを新たに導入し，低中級車市場でのシェア拡大を目指す。④生産能力の拡張計画を一時中止し，合弁企業との協力体制を強化する。⑤合弁企業における自主ブランドの発展を促す。⑥一汽 VW と上海 VW の販売網は統合しないものの，販売網全体の効率化を図り再編する。[26] こうして，製品企画，ブランド戦略，生産調達，そして販売組織と，多岐にわたる経営体制の現地化を目指した組織再編は奏功し，VW は3年で首位を奪還した。

一方，上海 GM も，首位の座を3年間守った後 2008年に，VW と同様，販売台数の前年割れを味わった。原因の1つとして，2003年来上海 GM の急成

---

26 『サーチナニュース』2005年10月18日。一部用語については筆者が修正した。

長を根本から支えてきた主力車種が販売不振に陥り始めたことがあげられよう。たとえば，大人気を博した「君威」(Regal)の年間販売台数は，ピーク時の9万台前後から，2008年には3800台にまで大きく落ち込んだ。より深層の原因ともいうべき，この台数減の理由としては，以下の点を指摘できる。

　GMは，中国への参入と同時に，外資系メーカーとして初のR&Dセンターとなる汎亜汽車技術中心(Pan Asia Technical Automotive Center，以下PATAC)を開設するなど，現地化に積極的に取り組んでいるイメージがあるが，PATACの技術力は改良センターのレベルにとどまり，即戦力にはならなかった。GMのとりわけ初期のマーケティング戦略は，品質のつくり込みや商品訴求性の向上というより，「ビュイック」(Buick)ブランドに依拠した商品イメージの「グローバル」という側面を大きく強調する点に特徴があった。

　こうした「グローバル・ブランド」の商品イメージを強調する戦略は，2000年代前半の中国市場においては一定の成果を見たものの，次第に色褪せ始める。その背景には，2000年代後半の乗用車市場で，それまで主要な需要源だった公務用車に取って代わり，マイカー需要が主流となって急増したことがある。このことで，ブランド・イメージや商品の「グローバル性」よりも，使い勝手・品質・意匠設計などといった商品の中身に対する訴求性が，より重要視されるようになってきたのである。とくに，自己主張が強いといわれる1980年代，90年代生まれの若年消費者の台頭が，こうした変化を一層加速させた。「グローバル商品」のイメージを有する「君威」の販売不振は，上海GMの既存のマーケティング戦略が機能しなくなったことを如実に映し出し，たとえば若年層の好みをいかにすくい上げるかといった，現地要件への適応の重要性という経営課題を顕在化させたのである。同社も，事前にこうした消費者層の変化を検知し対応を進めてはいたが，事態の進展が想定以上に速かったため，「君威」は急速に販売不振に陥ってしまった。

　しかし，結果的には「君威」の凋落が，上海GMに外部競争環境の構造変動を読み解くための判断材料を提供することになった。これを受けて上海GMは，PATACに現地デザイン・センターという新機能を追加して「君威」のモデル・チェンジにあたり，商品力，とりわけ現地で好まれるスポーティな意匠設計を突出させる方向へと舵を切った。そして，2008年12月に投入した「新君威」が，前述のような市場の潜在的変化を見事に捉え，上海GMを業績回復へと導く起点となった。「君威」で得た経験は，これ以降，「君越」など他の

主力車種のモデル・チェンジにも援用され，2010年の上海GMの首位返咲きに貢献した。

5.2 現代自動車（北京現代）

　上海GMの販売不振とほぼ同時期に，同様の難局に遭遇した北京現代について述べる。北京現代は，正式名称を「北京現代汽車有限公司」といい，2002年10月に北京汽車投資有限公司と韓国の現代自動車との折半出資によって設立された外資合弁自動車メーカーである。

　中国市場に参入した現代自動車は，2002年から06年にかけて，現地投入車のラインアップを構成するための段階的な車種導入を行った。しかし，当時の中国市場のローカル状況を理解していなかったことに加え，全社的な「World Wide Car」という方針，すなわち世界で認められた車を現地に導入すればよいという考え方に基づいて投入される現地生産車が決められていたことから，現地の状況を考慮しているとはいえなかった。それでも2000年代前半には，こうした「World Wide Car」戦略が一定の成果を上げた。とくに，主力車種エラントラ（Elantra）の，日系および欧米系の自動車の特徴を兼備した商品設計，豊富なオプション，日系・欧米系に比べて割安な価格設定が功を奏し，2004年には躍進的成長を遂げる（表10-1）。他方で，北京現代の第1工場が完成する直前に中国のモータリゼーションが始まったため，それに合わせて即座に現地供給ができた。事後的に考えれば，参入のタイミングが非常によかったのである。

　しかし，前項でも述べたように，2000年代半ばから始まった消費者ニーズの多様化と高級化，そして消費者の若年化によって，市場の好みは，「とりあえず何でも付いている」から「個性主張」へと，次第に変わっていった。こうした消費嗜好の変化に対応して，外資系他社は，2005年から中国現地ニーズに合わせた車を数多く導入し始めた。結果として，以前は「中庸の美学」，すなわち日系・欧米系の車の特徴がすべて入っていることをセールス・ポイントにしていたエラントラは，燃費性能では日系車に劣り，安全面では欧米車に及ばないと指摘され，「特徴がない」と不評を買うようになった。一時期は「World Wide Car」戦略で成功を収めた現代自動車が，このような消費者嗜好の変化への対応に遅れをとった結果，2007年には北京現代を急激な販売不振に導いてしまうのである。

苦境にあえぐ北京現代は，先行して2004年に業績不振に陥っていたVWの組織改革を参考に，中国進出形態を改造した。まず，VWグループが地域統括販売会社を設立して現地販売ネットワークを再編し，迅速な市場対応の追求を可能にした改革を参考に，中国における販売ネットワークの改造に取り組んだ。これにより最も大きく変わった点として，地域統括販売会社制度を導入し，地域別に異なるローカル・ニーズへの対応を迅速に行えるように，マーケティング関連の決定権を地域統括販売会社へ移管したことがあげられる。また，沿海部大都市では4S方式（販売〔sale〕，部品〔spareparts〕，アフタサービス〔service〕，情報提供〔survey〕という4つの機能〔s〕を持つ専売方式）に偏った販売手法にもメスを入れ，日系メーカーは固く禁じているサブ・ディーラーの起用，サテライトの出店なども許可した。これに伴い出店支援政策にまで取り組んだ。結果，沿海部大都市の1級市場のみならず，中小都市と農村に隣接する2, 3級市場に対する販売網のカバー率が上がり，後の業績回復の土台を固めることとなる。

　製品面でも，前述の「World Wide Car」という本社方針に対する修正が図られた。中小型車における優位性を確保すべく，新型アバンテ（Avante，エラントラの中国現地仕様適応車「エラントラ悦動」）を投入したのである。

　現地ニーズに適合する設計は，主に以下のように行われた。第1に，外観については，北京現代が中国で消費者調査を行い，消費者の好むデザイン要素の抽出に努めた。調査結果から，「World Wide Car」方針に基づいて販売されていたエラントラは，韓国および北米向けの製品であったため，中国市場には合わないところがあることがわかった。調査結果を大まかに表現すれば，「中国の消費者が好む車は，まず大きくて光るものでなければならない」ということである。たとえば，中国ではクロムメッキされたラジエーターグリルやより大きな居住空間が好まれる傾向にあったのだが，それに比べると，当時のエラントラは非常に地味なイメージを持たれていた。

　第2に，仕様も現地に適応させていった。それまでは「World Wide Car」方針のもと，北米地域，ヨーロッパ地域といった大地域区分で車種仕様を決めていたが，これについても市場調査を通じ，中国で好まれる方向に合わせて細分化した一国専用仕様を提供することが決定された。これを受けて，中国事業部が実施した市場調査の結果が本社開発部門の南陽(ナムヤン)技術研究所に送られ，そこで最終仕様の選定が行われた。このことについてとくに興味深いのは，中国人の好みという感性的な表現を商品設計に反映する際，外部専門家によるデザイ

表10-2　北京現代の中国市場戦略（2009年）

		販売台数	構成比	対前年同期増加率
全社計		57.0万台	100.0%	93.7%
小型車への注力	1600cc以下計	47.8	83.7	121.5
中国仕様車	「エラントラ悦動」計	23.9	42.0	178.5

（出所）　CATARCより筆者作成。

ン・レビューと意見の収集が製品の最終的な成功につながったという点である。

　第3は，量産立上げのタイミングである。第2工場の建設完成を，あえてエラントラ悦動の販売時期に設定し，あらかじめ供給のボトルネックを解消できる体制を確保した。

　第4が，マーケティングである。旧型エラントラの「中庸」という市場イメージに引きずられないよう，その後継車種というより，新たに「悦動」[27]という若々しくスポーティなコンセプトを反映することを狙って，独自の差別的なマーケティングを行った。

　こうして，2008年，アメリカに端を発した金融危機を受けて外資系メーカー各社が相次いで中国市場での減産計画を発表する中，北京現代は唯一増産を計画した。しかし，これも現代自動車の計算通りだったのである。同社は，中国政府内での景気刺激政策の議論を当初よりフォローし，そこに込められた「小型車支持」という市場拡大チャンスをうまく読み取った。他方では，減産により外資系メーカーの供給が不足する事態の発生をも予測し，これも自らの事業拡大のチャンスと受け止めた。そして，1600cc以下の小型車製品ラインアップを構成することに注力して，「悦動」導入などもセットで決定したのである。緻密な市場調査と本社開発部隊の迅速な対応，さらには中国政府の産業政策を解析することによるリスク回避が一体となって，北京現代に2009年の大躍進をもたらしたといえよう。

　このように，現代自動車は，外資系メーカーの中でも先駆的に，中国市場へ中国人ユーザーの好みに合わせた専用車「エラントラ悦動」（中国型「アバンテ」）を投入し，大成功を収めた。表10-2の通り，2009年の北京現代においては，1600cc以下製品の販売台数が全体の8割以上に上り，中でも1600ccと

---

[27]　「悦」は運転の楽しみを意味し，「動」はダイナミックなデザインと個性を表す。

1800 cc の 2 種類の「エラントラ悦動」が合わせて全体の 4 割以上に貢献して，会社全体の急成長の牽引役を果たしているのである。

　その後 2010 年に入り，北京現代は，現地適応戦略を一層徹底して，あらかじめ中国市場の需要要件をレファレンス仕様とした「瑞納」を新型グローバル戦略車に据え，ラインオフした。先進国市場を念頭に企画された商品を途上国に投入するという外資系メーカーの従来の商品企画プロセスから見れば，「瑞納」における試みは，反対に新興国市場の需要要件に依拠した商品企画をグローバルに通用させようという大きな方針転換として認識できる。したがって，この進展は，注意深く見守る必要があるであろう。

6　む　す　び

　本章では，2000 年以降の BRICs 市場の動向を考察し，急拡大を見せた中国市場において，持続成長を実現できたグローバル自動車メーカーに共通する「V 字回復」現象を取り上げ，その含意を解説してきた。これらを踏まえ，以下のような結論を指摘したい。

　まず，BRICs 諸国に共通しているのは成長性のみであり，市場の拡大要因と競争構造はそれぞれ異なるという点が，新興国市場を戦略的に捉える際に無視しがたい側面としてある。とりわけ旧ソ連の工業基盤を受け継いだロシアは，移行経済体であり，工業化の途中段階にある中国，インド，ブラジルに比べて経済発展の制約条件が異なるため，2000 年以降に回復した需要構造の特質は最も先進国市場に近い。ロシア国内には，いかにモノカルチャー的産業構造を有する地方経済を振興し，石油価格に左右されやすい体質から脱出できるかなどといった産業構造の課題が山積しており，経済成長の持続性に不安要因を投げかけている。そのため，一時的な好景気だけで新興国として扱われることには難があるであろう。

　第 2 に，ブラジルとインドは，依然輸入代替工業化から市場自由化段階に位置しており，国内でボトムアップ的に台頭した新たな購買層が 2000 年以降の市場拡大を牽引した。購買力の制約によって小型低価格車が市場の大半を占め

28　両国の自動車市場は，すでにモータリゼーションを経験しており，2000 年以降は安定成長段階にある。成長段階に関する詳細分析は，李（2011a）を参照。

ているものの,一口に小型低価格車といっても,それぞれ市場による特質が強くあり,商品に要求される特性も異なる。ブラジル市場における欧米メーカー,インドにおけるマルチ・スズキはいずれも,基本的に現地専用車を投入することで新興国市場の高成長を享受していた。

　最後に,それまで先進国市場で鍛え上げられてきた製品ラインアップをそのまま新興国に援用する戦略をとっていたものが,外部環境の急激な変化(拡大要因と競争構造の変化)による不確実性の増大で,業績維持に支障を来すケースが見られた。こういった場合,組織の有効性を保持するために,環境適応的な戦略調整が有効である。このことが,中国市場における複数の企業に見られた「V字回復」現象,すなわち「環境変化 → 誘発要因(販売不振,自主転換) → 組織再編(知識・資源蓄積) → 業績回復(成長)」という連鎖反応から再確認できたといえよう。

　　＊　本章は書き下ろしである。

第11章

部品メーカーの標準化とカスタマイズ
自動車用 ECU 事業の中国市場展開の事例

立本博文・髙梨千賀子・小川紘一

1 はじめに——複雑な人工物の国際移転

　近年のグローバリゼーションの中で，最も興味深い現象は，「驚くべき短期間のうちに，複雑な製品の産業が国際的に移転する」という現象である。技術的に簡単に実現できる産業（たとえば，衣料品産業）が短期間で先進国から新興国に移転するのは理解できるが，技術的に複雑な製品の産業（たとえば，自動車産業）が短期間のうちに移転するのは，従来の予想に反している。複雑な技術の製品は，キャッチアップに長い年月が必要であって，国際的に産業移転することは難しいと考えられてきた。

　しかし，現実はこのような予測とは異なっている。中国の自動車産業は，この典型的な事例である。1990 年代以降（とくに 90 年代末），中国の自動車産業は急激な発展を遂げている。しかも，目を見張る活躍をしているのは，長年キャッチアップを行ってきた合資企業（先進国企業と地場資本〔元，国有企業〕の合弁企業）ではなく，新興の民族系自動車メーカーである。当然，このような民族系自動車メーカーの技術蓄積は浅い。

　途上国と先進国の自動車産業では，そもそも「つくっている自動車が違う」という指摘もあるかもしれない。確かにインドの自動車市場には，そのような指摘が当たっている。2009 年に大きく報道されたタタ・モーターズ社（インドの民族系自動車メーカー）の「ナノ」（Nano）は，先進国では傍流の軽自動車であり，先進技術とは無縁である。「ナノ」の例は，「複雑な技術の国際移転」というよりは，「新興国独特の市場ニーズの把握に民族系企業（ローカル企業）が

長けている」ためキャッチアップが成功した事例と解釈できる[1]。

ところが，中国自動車産業で主流の自動車は，インドのような軽自動車ではなく，先進国市場でも通用する「普通」の乗用車である。中国市場向けに特殊な自動車を生産しているわけではない。中国市場の新車販売では，先端的技術である電子システムを搭載していることがセールス・ポイントになる[2]。つまり，複雑な技術を使った製品が，驚くべき短期間で国際的に移転しているのである[3]。こうした新興国の「予想外」の産業進化のパターンには，複雑な製品を国際的に移転させようとする「先進国の産業財（中核部品）企業の事業戦略」が大きく関係している。

先進国の中核部品企業の戦略は，表11-1に示すように，大きく2つある。1つ目は，「標準インターフェース型」である。1990年代以降，産業環境の変化によってグローバル・スタンダード（世界レベルでの互換・統一的な産業標準）が頻繁に形成されるようになっている。独禁法の緩和によりコンソーシアム活動が増加したり，ISOやIECのような国際標準化機関の活動が活発化したことが一因である。また，企業戦略として産業標準を戦略ツールとして活用することが強く意識されているためでもある（立本, 2011）。このタイプの企業戦略は，産業標準を策定することによって部品のインターフェースに明確な標準を定め，コミュニケーションに掛かる無駄な時間・コストを削減したり，重複投資のコストを回避することで，競争力を拡大しようとするものである。

2つ目の企業戦略は，「濃密インターフェース型」である。1990年代以降，旧社会主義国や新興国諸国は，先進国企業に対して直接投資の自由化を認めてきた。そして，先進国企業の直接投資（工場の設置や開発拠点の設立）により，技術知識が国際的に移転していった。このタイプの企業戦略は，本来，知識移転が難しい開発・生産上の技術ノウハウを，人的なインターフェースによって効率的に伝達していくことで，競争力を拡大しようとするものである。

表11-1の2つの事業戦略は，いずれも，先進国から新興国への国際的な技術移転を加速する。そうした中でも，とくに複雑な製品の国際技術移転は，中核部品企業に支えられている事例が多い。

---

1 ただし，その後の市場成果を見ると「ナノ」は成功例であるとはいえない。
2 2010年，北京国際汽車展覧会での筆者調査による（2010年5月2日，於：北京）。
3 もっとも，乗用車の安全品質などについては，民族系自動車メーカーにはいまだ，大いに改善の余地がある。

表11-1 中核部品企業の国際事業戦略

戦略タイプ	標準インターフェース型	濃密インターフェース型
背景となる産業環境変化	世界レベルでの産業標準の頻繁な形成	旧社会主義国や新興国への直接投資の自由化
戦略の内容	・部品のインターフェースに明確な標準を定め、標準に基づいた中核部品提供を行う。 ・標準的なテンプレートに応じて開発を行うので、短期間で開発が完了する。 ・標準市販品として自社製品を用意するため、カスタマイズ費用が不要である。	・現地の開発センターに、エンジニアを育成する。 ・濃密なコミュニケーションを通じた技術サポートを行うことにより、複雑な問題を解決できる。 ・顧客ごとにカスタマイズを行う傾向があり、高コストになりやすい。
企業国籍の傾向	欧米企業に多い	日本企業に多い

　興味深いことに、同じ産業の中核部品企業であっても、欧米企業は標準インターフェース型の戦略をとる傾向が強く、日本企業は濃密インターフェース型の戦略をとる傾向が強い。両者は事業戦略上、対照的な特徴を持っている。では、先進国企業の国際競争力という観点から、このような2つの対照的な戦略を持つ中核部品企業が新興国で市場競争をした場合、どのようなことが起こるのであろうか。そして、新興国産業の成長に合わせて、どのような変化を中核部品企業は求められていくのだろうか。

　本章では、このような疑問に答えるために、複雑な製品として自動車を取り上げ、その中核部品である車載電子部品にフォーカスを当てる。そして、先進国の中核部品企業が急成長する中国市場でどのようなビジネスを行っているのかを紹介する[4]。

2　自動車のアーキテクチャとECUの位置づけ

2.1　ECUとは

　本項では、まず、複雑な中核部品である車載エレクトロニクス部品について、わかりやすく紹介する。

　コンピュータの発達により、「ソフトウェアでハードウェアの制御を専門に

---

[4] 本章の内容は、主に2009～10年のヒアリングに基づいている。本文でも触れたように、中国の自動車市場・ECU市場は流動期にあり、大きな産業構造の変化の可能性もある点に留意されたい。

行う」部品が登場した。このような部品を組込システムと呼び，複雑な制御を行うために，さまざまな製品へ導入されている。自動車では，この電子制御部品のことをECU（エレクトロニック・コントロール・ユニット）と読んでいる。ECUは1970年代に，エンジン制御のために自動車に導入された。コンピュータでエンジンの燃焼を制御し，厳しい排ガス基準をクリアすることが目的であった。このように，エンジンを制御するECUを，エンジンECUと呼ぶ。

　エンジンECUは，現代の自動車開発には必須の中核部品である。ECU開発には，車両全体にかかわる技術知識が必要であり，新興国の部品サプライヤーが短期間でキャッチアップすることの難しい領域となっている。そのため，新興国の自動車市場向けのエンジンECUの大部分は，先進国のサプライヤー企業が供給している。

　もともと自動車に搭載されているECUは，エンジンECUだけであった。しかし，その後，さまざまな装備品をコンピュータで制御するようになっていった。現在では，低価格車であっても十個程度，高級車では数十個から百個程度のECUが搭載されるようになってきている。

　2000年以降，これらのECUは互いに車載ネットワークでつながるようになってきており，先進国向けの乗用車ではECU同士が連動して機能する統合制御が普及するようになってきている。新興国向けの乗用車でも，このような統合制御がいずれ必要になると考えられている。車両の走行制御は，統合制御の代表的なものである。

　たとえば，急ブレーキ時にタイヤのロックを防止して安定走行を促すABSやESCなどは，複数のECUの統合制御によって実現している。当然であるが，単一のシステムを制御するECUを開発するよりも，複数のシステムに関連する統合制御ECUを開発するほうが，はるかに困難である。

　以上のことを整理して図示したものが図11-1である。エンジンECUやブレーキECUと，統合制御を行う走行制御ECUは，階層的な関係になっている。新興国のECU市場は，この階層性を念頭に置くと理解しやすい。

　単制御の階層には，エンジンECUやトランスミッションECUやブレーキECUなどの機能モジュールを制御するECUが存在する。先述のように，これらのECUは，各機能部品を制御するために補器として開発生産されたものである。これらのECUは，車両制御の観点からはすべて重要な制御部品であるが，中でもエンジンを制御するエンジンECUは，各国の排ガス規制を満たし

図 11-1　制御の階層性

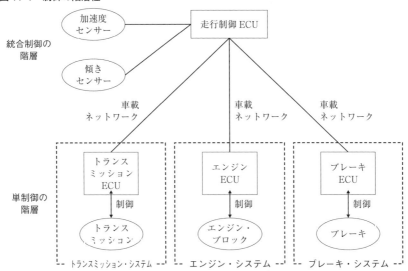

ながら効率的な走行を実現するために必須の制御部品である。現在の新興国のECUの大部分は，こういった単機能の階層のECUである。

　一方，統合制御の階層のECUは，ECU間が車載ネットワークで連結されたために成立した新しい制御の階層である。従前であれば，ドライバー（運転者）がこれらの制御をしなければならなかったが，エンジンECUやブレーキECUがネットワークで連結されたため，コンピュータによる車両の走行制御が可能となった。統合制御の階層のECUは，新しく生まれたECUであり，統合制御ECU市場はこれから成長すると考えられている。将来の自動車産業の競争力を左右すると考えられているのが，統合制御の階層のECUなのである。

　以下，次項〜第4節で単制御の階層のECUを取り上げ，第5節で将来展望として統合制御の階層のECUを取り上げる。各節の内容は次の通りである。本節の次項以降では，単制御の階層のECUの代表としてエンジンECUを取り上げ，なぜエンジンECU開発にはアーキテクチャ知識（全体知識）が必要なのかを説明する。第3節では中国の自動車市場を簡単に紹介し，第4節ではその中国市場向け自動車に対して，先進国ECUサプライヤーがどのようなビジネスを行っているのかを，ボッシュとデンソーの事例を比較しながら説明する。したがって，第4節までは，現在の中国のエンジンECU市場についての説明

図 11-2　エンジン・システム

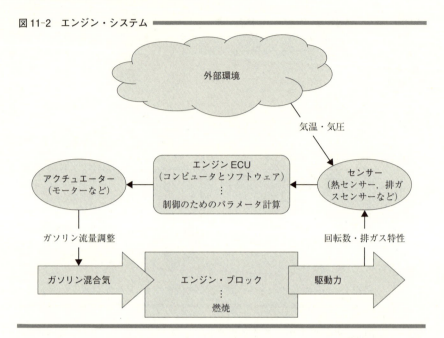

になる。それに対し第 5 節では，今後の動向として，中国で統合制御 ECU がどのように成長していくのかについて 2 つの見方を紹介する。

2.2　エンジンの制御

　人工物の観点から自動車を理解してみよう。自動車を簡単にいうと，「エンジンという内燃機関を制御して駆動力（馬力）を取り出し，車体を走行させる乗り物」というふうに表すことができる。たとえば，スピードが必要なときに，エンジンに送られるガソリンの流量を増やせば，エンジンがつくり出す力が大きくなり，スピードが上がる。逆に，流量を減らせば，スピードが落ちる。これがエンジンの基本的な制御である（図 11-2）。

　実際には，エンジン制御はこれほど容易ではなく，さまざまな外部環境（外乱）に応じてガソリンの流量を変化させる必要がある。外部環境とは，たとえば，吸気する空気の温度であったり，気圧などであったりする。さらに，エンジン回転数や排ガス中の不純物の量などといったエンジン自体の内部環境によっても，ガソリンの流量を変える。外部環境やエンジン自体の状態（回転数や排気ガス特性）に応じて，入力（ガソリンと空気の混合気）を変化させるのである。

このように，外部環境やエンジン自体の状態に応じ，入力を変化させて望みの出力を取り出すことを，「制御」という。

　制御を行うために，外部環境や出力の状況を知るための「センサー」，入力を変化させる「アクチュエーター」，外部環境・出力に応じてどのような入力を行うのかを考える「コンピュータ」の3つが，自動車に積み込まれている。センサーには，熱センサー，排ガスセンサーなどがある。アクチュエーターには，インジェクターから燃料（ガソリン）を噴射する量を調整する燃料噴射装置（モーター等）などがある。そして，コンピュータとしてECUがある。センサーからの入力を受け取って計算を行い，アクチュエーターに信号を出力することが，ECUの役割である。

2.3　エンジンECU——エンジン制御のデバイス

　歴史的にいえば，ECUはもともとエンジンを制御するための「補器」として開発されたものであった。「補器」というのは補助的な機器（デバイス）のことである。しかし現在では，ECUは自動車に欠かせないものとなっている。

　現在のエンジンは大きくいうと，「エンジン・ブロック」と呼ばれる巨大な鋳物と，それを制御するコンピュータの「ECU」から構成されている。エンジン・ブロックは巨大なメカニカル・パーツの固まりで，金型加工のノウハウがとても重要になる。一方，ECUは，プログラムを格納するメモリとマイクロプロセッサーとで構成された小さなコンピュータであり，さまざまな外部条件に対してエンジン・ブロックを制御する。エンジン・ブロックを筋肉，ECUを頭脳と考えればわかりやすい。

　ガソリンを燃料とするエンジンの場合，空気を取り込み（吸気），ガソリンを添加して（混合気生成），シリンダ内の混合気を爆発させ（着火），エンジンを回転させる。この，吸気，混合気生成，着火といった一連の段階を，外部の条件に合わせながら，一瞬のうちに行う。少し考えただけでも，エンジンの制御がとても複雑であることがわかるだろう。にもかかわらず，ドライバーは，このような複雑性をまったく気にすることなく運転することができる。これはすべてECUのおかげである。

　気温30℃の真夏でも，零下10℃の真冬でも，自動車はいつも変わらず走ることができる。エアコンを入れれば，アイドリング中のエンジンの回転数は自動的に上がる。冬の寒い日にエンジンをかければ，高回転でアイドリングが始

まり，次第に回転数が下がっていつもの回転数に戻る。さまざまな環境の中，いつでもエンジンはスタートし，快適にドライブすることができる。快適なドライブを実現するために，ECU は無数の制御を行っているのである。

しかも，ECU が行っている制御は，出力として単に安定的に駆動力（馬力）を取り出すだけではない。排ガス規制の基準内に収まるように燃焼を行わなければいけないし，エンジン・ブロックの寿命をなるべく長くするようにしなくてはいけない。ECU の開発には，内燃機関に対する深い知識が必要になる。ECU には，エンジンを使いこなすノウハウが詰まっているといってもよい。

このように，現在の「エンジンの開発」は，単にエンジン・ブロックを製造すれば完了するわけではなく，ECU の開発が必須となっている。いまや ECU は，エンジン・ブロックとともに，自動車には欠かせない部品となっているのである。

面白いことに，エンジン・ブロックをつくっているのはもっぱら自動車メーカーであるが，エンジン ECU をつくっているのは，多くの場合，自動車メーカーではない。エンジン ECU を開発する能力を持った自動車メーカーもいるけれども，専門の部品メーカーに任せている自動車メーカーのほうが多い。デンソー，ボッシュ，コンチネンタル，デルファイなどの車載電装部品メーカーが，エンジン ECU の有力サプライヤーである。

つまり，エンジン ECU は基本的には調達部品であり，自動車メーカーが内製することは少ない。先述の通り，ECU はコンピュータやメモリで構成されたものであり，さらに周辺のセンサーやアクチュエーターまで含めて電装部品の固まりである。だから，自動車メーカーが自ら生産するよりも，電装部品を開発生産しているメーカーから調達したほうが合理的な場合が多いのである。

2.4　エンジン ECU の開発と適合

エンジン ECU に関する工程をより詳しく説明すると，「ECU それ自体を開発・生産すること」（ECU 開発・生産）と「ECU に適切な数値テーブルを設定すること」（ECU 適合・エンジン適合）の 2 つの重要な工程がある。

ECU 開発は，コンピュータによるエンジン制御が始まった 1970 年当初，自動車メーカーが行っていた。ECU 開発のきっかけは，アメリカで排ガスを厳しく取り締まるマスキー法（1970 年）が導入されたことによる。現在では，

ECUを用いた基本的なエンジン制御の方法の開発は終わり，自動車メーカーが電装部品メーカーからECUを調達し，自らの車両に合わせてカスタマイズを行う分業型になっている。たとえば，「どのように駆動力を取り出すか」を決めるソフトウェアは自動車メーカーが独自に開発し，電装部品メーカーはECUの汎用的な部分を開発生産していることが多い。

ECU適合については，大手の自動車メーカーは自社内で適合作業を行うことが多いが，中小の自動車メーカーは適合作業を専門の企業に委託することも多い。また，大手の自動車メーカーであっても，派生車などの場合は適合作業を委託する傾向がある。

適合作業を専門のサービスとして外部委託できるのは，「エンジンを制御する」ということが汎用的な技術だからである。適合サービスを提供している企業では，自動車だけでなく，二輪車やモーターボート，ジェットスキーまで，エンジンを使うあらゆる乗り物のエンジン適合を行っている。四輪車だけをとっても，たとえば農機具車（トラクター）やF1を走るモーター・スポーツ用の車両などのエンジン適合も行っている。適合作業を受託している企業には，ECUを開発生産している電装部品メーカー以外に，リカード（Ricardo）等の設計・適合を専門とするエンジニアリング・サービス企業がある。

ECU開発とECU適合のいずれについても，自動車メーカーと部品メーカーの間には，微妙な関係がある。それは，どちらも自動車のアーキテクチャ知識（全体知識）を必要とする工程だからである。ECU以外の多くの電装部品は，他の部品との相互依存性が低いため，部品として切り分けることができる。このような部品はコンポーネント知識のみを利用しているため，自動車メーカーにとっての内外製区分（内部製作と外部調達の判断）上，問題になることは少ない。

ところが，ECUに関しては，多くのアーキテクチャ知識が必要になる。つまり，車全体のことを知っている必要があるわけである。自動車メーカーにとって，アーキテクチャ知識を保持していることは，部品メーカーに対するバーゲニング・パワーの源であるばかりでなく，商品としての自動車の差別化の源泉でもある。

たとえば，エンジンECUの適合には，単に排ガス規制をクリアするように適切な数値テーブルを作成するといった基本的なレベルのものから，エンジンの寿命を延ばすような数値の組合せを見つけ出したり，快適な乗り心地を提供

するような数値の組合せを見つけ出したりするレベルのものもある。

エンジンをECUで制御することによって，「排ガス規制」といった法的基準に適合させ，さらに，乗り心地までつくり出す。ECUは，現在の自動車には欠かせないものとなっている所以である。ECU開発やECU適合は，自動車メーカーにとって慎重に扱わなくてはならない工程なのである。

3 中国のエンジンECU市場

3.1 エンジンECUと中国自動車産業

エンジンECUはエンジンを制御するために必須の電装部品であり，そのECU適合は自動車の商品性まで決めてしまう重要な工程であることを述べてきた。適合作業には，物理学の知識や内燃機関に対する深い経験が必要であり，さらには，ユーザー目線といった感性なども必要になる。こういったノウハウが，自動車メーカーや適合サービス提供企業の競争力の源泉となっている。

前述したように，このようなエンジンECUの開発や適合には，自動車全体にかかわるアーキテクチャ知識が必須である。先進国自動車メーカーはこの分野の知識を保持し，電装部品メーカーからECUを調達したり，適合サービス企業にECU適合を依頼したりしたとしても，他自動車メーカーと差別化できるように独自の知識を持っている。また，有力な電装部品メーカーや適合サービス企業も育っている。それに対して，新興国の自動車産業では全般に，いまだ技術蓄積が十分でないことが多く，先進国の自動車産業とは状況が大きく異なっている。ここでは，中国を例にとって説明しよう。

3.2 中国のエンジンECU導入の歴史

中国自動車産業にエンジンECUが導入されたのは，1990年代に遡る。もともとECUを開発生産していた中国企業は存在せず，外資からの技術導入が必要であった。先進国の電装部品メーカーも，中国という巨大市場が開けるという期待から直接投資を行う機会を探っていた。電装部品メーカーの直接投資（中国市場への参入）のブームは，1992～94年ごろと97年ごろの2回あった。1990年代前半のブームにおいては，すでに中国に合弁企業をつくっていた先進国の自動車メーカー（外資自動車メーカー）向けに，電装部品を供給すること

が目的であった。

　エンジン ECU ビジネスの視点からは，1997 年ごろの 2 回目の直接投資ブームが重要である。このブームには理由があった。それは，中国が 1998 年に新しい排ガス規制（ユーロ 2 規制）を導入するとアナウンスしたからである[5]。先述のように，排ガス規制をクリアするためには，エンジン ECU や高精密な燃料噴射装置（インジェクター）などが必須になる。だからこそエンジン ECU ビジネスを営んでいる電装部品メーカーは，排ガス規制をビジネス・チャンスと捉え，直接投資を行ったのである。

　中国では，完成品（自動車）生産には政府規制があり，100％外資の企業設立はできず，外資と中国ローカル資本の合弁企業をつくる必要がある。これに対して，自動車部品には政府規制が存在しないため，100％外資の法人設立が可能である[6]。容易に中国法人を設立できることも手伝って，現在では，ボッシュ，デンソー，デルファイなど，エンジン ECU ビジネスのグローバル企業はすべて，中国に直接投資をしている。これに伴い，中国のエンジン ECU ビジネスの競争は激化している。

3.3　中国のエンジン ECU ビジネス

　エンジン ECU ビジネスの観点から中国自動車産業を見ると，大きく 3 つのセグメントが存在する。1 つ目は，合資企業（先進国企業と中国ローカル資本との合弁企業）が生産しているライセンス車両モデル向けに，エンジン ECU を供給するビジネスである。合資自動車メーカーの主力製品は，先進国自動車メーカーが過去に開発した車両モデルを，中国市場向けに合資企業にライセンスしたものである。この車両モデルにエンジン ECU を提供するのは，本国でオリジナルの車両モデルに対してエンジン ECU を提供していた電装部品メーカーであることが多い。だから，自然とヨーロッパと中国の合弁企業に対してはヨーロッパの電装部品メーカーが，日本と中国の合弁企業に対しては日本の電装部品メーカーがエンジン ECU を供給することが多い。

　2 つ目は，合資企業が開発した自主モデル向けである。自主モデルとは，合

　5　ユーロ 2 規制は，実際には，都市部より漸進的に開始され，中国全土で規制適用になったのは 2004 年以降である。
　6　ただし，現在，環境対応車（新エネルギー車）の部品会社の場合は合弁会社の形態でなければならない。

弁元となっている先進国自動車メーカーの技術移転に依存している部分が多いものの，あくまで合資企業が新規に開発した車両モデルである。自主モデル開発は中国で行われるため，エンジン ECU メーカーにも中国での開発能力が要求される。ライセンスされた車両モデルと異なり，自主モデルは自由に輸出を行うことができるため（ライセンスされた車両モデルは販売地域を限定されている場合もある），合資企業は積極的に自主モデルを開発しようとしている。中国政府はこの自主モデルの開発を後押ししている。

3つ目は，中国ローカル資本の自動車メーカー（民族系自動車メーカー）が開発生産している車両に対して，ECU を供給するビジネスである。このビジネスでも，合資企業の自主モデル向け ECU と同じように，ECU サプライヤーには中国での開発能力が要求される。中国政府は，民族系自動車メーカーの自主モデル開発も応援している。

もともと中国の自動車市場は，合資企業がそのほとんどを占めていた。しかし，2000年前後より自動車産業に新規参入が相次いで起こり，2000年から始まるモータリゼーションの波（第1次モータリゼーション）に乗って，民族系自動車メーカーが急速に成長した。これらは，合資企業を上回るスピードで成長している。どこまでの車種を考慮するかなどの問題から，市場シェアの統計には大きなずれが生じているが，民族系自動車メーカーの市場シェア（乗用車のみ）は，およそ30％程度である（2009年時点）。急激な参入と成長のために短期間のうちに淘汰される企業が続出したものの，今後も民族系自動車メーカー向け ECU は大きな成長が見込まれるセグメントなのである。

4 ボッシュとデンソーの中国参入の歴史と状況

4.1 2大グローバル・サプライヤーの中国 ECU ビジネス

ボッシュとデンソーは，エンジン ECU ビジネスを展開するグローバル・サプライヤーである。ボッシュの2009年度の売上高は382億ユーロ（4兆9732億円，1ユーロ＝130.19円換算）で，自動車関連は218億ユーロ（2兆8381億円）である。一方，デンソーの売上高は3兆1427億円（2009年度）で，自動車関連の売上高は3兆427億円である。売上高で見た企業規模ではボッシュのほうがデンソーより大きいが，自動車関連事業のみの売上げではデンソーのほうが大きい。本節では，エンジン ECU の2大グローバル・サプライヤーであるボ

ッシュとデンソーの，中国におけるビジネスの違いを紹介する。

4.2 ボッシュの中国でのECUビジネス
(1) 中国ECUビジネスへの参入の歴史

ロバート・ボッシュ GmbH（以下，ボッシュ）は，1886年にロバート・ボッシュが設立した精密機械とエレクトロニクスを中心事業とするヨーロッパ企業である。本社はドイツ（シュトゥットガルト）にある。早くから多国籍展開を始め，現在では世界各国に拠点を置く多国籍企業に成長している。

ボッシュは，3つの主事業から構成される。最も大きな事業が売上高の約6割を占める自動車関連事業である。エレクトロニクス分野を中心に自動車部品を提供している。2つ目に大きな事業が消費財・建設等で売上げ全体の30％，3つ目が産業技術で13％の貢献をしている（"Bosch Annual Report 2009"）。

ボッシュは，上海に投資統括会社（ボッシュ・チャイナ，Bosch China）を置き，中国国内で32の子会社（100％資本）と11のジョイント・ベンチャー（中国資本との合資会社）を展開している。およそ2万6000人の従業員を中国で雇用し（2010年現在），従業員数はさらに増加する見込みである。ボッシュの中国での事業は，エンジンECUビジネスが最大であり，ABS，ボディECUが続く。中国事業の売上げの約半分がエンジンECU事業（ガソリンとディーゼルを含む）である。ボッシュにとって中国市場は現在でも十分大きいが，今後さらに急速に成長すると考えられている。

ボッシュは，中国でECUビジネスを展開するため，1995年に中国資本との合資企業である聯合汽車電子（UAES）を上海に設立している。UAESは中国でのエンジンECUの開発拠点である。

現代の自動車は多数の電装部品を使用しているが，とりわけ「エンジンECU」「ABS」「エアバック・システム」などは欠かせないものとなっている。中でもエンジンECUは，排ガス規制をクリアするための必須部品であるので，積極的な技術導入が政策的に行われた。エンジンECUの技術をどこから導入するのかについて，ボッシュやデンソーなどが参加してコンペが行われたが，最終的にボッシュが選ばれた。そうして，ボッシュと合資系自動車会社・民族系自動車会社が共同して，UAESが設立されたのである。

UAESは，ボッシュ（出資比率41％），中聯汽車電子（Zhonglian Automotive Electronics，出資比率49％），ボッシュ・チャイナ（出資比率10％）の合資企業で，

ボッシュ側の出資を合計すると51％になる。中聯汽車電子は，上海汽車を含む中国自動車会社8社の共同出資会社である。中国でのECUビジネスを考える上で，UAESの設立の意義は大きい。

(2) ビジネス方針と主要顧客

UAESのビジネス目標は3つあり，①中国自動車産業の発展にパワートレイン[7]を提供することで貢献する，②顧客に好かれるパートナーになる，③十分な利益と業界平均以上の成長を達成する，である。この3つのビジネス目標はすべて重要な意味を持っているが，競争戦略の面からは，とくに③が興味深い。シェア獲得のための極端な価格戦略をとることを否定し，それよりも，より顧客に使いやすいシステムを提供することで市場シェアの拡大を目指しているのである。

先述の通り，エンジンECUビジネスを営んでいる大手サプライヤーはすべて中国に進出しているが，中でもボッシュは，とりわけ大きなビジネス・チャンスを獲得している。他のサプライヤーは，基本的には本国の自動車メーカーの中国進出に伴ってビジネスを拡大しているだけであるため，中国市場においても，ビジネスの主顧客は先進国（本国市場）の自動車メーカーであることが多い。たとえば，デルファイ（アメリカの電装部品サプライヤー）であれば，中国に進出したGM（上海GM）が主顧客である。エンジンECUサプライヤーにとって，主顧客は合弁企業（この場合，本国市場の自動車メーカーの合弁会社）であることが多い。したがって，ビジネス・チャンスは合弁企業に限られているのが現状である。

これに対してボッシュは，合弁系の自動車メーカーに限らず民族系の自動車メーカーに対してもビジネスを展開している。民族系の自動車メーカーや大手エンジン・メーカーは，ほとんどがボッシュと取引している状態である。現在，ボッシュの中国での最も大きな取引先はフォルクスワーゲン（VW）であるが，ほかにも合弁企業から民族系企業まで幅広い。ボッシュの中国市場におけるシェアが大きいのは，合弁企業と民族系企業の双方と取引を行うことに成功しているからである。そして，市場シェアの高さから，ボッシュ製品が中国のエンジンECU市場における「事実上の標準」となっている。

---

[7] パワートレインとは，エンジンから駆動力を車輪に伝える機構全体を指す。エンジンECUはパワートレインの中核部品である。

(3) マネジメントの現地化

ボッシュの中国エンジン・ビジネスは現地化が進んでいる。研究開発のエンジニアのおよそ80％が中国人エンジニアである。中国平均と比べれば，離職率も高くない（数％程度）。競争優位の源泉は人材であると考え，積極的にローカル人材を登用する方針が長年とられてきた。中国の民族系自動車メーカーは，ECUに関する技術をあまり蓄積していない。民族系自動車メーカーには，エンジンECU以外にも自動車に関する技術でキャッチアップしなくてはならない領域がまだ多くあるため，エンジンECUは主要なキャッチアップ領域であると考えられていないのである。それゆえ，ボッシュと民族系自動車メーカーの間には，いまだに大きな技術的なギャップが存在している。

(4) 本国との分業

中国市場の成長があまりにも速かったため，ボッシュのグローバルなプラットフォーム・ロードマップとは別に，中国市場向けの製品モデル開発が進むことになった。[8] 中国のエンジンECU開発の中心となっているのが，UAESである。同社は，2010年現在，約3800人の従業員を抱えている。1996年よりエンジンECUの供給を開始した。

UAESの技術の源泉は，ドイツのボッシュである。中国の排ガス規制はヨーロッパの規制値を参考としており，ドイツのボッシュで開発された技術を導入することで技術的優位を獲得しているのである。ただし，ドイツから技術移転を受けているというのは，基本的な技術の移転を受けたということに過ぎず，個々の製品モデル（個々のECU）の開発，とくに中国市場向けの開発は，中国で行われている。UAESが設立されてから10年以上が経過しているが，設立時に技術導入を行ったとはいえ，中国向けの開発を継続して行ってきたことで，今では中国独自の製品であると呼べるまでになってきている。他のエンジンECUサプライヤーに先駆けて直接投資を行ったことに加え，中国現地の開発力を早い時期に増強したことが，ボッシュの中国での成功を支えている。

2000年以降，UAESは中国独自開発に，さらに力を入れている。ボッシュの中国での技術蓄積は着実に進んでおり，グローバル市場向けのプラットフォームを中国から発信した例も出始めた。たとえば，2008年には，UAESが開

8　2015年に市場投入予定のエンジンECUの新プラットフォーム（MDG 1）で，プラットフォームのロードマップがグローバル・レベルで統一される予定である。

発したTCU（トランスミッション・コントローラー・ユニット）が，ボッシュのグローバルなプロダクト・ポートフォリオに組み込まれている。

　UAESが中国市場で提供しているエンジンECUは，基本的に，カスタマイズ品ではなく，単一モデルの標準品である。カスタマイズ品は，コストが割高になったり，開発期間が長くなることがあるため，民族系自動車メーカーに嫌われる傾向がある。むしろ標準品のほうが，割安感があり短納期であるため人気があるのである。ただし，完全に同一のシステムを納めるわけではなく，センサーやアクチュエーターなどの組合せを変更して，EMS（エンジン・マネジメント・システム）としては顧客に適した製品を提供している。エンジンECUは制御ユニットなので汎用性が高い。次に述べるように，UAESは自動車メーカーとの間で仕様書のパラメータ設定を通してカスタマイズを図っているが，基本的に標準品を提供するビジネスが定着している。それを反映して，合弁系と民族系の自動車メーカーに供給しているエンジンECUの間も，価格差は5％以内に収まっている。

　このようなUAESのエンジンECUビジネスには，提案型の案件が多い。UAESが提案するEMSの機能仕様書は通常100頁超に及び，設定する項目も1000項目以上に及ぶ。この仕様書の雛形をもとに，自動車メーカーの要望を聞き取りながら各パラメータを埋めていき，完全な機能仕様書を完成させるのである。

　機能仕様はこのような流れで決定されていくのだが，実際は，合弁系と民族系の自動車メーカーでは決まり方がやや異なる。合弁系企業は，先進国自動車メーカーから技術移転を受けているため，独自のカスタマイズを必要とする場合が多く，機能仕様書も比較的多くなりがちである。それに対して，民族系自動車メーカーは，標準的なエンジンECU製品に少しだけ自動車メーカー独自の仕様を追加する。民族系自動車メーカーの中でも，とくに新規参入した企業であれば，汎用的なエンジンECUを提示して見せただけで採用に至る場合も多いという。

9　ただし，先述のように，ECUの価格差は5％ほどであることを考慮すると，カスタマイズといっても大きなものではないと思われる。

4.3 デンソーの中国でのビジネス

(1) 中国 ECU ビジネスへの参入の歴史

デンソーは，愛知県刈谷市に本社を置く自動車向け電装品サプライヤーである。1949 年に，当時赤字部門であったトヨタ自動車の電装・ラジエーター部門を分離・独立して設立された。「日本の全自動車メーカーをお客様にする」との信念のもと，「日本電装」という社名がつけられた（1996 年，「デンソー」に社名変更）。1953 年にボッシュと技術提携を行い，さらに積極的に技術蓄積を行うことで技術・品質面で競争力を構築してきた。1950 年代の日本のモータリゼーションを背景に急速に成長した，世界最大のエンジン ECU サプライヤーの 1 つである。

事業は自動車部品に特化しており，前述の通り，売上高は連結で 3 兆 1315 億円である（2011 年 3 月期）。自動車部品の供給先は，トヨタグループ向けが 49.4 %，トヨタグループ外が 40.5 %，市販品他が 10.1 % となっている（2011 年 3 月期決算説明会資料より）。トヨタへの依存度が高いことがわかる。

デンソーの中国進出は，日本の自動車サプライヤーとしては非常に早かった。1987 年には中国を「将来有望市場」と位置づけて駐在員事務所を開設し，90 年代半ば以降，カー・エアコン，スタータ／オルタネータなどの生産工場を中国に展開した。エンジン ECU の生産拠点としては，1997 年，天津に天津電装電子有限公司を設立している。これは，中国市場が成長するという期待と，1998 年に排ガス規制（ユーロ 2 規制）が中国で始まるとの予測のもとに行われたものである（実際の規制は 1999 年から）。その後 2001 年に中国が WTO に加盟したことを機に，各先進国自動車メーカーが中国での事業規模を拡大させたため，デンソーも中国の生産規模を急激に拡大した。

天津電装は，デンソーの中国におけるカー・エレクトロニクス部品生産の中核的な会社である。資本構成はデンソー 93 %，豊田通商 7 % であり，デンソーの資本がマジョリティを占めている企業である。エンジン ECU，メーター，カーナビ，フューエル・ポンプが主力製品である。

(2) ビジネス方針と主要顧客

デンソーの中国におけるビジネス方針では，先進国自動車メーカーの中国法人（合資系自動車メーカー）に対する部品の供給をメインに据えていた。実際，デンソーの中国での主顧客は合資系自動車メーカーである。とりわけ日系の自動車メーカーと中国資本の合資自動車メーカーに強い。たとえば，エンジン

ECU を生産している天津電装の主要顧客は，一汽豊田，広州豊田，広州本田，長安鈴木などである。トヨタの合資先企業との取引関係はとくに強く，品目によっては天津電装の売上高の9割に及ぶこともある。

合資系自動車メーカーは，先進国自動車メーカーから車両モデルをライセンスしてもらい生産を行っている。このため，デンソーにとっては，先進国（日米欧）自動車メーカー本国（母国）での設計技術力の拡大がビジネスの大きな決め手になる。つまり，部品サプライヤーとしての競争力を決定する要因は，先進国自動車メーカー本国の開発プロセスにいち早く参加してデザイン・ウィンを得ることであり，デンソーの中国側の活動としても本国（先進国の自動車メーカーの開発拠点）との連携が重要となるのである。

このような合弁自動車メーカー主体のビジネス形態であったため，同社は，開発能力や営業人材は本国側（日本や欧米）で強化し，中国では生産能力を高める方針をとっていた。この方針に基づき，生産能力は品質や技術蓄積の面で大きな成功を収めた。

ただし，2000年代後半以降，これまでも見てきたように，合資企業内での自主モデル開発や民族系自動車メーカーの成長に伴って，中国現地での車両開発の機会が拡大してきている。そのため，中国での自動車メーカーとの関係強化や，中国現地の開発センターの拡大が，急務となっている。とくに急成長を遂げている民族系自動車メーカーとのビジネス・チャンスをつくり出すことが重要であると認識している。そのために，中国現地における開発・営業資源の拡充のほか，「品質と価格のバランス」など，中国市場に合わせた開発・生産・営業の体制を構築中である。

(3) マネジメントの現地化

天津電装は，デンソーと豊田通商という日本企業が100％出資している企業である。それゆえ，合資企業に比べて，ローカル・マネジャーが育ちにくいという問題を抱えている。つまり，マネジメントの現地化が進みづらいという問題がある。

たとえば生産品目を増やすと，デンソー本社から生産技術，品質保全，生産事業部といった事業部ごとに日本人が派遣されることになり，結果として日本人のマネジャーが増えてしまう。それが，現地でのローカル・マネジャーの育成を阻害してしまう。一方で，中国労働市場から優秀な人材を中途採用することも難しい。かといって，マネジャーの能力のないローカル人材を無理に昇格

させるとなると，問題はより複雑になる．とりあえず大量にローカル人材をマネジャーとして登用してしまい，業績に合わせて降格させるような案もあるが，日本企業の企業風土においては，降格は心理的に抵抗があり行いにくい．ローカル・マネジャーの育成は本来時間が掛かるものであるが，現時点でも育成は十分にできておらず，目下の重要課題の1つとなっている．

(4) 本国との分業関係

現時点では，デンソーの中国と日本は，日本でエンジン ECU を設計し，天津電装で製造するという分業体制をとっている．エンジン ECU の製品設計に関しては，日本（もしくは先進国自動車メーカーの本国）に依存しているのが現状である．前述の通り，従来，デンソーの中国での主要顧客は合資系自動車メーカーであり，合資系自動車メーカーの技術決定権は本国側の設計グループにあった．よって，デンソーも，本国側の設計資源を強化し，中国では製造能力を高める努力を行ったのである．

中国での生産能力を高める各種の取組みは，大きく成功している．たとえば，新規製品が開発され中国で生産される場合は，次のような手順を経る．まず本国（多くの場合，日本）で，製品設計に合わせて工程設計が行われる．この工程設計で工程管理明細書が作成される．ただし，既存製品の派生モデルの場合は，天津電装が工程管理明細書を作成する．工程管理明細書には，治具の仕様や自動機の仕様も記載される．さらに，「組み付け手順」「品質のチェックポイント」「安全注意事項」など作業現場に必要な作業要領書を作成する．この作業要領書は，中国で作成される．つまり，新規製品の場合は本国の生産管理と連携して中国で工程管理明細書と作業要領書を作成し，派生製品の場合は中国独力で工程管理明細書と作業要領書を作成している．派生製品については，中国の人材で工程設計ができるほどの技術蓄積を行うことに成功したのである．

厳しい市場競争を反映して，合資系自動車メーカーは，現地での設計を要望している．自主開発モデル（ライセンスされた車両モデルの生産ではなく，自らプラットフォーム開発を行うモデル）へと車両開発が移行してきており，現地で膨大な開発力が必要となるからである．さらに，民族系自動車メーカーもデンソー中国の開発力の増強を望んでいる．民族系自動車メーカーがプラットフォーム開発を成功させるためには，デンソーの中国現地の開発センターの協力が，不可欠であるからである．このような動きは，デンソーにとってもビジネス・

チャンスになる。

　合資系・民族系いずれの自動車メーカーの要望にも応えるために，デンソー中国では急速に中国の開発センターの強化を行っている。デンソーのエンジンECU の基本設計はどの顧客でもすべて同じであるが，同社は，実際の製品は個別対応（カスタム設計）しなければならない傾向が強くなると予想している。このため，少なくとも ECU 適合のためのエンジニアは，中国で大規模に拡充しないと，今後の自動車メーカーの要望に対応していくことは難しいと考えている。

4.4 中国 ECU ビジネスの市場成果

　中国の 2009 年の乗用車の市場規模は，およそ 1300 万台である。このすべてにエンジン ECU が搭載されている。このエンジン ECU 市場の主なサプライヤーは，これまで取り上げてきたような日米欧の外資系企業である。主な企業には，ボッシュ（ドイツ），デンソー（日本），デルファイ（アメリカ），ビステオン（アメリカ），コンチネンタル（ドイツ）などがある。

　これらのエンジン ECU ビジネス企業の市場シェアについて，正確な統計データは存在しない。それは，車両が登録制になっているのに比べて，ECU は単なる部品であり公式的な統計がないからである。さらに，自動車メーカー間の市場シェアの変動が非常に激しく，それがエンジン ECU 市場の市場シェアにも影響してしまうからである。

　各種の統計資料およびヒアリングから推定すると，エンジン ECU のおおよその市場シェア（合弁企業・民族系企業などを合算したすべての市場シェア，数量ベース）は，ボッシュ（UAES）が 40～60 %，デルファイ 10～20 %，デンソーが 10 % 程度であると思われる（2009 年）。統計のとり方によってはボッシュとデルファイで 80 % 程度の市場シェアを獲得している可能性があるが，いずれにせよ，中国のエンジン ECU 市場ではボッシュが大きな市場シェアを獲得している状況である。

　ボッシュにとって，中国市場はヨーロッパ市場を凌ぐほど高い収益率の上がる市場となっている。この点は同社の優れたビジネス・モデルの結果であり，驚きに値する。その理由は，ボッシュがエンジン ECU を市販部品（off-the-shelf products）として提供していることである。カスタマイズに伴うコスト高を避け，同一モデルを幅広く販売することができる。ボッシュは，このビジネス・

モデルによって，中国市場で高収益性を達成している。

このような標準品ビジネスは，技術蓄積が浅く，キャッチアップ意識旺盛な中国自動車メーカーにとってもメリットが大きい。前述のように，第1に，カスタマイズ費用が必要ないため，エンジンECUの価格が安く抑えられる。第2に，標準品であるため短納期であることが，開発期間の短期化に貢献する。第3に，詳細な要求仕様を自動車メーカーが作成する必要がないので，技術蓄積不足をカバーできるのと同時に，開発期間の短期化の点でも有利である。第4に，標準的仕様のエンジンECUが普及すれば，開発エンジニアを中途採用しやすくなったり，一般的なスキルとしてエンジンECU開発のノウハウの蓄積ができるようになり，効率的な学習ができる。これらのメリットがあるため，ボッシュのエンジンECUを採用する中国自動車メーカーが増加し，事実上の標準の地位を得るほどの市場シェアを獲得しているわけである。

ボッシュはグローバルECUメーカーの中でも最も早く中国に参入し，中国市場の経験が深いが，それだけが同社の成功の理由ではない。上述のような，エンジンECU事業に関する優れたビジネス・モデルが，中国市場のボッシュの競争優位を拡大させているのである。

5   中国自動車産業の将来動向

5.1 中国自動車産業の技術蓄積──2つの将来像

中国の自動車産業は急激に成長を遂げている。先進国自動車産業がつくり上げてきた技術的な資源を既存資源として活用しながら，中国市場の実用的なニーズに合わせた製品開発が行われている。先進国の自動車と似たような車両が開発され，半額以下で販売されている状況である。発展のスピードは著しく速い。

1990年代に中国で生産されていた自動車（合資企業でライセンス生産されていた自動車）は，先進国で開発された車両をベース・モデルとして，中国市場向けに一部変更を行ったものであった。しかし，2000年代後半以降の自主モデル・自主ブランド（民族系自動車メーカーの独自開発モデル）開発では，ベース・モデル依存から一歩進んだ段階に入ってきている。自主モデル・自主ブランドとは，中国で開発したオリジナルの車両モデルのことである。

中国で完全な自主モデル・自主ブランドの車両が登場するまでには，自動車

表 11-2　中国自動車メーカーの車両開発の技術段階

第 1 段階：ベース・モデルの一部変更を主とする車両開発。
第 2 段階：アッパー・ボディのみの車両開発。
第 3 段階：プラットフォーム開発（車両の走行部分・車台）を含めた車両開発。
第 4 段階：制御部品（ECU 等）を含む車両全体の開発。

メーカーは，表 11-2 に示すような 4 つの技術段階を経るだろうと考えられている。

第 1 段階のベース・モデルの一部変更とは，先進国ですでに上市された車両モデルを中国向けに変更することである。すでに製品化された車両の一部を変更するだけであるので，容易に製品開発が可能である。それに対して，第 2 段階では，車両走行に関するモジュール（主に車両の下半分であるロワー・ボディ）は既存の車両と同一であるが，ボディの外観デザインや内部装備に関しては新規に設計を行う。主に，車両の上半分のモジュール（アッパー・ボディ）を開発する。

第 3 段階は，第 2 段階とは質的に大きく異なる飛躍が必要となる。第 3 段階では，車両の基本的な機能である「走る」「止まる」「曲がる」をゼロから設計する。それには単機能層の ECU を最大限に活用しなくてはならない。加えて，車両走行制御を行うためには，統合制御の層の ECU までも利用することが必要となる。車両走行に関するモジュール（ロワー・ボディとそれを制御する ECU）をプラットフォームと呼び，プラットフォーム開発の能力を自動車メーカーが持つ必要がある。第 4 段階では，車両全体を自動車メーカーが開発することになる。

現在，中国の多くの自動車メーカーは，合資系・民族系を問わず，第 1 段階から第 2 段階（もしくは第 3 段階の一部）への移行期にあると考えられている。最終的には中国の自動車メーカーは第 4 段階（統合制御系も含む車両全体の開発）に至る可能性が高い。中国政府の産業政策も第 4 段階への移行を後押ししている。

中国のエンジン ECU 市場の現状は，ターンキー・ソリューションに近いようなコミュニケーション・パターンが，自動車メーカーと部品サプライヤーの間で頻繁に観察されている。図 11-3 でいうと，左下の (a) の状態にあるといえる。

しかし，第 1, 2 段階から第 3, 4 段階へと中国自動車メーカーの技術水準が移

図 11-3　中国 ECU 市場の将来像

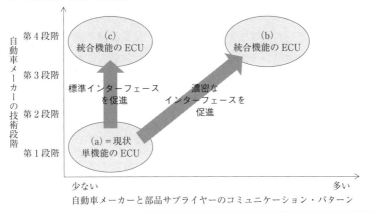

行すると，自動車メーカーと ECU メーカーの取引パターンも変化するのではないかと考えられている。ただし，その方向性については大きく 2 つの異なる見解がある。

1 つ目の見解は，両者の間のコミュニケーションがより濃密になり，技術情報を頻繁に交換するようになる，という予想である。そうなると，フェース・トゥ・フェースの技術情報のやりとりが重要になり，ECU サプライヤーの中国現地開発能力が重要になる。統合制御が必要となるにつれて，図 11-3 でいえば右上の（b）に移行していくということである。その場合，カスタマイズ要求が増大するため，中国現地のサプライヤーのエンジニアが，中国の自動車メーカーの開発に深く参加する必要が出てくる。第 1 段階では本国で開発されたモデルをもとに開発を行えばよかったが，第 3 段階ではプラットフォーム開発まで中国で行う。そのためには，先進国の ECU サプライヤーから中国の自動車メーカーへの技術移転・知識移転は不可避であり，むしろそこにビジネス・チャンスがあると考えられる。デンソーは，このアプローチを推進している。

2 つ目の見解は，ECU に対するカスタマイズ要求は増大するものの，基本的には汎用品の需要が大きいままである，という見方である。統合制御が必要となっても，自動車メーカーと部品サプライヤーのコミュニケーション・パターンは変化せず，図 11-3 の左上にある（c）に移行する。この見方によれば，部品サプライヤーには，より包括的なソリューションが要請されるようになる

可能性がある。中国市場は非常に競争的でありコスト低減の要求が厳しい。これを満足するためには，より汎用的に利用できる方法をつくり出し，ECUで規模の経済を追求する必要がある。その場合，技術仕様の簡明化など，フェース・トゥ・フェースのコミュニケーションに過度に依存しないようにしなければ，結局，技術移転・知識移転に膨大な工数が掛かってしまい，コスト高になってしまう。コスト高になれば利益が圧縮されるだけでなく，中国の民族系自動車産業へ広く対応することも困難になる。ボッシュは，包括的なソリューション提供を推進することで，この問題を解決しようとしている。

5.2 2つの技術移転アプローチ——濃密と標準

　今までの中国市場が後者のアプローチで成長してきたことは明らかである。しかし，今後も中国市場が成長スピードを保ったまま，さらに成長を遂げようとした場合，前者のデンソー的なアプローチと後者のボッシュ的アプローチのどちらが有力になるのだろうか。

　どちらのアプローチにも長所・短所があり，どちらが優勢になるのかは予断を許さない。前者のコミュニケーション重視の方法は，民族系自動車メーカーを中心に技術蓄積のニーズが大きいため，手厚いサービスが歓迎される可能性もあり，長所となりうる。この場合に最も重要な点は，エンジンECUが中国自動車メーカーにおいて技術蓄積（キャッチアップ）の焦点になるかどうかである。先述のように，中国自動車メーカーは技術蓄積が浅く，キャッチアップしなければならない分野はいくつもある。このような状況の中で，エンジンECUが主要なキャッチアップ領域になるのかどうかについては，判断が分かれるであろう。エンジンECUに集中するよりも，むしろ自動車全体のパッケージングをよくし，商品としての統合度を上げることで，製品の魅力を上げる方法も考えられるからである。

　こういった濃密インターフェース志向の方法は，取引関係の構築のコストが高くつきやすいという点が短所である。たとえば，設計センターや技術営業を短期間に急拡大する必要がある。投資負担の増加を抑えながら，コスト的に見合う製品を上市できるかどうかが問題になる。

　一方，後者の標準インターフェース志向の方法には，簡明なインターフェースを設定することによって，取引コストを下げることができるという長所がある。さらに，標準品としてエンジンECUを供給することで，自動車メーカー

にとっては短納期・低価格な部品となることも魅力を生む。エンジンECUサプライヤーにとっても，単モデルを幅広い顧客に販売するので，利益率が高くなりやすくR&Dへの再投資も可能になる。

後者の方法で問題としてあげられるのは，自動車メーカー間の差別化競争が激しくなると，エンジンECUを標準品として販売することが難しくなってくるという点である。エンジンECUは，エンジン効率や排ガス規制など，自動車の主要な指標に直結する部品である。そのため，この領域で差別化を行いたいという誘惑は，自動車メーカーの中に常に存在する。新規参入が絶え間なく行われている場合，技術蓄積が小さい自動車メーカーが市場に多く存在し，標準品のエンジンECUの需要は高くなる。それに対して，新規参入が一段落して，自動車メーカーが技術蓄積をベースに差別化競争を開始し，エンジンECU分野でも差別化競争が開始された場合，標準品ECUを主体としたビジネスは脅威にさらされる可能性がある。

ただし，そのような場合でも，中国自動車メーカーが第2段階にとどまり，差別化競争がアッパー・ボディを中心にして行われた場合，依然として標準品ECUビジネスが残る可能性もある。産業進化の可能性は複雑であり，予断を許さない。

外部要因として留意すべきなのは，2000年以降，車載エレクトロニクス分野で継続的に行われている標準化活動である（徳田・立本・小川，2011）。先進国でも，車載エレクトロニクスの複雑性の増大は，大きな問題となっている。複雑性軽減のため，自動車メーカー，部品サプライヤー，さらにはツール企業や半導体企業，ソフトウェア企業などが集まり，活発に標準化活動を行っている。一例として，ヨーロッパ発のオープンな標準化団体であるAUTOSARコンソーシアムなどがあげられよう。このようなコンソーシアムで確立した標準規格やロードマップ，それらに対応したツールは，先進国産業だけでなく，新興国産業にも影響を及ぼす。もしもグローバルな標準が形成され，それに基づいたビジネス・エコシステムが拡大すると，より標準インターフェース志向の方法へと，産業全体は向かいやすい。今後，この点について留意が必要であると思われる。

6 むすび

　冒頭に紹介したように，複雑な製品を扱う産業は，本来，国際移転が難しい。しかし，実際には，驚くべきスピードで複雑な製品を扱う産業が新興国へ移転している。このパターンの産業移転で重要な役割を果たしているのが，業界標準となっている産業財を供給する先進国企業である（立本・小川・新宅, 2010）。業界標準となった産業財をプラットフォームと呼び，この産業財提供企業をプラットフォーム・リーダーと呼ぶ（Gawer and Cusumano, 2002）。プラットフォーム・リーダーが技術移転を促進しながら，先進国企業と新興国企業が参加できるエコシステムを形成することに，注目が向けられるようになっている（小川, 2008；新宅ほか, 2008；Tatsumoto, Ogawa, and Fujimoto, 2009）。新興国産業にとって，このような産業構造は望ましいものであり，新興国の経済成長に多大な貢献をしている（小川, 2011；立本, 2011；川上, 2012）。

　中国自動車産業の場合，とくに技術蓄積が小さく，キャッチアップ期にある民族系自動車メーカーにとっては，プラットフォーム提供者としてのグローバルECUサプライヤーの存在は望ましい。一方，合資系自動車メーカーにとっては，プラットフォーム化されたECUは，差別化の源泉を失わせてしまうため，頭の痛い存在になるかもしれない。そして，民族系自動車メーカーの拡大に合わせて，プラットフォーム企業の中国でのビジネス・チャンスはさらに拡大する可能性がある。

　先進国企業と新興国企業の両者にとって，プラットフォームを介した産業移転は，経済的合理性がある。一般的にいって新興国市場はコスト圧力が強く，先進国企業にとって利益を得ることが難しいのが問題である。ところが，産業標準に基づいた産業構造が形成されると，先進国企業も十分な利益を獲得でき，産業移転がさらに加速される。プラットフォームを基盤とすることで先進国企業と新興国企業が同一の産業エコシステムで分業することが可能になり，同時に，プラットフォーム企業としては製品のコモディティ化と高収益の同時実現が可能になるのである（小川, 2008）。この事実こそが，プラットフォーム企業の新興国市場戦略を理解する上で，重要な点である。

　プラットフォーム企業の新興国市場戦略は，迅速な国際的産業移転の背景にあって，新興国の産業進化の方向性に大きく影響している。このようなプラッ

トフォームを介した産業移転を,「プラットフォーム分離モデル」と呼ぶ(立本・小川・新宅,2010)。この産業移転のパターンには普遍性があり,新興国市場における競争戦略として合理性がある。先進国企業にとって,今後,この戦略パターンは,さらに重要性が拡大するものと思われる。

* 本章は書き下ろしである。なお,本研究は,平成25-27年度科学研究費補助金・若手研究(A)「グローバルなビジネス・エコシステムにおけるプラットフォーム競争戦略の成功要因」(科研番号25705011),および平成21年度科学研究費補助金・基盤研究(C)「標準化戦略国際ダイナミズムの中でのビジネスモデル」(課題番号21530423)の助成を受けており,本章はその研究成果の一部である。

第Ⅲ部　組織の設計・能力構築

第12章　新興国市場戦略のためのグローバル組織設計序論
第13章　現地人材活用による市場適応
第14章　現地適応とグローバル統合の2軸共進化
第15章　日系小売企業における組織能力の構築と現地市場開拓
第16章　市場拡大期における企業の動態適応プロセス
第17章　サプライ・チェーン・マネジメントとIT

第12章

新興国市場戦略のための
グローバル組織設計序論

中川功一・天野倫文・大木清弘

1 はじめに——新興国ビジネスのための組織とは

1.1 新興国マネジメントの2側面——市場と組織

　本章からは，問題の焦点を新興国市場戦略のための組織設計へと移す。前章までの議論で，新興国市場進出には各国状況に合わせた製品やマーケティング戦略の徹底的な現地適応が求められることは，理解していただけたことと思う。しかし，製品およびマーケティング戦略といった「表の競争力」を得るためには，そうした製品を生み出し市場に供給していくための「裏の競争力」，すなわち適切な組織の構築もまた必要になる。本章は，そうした新興国市場戦略のための組織設計に関する序論として，「現地拠点の設立」「支援と自立のバランス」の2つの主張を軸に，近年の日系製造業の新興国向け組織設計の実態を検討しながら，議論を進めていく。

1.2 多国籍企業の組織設計問題——配置と調整

　Porter (1986) の整理に基づけば，多国籍企業の組織設計の基本原理は，①拠点配置と②拠点間調整の2つとなる。第1の拠点配置とは，世界地図上にどう自社拠点を配置するかである。少数の集中的に配置された拠点で世界市場をカバーするのか，それとも多数の分散的に配置された拠点で各エリアをカバーしていくのかという，集中か分散かが論点となる。第2の拠点間調整とは，各地の拠点間でどの程度の連携・調整を行うかであり，密な連携・調整か，それとも自主自立かが論点となる。

図12-1 Porter (1986) に基づく新興国市場向けの組織変革の方向性

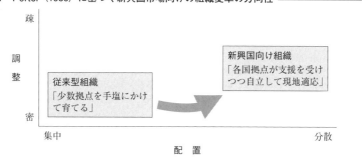

　この2点から20世紀までの日本企業のグローバル経営を概観するならば，「集中配置・密な連携」のところに位置づけることができると思われる（図12-1）。まず配置についてであるが，元来，日本企業は海外進出に慎重で，どうしても設立せざるをえない状況に置かれたときのみ海外拠点を設立する傾向にあり，限られた少数の拠点を有するのみであった（伊藤, 2002；安室, 1992）。一方，連携・調整関係については，本国からの手厚い支援関係によって，海外拠点への日本的経営の移転が行われた（安保ほか, 1991）。マザー工場システムを典型例として，支援のため多数の人材を出向・出張させ，日本から海外へと固有の経営システムの移転が図られていたのである（山口, 2006）。まさしく，少数精鋭の拠点を手塩にかけて育てるという，「集中配置・密な連携」の本国・海外関係であったとまとめることができよう。

　これに対し，新興国市場を見据えて今後構築していかねばならない組織は，「分散配置・支援と自立のバランス」だと考えられる（図12-1）。これまで見てきたように，グローバル経済は文化的・社会的・経済的多様性を維持したまま，新興国を中心に成長している。その多様性と成長スピードに応えるためには，まず各国を担当する現地拠点を設立し（分散配置），次にその各国拠点が十分な支援を受けつつも自立して現地市場環境変化に対応していく（支援と自立のバランス），という組織の変革が必要だと考えられるのである。以下では，「配置」「調整」の順に，検討していくことにしよう。

表12-1 海外進出先エリア別進出企業数

		製造拠点		販売拠点	
		2007年	1997年	2007年	1997年
進出エリア	北米	189 (52%)	177 (49%)	199 (55%)	161 (44%)
	EU圏	140 (39%)	113 (31%)	179 (49%)	156 (43%)
	中国	222 (61%)	94 (26%)	142 (39%)	75 (20%)
	アジアNIEs	143 (39%)	116 (32%)	154 (42%)	116 (32%)
	ASEAN	211 (58%)	127 (35%)	69 (19%)	35 (9%)
	その他地域	47 (13%)	20 (5%)	35 (9%)	26 (7%)
平均進出エリア数		2.6	1.8	2.1	1.6

(注) $N=359$。( ) 内はサンプル全体に占める割合。
(出所) 筆者作成。

2 現地拠点設立の必要性[1]

2.1 集中から分散へ

　表12-1は，日本の大手製造業企業359社[2]について，製造拠点と海外拠点の海外進出先を調査した結果である。同表からは，日系大手製造業が，近年，より積極的に製造・販売の海外進出を進めていること，その進出先が先進国から新興国へと移り変わっていることが見て取れる。1997年時点では，日系製造業企業の海外進出先は，北米・ヨーロッパが中心であった。だが，2007年時点では，進出先として中国，アジアNIEs，ASEANが台頭してきている。ブラジルやインドといった地域（表12-1の「その他地域」に該当）への進出こそ依然として少ないものの，進出先の新興国シフトは鮮明である。日系製造業企業の海外展開は，世界経済の成長を引っ張っている新興国へと向いていることが確認できる。

1　本節の内容は，中川（2012）の調査結果に基づくものである。詳細な分析内容については同論文を参照いただきたい。
2　データは，各社有価証券報告書の記載に基づく。輸送機器，電気電子機器，医薬品，化学，機械，精密機械，鉄鋼，非鉄金属の8業種から，日本の株式市場に上場している企業で，上場後10年以上の活動実績があり，2007年時点で500億円以上の売上規模を持つ企業を対象としている。該当した企業は375社であったが，このうち有価証券報告書の記載では海外事業の内容が判断できなかった12社と，ファブレス型の企業4社を除いた359社をサンプルとしている。

表 12-2　10 年間の売上高・利益成長に拠点展開が与えている影響

従属変数	売上高成長率 (%)			営業利益成長率 (%)		
モデル	A-1	A-2	A-3	B-1	B-2	B-3
切片	27.7***	42.2***	26.0***	4.03**	3.95**	2.83*
1997 年 製造エリア数	−6.0*		−5.3	−0.49		−0.69
2007 年 製造エリア数	15.1***		14.4***	1.41***		1.22**
1997 年 販売エリア数		−3.9	−3.4		−0.44	−0.29
2007 年 販売エリア数		7.4**	3.2		1.29**	0.98*
医　薬	1.4	−6.8	2.4	6.66**	6.52**	7.12**
化　学	−13.9	−4.7	−12.4	−1.41	0.11	−0.58
輸　送	14.4	27.5**	14.7	−2.48	−0.60	−1.73
機　械	−12.4	−9.7	−12.1	0.55	0.89	0.46
非鉄金属	3.6	21.6	6.8	0.93	3.87	2.66
鉄　鋼	9.5	9.8	11.3	8.45***	9.65***	9.55***
精　密	25.6	22.3	23.4	6.59**	5.67*	5.53*
F 値の有意確率	0.00	0.08	0.00	0.00	0.00	0.00
調整済み R^2	0.07	0.02	0.07	0.06	0.05	0.07

（注）　*は $p<0.1$，**は $p<0.05$，***は $p<0.01$ を表す。$N=359$。
（出所）　筆者作成。

　表12-1からもう1つ読みとれることは，積極的な新興国進出の結果として，拠点配置数の増加，つまり拠点配置の分散化が進展していることである。1997年時点では，日系企業の平均進出エリア数は製造拠点1.8カ所，販売拠点1.6カ所であったが，2007年時点では製造拠点2.6カ所，販売拠点2.1カ所へと増大している。この10年の日系企業の海外展開は，既存のネットワークに新規の拠点を追加するような形で進められたといえるだろう。つまり，少数拠点で世界需要を満たす「集中型」ではなく，各エリア別に配置された拠点でそれぞれのエリアの需要を満たす「分散型」へのシフトが進みつつあると考えられるのである。

　興味深いのは，この分散配置は企業業績に正の影響を与えているということである。表12-2は，1997～2007年の10年間の売上高成長率・営業利益成長率と，製造拠点・販売拠点の設置エリア数との関係を重回帰分析によって調べたものである。[3] すべての変数を導入したモデル A-3 と B-3 に沿って，分析結

---

[3] 売上高成長率，営業利益成長率は，下記の式で算出した。
　　売上高成長率(%) = (2007年売上高／1997年売上高 − 1) × 100
　　営業利益成長率(%) = [(2007年営業利益額 − 1997年営業利益額)／1997年営業利益額]
　　　× 100

果を説明しよう。まず，売上高成長率と進出エリア数との関係を検討したA-3を見ると，売上高の成長は唯一，2007年時点の製造拠点設置エリア数だけが明確な正の影響を及ぼしていると判読できる。2007年時点の製造拠点設置エリア数が1つ増えるごとに，10年間で売上高成長率が14.4％改善している。また，1997年時点の配置は，製造も販売もその後の成長性には影響を与えていないことも明らかとなっている。したがって，A-3の結果を整理するならば，1997年時点の国際展開のいかんにかかわらず，2007年時点までに製造拠点を広域に展開した企業が，この10年でより大きな売上高成長を享受していたと結論できるのである。

営業利益成長率を検討したモデルB-3を観察してみよう。営業利益は業界差が大きいため，鉄鋼をはじめとしていくつかについては業種の影響が観察される。しかし，これらの影響を制御した上で，2007年時点の製造設置エリア数は1.22％，販売設置エリア数は0.98％の営業利益率上昇効果をもたらしている。一方，1997年時点の製造・販売拠点設置エリア数に関しては，いずれも有意な効果はないという結果になった。このことから，1997年時点の国際展開にかかわりなく，2007年までに海外製造・販売拠点を広範なエリアに設置した企業が利益面でも大きな成長を遂げることができたと結論できる。

以上をまとめると，売上げ・利益の両面において，製造・販売拠点を世界中に分散させた，つまり，よりきめ細かに各国市場に対応する拠点設立に動いた企業が，業績を向上させていると結論づけられるのである。

2.2 現地拠点設立が，なぜ有効なのか

分析では，大手日系製造業企業がこぞって国際分散配置を進め，かつそれが業績に貢献している実態が明らかになった。それではなぜ，21世紀の現代においては国際分散配置が望まれているのであろうか。拠点の国際配置に関する先行研究を踏まえれば，その理由は，分散配置の持つ適応力にあると考えられる。

分散配置の持つメリットの第1は，各配置エリアの変化に対して柔軟に対応できる適応力である。少数箇所に集中配置された拠点では，各国別の戦略等を用意するには，物理的・文化的に現地から遠く，即応できないばかりか，用意された戦略・製品が不適切なものとなってしまう可能性も高い。これに対し，それぞれの国に拠点を準備し，現地に密着して戦略等を立案していくほうが，

競争を有利に進められると考えられる。各エリアの経済水準，市場特性，労働市場，法律，文化慣習，宗教など各種要因に合わせて，生産品目，販売・マーケティング方法，生産プロセスなどを拠点ごとに変更し，最適な事業組織を用意できるためである（Birkinshaw, 1997; Porter, 1986）。この意味で，分散配置の適応力が，新興国市場の成長によって多極化した世界経済情勢から求められているのだと推測される[4]。

なお，分散配置のメリットが各エリアへの適応力ならば，集中配置のメリットは，グローバル規模での効率性である。経済地理学の理論によれば，集中配置は最も効率的な組織体制だと考えられている。国の比較優位と輸送コストに照らし，当製品の生産流通において費用・品質・納期のすべてに優れる立地を少数箇所，究極的には1カ所のみを選択することが，企業が持つ有限の資源を最も効率的に使った組織体制だと考えられるのである。小規模の拠点を世界中に分散させるよりも，大規模拠点をどこか1カ所に設置したほうが，規模の経済を享受でき，より少ない費用で生産できるためである（松原, 2006）。世界最大のPC生産企業・鴻海精密工業は，こちらの戦略をとる。主として中国とインドに工場を設置し，1工場当たり数万人を雇用して，その巨大な生産能力と高いコスト競争力とにより，世界市場をカバーしている。21世紀のグローバル戦略の選択肢として，集中配置も決して不適当な方法ではないことを強調する意味で，付け加えておきたい。

3 支援と自立のバランス

3.1 密な親子関係から，中間程度のバランスへ

ところで，現地拠点の設立は新興国市場攻略の第一歩ではあるが，それだけで現地適応ができるわけではない。現地に設立された拠点がうまくオペレーションできるかどうかは，本国からの支援のあり方と，その海外拠点自体の能力構築とにかかっている。そこで，続いては，個別拠点をグローバル・ネットワ

---

[4] また，分散配置は，特定の拠点が不調になったり，トラブルに巻き込まれた場合のリスク・ヘッジにもなる（Ghoshal and Bartlett, 1988）。新興国経済には，為替やバブルといった経済的要因だけでなく，災害やテロ，戦争，犯罪など，各国に固有のリスクが存在している。集中戦略を採用している場合，拠点立地国がトラブルに陥れば，企業は大きな打撃を受けることになる。一方，グローバルに分散配置していれば，個別国のトラブルから被るダメージを小さくすることができる。

ークの中でどう組織するかという,拠点間調整の問題を検討したい。

海外拠点が現地市場へ適応するには,その拠点自らが思考し,柔軟に経営行動を修正することが必要になる。現地拠点にそうした自治を与えるには,①本国からの現地拠点への統制を緩めることと,②適応行動プランを立案し実行しうるだけの現地拠点の能力構築,の2点が必要になる。

先述のように,従来の日本企業の国際ビジネス戦略は,本国本社と現地子会社が,マザー工場システムに代表される密な連携をとって,本国が手取り足取りで支援を行っていくという「密な連携」モデルであった。この密な連携は,本国固有の経営ノウハウを移転しやすいといったメリットもあるが,他方で,現地の自立を阻害するものでもあった。日系企業の現地拠点は,自発的に判断したり,行動を修正したりすることが,権限としてもまた能力としてもできなかったのである(吉原,1996)。新興国市場への現地適応力を高めるには,現地市場と物理的・文化的・経済的に距離のある本国拠点では,現地の事情を汲み上げて対応するには限界がある。今一歩,本国からの統制を緩め,現地拠点の自立を図る必要があるだろう。

なお,現地自立化は,本国側からも要請される問題である。世界中に多数の拠点を抱え,そのすべてを本国側の厳密な統制に置こうとする場合,本国側の組織負荷は莫大なものとなってしまう。その結果,本国側の運営が立ち行かなくなったり,また現地拠点に十分なサポートを行えなくなる可能性もある(Beamish and Inkpen, 1998;水戸,2006)。一例として,世界最大規模の製造業企業であるトヨタ自動車では,2005年ごろから経営トップ陣が「兵站線が伸びきっている」という表現を用い,海外拠点に本国から十分なサポートが行えない現状を危惧するようになっている(『日経ビジネス』2005年2月14日)。事実,その前後からたびたび大規模リコールが行われるようになっており,社内外で品質水準が懸念されるようになっていた(『日経ものづくり』2010年4月)。この「兵站線の伸び」問題の解決のためにも,現地拠点の自立化が求められるのである。

ただし,現地の自立化が必要といっても,本国拠点の支援が一切不要というわけではない。多国籍企業の強みは,本国で培ってきた企業固有の優位性を海外事業に活用できる点にこそある(Caves, 1971;Dunning, 1977)。それを活用せず,ただ現地拠点が勝手に経営を行うのみであれば,それは単なる「育児放棄」である。とりわけ,日本企業にとっては,「日本的経営」とまで呼ばれる

独自の経営手法があり，これが国際的な競争力を支えてきた背景がある。もちろんその日本的経営にも，現在のグローバル競争に照らして変革が求められている部分もあるが，ものづくりのノウハウやサプライヤー・システムなど，現在でも優位性を持つ経営手法は少なくない（藤本，2004）。これらの企業固有の強みの移転を継続しつつ，海外拠点の自立もまた続けるという，支援と自立のバランスが求められるわけである。この意味で，拠点間調整については，従来型の「密な連携」から，「支援と自立の中間程度のバランス」へと，変革が求められていると考えられる。

3.2 本国・海外の重複高度化モデル

それでは，新興国に設置された事業拠点と本国拠点の間で，実際にはどのような拠点間関係が構築されているのだろうか。これを調べるため，2005〜10年にかけて，大手日系製造業 33 社を対象に，事業部内で支援関係のペアとなっている本国拠点と東アジア海外製造拠点の関係調査を行った。調査からは，依然として本国への依存度が高い国際分業モデルがとられるケースが多いものの，海外拠点の自立化を進めている企業も少なくないことが明らかになっている。[5]

表 12-3 は，ペアとなる本国拠点と海外製造拠点それぞれのものづくり活動の実施状況を示したものである。この表からは，本国拠点にどの程度のものづくり活動が維持されているかと，海外拠点でどの程度のものづくり活動が実行されるようになっているかを読み取ることができる。

まず本国拠点を見ると，ものづくりの国内空洞化が叫ばれる中でも，多くの企業が，国内に多くのものづくり活動を維持していることがわかる。量産を停止しているサンプルも全体の 3 分の 1 に上るが，企業の長期的な競争力の源泉となる技術開発活動については本国に維持されている場合がほとんどで，また量産こそ行っていないものの試作や生産ライン設計活動を国内に残している企業が全体の約 8 割に上っている。概観すれば，量産を海外に任せる企業が増え

---

[5] 調査では，2005 年から 10 年までに，東アジア地域（中国，韓国，タイ，シンガポール，インドネシア，マレーシア，フィリピン）に進出している日本のエレクトロニクス産業，自動車産業，化学産業企業から，完成品・部品・素材をできるだけ満遍なく選択し，延べ 33 社に対して本国ないし海外の拠点に訪問調査を行った。詳細な調査結果は，中川・大木・天野（2011）および Nakagawa（2012）を参照されたい。

表 12-3　本国拠点・海外拠点で実施されているものづくり活動

	本国（日本）拠点	東アジア海外製造拠点
基礎研究	33（100 %）	2（ 6 %）
コア部品開発	32（ 97 %）	3（ 9 %）
新規製品開発	31（ 94 %）	5（ 15 %）
既存製品の設計修正	31（ 94 %）	16（ 48 %）
生産ライン設計・開発	28（ 85 %）	15（ 45 %）
パイロット・ラン，量産試作	26（ 79 %）	19（ 57 %）
生産ラインの改善	22（ 67 %）	31（ 93 %）
量産活動	22（ 67 %）	33（100 %）

（注）　$N=33$。（　）内はサンプル全体に占める割合。
（出所）　筆者作成。

てはいるが，いずれの企業も，技術は日本に残していると評価することができるだろう。

　一方，海外製造拠点側はどうか。表 12-3 からは，多くの拠点が，程度の違いはあれども高度なものづくり活動に乗り出している様子がわかる。新規製品開発やコア部品・先行技術開発には乗り出していない，すなわち，これらについては日本からの技術移転に頼っているものの，既存の製品設計をベースに設計の修正・現地化を行える企業は約半数に上っており，設備開発や生産ライン設計・立上げなど製造技術関連の仕事も同じく約半数の海外拠点で行えるようになっている。改善活動については，大半の拠点が，日本拠点の手を借りずとも，自立的な改善活動を行うようになっている。概して，海外製造拠点のものづくり面での自立度は高まってきていると評価できる。

　表 12-3 に記した 8 種のものづくり活動のうち何種類を各拠点が実施しているかを調べた上で，本国拠点の活動数を縦軸に，海外拠点を横軸にとったものが，図 12-2 である。この表からは，本国・海外拠点間の関係を読み取ることができる。すなわち，本国に各活動を集中させ，海外拠点の活動が限定されている場合は，各種技術開発を本国に頼る「本国中心型」である。本国と海外それぞれの活動が中程度である場合は，本国で先行技術や製品開発など上流工程を，海外で工程開発と量産など下流工程を担当する「本国・海外分業型」となる。本国の活動数が限定的で，もっぱら海外拠点でものづくり活動が行われている場合は，「海外中心型」である。そして，本国でもほとんどすべてのものづくり活動を実施しつつ，海外拠点のものづくり活動も増強している場合は，「本国・海外重複高度化型」と分類できるだろう。

図12-2 本国・海外のものづくり活動数

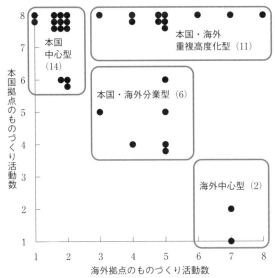

(注)　$N=33$。
(出所)　筆者作成。

　「本国中心型」は、最大多数であり、全体の約4割にあたる14社が採用している。これが意味しているのは、依然として日本企業の多くは本国中心的な事業活動を行っているということである。ここに分類される企業は、海外拠点の機能は量産だけに限定しており、工程開発・製品開発・先行開発はすべて本国のみで行っている。海外拠点のエンジニアは、せいぜい生産プロセスの改善に従事するだけである。この形が選択される場合、本国で製品が新規に開発され、その量産が本国において達成できた後、海外へとその製品・工程設計がそのまま展開される。この形は、海外の量産活動は全面的に本国からの支援に頼るという、伝統的な日本企業のスタイルだといえる。

　図中央から右下の「本国・海外分業型」および「海外中心型」は計8社となっている（約25％）。これらの企業は、海外に多くのものづくり活動を移動している一方、逆に本国では一部または大部分のものづくり活動を手放している。白物家電や技術がシンプルな電子部品、化学品などが、これに該当していた。このタイプの拠点間関係をとる企業は、海外企業のキャッチアップが起こって、競争が激しくなったために本国拠点の維持が困難になったことで、あるいは、

海外で十分遜色ない事業活動ができるようになったことで，海外に事業の中心を移動している。決してネガティブな評価としてではなく，中立的な視点から見て，本国で事業を継続する意味を失ったタイプだといえよう。もちろん，このタイプの場合の本国からの支援は，コア技術や製品基本設計など限定的なものになる。

「本国・海外重複高度化型」は，全体の3分の1にあたる11社が採用していた。これらの企業では，すべてのものづくり活動を本国で維持しつつも，海外でも製品開発や工程開発を行うようになっており，結果的に同じ事業活動を2カ所に設置するという，一見すると二重投資にも見える事業体制となっている。だが，この重複体制には実は，本国でグローバルの核となる技術開発を行いつつ，各国市場対応のために現地自立化を図る，という狙いが存在している。この拠点間関係をとる企業（事業部）内では，本国拠点は，企業全体のグローバル技術ベースと位置づけられ，常に技術を更新し，海外へと技術を発信していく役割が求められている。重複高度化型の11社のうち9社が，今後，海外拠点が一層技術力を高めたとしても，技術開発の軸足は本国に置き続けるとしている。一方，東アジア海外拠点では，グローバルで同時に多品種を展開したり，現地顧客に素早く対応するために，ものづくり能力の高度化が図られている。本国だけでは，グローバルで必要となる数十・数百の製品モデルやそれに対応した生産ラインを用意するのに資源が不足する上に，各国現地のニーズを汲み上げて対応するのにもそれぞれの経済・社会・文化への理解が不十分である。本国拠点を技術リーダーとしつつ，海外現地拠点で各国市場への適応を図るために，重複高度化が選択されているのである。

こうした特徴から，「重複高度化型」は，本国拠点からの支援と海外拠点の自立をバランスさせている，新興国市場の開拓に向いた組織設計の1つであると考えられる。「本国中心型」は，技術の大半をもともと保有している本国に頼る形になる。そのため，海外にものづくり能力を構築するための費用負担を節約できるというメリットがあるが，現地適応では他のタイプよりも困難が生じる上に，海外市場が成長すれば本国の支援負荷が高くなってしまう。また「本国・海外分業型」や「海外中心型」では，現地適応は図れるものの，本国の技術が失われるため，本国の支援力が弱くなる。「重複高度化型」では，本国と現地への重複投資のコストは発生するが，本国からの継続的支援と海外拠点の現地適応が両立できる。新興国市場が拡張している現在のグローバル経済

に照らして，1つの解となるアプローチだと思われる．

4 在タイ・日系家電メーカーの現地進出戦略——事例分析

本節では，本国支援と海外自立を両立する組織設計について，タイにおける日系家電メーカーの事例から，より理解を深めていくことにしたい．アジア新興国の中でも，とりわけタイは，先進国企業の現地市場開拓が進んでいる地域である．現地市場開拓のために各社がタイにどのような組織を敷いているのか，その共通点と違いとに注目しながら，いくつか事例を観察してみよう．

4.1 品質を落とさない現地化——日系A社
(1) 現地ニーズを汲んだ高級・高品質製品——冷蔵庫事業を中心に

総合電機メーカーA社のタイ現地法人は，東・東南アジア・エリアにおける白物家電事業を担っている．A社は，東・東南アジア7カ国（韓国，台湾，ベトナム，タイ，マレーシア，シンガポール，インドネシア）において，冷蔵庫事業でトップ・シェアを獲得している．このA社の東・東南アジア冷蔵庫事業の主軸となっているのが，タイ法人である．

A社タイ法人の前身は，40年近く前に設立された，現地財閥との合弁企業である．この合弁企業は，タイ国内で白物家電の製造・販売を行っていた．その後1990年代に，A社が生産ネットワークを再編成したとき，同法人はA社の100％出資に変更された上で，冷蔵庫を含む白物家電事業の東南アジア主力拠点と位置づけられた．タイ法人は順調に成長を遂げ，前述の通り，現在では東南アジアの冷蔵庫事業においてトップ・クラスのシェアを獲得するようになった．従業員数は，2009年8月時点で正規雇用のみで約2000人，契約・派遣雇用も含めると3000人以上が働いている．

A社タイ法人を中心とした東南アジア市場戦略の特徴は，一言でまとめるなら「品質水準を維持した高級ブランドとしての現地化」である．東南アジアでは，LGやサムスンといった韓国メーカーと，日系の総合家電メーカー数社が競争しているが，その多くは低価格化によってシェアを伸ばすことを狙っている．A社はこれに対し，1960年代からという長年の事業経験から来るブランド価値に加え，「壊れない」「長く使える」という品質面を強く押し出し，東南アジア・エリアで高級品メーカーとして事業を行い，高い業績を維持してい

る。A社は、長らく同地で培ってきたブランド力を考えれば、競合が現地の所得水準に合わせた廉価製品を展開してきたとしても、それには応じず、あくまで現地市場の最高級品という位置づけを維持することが適切と考えたのである。

こうしたアプローチをとる背景には、A社の中に厳然としたグローバル共通の内部品質基準が存在していることがあげられる。A社ブランドで製品を展開する場合、必ずこの基準を満たさなければならず、それは新興国においても変わらないのだという。この基準に従うと、どうしても製品コストでは競合に敵わなくなってしまう。そこで、この品質基準とコスト差を前提とした上で、高くても買ってもらえる魅力を有するプラス・アルファの機能的差別化を考えるか、それが不可能であれば品質を落とすのではなく機能を削って価格ダウンを図っていくという。

「品質は落とさず機能を削る」という点について、具体例を示そう。たとえば、タイの文化として食事は外で摂ることが多く、一般に家庭ではあまり料理をしない。そのため、冷蔵庫には飲み物と果物くらいしか入れない家庭もあるという。そのため、タイ市場では1ドアだけの簡素な冷蔵庫がよく売れるのだという。そこでA社は、タイ向けにドア数や製氷機能などの要素を省いて、品質を落とすことなく現地ニーズに見合った価格の製品を生み出すようにしたという。このことについて、A社タイ製造拠点のマネジャーは、「高級品だろうと普及品だろうと、複数の品質基準を用意することはしない。だが、それではどうしてもコストが上がり、競合企業よりも高くなってしまう。そこで、まず市場売価を見て、そこから自社製品の目標価格と目標コストを決める。コストが決まったら、それでどこまで製品機能を付加できるかを考える。その答えをできる限り早く出すことが大事だ」と述べている。グローバル統一品質水準を維持することと、製品の現地化を行うことは、矛盾しないと考えられているのである。

A社タイ法人は、品質基準を維持しつつも東南アジア各国の嗜好に合わせた製品を市場に出すことで、顧客ニーズに最適化した高級ブランドという位置づけを同エリアで得ることに成功している。A社では冷蔵庫の基本設計のタイプを6タイプ用意しているが、東・東南アジア用に各国ニーズ・規格・言語などの各種設計修正を施しており、結果としてこのエリアだけで年間約750品種を販売しているという。このうち、新規に開発されるものが、年間300品種

に上る。こうした高度な国別の製品最適化が，高品質生産とともに同社のブランド力の源泉となっていると見ることができるだろう。同社の製品は現地で最も高価な部類に入るのだが，「この品質・機能だから，この値段も納得だ」と，顧客は買っていくという。

　高級製品として市場にプッシュしていくために，A社は東南アジア地域では現地流通企業との関係構築・信頼獲得にも大きな力を割いている。A社は東南アジア各国で多数の販売代理店（卸売・小売の双方を含む）と契約を結び，その代理店を各地における販売の主力としている。その数は，タイだけでも数十に及び，東南アジア全体では数百を数える。なお，東南アジア地域においては，まだ量販店での売上げは大きくないという。その分，代理店と友好な関係をつくり，自社製品を売ってもらえるようにするとか，代理店に販売時の訴求ポイントを教育するといった努力が，現地での売上げやブランド認知に大きな影響力を持つということである。

（2）A社タイ法人の組織

　続いて，A社の東南アジア地域における冷蔵庫事業（家電事業）の組織を観察していく。まず，A社のグローバルの事業組織の全体像を説明しよう。A社は，日本に，本社（事業本部）機能と基礎研究・製品ベースモデル開発部門を置き，中国とタイに，製造部門と製品設計修正のための開発部門を置いている。A社はもともと，日本に製造拠点を置いていたが，グローバル競争のコスト圧力により国内生産を停止することとし，現在はその代わりに中国とタイの2拠点を輸出拠点としている。タイ拠点が東南アジア・中東・ロシア向けの拠点，中国拠点が中国国内および日米欧への輸出拠点とされている。営業・販売は，各国別の販売会社が担っており，その下に多数つながる現地の代理店がその地での販売の主翼を担っている（図12-3）。

　東南アジア市場開拓のための組織構築上の工夫として注目されることは，本国とタイ・中国との製品開発分業体制である。新製品の企画は，本国の事業本部と現地販売会社が連携して，マーケット・サーベイなどの方法で情報収集し，意見交換をしながら固められていく。本国では，その議論をもとに，まずは各国ニーズを総和したようなモデルを新規開発する。その後，日本・タイ・中国それぞれの拠点の開発部門で，各拠点の担当国のニーズにローカライズした設計へと修正していく。このうちタイの開発部門には，現地人エンジニアが約30名，日本人5名が所属しており，東南アジア諸国向けの設計修正業務を行

図12-3　A社のグローバル事業組織

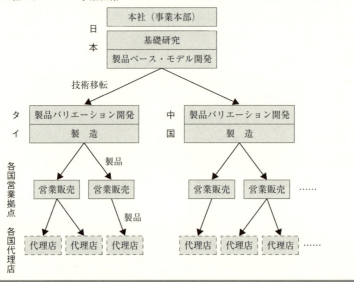

っている。

　現地ニーズに合わせた設計修正とは，たとえば各国の電圧や安全基準・環境基準といった法制度，あるいは気候や文字などの社会的地理的環境に合わせて対応するものから，デザイン，サイズ，色，機能といった現地の顧客ニーズから来るものもある。そうした修正に必要となる設計・試験などの活動はすべて，日本の支援を得ずともできるような人材・設備が現地に揃えられている。なお，設計の修正によって生産ライン設計にも変更が要求されるが，これも日本に頼らず，現地人材でできるようになっている。

　さらに，近年では，一部のローエンド・モデルについては，タイで1から開発するケースも出てきているという。たとえば，先述のように，タイでは1ドア式冷蔵庫が売れ筋製品になっているが，日本で開発されるベース・モデルには（他国ではあまり売れないため）1ドア式のモデルがなく，別のモデルから修正したのでは設計工数が多く掛かってしまう。そこでタイ法人は，完全新規設計で現地向けの1ドア冷蔵庫を開発した。このほか，ベトナム用モデルなど，タイでの新規開発の事例は増えてきているという。

　なお，現地から見た場合，日本側の役割は，次世代の材料や機構に関する固有技術の開発（たとえばウレタン材の代替材の検討やインバータなどの冷却システ

など）と，2～5年先の新製品の開発なのだという。日本側には，冷蔵庫や洗濯機についてそれぞれ40～50人ほどのエンジニアがおり，現地のエンジニアではできない基礎的なレベルの技術開発とベース・モデルの設計を行っている。

(3) 人的資源

以上のように，A社タイ法人は同社の東南アジア展開の要として，開発・製造・販売のすべての中軸となっている。このタイ法人の活動を支えているのは，現地で育成された人材である。タイ法人には常時2500名程度の現地従業員が働いているが，定着率はよく，マネジャー，エンジニア，ワーカーのいずれの層にも，有力な人材が育っているという。年間離職率が1％程度で，勤続10年以上の人材も豊富だという。エンジニアの主力がタイ人であることは先述の通りであるが，マネジャー層も，日本から出向してきているのは5名のみで，残り38名の管理職がタイ人である。ワーカーは，日本で作業長や製造部長を経験していた4名の日本人従業員によるものづくり指導によって，現場能力を高めている。たとえば，冷蔵庫の品種は750あり，サイズを見ても600ℓから95ℓまで多様である。これだけの多品種に対し，タイの製造部門では，自主的に生産計画を立て，柔軟な混合生産を実施している。1つのライン内で，1日に何回も段取り替えを行いつつも，生産効率を落とさずに生産しているという。ただし，今後の課題として，製造工程の全体を俯瞰しながら物事を考えられるレベルの人材の育成にはまだ至っていないという。

4.2 商品企画力の向上とローカル・フィット——日系B社
(1) 機能・価格のローカル・フィットの向上

次に，B社タイ法人のケースを見てみよう。B社タイ法人は，1987年にプラザ合意後の円高に対応するために設立された輸出型製造拠点で，現地での操業は20年に及ぶ。最初は電子レンジの製造拠点としてつくられ，その後，冷蔵庫，ファックス，エアコン，加湿器，オーブンなどの生産が移管されてきた。従業員数は，正規雇用が2200人，非正規雇用が1500人である。

こうした経緯から，今でも売上高輸出比率は95％と高い。ただし，輸出仕向地は商品によって違いがあり，電子レンジやファックスなどは日本やアメリカ，ヨーロッパなどへの輸出比率が高く，冷蔵庫などはASEAN域内国への輸出が34％，中近東が27％，タイの国内販売が10％で，日本向けは少ない。

B社タイ法人はもともと輸出型で単純量産型の拠点だったが，近年，現地法

人の中に商品開発の部門を設置し，冷蔵庫と電子レンジについて現地の開発能力を高めようとしている。理由は，とくに冷蔵庫について，ASEAN 向けの売上げが大きくなってきたためである。また別の問題として，日本では白物家電の開発者が集まりにくくなってきた事情もある。そのため，タイで開発機能を高めていくことが決定されたという。

開発の国際分業という観点から見ると，冷蔵庫については，ベース・モデルの設計は日本で手がけ，それをマレーシアの製品企画とタイの開発能力を活用して設計修正するという形になっている。日本には，50人からなる開発部門が用意され，グローバルにベースとなる製品設計がつくられる。次に，マレーシアに設置されている ASEAN 全体を見る統括拠点で，各国の市場をサーチしながら製品企画を練る。以前は商品企画の中心は日本であったが，新興国市場向けの商品については，日本で企画・設計をしていると新興国市場の適性に合わないため，現地市場で企画・設計を行い，「機能・価格のローカル・フィット」を高めるのだという。マレーシア統括拠点は，各国工場の従業員に調査票を配り，彼らの生活スタイルや家電製品に関する関心事項，求める機能や価格帯などについて幅広く意見を聞き，商品企画を練る。彼らからの商品化の提案も受け付けているという。タイ法人では，20人程度の冷蔵庫開発部門が組織され，日本から受け取った製品ベース・モデルの設計を，マレーシア拠点が出した製品企画に合わせて修正する。なお，近年では，技術的に簡単なモデルは，ベース設計からタイで開発するようになってもいる。

(2) 工場の生産革新と競争力の向上

東南アジアをカバーするために，B 社タイ工場では，多数の品種を製造しなければならない。このため，B 社は，基礎的なものづくり能力の構築に勤しんでいる。QCD（品質，コスト，納期）の再徹底を図る現地主体の生産革新運動を開始し，人員・経費・材料費などの観点から現場の競争力を見直す作業が行われている。

生産革新運動としては，たとえば，作業者の基本的な動作や清掃作業を徹底する指導が行われている。工場内にトレーニング・センターをつくり，計画的に従業員の熟練度を高め，その中から中間管理職を登用するようにしている。品質については，技術部と生産部が協力して工程内でダブル・チェックし，リワークの件数を減らすような努力がなされている。コストについては，ラインの生産性を改善し，原材料費の低減に向けた検討が進められている。この工場

は，主要な製品において，輸入部材や外部の協力会社に外注している部材が多かったため，それらを検討して，内部に取り込めるものを取り込み，生産コストと在庫コストを削減し，合わせて品質向上を目指している。こうして，ものづくり能力を高めることで，品種数や生産量の増大に直面したときにも，不良の発生やラインの混乱を防ぎ，結果的に多品種対応がスムーズになると発想しているのである。

4.3　現地市場における差別化価値の追求——C社
(1)　洗濯機の商品企画と製販連携——全自動式と2槽式

C社は，近年タイで冷蔵庫や洗濯機事業を中心に業績を伸ばした企業の1つである。ここでは，とくに洗濯機を中心に，現地開発の動向を見ていこう。タイの洗濯機市場は，金融危機の影響をあまり受けることなく，拡大を続けている。トップ・メーカーはLG，第2位はサムスンで，それぞれ28.9％，18.6％の売上シェアを獲っている。日系企業は韓国企業に比べると伸び悩んでいるが，それでも販売額を伸ばしてきた。C社のタイ市場における売上シェアは12.0％である。

洗濯機は，C社タイ法人において，現地開発のはじまりとなった事業であった。2006年から，日本で開発されたベース・モデル設計を軸に，タイ法人にて現地向け製品の開発を開始した。タイ現地向け製品の特徴は2槽式であることである。2槽式は，日本など先進国では陳腐化した製品と認知されているが，タイでは，水圧が低いため1槽による全自動機能がうまく働かず，2槽式が好まれ，加えて，雇ったメイドが洗濯をする慣行があるため高級品をあえて購入する動機に乏しく，低価格で供給できる2槽式が売れるのだという。現在のところ，1槽の全自動式と2槽式の数量比率はちょうど半々である。

(2)　開発力の形成

開発の国際分業は，基本的には，日本でベースとなる設計（これをC社ではプラットフォームと呼んでいる）をつくり，それを現地ニーズに合わせて各国別に修正するというものである。その際には，投資が掛からない修正の仕方で，世界の各市場向けにバリエーションを出すことを重視するという。あまり個別に修正しすぎると，製品設計の見直しのみならず，生産ライン投資も必要となる可能性があり，現地市場に合わない高額製品となってしまい，かえって市場ニーズからずれてしまうのだという。

日本の開発部門では、毎年グローバル全体のモデル・チェンジができるだけの人的資源は保有していないので、年ごとに集中開発する地域を決めて、その地域の主力となる製品のプラットフォームの刷新を図る。タイ側は、タイが日本側のモデル・チェンジ対象地域となる順番を待ち、順番が回ってきたら日本に設計上の要望を出し、それを反映したプラットフォーム設計を用意してもらうという。設計要望は、現地での生活実態調査に基づいて出される。こうした現地市場理解の取組みが始まったのはアジア通貨危機の後で、現地法人の採算性を高めるため、市場情報の緻密な分析から原価・設計の見直しを行うという現地志向の事業体制に改編したのだという。

人材についても、タイ人の営業や設計者を地道に育成してきたという。現在は洗濯機で30人、冷蔵庫で60人近くのタイ人設計者が活動する部門にまで成長している。高価格な日本仕様をアジア向けの安価版（しかしアジアでは高級仕様）に変え、アジアのニーズに対応した仕様変更を行って、市場で差別化できる商品を供給してきたのである。

(3) タイでの販売網と消費者の特性

C社において、タイでは、売上げ全体のうち全国をカバーする量販店の比率は55〜60％程度である。全国量販店には外資系とローカル系があるが、全国量販店は値下げ要求が厳しいため、意図的に全国量販店の比率が売上げの半分以上にならないようにしているという。他方、一般店はタイ市場の40〜45％を占めているが、その中にローカルな地方大型店や広域量販店が含まれる。一般の有力店が地方商圏で果たす役割は大きく、C社は両方を視野に入れてバランスを保ちながら、全国量販店一辺倒にならない売り方を展開している。

タイではまた、メーカーによる希望小売価格の提示などといった店頭における価格コントロールが、小売店の利益を守るためにも大事であるとの考えのもと、C社は値下げを安易に行わないようにしているという。外資系の量販店はしばしば勝手に値下げをするが、そのときに同社はしっかり対応し、外資の値下げに歯止めをかけて小売りの利益を守り、小売りとの信頼関係を維持して流通経路を確保していくのだという。

5 むすび

本章での議論を通じて、新興国事業において求められる組織設計の基本が

「現地拠点の設立」と「支援と自立のバランス」であることが，概ね確認できたことと思われる。タイ進出企業の事例に沿って議論するならば，各社とも，日本という，現地から遠く離れた本国拠点で新興国ビジネスを行うのではなく，市場に密着できる現地拠点を用意していた。その狙いは，いずれにおいても，現地市場の理解を深め，現地ニーズに合った製品を開発・生産することであった（現地拠点の設立）。各社のタイ法人では，製品開発や製品企画，マーケティング部門が現地化され，現地ニーズを汲んだ製品修正が行われていたのである。生産面でも，現地従業員を中心とした生産革新運動や，マネジャー教育，従業員定着運動が行われ，現地人材を軸とした自立した法人経営が目指されていた（自立化）。それと同時に，いずれの事例でも，本国拠点はグローバル市場全体のためのベース・モデル開発や基礎技術開発を行い，タイ法人を後ろから技術力で支えるような関係を構築していたのである（本国支援）。

　本章で議論し尽くせなかった点は少なくないが，それらは次章以降に譲ることとしよう。製品・サービス戦略にさまざまなバリエーションや論点があったのと同様に，新興国向けの組織設計にもバリエーションや別の論点が存在する。次章以降では，また別の事例や理論枠組みに基づいて，新興国事業のための組織に関する議論を一層深めていくこととしたい。

　＊　本章は書き下ろしである。

第13章

現地人材活用による市場適応
LG電子の事例

朴英元・新宅純二郎・天野倫文・金煕珍

1 はじめに

　昨今，先進国市場の停滞とBRICsをはじめとする新興国市場の成長によって，新興国市場向けに差別化された製品・サービスを提供することがグローバル企業の競争優位の源泉となりつつある。しかし，新興国市場を攻略するには，先進国市場とはやや異なるアプローチが求められる。その中でも，現地経営環境へ経営のやり方を修正・適応する「現地化経営」は，新興国中間層市場でビジネスを成長させるために不可欠な要素となっている（朴・天野, 2011）。そして，現地人材の育成・活用は，現地化経営推進の最も重要な方法の1つである。現地人材は，当該国の市場や文化のことを最もよく理解している人材であり，また往々にして本国人材を利用するよりもコスト面で有利だからである。

　ただし，多国籍企業の経営においては一般に，現地化を推進しつつも，本国にある優位性を移転しながら，グローバルでの事業活動の統合を行い，合理的・効率的な経営体制を構築することも大切となる（朴, 2011）。したがって，グローバル経営では，本国拠点が有する強みの一部を海外に「適用」しながら，他方で現地事情に合わせて経営体制を「適応」させるという，統合と分散の二元性（duality）を持つ「ハイブリッド型」が要求されることになる（Park and Shintaku, 2015）。

　本章では，そうした現地化と本国能力の適用とを同時達成した事例として，LG電子（現．LGエレクトロニクス）の現地人材の育成とそのグローバル展開を分析する。日系電機企業に先んじて新興国で成長を続けている韓国系グローバ

ル企業から学ぶべき点は多い。彼らは，狭い国内市場を脱してグローバル市場に焦点を合わせた経営を展開し，結果として日系よりも現地市場への適応を高度に達成しているからである。本章では，韓国系企業の現地化経営の中でも，とりわけ大きな成功事例として知られているLG電子のグローバル展開に注目し，原点たるLGインドの事例，そして同様の手法が移転・適用されたポーランドおよびタイでの事例を紹介する。

2 LG電子のグローバル展開

2.1 LG電子のグローバル展開の歴史

1958年に創業したLGは，輸入代替→先進国輸出→先進国生産→発展途上国生産→グローバル生産および販売，という段階を経てグローバル化を展開してきた（朴，2011）。設立初期には，ドイツと日本からの借款と技術を取り入れ，成熟段階にある標準化された電子製品を生産することで輸入を代替しつつ成長の土台を築いた。1970年代に入ると政府の輸出ドライブ政策支援の恩恵を受けて，亀尾・昌原(グミ・チャンウォン)などに大規模量産体制を構築し，70年代後半から本格的に海外市場を開拓し始めると同時に，アメリカと西ヨーロッパの先進国市場の開拓に力を注いだ。

しかし，1980年代からの新保護主義の波に煽られて主力輸出市場だったアメリカと西ヨーロッパへの輸出が厳しくなると，81年にアメリカのハンツビルにカラーTV工場を，86年にドイツのブロムにカラーTVとVCR工場を，88年にはイギリスに電子レンジ工場を設立して，先進国市場での現地生産に乗り出した。さらに1988年以降は，韓国国内の賃金上昇を受けて，タイとインドネシアなどにカラーTVや冷蔵庫の工場を設立し，現地化を推進した。

また，1990年代中盤から東欧諸国の市場開放が本格化すると，東欧と中南米地域に生産・販売基地を拡大してグローバル競争体制の構築に力を入れた。具体的には，1993年から中国，CIS，インドなどのエマージング・マーケットへの参入を推進し，95年には従来の金星（Goldstar）ブランドをLGブランドに切り替えると同時に，スポーツ・マーケティングを展開して，フラットパネルディスプレイのTVやモニターなどの市場に注力した。

2011年現在，LG電子は，①MC事業本部（携帯電話など），②HE事業本部（TVなど，2010年の組織編成によって旧BS事業本部傘下のモニターやソリューション

事業部も組み込まれた），③HA事業本部（家電など），④AE事業本部（エアコン，エネルギー，新成長エンジンである太陽光やLED照明事業も担当）の4事業本部・16事業部体制となっている。4つの事業本部は，商品企画から生産，海外販売まで，事業と関連するすべての部門を管轄している。2010年10月に就任した具本俊CEO・副会長は，とりわけスピードと実行力を強調し，2つのCEO直属部門を新設したほどであった。こうした中で，2010年までは海外事業に海外地域本部が深く関与していたものを，11年からは事業の意思決定を事業本部が行うようにして，事業本部の責任と権限を強化し，現場中心の製品開発とマーケティング活動を強化している。さらに，スマートフォン事業の遅れを挽回するために，2011年からMC事業本部に本部長直属のタブレット事業部を新設した。また，未来事業への準備として，コンプレッサー，モーターなどの部品チームを事業部に，太陽光生産室，ヘルスケア事業室等を事業チームに，それぞれ昇格させた。

　LG電子は，2011年現在，全世界に110の現地法人，およそ8万4000人の従業員を抱えている。ヨーロッパと中国に地域本部を設置しているが，生産法人の多くは中国，インドなどのアジアに位置しており，2000年代半ば以降東欧への拡張も見られる。一方で，販売法人の70％は北米とヨーロッパに位置しており，全世界をカバーするマーケティング組織を通じてグローバル経営活動を展開してきた。

　加えて，グローバル展開をより加速させるため，2008年にはLG電子の本社のCMO（最高マーケティング責任者），CPO（最高購買責任者），CSCO（最高SCM責任者），CHO（最高人事責任者）等4つのポストに外国人を受け入れるなど，国内外を問わず人材を活用することによって組織のグローバル化を推進した（『韓国経済新聞』2008年5月23日）。こうした取組みはさらに強化され，2009年にはCEOの8つのポストのうち6つに外国人の役員を任命し，グローバル経営のための体質変化を強化した（『アジア経済』2009年11月2日）。また，2008年には南アフリカ共和国の法人長（＝現地法人の社長）に現地人を任命する措置をとったこともある。

　しかし，2010年9月，南鏞前副会長が経営悪化の責任をとってCEOを辞めたことで，海外主要企業で経歴を積み重ねた外国人役員を活用する展開は止められ，10年末にはCHOやCMOなどとしてスカウトされた副社長クラスの外国人経営陣5人全員が退陣した。その背景には，外国人役員が韓国人職員で構

成される組織を十分に把握できずに，韓国人職員と外国人役員との意思疎通がうまくいかなくなり，スマートフォン開発などの意思決定が遅れたことによる，人事転換があった。さらには，従来 8 つあった海外地域本部も地域代表へと名称が変更され，4 つの事業本部の指示を受けるようになった。前述の通り，かつては海外地域本部も海外事業に関与していたが，2011 年以降，地域代表は事業の意思決定には関与せず，組織管理などを主に担当している。

このように，昨今，2010 年のスマートフォン事業の失敗により LG 電子の本社組織は大きく変わったが，そもそも LG 電子がグローバル企業として成長したのは，1990 年代半ば以降のインドでの成功が端緒になったといえるだろう。とりわけ現地人材の活用が LG 電子のグローバル展開における重要な成功要因の 1 つになっているが，本章では，どのような経路によってこうした現地人材育成のプロセスが展開されたかを中心に検討する。

2.2 LG 電子のグローバル展開の分析枠組み

本章では，LG 電子の現地化がどのような経路によって展開されたかを中心に分析する。ここで，そのための分析枠組みを提示したい。図 13-1 に示すように，LG 電子のグローバル展開では，4 つのステップが踏まれたと考えられる。第 1 ステップは，1980 年代後半の国際化の拡張として，グローバル環境に対応するための本社のグローバル戦略が名目的に提示された段階である。第 2 ステップは，LG インド法人長の K. R. キム（K. R. Kim，以下キム）による現地化経営の試みなどから現地化戦略の成功モデルが生まれる段階である。第 3 ステップは，LG インド法人の現地化経営の成功に触発された形で従来の LG 本社のグローバル経営戦略の方向性が変わり，インドの成功モデルを他の地域に接ぎ木しようとした段階である。第 4 ステップは，インド法人のキムの思想を吸収したミドル・マネジャーによる，現地化のスピルオーバーの段階である。

図 13-1 LG 電子のグローバル展開のステップ

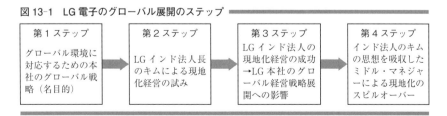

本章では，LG インド法人と，インド法人のキムの思想を吸収したミドル・マネジャーによる現地化のスピルオーバーの事例として，LG ポーランド法人と LG タイ法人の事例を紹介する。とりわけ LG ポーランド法人は，LG 本社が LG インドでの成功に基づいて意図的にそれをスピルオーバーしようと，設立段階から LG インド法人で経験を積んだ経営者を任命しただけではなく，LG インド法人からの人材も受け入れることで，現地化を進めたケースとして特徴的である。

3 LG インド法人（LGEIL）──グローバル経営現地化の原点

3.1 LG インドの進出と投資状況

LG インド法人（以下，LGEIL）は，LG 電子の 100 ％出資子会社である。1997 年に設立され，カラー TV，電子レンジ，洗濯機，エアコンの各市場で高いマーケット・シェアを獲得し，インドで第 1 位の家電企業となった。

LG 電子は，ニューデリーに近いノイダ（Noida）工場に続き，ムンバイに近いプネ（Pune）地域に第 2 工場も完工し，既存のインド東北部と合わせ，南西部地域攻略にも拍車を掛けている。また，現地の研究開発人材を活用するため，1998 年にバンガロールにソフトウェア研究所を設立した（朴，2009）。

なお，ノイダ工場では TV，冷蔵庫，エアコン，洗濯機，電子レンジなどを，プネでは GSM 携帯電話，TV，冷蔵庫，エアコン，洗濯機などを生産している。プネを第 2 の生産基地に選んだのは，港に近く，中東やアフリカへの輸出ハブとしても適していること，インド国内の主要都市の市場に近いことなどからである。2011 年現在，プネ工場からの輸出は全体生産量の 25 ％にも上っている（朴・天野，2011）。

3.2 LGEIL の市場地位とオペレーション

LGEIL の主要製品別のインドでのマーケット・シェアを見ると，カラー TV，冷蔵庫，洗濯機，エアコン，電子レンジ，DVD プレーヤーなど主要な家電分野では 1 位を占めており，PC，モニター，携帯電話（GSM）などの分野でもトップ 3 にランクされている（朴，2009）。このランキングから，LG 電子に対するインドの消費者の信頼度と好感度の高さが窺える。

1997 年にインドに進出した LG 電子は，9 年間で現地総資産を約 5 億ドル

増やした。2005年の売上げは18億ドルだったが，10年には24億ドルとなった。2011年現在の従業員数は5913人で，うち韓国人駐在員が22人である（朴・天野，2011）。従業員数の多さに比して韓国人駐在員数が比較的少ないが，後述のようにこれは現地化戦略の進展度と関係がある。

3.3 研究開発の現地化とTDR活動

LGEILは，1997年に70点の製品群を一斉に取り揃えることでLGブランド浸透に力を入れ，新製品開発においては，インド市場の需要に合う製品提供をモットーに，インド志向を持った韓国技術というイメージを定着させた（朴，2009）。

LG電子が現地法人を設立する前，インドにあった本格的な家電製品企業は日系メーカーだけであり，同社はその中でもトップ・ブランドであったソニーを徹底的にベンチマーキングした。単独法人の設立後，現地工場が完成するまでの間，LG電子は現地企業と提携し，OEM方式で製品を生産した。しかし，現地企業の生産性はなかなか上がらなかった。そのため，まず部長レベルの管理者が生産工程に参加して現場のワーカーと一緒に働き，食事をともにしながら問題点を把握することで彼らの作業態度を変え，生産性を画期的に高めることができたといわれる（朴，2009）。

こうした中，LGEIL初期の法人長であった前出のキムは，すでに進出している先進企業との競争で勝つためには，差別化できる商品の製造しかないと考えた。そして，現地に適合した製品を供給するためには，R&Dの現地化が必要であると考えたのである。こうした構想のもと，現地適合型製品開発のためのR&Dチームを育成して顧客ニーズへ迅速に対応するために，TDR (tear-down reengineering) チームが運営された。TDR (tear-down redesign) 活動は，1996年にLG電子本社で経営革新活動としてスタートしたものであるが，グローバル戦略において現地化戦略に活用したのはLGEILがはじめてであった。キムは元は"tear-down redesign"だったこの語を，製品開発のための"tear-down reengineering"活動と変えて活用したのである（リー，2000）。そして，TDRチームによる現地適合型製品開発を行うため，すでに進出していたLGソフトインドというソフト開発法人（LGESI）と協力しつつ，現地デザイン・チームの運営も試みた。

こうしたTDR活動によって生まれた製品に，クリケット・ゲームとマルチ

言語を登載したカラーTVがある。これは，インド人が好きなクリケット・ゲームのソフトウェア制作をLGESIに依頼し，これを韓国国内の亀尾工場に渡してTVのPCB部品の集積回路（IC）にプログラム化し，カラーTVのPCBに埋め込んだものである。また，インドにおいては28州で言語特性がそれぞれ異なる。中央政府の公用語はヒンズー語と英語だが，憲法に指定された言語だけでも19言語に上る。このような市場環境の多様性と複雑性，エリアの広さを前提にした現地化戦略は，それ自体が競合他社に対する優位性となりうる（朴・天野, 2011）。LGEILは，公用語以外の多様な地域言語に対応するソフトを開発してユーザーがTV画面でそれらの言語を選択できるようにし，これが現地顧客から好評価を受けた。つまり，部品段階から現地の実情に合うような改造を施したわけである。

そのほかにも同社は，ドアロック機能を持つ冷蔵庫，エア浄化フィルターを備えたエアコン，ねずみの入れない構造を持つ洗濯機，不安定な電圧に耐えられるコンデンサーを付けた電子レンジなど，インド現地の顧客ニーズに対応した製品開発に取り組んだ。また，こうした現地開発を強化するため，R&D部門で働く人員を徐々に増やしてきており，2011年現在，LGEILのR&D部門全体の人数は649人に上り，インドに進出している多国籍企業の中でも最も多い部類に入っている（朴・天野, 2011）。

3.4 流通販売の現地化と権限委譲

LGEILはインドを4つの地域に分けて，流通網を開拓した。CEOのキムが進めた販売の現地化という方向性のもと，現地人中心の販売部署が流通網開拓の役割を担い，6カ月間で18の支社を設立し，全国に1800店以上の流通網と85のサービス・センターを構築した。その後，さらに代理店やサービス店の数を増やし，一部の代理店については専属化も進めていった。2011年現在，専属ディーラーは約2350，非専属が1万2500ある。また，ブランド・ショップは1200店，サービス店は1154店にまで広がっている。この調査結果から，同社がここ10年ほどの間で一気に流通・サービス網を広げていったことがわかる。インド全域に細い血管のように広がる販売・サービス網は一朝一夕にできるものではなく，競合他社に対する優位性にもなっている（朴・天野, 2011）。

LGEILは，金星（Goldstar）製品を販売していたときの取引経験をベースに，その地域のディーラーの中でも最も資金力があり，売上げのよい販売店を選ん

だ（リー，2000）。先述したように，ソニーに対するベンチマーキングに基づいて，ソニーとほぼ同じ価格を設定し，かつ価格下落を防ぐためにその地域で有力なディーラー1社のみにLG製品を供給した。もちろん，LG製品を販売するディーラーには，高いマージン（他社製品の5倍）と多様なインセンティブ（たとえば，販売目標を超過達成したディーラーには韓国訪問の機会を提供する等）を提供した。また，他の外国企業がアフター・サービスを疎かにしていたのに対し，LGは人員の半分をアフター・サービス要員として運営するなどしてこれに気を配った。さらには初期から既婚女性の販売員制度を取り入れ，インドの遊休女性人材を活用した（朴，2009）。女性の販売社員制度をインドで最初に実施したことで，家電製品の主な顧客層である女性層の攻略・販売拡大に寄与したことはいうまでもない。

また，大胆に，現地販売員たちへの多大な権限委譲（empowerment）を行った。消費者たちを一番理解している現地の専門家を選んで，彼らにマーケティング業務の99.9％を任せ，思い切って権限を付与したことが成功のポイントになったのである（朴，2009）。たとえばLGEILは，洗濯機に関しては，洗濯時間の短縮や水消費量の減少などの長所を強調しつつ，新製品の品質を示すために，普通2年間の無償保証期間を7年に延ばして販売している。携帯電話についても，インドも中南米地域のように道路での騒音が大きいという現地事情を考慮し，他の地域より呼出し音を高くする開発を行った（『朝鮮日報』2008年9月25日）。冷蔵庫に関しては，優れたデザインを提供しようと，21色のバリエーションや，インド人が好きな花模様も発売している。

また，LGは効果的なスポーツ・マーケティングにも力を注いでいる。インドで最も人気のあるスポーツであるクリケット大会を10年以上も後援し，ブランドの認知度を高めることに成功した。

3.5 人事労務の現地化とインセンティブ制度

前述の通り，LGEILの2011年現在の従業員数は5913人で，うち韓国人駐在員は22人である。従業員数の多さに対して，韓国人駐在員数は比較的少ないが，これにはキムによる人事労務の現地化という方向性が大きく関係している。こうした現地化方針のもと，販売と人事管理の責任者には現地人材を起用し，育てていく経営を実現した（朴，2009）。本社の駐在員が担当するのは生産と財務のみで，直接インド・マーケットに接する部門は完全に現地化したので

ある。

　また，インセンティブ制度を導入するなど徹底的な成果主義中心の評価システムにより，現地人材の仕事に対する動機づけを極大化している。1990年から2007年までの間は，従業員に対し成果によって0％から1600％までの差をつけてインセンティブ（ボーナス）を支給するシステムを導入していた。しかし，インタビューによると，実際には，全体の5％程度に0％のインセンティブが，15％程度に1600％のインセンティブが割り当てられるに過ぎなかったそうだ。そこで，2008年からはこの制度を少し変更して，最低のインセンティブを0％から200％に変えたという。

3.6　インド法人長の現地化経営

　第2節で示したように，第1ステップにおける従来の韓国LG電子本社のグローバル展開と違って，第2ステップにあたるR&Dの現地化，あるいは積極的な現地人材の活用や権限委譲などの現地化は，LGEILから始まったものであるといえるだろう。つまり，LG電子のグローバル戦略に見られる現地化政策は，あくまでボトムアップの方向から生まれてきた思想であり，具体的にはインド法人長のキムによって展開されたものと思われる。実際，LGEILは1997年以後，毎年25～30％の売上高成長を遂げていたが，その間，絶えず新しい思考（new thinking），新しい製品，新しいマーケティング戦略を考案していたのである。しかも，韓国人駐在員は非常に少なく，2011年現在，わずか27人に過ぎない。

　LGEILをはじめ，上記のようなLG電子における現地化のリーダーシップをとったキムは，以下のような経歴を持つ。1974年にLGグループに入社，主にアメリカ，ドイツ，ドバイ，中南米（パナマ）などで海外営業に携わる。1996年11月，LGEILの開設時に韓国LG本社より法人長に任命された。1997年にその任を受けると，不毛の市場だったインドでLG電子を最大手家電会社に成長させた。その成果を評価され，2005年にはLG電子の西南亜地域（同社の用語でインドなどを指す）代表に昇進した。

　ここに至るまでに彼は，ドバイで課長を（1977～80年），アメリカ・シカゴで部長（81～84年），パナマで法人長（88～94年），昌原LG工場で電子レンジの事業部長（94～96年），ドイツで販売法人長を（96年），それぞれ経験している。インドに着任するとき50歳だったが，同僚たち（ほとんど常務）と違って昇進

が遅く，彼の当時の本社における職位は役員待遇であった。キムは，「インドでの現地化ができたのは，長年の海外営業経験で現地人材を活用したこともあるし，インド人たちとたくさん付き合ってきた」からだと述べている。キムの現地化マネジメントの特徴としては，これまで述べてきたように，R&D 部門の現地化による消費者攻略戦略，権限委譲，ディシプリン経営とオープン経営，速い意思決定と現場主義のリーダーシップなどをあげることができる（キム，2009）。

4 LG ポーランド（LG ブロツワフ）
―― 経営現地化の実践とインドからの経験の移転

4.1 LG の東欧戦略とポーランド進出

　ポーランド南部に位置する第 3 の都市ブロツワフの郊外に，「LG クラスター」と呼ばれる地域がある。2005 年に LG 電子と LG ディスプレイが同地域へ進出したのに伴い，関連する川上・川下の協力会社の進出が相次いだことで，東欧でも有数の企業集積を形成するに至った場所である。2000 年代半ばごろから，ヨーロッパの TV 市場ではブラウン管 TV から薄型 TV への代替が起こるとともに市場そのものも拡大し，東欧については生産基地としての可能性も高まったため，アジアでの競争を主導する日本企業や韓国企業によるこの地域への進出が続いた。

　「LG クラスター」の中心となっているのは，前述の通り，液晶 TV を製造する LG 電子と液晶パネルの後工程を担当する LG ディスプレイである。両社は 2005 年に現地法人を設立し，06 年に量産を開始した。2007 年には LG ディスプレイの LCD パネル・モジュールが本格生産に入った。2009 年には同社の生産販売の累計が 1000 万台に達し，引き続き生産を拡大している。

　そして，LG クラスター内には関係各企業が立地しており，LCD モジュールを製造する上記 LG ディスプレイを中心に，川下には，そのモジュールを使って液晶 TV を製造する LG 電子や東芝などの組立工場が立地している。なお，フィリップスも LCD モジュールの主力顧客であるが，同社はクラスターの外にある。一方，川上には，LG ケミカル（偏光板，拡散板），ドンソ電子（トップケース），ヒソン電子（バックライト），ドヤン電子（PCB，成形部品），LG イノテック（インバータ）などが立地しており，LG ディスプレイと生産を同期化させ

ている。

　LG ディスプレイポーランドの LCD パネル・モジュールの生産台数は，2007 年以降も伸び，09 年には 800 万台に達しつつあった。2009 年の調査当時，ヨーロッパは深刻な経済不況の渦中にあったが，その中でも LG ディスプレイポーランドは生産台数を伸ばして投資を継続させていた。液晶 TV を製造する LG 電子ポーランドやヨーロッパ市場で高いシェアを持つフィリップスという顧客を基盤として持ち，ボリューム・ゾーン商品を提供している。たとえば，日系企業と比較すると 32 インチのウェイトが高く，ミドルエンドの量産効率が高い。同社のパネルが顧客企業の液晶 TV に搭載されて，ヨーロッパ各国のボリューム・ゾーンに広く浸透している様子が窺えるのである。

4.2　現地生産工場のオペレーション——スピード重視の量産体制
（1）　LG 電子ポーランド（TV 工場）のオペレーション

　筆者らは，現地法人訪問時に，LG 電子ポーランドの TV 工場と LG ディスプレイのモジュール工場を見学したが，大規模でスピーディな量産システムの展開に感銘を受けた（新宅ほか，2009）。

　まず，LG 電子ポーランドの TV 工場では，最短 6 秒のタクト・タイムの生産ラインが 7 本並行して走っている。生産には 1 シフトで対応，1 本のラインは投入から出荷までが真っ直ぐな長い組立・検査ラインになっており，50 m を超えるラインの工程は 1 人 1 工程の単純作業に分割されている。この辺りはアジアの工場とよく似ており，作業者のターンオーバーや生産変動を考慮して，熟練に頼らない量産システムが構築されている。

　また，LG 電子本社ではサプライヤーからライン投入直前のモジュールを供給してもらってそのモジュールをそのままコンベアに流しているが，ポーランドでは，サプライヤーから納品されるものをそのままメイン・ラインには投入せず，一旦サブアセンブリー・ラインに流していた。サブアセンブリー・ラインを切り離すことでメイン・ラインの作業を単純化させ，より短いタクト・タイムで作業を行うことを可能にしているのである。さらに，メイン・ラインは，組立ラインよりも検査ラインを長くとるような構成になっている。

　TV 生産の各工程自体は単純作業ばかりであるため，多能工を要求しない。LCD は自己完結度が非常に高いモジュールであり，ポーランドではサブアッシーもユニット生産するため，さらにモジュラー化された製品になる。したが

って作業自体は単純な組合せになるため，スピードが勝負になる。このラインでは，「習熟レス化」により，徹底したスピード重視の量産体制が追求されているのである。

さらに，このような量産体制を支えているのが販売体制である。近年，ヨーロッパの家電市場では，量販店主導で流通の近代化が進みつつあり，メーカーには伝統的な代理店販売に頼らなくても生産を拡大できるチャンスが生まれている。LG電子やサムスンなどの韓国企業は，このような販売機会を最大限に活かしているといえる。2007年のヨーロッパの液晶 TV 市場では，サムスンが 26.0 % と最大のシェアを誇っていた。LG 電子も，量産を開始した 2006 年こそシェアは 3.0 % に過ぎなかったが，07 年には 9.4 % にまで伸ばしつつある。LG ブランドの液晶 TV の売上げは毎年伸びている。

なお，LCDモジュールを製造するLGディスプレイポーランドに関していえば，LGポーランド以外に，最大顧客であるフィリップスのヨーロッパ市場のシェアが 18.1 %，東芝が 4.2 % である。LG 電子とこれらの顧客企業のシェアを合わせると，潜在的にはヨーロッパ市場の 30 % 近くを LG ディスプレイポーランドがカバーしているということになる。日系のシャープが同じくポーランドでLCDパネルを生産しているが，どちらかといえば生産したパネルは自社使用に偏っており，そのヨーロッパ市場におけるシェアが 6.7 % にとどまっている現状にあっては，効率性の問題が指摘されている。それに比べて LG ディスプレイポーランドは，自社への内販と他社への外販を併用することにより，モジュールとパネルについて高い量産効率を発揮しているのである。

ただ，同社の液晶 TV はグローバル商品のため，デザインは韓国で決定されている。韓国からの部品輸入もまだ多く，韓国からの調達が 40 %，現地は 60 % 程度であるという。電子部品などは本国調達が多いようである。

(2) LG ディスプレイ（モジュール工場）のオペレーション

次に，ポーランドにおける LG ディスプレイの LCD パネル・モジュール工場について見てみよう。同工場は，2007 年から本格的な生産を始め，5 ラインを稼働し，26 インチから 47 インチの LCD モジュールを生産している。1 週間 4 組 3 シフトという生産体制をとる。上述のように，LG 電子，フィリップス，東芝の各社にパネルを供給する必要があり，今後も生産を拡張する計画という。

LG ディスプレイでは，クラスター効果を極大化するために，協力会社との

隣接立地（co-location）を推進している。前出のクラスター内に立地するグループ企業や協力会社はもちろんのこと，最近では，たとえば同法人から4時間の距離にあった台湾のTV組立メーカーを工場の2階に誘致するなどといったこともしている。

　また，LGディスプレイはパネルの前工程を韓国の坡州（パジュ）と亀尾に集中配置しており，そこからLCDモジュール工程（後工程）のあるポーランド，中国，メキシコなどへパネルを輸出している。ポーランドのモジュール工場の場合，使用されるパネルは韓国の坡州で生産されており，それが空輸と船舶によってモジュール組立工場に運ばれ，ここで偏光板，ドライバIC，バックライトなどが組み付けられて検査を経た上で近隣のTV工場に納入されている。ポーランドにおける工場群は，グローバルなサプライ・チェーンを最も理想的な形で具現化している海外工場群なのである。

　こうした立地政策と並行して，LGディスプレイは徹底した人材の現地化を目指し，「楽しい職場」（joyful company）の追求，「ポーランド人従業員による工場管理」などが進められている。とりわけ，楽しい職場の実現を通じて，ポーランド人従業員が会社に帰属意識を持つようになることが目指されている。そのため，韓国から派遣された駐在員たちは現場で起きた問題の解決だけに専念し，日々の製造や生産管理・品質管理などのオペレーションについては積極的にポーランド人への権限委譲を図るなどしている。こうした取組みが，LGグループの全社的なグローバル戦略の一環として進められているのである。

　加えて，生産職場での働きやすい環境づくりにも特別な配慮がなされている。たとえば，あるモジュールの組立工程では，従業員が防塵服を着用してクリーン・ルームの中で作業するのが一般的であった。しかし，クリーン・ルームの中での作業に慣れていない従業員は防塵服の着用に慣れず，それが離職や欠勤につながっていた。そこで，一部の部屋で防塵服を着用せずとも不良率に影響が出ないか実験し，結果的にあまり影響がないことがわかったので，防塵服の代わりに会社で洗浄処理を施したTシャツとパンツを支給することにした。これによって働きやすさが向上し，それまでの従業員の不満は軽減された。

　このような現場レベルでの取組みによって，離職率や欠勤率は低く抑えられている。ポーランドなどの中東欧諸国はもともと農業国であり，企業や工場に継続的に勤務することに慣れていない人も多い。労務管理や職場管理をケアすることで，離職率の月平均は2％，欠勤率も2％ほどに抑えられている。これ

らの数値は中東欧諸国では5％を超えることも多いといわれており，安定した職場環境と労使関係が，世界的にも遜色ない直行率や稼働率，生産性などの諸成果に結びついていると考えられるのである。

4.3 経営の現地化とTDR活動
(1) 現地法人におけるTDR活動

LG電子やLGディスプレイのポーランド現地法人においても，LGEILで見られたようなTDR（tear-down redesign）活動というチームによる革新活動が，さまざまなところで展開されている。

TDR活動のテーマは実に多岐にわたっている。LG電子ポーランドのケースを紹介すると，①リスク・マネジメントに関する会議（risk management round），②仕事のベスト・プラクティスに関するコンペ（best work practice competition），③無駄排除に関するコンペ（waste elimination competition），④職場変革TDRの立上げ（big change TDR launching），⑤KPI（key performance indicator）の唱和セレモニー（KPI singing ceremony），⑥サプライヤーとのwin-winのパートナーシップ構築（win-win partnership），⑦文化学習（learning culture），⑧"joyful and winning culture"の定着（joyful and winning culture），⑨社会貢献活動（social contribution），⑩SCM活動（supply chain management）などである。

中でも，たとえば"joyful and winning culture"をスローガンに，ポーランド人の従業員が心理的なオーナーシップを持つことを推進するような活動がある。真のjoyful companyを達成するには人々が互いを尊重する雰囲気が必要だが，そのためにはⒶコミュニケーション，Ⓑ職場のよい雰囲気，Ⓒ情熱（passion）・専門性・チームワークの追求が肝要とされる。これによって相互信頼を確立し，会社の成果と従業員の満足を連結させることができれば，会社も発展するはずと考えられている。そこで，このテーマに基づいて，いくつかの活動が実施されている。たとえば，ⓐemployee integration（業務活動以外でも従業員とコミュニケーションをとること），ⓑLG way meeting（現地法人長の従業員とのオープンなミーティング），ⓒstanding meeting（トップの現場訪問と意見や情報の共有），ⓓKPI workshop（KPIのワークショップによる共有化）などの諸活動が含まれるのである。ほかにも，「文化学習」というテーマのもとでは，㋐スーパーバイザー・コース，㋑グループ・コンサルティング，㋒無駄排除のためのスクール，㋓経営原理に関する教育，㋔コンピュータ・スキルの教育，㋕英

語教育などの活動が行われている。

　LGディスプレイポーランドでも，TDR活動による従業員のモチベーション向上のための取組みが展開されている。一例として筆者らは，"joyful company"のためにTDRのチームが制作した，全社員向けの宣伝映画を見せてもらった。従業員のモチベーションを高めるための映画で，中では山岳で遭難にあったチームが互いに助け合いながら頂上を目指し，目的を達成する様子が描かれている。この映画は，ポーランド人がポーランド人のためにつくった映画だという。これはあくまで1つの例だが，「面白い会社は自らつくる」という意識のもと，会社の職場環境を改善するための多くの提案や活動が行われているのである。

　会社側は，社員にこうした活動に参加してもらい，企業へのロイヤルティを持ち，仕事へのモチベーションとスキルを高めてもらうことを目的としている。LG電子ポーランドでのヒアリングによれば，同社の現地法人には1740人の従業員がいるが，うち28％ほどの従業員にTDR活動へ参加してもらっているという。本格的な量産が立ち上がってから数年しか経過していないが，同社は，近い将来，TDR活動を全社的な活動として普及させていきたいと考えているとのことである。

(2)　現地人管理職の登用と経営の現地化

　経営の現地化のためのもう1つ重要な取組みが，現地人管理職の登用である。パネルをつくるLGディスプレイポーランドでは，1300人の従業員数に対して韓国人駐在員は12人（1％弱）で，設立当初は23人いたものを数年で半減させている。また，LG電子ポーランドのTV工場では，1740人の従業員数に対して韓国人駐在員は18人である（1％強）。2007年に量産を開始し，本格的な稼働からわずか数年が経過していない会社にしては，本国から派遣される駐在員数が非常に少ないのがLG電子の特徴である。

　LG電子では，1つの製造現地法人に対して，韓国人はバイス・プレジデントとして2～3名が入るほかは，各部署の「コンサルタント」として入り指導役に回る。つまり，ラインには直接入らないのである。工場は，製造，生産管理，購買，品質管理，R&D，サプライ・チェーン・マネジメントなどの部署からなるが，それらの部署の管理者にはすべてポーランド人が配置されており，ポーランド人が心理的なオーナーシップと責任感を持って仕事に取り組めるような体制がとられている。たとえば，LGポーランドのTV工場には約50の

管理職ポストがあるが，そのほとんどすべてにポーランド人が就いている。

TDR活動によるマネジメントに関するさまざまな教育は，現地人材をいち早く育成し，その後に管理者へ登用するための仕組みであると考えれば，その合理性を理解できる。さらに，幹部社員への教育体系は次のようになっている。まず共通教育として，言語教育（英語，ポーランド語，韓国語），および基本能力教育がある。基本能力教育には，問題解決能力，プレゼンテーション能力，システム運営能力（ITシステムを扱う能力）が含まれる。最初（2005年）は韓国に400人を連れていき，3～6カ月の教育を施した。これは，資材，購買，コンピュータ運営システムの教育など多岐にわたった。なお，これらの教育活動はOff-JTであり，業務の中では幅広くOJTが展開されている。

TDR活動を始めたきっかけについて，LGディスプレイのポーランド現地法人の社長は，次のように語っている。「これまでの多くの海外経験を通じて，現地人に自らさせなければならないということを悟った。韓国駐在員たちが，現地人をコントロールすることは難しい。そこで，現地人たちが全体をコントロールすることができるシステムを構築した。韓国企業が海外へ進出して，工場をつくって，最も失敗した国がアメリカとイギリスである。これらの国では現地人へのエンパワーメント（権限委譲）がうまくいかなかった。インドは非常にうまくいった。メキシコやポーランドなどは共産主義的で，現地人にエンパワーメントすればよくやってくれる。人件費が制約条件であるが，どのようにエンパワーメントするかがより重要であると思う」。

LGディスプレイも，LG電子も，TDR活動を推進するのは企画・人事部門であり，改めて国際経営の実践において，これらの部門が果たす役割の大きいことに気づかされる。日本企業では海外展開を人事部門が先導することは少ないが，LGグループの海外事業展開から学べる部分は少なくないだろう。

4.4 原点としてのインドと経営ノウハウの移転

ポーランドのLG電子やLGディスプレイで実践されているTDR活動や"joyful company"の運動は，もともと韓国LG本社からスタートしたものの，実質的にグローバルに展開されるようになった原点は，先述したように，LG電子のインド法人である。とりわけ，LG電子のポーランド法人長（2009年現在）のソン（J. M. Seong）とその前社長のリー（J. H. Lee）は，赴任前にインドに駐在して仕事をした経験を持っていた。LG電子の本社は，2005年にポーラ

ンドのブロツワフ法人を開くときインド駐在の経験があるリーを初代社長に任命し，さらに，その後任にも同じくインドでの経験を持つソンを任命した。こうしたLG電子本社の人事政策の背後には，インドにおける現地化の成功を意図的に普及させる目的があるとされる。LG電子のポーランド法人のソンとインドのキムとの関係，および経営ノウハウの移転は，以下のようなのもである。

インドの現地法人において，当時のソンはまだ中堅だったが，そのときのLGインドの社長がキムだったのである。キムは自らの信念のもとにインド人の能力を信用し，彼らを積極的に登用することで，現地法人の経営を大きく成長させた。ソン社長はそのような環境の中で仕事をしていたので，経営現地化が現地法人成長の大きな原動力になることを経験的に知っていたのである。

インド法人の現地化が推進されていた当初は，前述のような方針はインド法人単独の判断に基づくものであり，LG電子本社の方針としては掲げられていなかった。しかし，実際にインドが成功を収めると，本社で「インドは，他の海外拠点より派遣している韓国人はむしろ少ないのに，なぜパフォーマンスがよいのだろうか」ということになった。その原因が，インド人の登用によるところが大きいことを知り，実験的にインド人60人を韓国国内工場に呼び，製品を生産させてみた。そうすると，確かにパフォーマンスが優れていたので，LG電子全体としても，他の現地法人において人材の現地化を進める方針をとるようになった。また，LG電子のトップ・マネジメントの一部にも，外国人を登用するようになった。TDR活動は，インドでのキムの成功体験をベースとして，それを全社的に展開すべく，LG本社がグローバルに積極的に推進している。中でもポーランドとタイは，LG電子がインドでの成功体験の横展開を試みた国であるといえる。他の現地法人でも実践されてはいるが，インド以外では，この2つの国が大きな成果を収めつつある。

5 LGタイ（LGETH）——現地化経営の思想が人とともに広がる

最後に，LGタイ（LG Electronics Thailand，以下LGETH）の事例を紹介する。このLGETHの事例でも，インド法人の現場で現地化経営の思想を共有し実践してきた経営者がその経験を活かし展開している，「現地化経営の広がり」を明確に示している。ここでは，まずLGETHの概要，沿革，組織，パフォーマンスや人事政策について概観した後，現地生産工場のオペレーションを紹介し，

タイ法人の現地化経営が進められるようになった背景やその成果などについて述べよう。

5.1 LG タイ事業の歴史と人事マネジメント

LGETH は 1988 年, バンコクに本社とセールス・オフィスを設けた。そして, 1997 年にはラヨーン (Rayong) 工場をオープンした。タイでは, 洗濯機, エアコン, コンプレッサー, MWO (microwave oven), 各種 TV (LCD, PDP, フラット, ブラウン管) を生産・販売している。加えて, 冷蔵庫, 掃除機, 携帯電話などの輸入販売を行っている。従業員の構成は, バンコクの本社およびセールス・オフィスに, 管理職が 110 名, セールスとマーケティング担当が 404 名, アフター・サービス担当が 97 名という体制である。ラヨーン工場は, 正規従業員 1300 名, 非正規従業員 693 名となっている。

LG 電子がタイに進出したのは前述の通り 1988 年であるが, 現地生産を始めたのは 97 年にラヨーン工場を設立してからである。そのきっかけとなったのは, 2 槽式洗濯機のタイへの生産移管であった。というのも, 韓国国内の消費者が全自動洗濯機を選好するようになるにつれ, 2 槽式洗濯機は主に輸出向けとして生産されるようになっていったが, その輸出価格は下落し続けていた。このことで採算上の問題が深刻化したため, 当時の主要な競争相手であった松下, 東芝, シャープなどと同様に, 東南アジアへの生産移転を検討することになる。候補地としてタイ, フィリピン, インドネシアの 3 カ国が検討されたが, 最終的に市場性, 競争構造, 事業環境などの評価で最高得点をとったタイでの現地生産が決定された (Lee, 2000)。これを受け, 1997 年にラヨーンでの工場建設を完了し, 98 年 2 月から 2 槽式洗濯機を生産し始めた LGETH は, 2000 年にエアコン, 04 年にコンプレッサー, 05 年に TV と, その生産製品の範囲を広げてきている。

LGETH のラヨーン工場における管理職 (チーム・リーダー, デパートメント・リーダー, グループ・リーダー) の国籍別人数の推移は, 表 13-1 の通りである。短期間での変化ではあるが, 現地化経営を進めてきた結果, タイ人管理職の数が増加していることがよくわかる。

減少傾向にあった韓国人駐在員の人数が 2009 年に増えているのは, 新たに導入される製品の品質問題管理のためであるという。組織のトップであるチーム・リーダーとデパートメント・リーダーは韓国人 1 人とタイ人 1 人が 1 組に

表 13-1　LGETH ラヨーン工場における管理職の国籍別人数構成

	2006 年	07 年	08 年	09 年
韓国人	20 人	8 人	9 人	12 人
タイ人	―	27 人	44 人	46 人

（出所）LGETH 社内資料。

なっているが，その他の管理職は現地メンバーが中心になっている。LGETH の経営組織は，生産品目ごとにコンプレッサー部，エアコン部，洗濯機部，TV 部と大きく 4 つに分かれていて，それぞれの事業部がサブグループを持っている。エアコン部と洗濯機部は，主に現地人で構成された独自の R&D 機能を持っていることが特徴的である。一方，コンプレッサー部と TV 部は，現地開発を行っていない。

また，部門別に設けている開発機能とは別に，イノベーション部門という組織がある。ここでは，イノベーション活動と品質に関する活動を，個人，グループ，生産や開発などの各々のフィールドの 3 つの管理階層ごとに，強化している。これらを通じて，イノベーション力と品質力を高め，グループやリーダーのコミットメントを高めることが目的である。イノベーション活動の中には，TDR，6 シグマ，リーン，WE（waste elimination），individual BOM（bill of material），基礎的監査などの活動が含まれる。品質活動の中には，Q スクール，Q マネジメント，basic quality（当たり前品質），Q boom up（月次に行われる品質に関する内部監査），月次の Q monitoring などの活動が含まれる。

なお，LGETH の業績は，2008 年に 9 ％，09 年には世界同時不況の中でも 1 ％の成長を達成し，10 年は 20 ％の成長を目標としている。また 2008 年には，日系・欧米系の企業との 1 年以上の激しい競争を経て，タイ現地の建設会社 MR スクンビット社がバンコクに建設している高級アパートメント，ミレニアム・レジデンスに 3300 台のシステム・エアコンを供給する会社に選ばれるなど，好調なマーケット・パフォーマンスを示している（*DailyBDS.com*，2008/5/1）。

表 13-2 に，LGETH の人事政策を示した。大きな枠組みとしては，people company というコンセプトの中に，recruitment retention，compensation & benefits，labor relation，people development，culture development などの人事政策が幅広く用意されている。これらは，本社から資金面などで支援を受

表 13-2　LGETH の人事政策の例

活動名	内容
recruitment retention	新入社員に所属感を与えるためのプログラムであり，probation member meeting（実習期間にある従業員のミーティング），employee ceremony，assimilation program（リーダーとメンバーのギャップをなくしていくためのプログラム）などがある。
compensation & benefits	メンバーが LG 製品を特別価格で買える制度や，月2回は土曜日に休みを与える制度，健康保険，特別福利（タイの正月にあたる日に会社のバスで社員を実家まで送る等），健康プログラムなどが設けられている。
labor relation	円滑なコミュニケーションのために不満を匿名で自由にいえる投稿ボックスの設置，labor relation consult，friday relation などがある。
people development	スキルや技能の開発とその評価をできるだけ公平・公明に行うために努力している。360度のリーダーシップ評価（上司，同僚，部下，自分自身の評価が含まれる），パフォーマンス評価，capability development，leader successor development，マネジメント・コース，globalization skill development，leadership skill development などの制度が実施されている。
culture development	非常に大事にしている部分であり，このために human resource & culture activity agency を設立した。いわゆる LG way を発信し，共有するのが大きな目的の1つであり，monthly activity（orientation）を開いて情報をシェアしたり，open communication の場を用意して，何でもいえる時間と機会をつくったりしている。

(出所) LGETH 社内資料，およびインタビューより。

けるものではなく，現地法人が主体的に行っている施策である。

また，2005年から実施された人事プログラムにより，離職率が大幅に低下した。2002年には22％（年ベース）だった離職率が，08年には15％，09年には8％にまで低下したのである。従業員が辞めない理由の1つに，個人サラリーの増加があげられている。ところが近年の原価構成を見ると，工場におけるトータルの労働費用（labor cost）は下がっている。これらは，製品の生産数量が伸び，生産性そのものが向上していることと，同時並行的に韓国人駐在員の数を減らしていることによるものである。順調な成長を背景とした利益の増加を反映して従業員の給料も上げていることが，離職率の低下につながっているという。

5.2　タイ生産工場のオペレーション

1997年にタイのラヨーンに設立された LGETH の生産拠点において，現在使われている工場敷地の総面積は33万7464 m^2 で，総建屋面積は13万3061 m^2 である。この隣にも，工場拡張に備えて22万2950 m^2 の敷地を確保してい

る。生産設備としては，TV，洗濯機，エアコン，コンプレッサーの4つの工場が並んでいる。

TV 工場は2005年に生産を開始した。液晶・PDP モジュールは韓国から供給され，筆者が工場に伺った際にはかなりのモジュールのストックが見られた。ブラウン管はインドネシアから輸入しており，他の部品も ASEAN 域内での調達が多いという。組立ては3つのラインに分かれている。

洗濯機工場は1998年に生産を開始した。LGETH にとって最初の生産ラインであった洗濯機工場には，自動式と2槽式の2つの組立ラインがある。この工場でつくられた製品の80％程度は，タイを含む ASEAN 諸国に供給され，残りが中東，CIS，アフリカなどに輸出されている。

エアコン用工場は2000年に生産を開始した。室外機と室内機のラインがある。

最後に，コンプレッサー工場は2004年に生産を開始している。上記エアコン工場と同じ敷地内の隣にあり，シリンダー，ローラー，クランクシャフト，ベアリングなどの部品を機械加工して，それらを組み立てている。品質基準はシリンダーが1500 ppm，クランクシャフトが2000 ppm，ローラーが1000 ppm，生産量は1時間当たり各々300個程度である。また，完成品の組立ラインとは異なり，この機械加工分野では多能工化が進められている。シリンダー，ローラー，クランク，ヘッドという部品分野ごとに8～10人のチームを組んだ上で，チームの中で洗浄，ペイント，ステーター加工，ポンプ加工，溶接などに作業分野を分け，チームのメンバーがこれらの職務をできるだけ多くこなせるように技能の幅を広げていく。なお，リーダーが1人おり，リーダーは基本的にすべての作業分野をこなせるという。生産量の3分の2はLGの他のエアコン工場に輸出されているが，残りは，シャープや三菱電機などのタイ国内のエアコン工場に外販（OEM 供給）されている。コンプレッサー工場の生産性は高く，韓国と比べても30％ほど高いとされる。

5.3 LGETH の現地化と LGEIL のノウハウ移植

(1) インド法人のキムとタイ法人のリーの関係

タイ工場の総責任者であるリーは，LG 電子のインド法人長であった，前出のキムの影響を受けている（1997年から2002年までインド駐在）。ポーランドのソン同様，タイのリーもインドでキムによる現地化経営を学習し，2人はそれ

それの赴任先で実践している。LG電子にとっては，ポーランド法人のみならず，タイ法人も梃子入れを図りたいと考えていた拠点であり，そこへインドでのノウハウを持ち込んだのである。タイをアジア地域の中核拠点にするという方向性のもと，ちょうど2006年ごろから変化が始まった。ここでも，現地人に機会を与えようということで，インドと同様に経営の現地化に向けた諸施策が進められており，その先頭を，インドにおいて5年間キムの思想や信念を見習ったリーが引っ張っているのである。

(2) LGETHの現地製品開発

それでは，キムの現地化経営の思想を共有しているLGETHではどのような現地化経営が展開されているのだろうか。まず，現地製品開発努力を取り上げることができる。LG電子では，現地対応商品をインサイト商品 (insight model) と呼んでいる。この言葉には，表面的には見えない現地顧客の潜在欲求や生活習慣までも発掘しそれを製品に織り込むといった思想が表わされている。LGETHにおいても，タイ発で，とりわけ東南アジア地域を中心とする所得層向けの安いモデルの開発を進めようとしている。2槽式洗濯機などは，その代表例である。現在，LGETHにはタイ人の開発者（主に2槽式洗濯機の開発と全自動式洗濯機の改良などを行う）が60人いるが，これを70人まで増やす計画とのことである。こうした市場は日本の家電企業にはなかなか攻略しにくいため，LGETHにとっては狙い目であるという。

洗濯機以外にもさまざまなインサイト製品の例がある。インドネシア向け低消費電力エアコンもその1つである。これはもともと，インドネシア市場は電力不足で電気代が高いため低消費電力のエアコンが求められていたことから，LGETHがその種の製品の開発を韓国本社に依頼したところ，本社側に開発業務が多くて手が回らないと断られてしまい，タイで開発をすることになったものである。韓国から基本技術のサポートを受けながら製品開発を進めた結果，原価が高くなるインバータ技術ではなく，ノンインバータで熱交換器を工夫して消費電力を減らした製品の開発に成功した。この製品をインドネシア市場に投入したところ，2010年1年間でマーケット・シェアが25％から30％へと5ポイントも上昇し，市場トップになった。その影響を受けてパナソニックは，30％あったマーケット・シェアを20％にまで低下させたのである。

(3) タイ工場での権限委譲

LGETHにおいて工夫されている現地化政策としてもう1つ特筆できるのは，

権限委譲（empowerment）に対する努力であろう。前述のような豊富な人事政策を通じた現地化努力は，タイ人側にも好意的に受け止められているようである。

タイ人管理者の1人は次のように述べる。「たとえば，トヨタはタイではトップ・クラスの会社であるため，よい人材が集まるが，他の企業は人材争奪戦が激しく，なかなかチャンスが巡ってこない。LGは過去にあまり認知度が高くなかったため，いろいろな出身の人がいる。しかし，会社はそうした人々にもチャンスを与えてくれた」。

タイ人管理者が指摘する通り，LGETHは現在でも，一流大学の出身者にこだわらない採用方針をとっている。それよりも，辞めない人，真面目な人という側面を重視して新卒を採り続けている。主に，地方大学で真ん中クラスの人を採り，入社してから教え，チャンスを与えながら育てていく。そして，現地人従業員の能力と成果に応じて積極的にポストを与えている。この現地人従業員の育成が，LG流といえる。これは同じ韓国系電子企業であるサムスンとは対照的なやり方で，サムスンは地域専門家制度を通じた韓国人従業員のローカル化に力を入れている。

リーの赴任以来，同社は，権限委譲の思想に基づき現地人を育成するための人事政策を充実させてきた。その結果，前述したように離職率が劇的に低下した上に，現地スタッフがさまざまな工夫をしながら積極的に生産プロセスを改善するようになった。洗濯機の裏の鉄板を半自動機で手元まで運ぶように変えたり，低いところへの取付作業では床の下を掘って作業するようにしたり，水入れ検査装置も半自動化するなど，さまざまな事例をあげることができる。こういった工夫は，現地従業員の責任感が高まった結果だといえよう。

6 むすび──LG電子のグローバル展開のプロセス

本章では，LGインド法人と，インド法人のキムの思想を吸収したミドル・マネジャーによる現地化のスピルオーバーの事例として，LGポーランド法人とLGタイ法人の事例を紹介した。とりわけLGポーランド法人は，LGインドでの成功に基づき，LG本社が意図的にその成功をスピルオーバーするために，設立段階からLGインド法人の経験を積んだ経営者を任命しただけではなく，LGインド法人からの人材を受け入れて現地化を進めたケースとして特徴

的であった．

　本章の事例分析で明らかになったように，LGインドにおける現地化成功のポイントは，韓国本社が推進したのではなく，現地化マインドを持つLGインドの現地社長によって推進されたことにある．しかし，LGインドでの成功モデルがグローバルに拡散される過程では，LGインドでの成功体験を間接的に学習したLG電子本社による意図的な伝播と，LGインドの現地化を経験したミドル・マネジャーたちによる自然な展開が見られた．前者はLG電子のポーランド法人であり，後者はLG電子のタイ法人である．

　LG電子のポーランド法人では，2005年にスタートするときから，LG電子本社の人事政策によってLGインドでの成功を体験した中堅マネジャーたちを継続して投入することにより，LGインドのような成功モデルを形成することが試みられていた．

　また，LG電子のタイ法人は，従来からあった海外法人において，インドでの成功体験を持つ経営者が現地化に力を入れているというケースであり，LGポーランドでの現地化とは若干性格が異なる．しかし，いずれにしても，その原点は，「TDR活動」が象徴しているように，R&Dの現地化，さらには人材活用の現地化であり，それは，徹底的に現地市場を知り尽くし，それに対応しようとする現地法人の経営者の強い意志からきているものといえるだろう．

　繰返しになるが，本章の事例分析で示唆的なのは，新興諸国では最も経営が難しい国の1つとされるインドで，原点となる経営理念やノウハウが確立され，経営幹部の深い人的なつながりを介して，その経験がポーランドでもタイでも活かされ，徹底的に実践されている点である．現在のヨーロッパ市場におけるLG製品の市場浸透と，ポーランドにおける現地経営の成功を見る上で，この視点は決して欠かすことができないと思われる．そして，こうした展開は，地域専門家制度を活用して韓国人人材のローカル化に力を入れているサムスン電子とは対照的なものである．

　一般的に，多国籍企業のグローバル展開は，グローバル統合と海外子会社分散の二元性のジレンマに置かれるとされているが，LG電子の場合，上述のように，インド法人の経営者のリーダーシップによって予想外にも成功裏に現地化が推進され，その成功が逆に韓国本社の学習効果を誘発したというのが非常に興味深い点である．さらに，それにとどまらず，インド法人の経営者のもと

で現地化を学習した中間管理者が,第3の地域である東欧のポーランド法人や,タイ法人に着任して,インドの現地化モデルが他の地域に拡散する形態を示したことも,意味するところが大きいといえよう。

　　＊　本章は,Park and Shintaku (2015) をもとに,加筆・修正を加えたものである。

第 14 章

現地適応とグローバル統合の 2 軸共進化
中国パナソニック白物家電事業の事例

若山俊弘・新宅純二郎・天野倫文・菊地隆文

1 はじめに

　企業のグローバル化において，現地適応とグローバル統合の2軸間テンションは長年にわたる経営課題であり，また多くの研究者が取り組んできたテーマでもある。しかしながら，昨今の新興国市場の躍進によって，この語り尽くされたかのような経営課題・研究テーマは新たな局面を迎えている。1985年に大前研一の『トライアド・パワー——三大戦略地域を制す』が出版されたときは，ある意味で世界競争がまだ「平和」な時代であった。日米欧の3大戦略地域を制することが世界競争を制することとほぼ同義であったのだ。新世紀を迎え，新興国市場が世界競争の視程内に出現するようになると「平和」な状況は一変した。新興国経済は，「トライアド・パワー」の先進国経済と比べると，さまざまな面（文化，行政，所得レベル，公共インフラなど）でその異質性が突出している。したがって，多国籍企業が新興国市場に参入すると，その全参入拠点の多様性が一挙に拡大し，現地適応のスコープもトライアド・パワー時代の比ではなくなる。拠点多様性が飛躍的に拡大すれば，それを束ねるグローバル統合の必要性も一挙に高まる。つまり，今日の世界競争においては，現地適応—グローバル統合の対立的テンションが急激に増幅しているのである。

　一般に，現地適応とグローバル統合の2軸はトレードオフの観点から理解されている。つまり，一方の軸を強化しようとすれば他の軸を犠牲にせざるをえない，という見方である。確かに，静態的な時間の切り口から見れば，この対立する2軸のトレードオフはグローバルな事業展開の現実でもある。しかしな

がら，2軸の対立的テンションが一挙に高まった今日の世界競争においては，トレードオフの視点は有効な戦略構築に不十分であるばかりか，時にはその妨げとなる可能性もある。このような静態的トレードオフの視点に対し，本章では，トレードオフを動態的に解消していく2軸共進化の視点を提唱したい。すなわち，より深い現地化がより優れたグローバル統合をもたらし，そのようなより成熟したグローバル統合がさらに深い現地化を可能とする，というダイナミックな，2軸相補的な視点である。この共進化の視点の核心にあるのは，適応―統合のテンションを，「厄介な問題」として見るのではなく，むしろ，より有効な戦略形成・組織能力構築のドライバーとなる「ポジティブな資産」と見なすマインドセットである。この点はギデンズの構造化理論を踏まえて後述するが，ここでも，2軸共進化の視点が単に戦略形成の方法論的視点ではなく組織活性化の視点でもあることを付記しておこう。

　本章では，このような2軸共進化の視点を中国パナソニックの事例を通して議論する。パナソニックは，ほぼ25年にわたる中国での事業展開において，いくつかの段階を経ながら徐々に現地の組織能力を構築してきた。この組織能力構築は，後述するように，現地適応とグローバル統合が織り成す2軸共進化の歴史だった。パナソニックはこの共進化のマイルストーンとして，2005年上海に中国生活研究センターを立ち上げた。中国生活研究センターは，中国人のライフスタイルの調査・研究を通して，より深い現地化を可能にしてきた。しかし，この現地化の深化が，中国市場に照準を合わせた本国主導の技術開発・技術移転を誘発し，中国パナソニックと本国パナソニックのより緊密な統合を実現する足がかりともなったのである。たとえば，中国生活研究センターは中国人の洗濯機に対するあるニーズを突き止めたのだが，このニーズに対処するための技術は本国主導で開発された。そうして，中国パナソニックと本国パナソニックの連携により，このニーズを取り入れた洗濯機の新モデルが開発され，中国市場に投入された。すると，この洗濯機のカテゴリー（フロントローディング・ドラムタイプ）におけるパナソニックの中国マーケット・シェアは，1年足らずで3％から15％へと急上昇する結果となった。

　こうした2軸共進化の視点は，一般に，多くの多国籍企業にとって有効であると考えられる。2軸間の対立的テンションを単に許容しようとするのではなく，今日の世界競争におけるクリティカルな戦略資産として積極的に活用するという視点は，組織を活性化し，グローバル競争優位構築に貢献するであろう。

2　現地適応とグローバル統合——新興国市場の台頭による新局面

　ここではまず，現地適応とグローバル統合という基本コンセプトを解説する。その後で，新興国市場が世界競争におけるプレゼンスを飛躍的に高めたことによって現地適応とグローバル統合の2軸間のテンションがどのように増幅されたのかを，具体的に議論する。

2.1　現地適応とグローバル統合

　現地適応とグローバル統合の解説ということでは，「IR グリッド」がよく知られている (Prahalad and Doz, 1987)。I (integration) はグローバル統合に，R (responsiveness) が現地適応に相当する。前者の軸 (I) は，顧客・競合各社のグローバル化，開発・生産における投資規模の拡大などに対する国内外の拠点間の戦略的コーディネーションであり，後者の軸 (R) は，各国の顧客ニーズ・流通システムの違い，現地競合企業の戦略，現地政府の施策などに対する戦略的レスポンスである。

　本章では，IR グリッドの戦略的，つまり競争優位確立に向けた視点に焦点を合わせ，「現地適応」を現地の競争条件・制約を加味・活用した優位性 (competitive value) の創出，「グローバル統合」を自社の国内外の拠点ネットワークの戦略的コーディネーションによる優位性の創出，と位置づける。現地適応による優位性は，新製品，マーケティング・キャンペーン，人材開発，現地組織の自律性など，現地ビジネスのさまざまな局面において創出されうる。たとえば，P&G は，液体洗剤の導入時に，ある市場では硬水の問題，日本では冷水を用いた洗濯慣習，環境問題への関心の高い市場ではリン利用の制限など，市場ごとのさまざまな条件と制約にうまく対処することによって優位性を創出した (Bartlett and Ghoshal, 2003)。

　同様に，グローバル統合による優位性も，以下のようなさまざまな方法によって創出される。

- リソース移転——企業はそのグローバル・リソースを移転することによって，優位性を実現できる。たとえば，本国で開発された技術は，他の拠点でも活用できる。技術以外にも，特定拠点 (典型的には本国) で培われたプロセス，プラクティス，さらにはビジネス・モデルそのものも，移転の対象となる。

- 集約——企業は，その拠点ネットワークにおいて，生産と調達などの機能を特定拠点に集約することにより，規模の経済を実現し，優位性を創出できる。
- 協調——相補的なリソースを有している複数拠点が協調することによって，優位性を創出できる。多国籍企業によるグローバルなバリュー・チェーンの形成は，その1つの形態である。現地市場に関する知識とグローバルな技術資産を結び付けた新製品のイノベーションも，協調的統合の一形態である。

グローバル統合の例としては，衣料品製造小売りのグローバル・チェーンであるザラをあげることができるだろう（Ghemawat and Nueno, 2006）。ザラは，新規オープンした店舗には，情報システム，品揃えのノウハウ，有能な店舗マネジャーなど，さまざまなリソースを移転する（リソース移転による統合）。また同社は，デザインと製造の機能を本国であるスペインに集約し，しかも原則として国ごとのカスタマイズは行わず，規模の経済を追求している（集約による統合）。さらに，世界各地のザラ個別店舗とスペイン本国が緊密な協調形態を構築し，ある種独特のグローバル・スケールの垂直統合を実現している（協調による統合）。

ここでもう一度，現地適応とグローバル統合の概念に戻り，両者の違いを整理しておこう。現地適応が拠点ネットワークの個々の拠点における特質を活用することで優位性を創出するのに対し，グローバル統合は拠点ネットワーク全体の編成・特性を工夫することにより優位性をつくり出す。現地適応は個別拠点の独立性を重視し，グローバル統合は拠点間の協調性に重きを置く。また，現地適応は結果として拠点の多様性を拡大するのに対し，グローバル統合は集約・リソース移転などによって拠点の画一性を推進するのである。

2.2 新興国市場参入で増幅される2軸間テンション

ウォルマートが中国市場に参入した際，先進国市場では経験したことのない競争条件や制約に直面した。たとえば中国では，輸送・通信インフラが整備されておらず，ウォルマート競争優位のキーストーンである物流モデルが実現できなかった。また，ウォルマートのビジネス・モデルの根幹は，消費者に対していつ行っても最低価格が保証され他店での値段を気にせず日用品をまとめ買いできるという便宜が図られている点であるが，中国にはこのようなまとめ買いの慣習はなかった（Farhoomand and Wang, 2006）。したがって，その物流モデルも含め，アメリカで培われたビジネス・モデルを中国にそのまま移植でき

る根拠は,ほぼゼロに等しかったのである。ウォルマートは,中国を,アメリカに匹敵するスケールを再現できる唯一の市場として,戦略上非常に重要な拠点と位置づけていた。ところが,中国拠点における現地適応は,同社がアメリカで育ててきたビジネス・モデルに根源からの再考を迫っており,単純なグローバル統合はほとんど意味をなさなかった。すなわち,中国が戦略スコープに入ってくることによりウォルマート全体としての拠点多様性は一挙に拡大し,これまでの2軸間テンションが過去のものとなって,新段階の2軸間テンションが出現したといえるのである。

中国ウォルマートは参入初期の10年間ほど売上げ不振の時期が続いたが,その最も本質的な理由は,中国参入により新段階を迎えた2軸間テンションに十分な注意が払われなかったことにあると思われる。実際,当時,中国ウォルマートのトップであったジョー・ハットフィールドは,ほぼ10年にもわたる売上げ不振にもかかわらず,「私たちには,アメリカの店舗で培われた信念やオペレーションがある。中国人の顧客にもウォルマートのよさを理解してもらうことが非常に重要である」といっている(Farhoomand and Wang, 2006)。この発言は,中国ウォルマートのトップのマインドセットが,すでに過去のものとなった2軸間テンションに拘束されていたことを示している。

3 2軸共進化という視点

2軸共進化の視点[1]をより具体的に解説するために,ある多国籍企業(A社)が海外拠点(B拠点)に市場調査の部門(S調査部門)を立ち上げたとして,以下のような単純化されたストーリーで考えてみよう。

まず,S調査部門が現地市場の独特なニーズを突き止めた(第1次現地適応)。しかしながら,海外B拠点にはこのニーズに応える製品を開発する能力がなく,A社本国の開発部門に頼らざるをえなかったが,A社にはB拠点市場向けに製品開発を行った経験がなかった。B拠点は,S調査部門の調査員も含め,本国開発部門へ積極的に働きかけたが,その説得は難しかった。しかしながら,B拠点と本国開発部門がほぼ1年にわたって頻繁に会合を続

---

1 共進化の概念は,椙山(2009)においても議論されている。

けた結果，ついに現地市場向けの製品開発が決定された。この会合の中心は
S調査部門の調査員と本国開発部門のエンジニアであったが，頻繁な会合を
通じ，両者の間には公式・非公式のコミュニケーション経路が開拓された
（第1次グローバル統合）。結果的には，このようなコミュニケーション経路を
介し，S調査部門の調査員はより広範囲の本国技術資産にアクセスできるよ
うになった。このことは，B拠点の調査員が市場調査活動を展開する上で大
きなインパクトを持った。つまり，これまでのデータ収集を中心とした市場
調査のみならず，本国技術資産を念頭に置いた提案型の市場研究を展開でき
るようになり，これまでになかったような現地市場ニーズの深堀りが可能と
なった（第2次現地適応）。

この共進化ストーリーにおけるポイントは，以下の2点である。
- S調査部門による第1次現地適応が，本国一海外拠点間のコミュニケーショ
ン経路の形成を通して，第1次グローバル統合を誘発した。
- 第1次グローバル統合でS調査部門の調査員がA社グローバル資産（技術・
開発情報）にアクセスしやすくなり，第2次現地適応が可能になった。

　もちろん，上記は単純化された理想的な共進化のストーリーで，現実にはさ
まざまな組織的困難や障壁が存在する。たとえば，本国開発部門が特定の海外
拠点の要望を聞いて現地市場向けの製品開発に踏み切ることには，実際は相当
な困難が伴う。ただ，後述の中国パナソニックの例からもわかるように，2軸
共進化は，そのプラットフォームが健全であれば，比較的自然に起こりうる。
ここでは，このようなプラットフォームを「共進化構造」と呼ぶ。「共進化構
造」は，組織において共進化を推進するさまざまなリソース（個々人のマインド
セット，ポリシー，プラクティス，アクセス可能な情報など）の全体を指す。具体的
には，以下のようなものである。
- 現地市場調査部門と本国開発部門が慣行的に開催する合同会議。
- 本国での昇進に際し，海外拠点でのキャリアを必要条件とする昇進ポリシー。
- 現地適応を果敢に進める一方，本国のグローバル資産も積極的かつ柔軟に活
用しようとする現地経営トップのマインドセット。
- 本国事業部とその海外拠点における権限配分。
- 本国事業部とその海外拠点における信頼関係。
- 本国事業部とその海外拠点における情報分散。

上記の最後の3つは,「リレーショナル・リソース」と呼ばれる (Feldman, 2004)。「リレーショナル・リソース」とは人と人とが一緒に仕事をする際の仕事の進め方に影響する当事者間の関係の質のことをいい,誰がどのような権限を持っているかや,信頼関係の質,あるいは誰がどのような情報を持っているかなどといった,いくつかの切り口がある。前出の共進化のストーリーにおける,本国―現地間のコミュニケーション経路も,リレーショナル・リソースの一例である。

　ここで重要なポイントは,共進化構造はあくまでもプラットフォームであり,実際に2軸共進化が進展するためには,そのプラットフォーム上で共進化に向けたさまざまな「アクティビティ」,つまり個人やグループによる行為・活動・取組み・意思決定などが展開されなければならないということである。このようなアクティビティを「共進化アクティビティ」と呼ぶ。たとえば,前述の通り,共進化ストーリーにおける本国―現地間のコミュニケーション経路は共進化構造であるが,このコミュニケーション経路を活用し,実際に誰と誰が現地適応やグローバル統合に向けてどのようなコミュニケーションをとるかは,共進化アクティビティである。

　さらなるポイントは,共進化構造はプラットフォームとして共進化アクティビティを推進するが,共進化アクティビティもまた,そのアクティビティの結果として共進化構造を再生成するということである。アクティビティの質によって,既存の共進化構造が強化されることもあれば弱体化されることもある。したがって,共進化構造と共進化アクティビティは,互いに影響し合う,再帰的ダイナミクスの中にある[2] (図14-1)。この再帰的ダイナミクスが2軸共進化を実際に推進するエンジンなのであるが,この点は後出の中国パナソニックのケースを通して詳述する。

---

[2] ここにおける「構造」の概念は,ギデンズのダイナミックな「構造」の概念に基づいている。ギデンズによれば,「構造」は「アクティビティ」の中,および「アクティビティ」を通してのみ存在する (Giddens, 1989, Orlikowski, 2000 の引用による)。このように,「構造」のダイナミックな概念においては,「構造」が「アクティビティ」の中に存在することによって自己再生成する力を本質的に備えているとされる。したがって,「共進化構造」は,「共進化アクティビティ」の中に存在することによって,「共進化構造」つまり共進化のプラットフォームを,再生成する力を本質的に備えている。つまり,「共進化構造」そのものが共進化のエンジンなのである。

図14-1　2軸共進化のフレームワーク

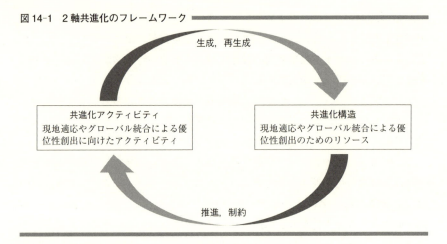

4　中国におけるパナソニックの事業展開

　中国におけるパナソニックの事業展開は，2軸共進化を解説する上での好例といえる。まず，この事例の背景を簡単に述べておこう。

　鄧小平の歴史的な訪日は1978年のことである。このとき鄧小平はパナソニックの創立者・松下幸之助に会い，中国産業の近代化に協力してくれるように要請した。松下幸之助は誠意をもってこの要請への協力を約束し，パナソニックはすぐさま中国に対して多くの技術ライセンスを供与した。また，1987年には中国で初の合弁企業として北京松下カラーCRT（BMCC）を設立，BMCCは大きな成功を収め，90年にパナソニックが大規模な中国参入を開始するコーナーストーンとなった。このころパナソニックは，洗濯機，エアコン，ビデオプレイヤー，TVなどといった製品カテゴリーのレベルでセグメントされた非常に独立性の高い「ビジネス・ユニット」（以下では，パナソニック内の略称であるBUと呼ぶ）によって組織されていた。パナソニックは100を超えるBUを有していたが，1990年代にはそのBUの多くが自身の製造子会社を中国に設立した。独立性の高いBUによる中国参入であったため，40以上の拠点が互

3　より正確には，これらの「ビジネス・ユニット」は，2003年に中村邦夫社長のリーダーシップのもと大規模な組織の再編成が行われるまで，パナソニック内では「製品事業部」と呼ばれていた。再編成後，パナソニック内では一般的に「BU」という略称が使われている。

いに離れた場所に設立されることとなった。

　2000年から06年にかけ，パナソニックは中村邦夫社長のもとで大きな変革を遂げた。この変革の一環として，事業の重複を最小化しR&D・製品開発・製造・マーケティングの機能を関連事業間で共有するため，2003年に同社はより高位の組織体である「ドメイン・カンパニー」にBUを集約した。この再編成を通して，パナソニックは14のドメイン・カンパニーを組織した。その1つにホームアプライアンス社があり，京都から20 km東の草津に本拠が置かれた。この再編成に呼応して，中国でも，個々のBUの製造子会社だけではなかなか競争力を発揮できないという認識が高まっていった。しかも，ドメイン・カンパニーは事業を横断したシナジーを創出することをミッションとしていたので，中国でも関連BUの子会社を集約していこうという動きが出てきた。それらを受けて，2003年にパナソニックホームアプライアンスチャイナ（以下，中国ホームアプライアンス）が設立された。

　コーポレート・レベルでも，2003年，北京にパナソニックチャイナが設立された。これは中国における地域統括会社であり，BUの製造子会社にさまざまな共有サービス（販売チャネルの開発，R&D，ロジスティクス，法務，人事サポートなど）を提供することをその任務の1つとしていた。

5　中国ホームアプライアンスにおける2軸共進化

　中国ホームアプライアンスの製造子会社の多くは，杭州に位置していた。杭州は，人口800万の一級都市で上海の南西約180 kmに位置している。同市は「経済・技術開発地区」を設置しており，そこでは80の日本企業を含む多くの海外企業が事業を展開していた。パナソニックは，杭州を中国におけるホームアプライアンス事業の中核地域と見なし，ホームアプライアンス製造子会社を同地の開発地区に集積した。しかし，独立性の高いBUによって中国参入が行われたという歴史的経緯から，ホームアプライアンス関連の子会社のうち数社は杭州に位置していなかった。

5.1　製造中心の参入初期

　先述のように，パナソニックは1990年代に大々的に中国に参入し，多くの製造子会社を設立した。ホームアプライアンス分野では，杭州パナソニックホ

ームアプライアンス洗濯機，広州パナソニックホームアプライアンスエアコン，無錫パナソニックホームアプライアンス冷蔵庫，杭州パナソニックホームアプライアンス炊飯器，杭州パナソニックホームアプライアンス・エクスポート（食洗機と掃除機）が，それら製造子会社にあたる。

この大規模製造ネットワークの背景には，中国の安価な労働力があり，生産アウトプットのかなりの部分は輸出されていた。実際，1990年代には，パナソニックは中国をグローバルな製造拠点と見なしていた。各BUは中国の子会社へさまざまな形でリソースを移転した。たとえば，製造プロセスのノウハウ，品質管理技術，サプライ・チェーン・マネジメントなどである。パナソニックは，これらのリソース移転を通して中国の製造拠点をそのグローバル製造ネットワークへと統合した。そして2000年代初頭には，ホームアプライアンス分野における同社の世界全体の生産の大きな部分（30％以上）を中国が占めるに至っていた。

現地適応の側面からは，いうまでもなく，現地工場の立上げおよびその後の整備は，現地の競争条件や制約が加味されたものでなければならなかった。たとえば，安価な労働力を活用していくためには，労働者に対する住宅・通勤手段の提供，中国人管理者の育成など，中国ならではの準備が必要であった。ほかにも地方政府との関係構築など，現地適応のチェックリストには多くの項目があり，これらの項目に有効に対処することが現地適応による優位性確保につながった。

また，この参入初期段階で注目に値するのは，工場内において設計・開発チームが徐々に育成されつつあったことである。現地適応を深めるために，現地の競争条件・制約に詳しい現地スタッフによる設計・開発が望ましいことは明白である。現地スタッフのトレーニングは草津の研修所を通して行われることもあれば，本国BUから派遣された駐在エンジニアによってなされることもあった。ただ，この時期における製品の現地化は非常に限定的であり，日本で開発された製品の単純な改良にとどまった。より野心的な現地適応の試みとして，日本の製品企画スタッフが中国に駐在し，現地製品を設計・導入するという取組みもあったが，駐在期間が短かったなどもあり実を結ぶことはなかった。

5.2 現地製品企画能力の強化

本国のパナソニックには，自社製品に関連するライフスタイルの研究に熱心

な伝統があった．個々の家庭や個々人が実際どのように家電製品を使い，またそのような製品の背景にある一般的なライフスタイルはどのようなものなのかを調査してきたのである．ホームアプライアンス社も，そのような調査研究サービスを傘下のBUすべてに提供する生活研究センターを有している．ホームアプライアンス社の各BUは自前の製品企画チームを持っているが，これらの企画チームも生活研究センターと緊密に連絡をとっているのである．

ところがパナソニックは，海外では十分なライフスタイル調査研究を行っておらず，したがって海外市場でのパナソニック製品は基本的に国内モデルに改良を加えたものになっていた．海外での売上げは継続的に増加していたものの，2000年代初頭のパナソニックの首脳陣は，同社の現地化がまだまだ不十分であると考えていた．パナソニックは海外売上比率をある一定の水準まで引き上げるグローバル化の目標を持っていたものの，現地市場をより深く理解することなしには，海外市場，とりわけ新興国市場での競争力はこの目標値の水準から相当乖離してしまうという認識があった．この認識は，巨大で，かつ急速な経済成長の続く中国市場に対しては一層深刻であった．しかも同国は，前述のように創業者・松下幸之助が鄧小平に産業近代化への協力を約束した地でもあったため，パナソニックにとって中国は特別な存在といえた．

この問題に対する一策として，パナソニックは2005年，上海に中国生活研究センターを立ち上げたのである．同センターは，パナソニックにとって海外における最初の本格的なライフスタイル調査研究の試みでもあった．このセンターのディレクター（以下，Mディレクターと呼ぶ）は，本国BUで製品企画担当としての長い経験を持ち，ホームアプライアンス社の生活研究センターとも緊密な交流のある人物であった．Mディレクターは慎重に現地スタッフを採用し，またセンター・スタッフに対しては自ら積極的にトレーニングを実施した．つまり，Mディレクターは本国からのリソース移転の強力な担い手でもあったのである．また，このころには，杭州の製造拠点の設計・開発チームにおいても現地スタッフの育成が進み，本国からのリソース移転の受け皿として準備が整ってきていた．したがって，中国ホームアプライアンスにおける企画開発は，杭州の製造拠点における設計・開発チームと中国生活研究センターを介して，パナソニックのグローバル企画開発ネットワークへと順次，統合されていった．中国の製造拠点がパナソニックのグローバル製造ネットワークに統合されていったことは前述した通りであるが，中国の企画開発拠点のグローバ

ル統合は，グローバル・ネットワーク・レベルでの統合の第2波といえる。

　企画開発のグローバル統合が順次，進むことにより，中国での企画開発は現地適応をさらに深められるようになった。一例として，中国市場向けに開発された冷蔵庫を取り上げよう。この開発では，上海の中国生活研究センターで訓練されたスタッフが，グループ・インタビューや他の従来型のマーケティング・リサーチに加えて，実際に個々の家庭を訪ね，キッチンのサイズ，キッチン・カウンターの高さ，冷蔵庫の場所，キッチンの入り口の寸法など，キッチンに関するさまざまな情報を収集した。これらの情報の中に，キッチンにおける冷蔵庫スペースに関するものがあった。パナソニックの冷蔵庫の標準サイズは幅65 cm であったが，中国における冷蔵庫の一般的なスペースは幅55 cm だったのである。この情報に基づいてパナソニックは，中国市場向けに55 cm 幅のよりスリムな冷蔵庫を開発・導入した。市場はこの製品現地化を歓迎し，売上げは一挙に10倍に増えた。

　中国生活研究センターによるもう1つの重要な貢献は，現地のライフスタイルについてのデータベース構築である。このデータベースは，多くの製品カテゴリーについて，所得レベルや地域ごとに特有の顧客の好みをカバーしている。たとえば，炊飯器に関していえば，中国北部は短粒米，同中部では中粒米，南部は長粒米というように，地域の好みを考慮しなければならないが，データベースにはこの種の詳細なライフスタイル情報が体系的に収集されているのである。収集された情報自体が現地適応にとって重要であるのはいうまでもないが，このように情報がデータベース化されることによって，本国BUと現地拠点はライフスタイル情報を共有できる。すなわち，拠点ネットワーク間での情報共有（リソース移転の一形態）が進むことによって，拠点ネットワーク全体の統合度が増したと考えられるのである。これは，現地適応とグローバル統合が織り成す2軸共進化の一断面であるといえよう。

5.3 中国ホームアプライアンスの自律性向上

　中国ホームアプライアンスを軸とした一連の共進化はさらに進展するが，結果として同社の自律性は大幅に向上した。本節では，その経緯を段階的に紹介する。

　まず，中国生活研究センターのミッションは，単なる市場の調査研究を超え，関連技術やコストにも配慮しながら新たな製品コンセプトを提案することとさ

れていた。そのため，センターのスタッフは，本国 BU および現地子会社のエンジニア，さらには草津のホームアプライアンス社技術センターのエンジニアとも，定例の会議を持つようになった。この種の会議を繰り返すことで，上海のセンター・スタッフは，草津や現地子会社のエンジニアとインフォーマルな（自然発生的な）ネットワークを形成していく。このようなネットワークを介し，センター・スタッフはまた，草津や現地子会社のエンジニアと電話やメールでも情報をやりとりするようになっていった。フォーマル，インフォーマルなコミュニケーション経路を通して，上海のセンター・スタッフは技術に関する知識を獲得し，中国と草津のエンジニアは現地市場に対するより深い理解を得ることができるようになった。

　ここでのポイントは，草津－中国拠点間のコミュニケーション経路の形成は，中国生活研究センターの現地適応に向けた情報収集力があってこそ可能になったということである。もしこのような情報収集力がなかったなら，草津や現地拠点のエンジニアはセンター・スタッフとのコミュニケーションにあまり興味を示さなかったであろう。つまり，中国生活研究センターによる現地適応の深化が，草津－中国拠点間のコミュニケーション経路の形成というグローバル統合の強化につながったといえるのである。

　さらには，こうしたグローバル統合の強化が，中国市場における数多くの製品投入の成功にもつながった。つまり，より一層，現地適応の深化を招いたといえる。この成功がまた草津－中国拠点間の信頼関係を強化し，グローバル統合はさらに促進された。この草津－中国拠点間の信頼関係の強化は草津から中国拠点への権限委譲を促し，中国拠点の自律性は徐々に高まっていった。

　中国拠点の自律性の向上を象徴するかのように，2003 年には杭州パナソニックホームアプライアンス社が設立された。また，2009 年には杭州にパナソニックホームアプライアンス R&D が設立され，中国におけるホームアプライアンスの R&D を統括するようになった。この R&D 拠点は 200 人以上のエンジニアを擁し，しかも，そのほとんどが現地スタッフであった。現地におけるR&D および企画開発能力が強化されるにつれ，現地市場への新製品投入に関する意思決定は，2008 年ぐらいから実質的には現地の指揮で行われるようになった。最終的な公式決定は依然として草津の各 BU でなされていたが，これは，基本的な設計要素（たとえば，洗濯機のシャーシなど）に対してグローバルな一貫性を確保するためであった。

草津－中国拠点間におけるコミュニケーション経路の開拓および信頼関係の強化がグローバル統合を促し，そして，より高度なグローバル統合は現地拠点の自律性を促進した。より自律した現地拠点がさらなる現地適応を可能とすることは，いうまでもない。現地適応とグローバル統合の2軸共進化がよく読み取れる。

6 共進化構造のダイナミクス──中国生活研究センター

前節では，中国ホームアプライアンスを中心とした2軸共進化の経路を解説した。本節では，中国生活研究センターに焦点を当て，共進化構造およびそのダイナミクスを具体的に解明する。

まず，中国生活研究センターが主導した新製品導入のもう1つの成功事例を紹介する。それは洗濯機の事例で，洗濯機がどのように使われているかを，センターのスタッフが300以上の家庭を訪問して調査した結果，ある事実が突き止められたことに端を発する。その事実とは，90％以上の家庭で，洗濯機を持っているにもかかわらず，下着を手洗いしているということであった。詳細なインタビューの結果，研究スタッフが，いくつかの理由を特定した。最も共通していた理由は，屋外でバクテリアにさらされた可能性を持つ上着と一緒に下着を洗うと，その下着からバクテリアに感染するのではないかという心配があるため，下着を手洗いするということであった。この知見に基づいて，研究スタッフはバクテリア除菌機能が付いた洗濯機という製品コンセプトを提案する。この製品コンセプトは草津のホームアプライアンス技術センターでの定例会議において提示され，そこで銀イオンを用いた除菌装置を搭載した洗濯機の実現可能性が確認された。これを受け，上海交通大学と協力して，草津の技術センターが除菌装置を開発した。除菌機能付きの洗濯機は，2007年にフロントローディング方式のドラムタイプとして中国市場に投入された。そして，1年もしないうちに，中国における同タイプ洗濯機のパナソニックの市場シェアが，3％から15％へと急上昇したのである。[4]

---

4 一般的に，深い現地化によって不足しているリソース（たとえば，中国における現地化では洗濯機のための除菌技術）が明らかとなる。そしてそれは，新たなリソースの（共同）開発と移転（除菌装置の開発と移転）により，グローバル統合を引き起こす。われわれは似たようなケースを他の企業でも観察している。

実は，興味深いことに，パナソニックが除菌機能付き洗濯機を売り出す前にも，そのような機能を持つ洗濯機はすでに中国市場に存在していた。しかしながら，中国には 80 以上の洗濯機メーカーが存在し，新たに搭載されたという機能も，そのメーカーが主張するほどには信頼できないということがよくあった。よって，市場が常に新機能を搭載した製品に対して好意的に反応するとは限らなかった。ところがパナソニックは，除菌機能付き洗濯機を中国市場に投入した，はじめてのメジャー・ブランドであった。同社はまた，除菌デバイスの効果を証明する研究データを公開し，さらにはこの装置を中国の名門校である上海交通大学と共同開発したことも公表した。この上海交通大学との共同開発は，この製品が市場で受け入れられることに少なからず貢献したと考えられる。

この事例を踏まえて，共進化構造ダイナミクスを解明していこう。まずは，中国生活研究センターの開設当時に遡る。センターの開設当初における最も重要な共進化構造の要素（つまり，リソース）は，センターのディレクター（M ディレクター）自身であった。M ディレクターは，本国 BU の製品企画部門における豊富な経験をもとに，製品企画ではニーズ，シーズ（要素技術），そしてコストに対する深い理解が必要であるという強い信念を持っていた。そこで，M ディレクターは中国生活研究センターは単なるライフスタイル調査を超えることが重要であると考え，センターのミッションに「市場をリードする製品コンセプトの創出」を掲げた。つまり，M ディレクターのミッション策定というアクティビティを通して，センターのミッション自体が，共進化構造を支える新たなリソースとなったのである。ここまでのダイナミクスを整理すると，まず M ディレクターを一部とする共進化構造があり，その構造がミッション策定という共進化アクティビティを可能にした。そのアクティビティの産物としてセンター・ミッションという新たなリソースが創出され，そのことによって共進化構造が再生成されたということになる。

次のステップとして，M ディレクターは，センター・ミッションに適合する人材を獲得するために独特の採用プラクティスを発案・実践していった。多くの応募者から各ポジションにつき約 20 人が選抜され，詳細な面接に呼ばれた。面接における課題の 1 つに，応募者に生のデータを与え，そのデータをどう解釈するかを尋ねるというものがあった。うわべだけの解釈に終始する応募者もいたが，中には市場にアピールする製品アイデアにつながるような興味深

い解釈をする応募者もいた。応募者は面接プロセスを突破し雇用されると、製品コンセプトの創出に必要な技術およびコストの知識を獲得するためのトレーニングが施された。センター・ミッションの一環として、Mディレクターは、データの収集ではなく解釈を強調した。究極的には、データの解釈が新製品コンセプトとして結実することが期待されるのである。ここでの重要なポイントは、まさにこのようにデータを解釈するということが、現地適応（現地のライフスタイル・データ）とグローバル統合（技術知識などのグローバル・リソースの活用）という2つの軸を結び付けているということである。したがって、採用およびトレーニングというアクティビティが、2軸共進化に対処可能なセンター・スタッフを獲得・育成するという意味を持つ。つまり、センター・ミッションというリソース（共進化構造）に導かれた採用とトレーニングというアクティビティは、2軸共進化に対処可能なセンター・スタッフという新たなリソースを生成し、そして、そのことが共進化構造を再生成したのである。

次に、上海の生活研究センターと草津のBUにかかわるリレーショナル・リソースを通して、共進化構造のダイナミクスを考察していこう。前述の除菌機能付き洗濯機の事例に戻ると、センターは確かに除菌機能付き洗濯機という製品コンセプトを提案したが、同様のコンセプトに基づく製品は他社がすでに中国市場に投入していた。したがって、下着の手洗いという慣習も、「隠されたライフスタイル」をパナソニックが発見したということではない。それでは、中国生活研究センターの貢献は何だったのだろうか。Mディレクターは以下のように述べている。同センターの抱える最大の難関は、「隠されたライフスタイル」を発見しそれに基づく製品コンセプトを提示することではなく、提示した製品コンセプトについて草津を説得し、草津から開発コミットメントを勝ち取ることであった。それには、体系的に収集された信頼できる市場データによって、製品コンセプトを裏づけることが必要不可欠だったというのである。[5]

そこで、リレーショナル・リソースの一形態である、草津―上海を含む拠点ネットワークにおける情報の分配について考えてみよう。拠点ネットワークにおける情報分散のランドスケープ（どの拠点がどのような情報を有しているか）は、各拠点にとって貴重なリソースである。逆にいえば、ある拠点がある情報を創出することによって、情報分散のランドスケープを変形させ、リレーショナ

---

5 この生活研究センターの役割に関する洞察は、白桃（2007）で議論されている。

図 14-2　共進化構造のダイナミクス
　　　　——中国生活研究センターを中心とした草津—中国拠点ネットワークの例

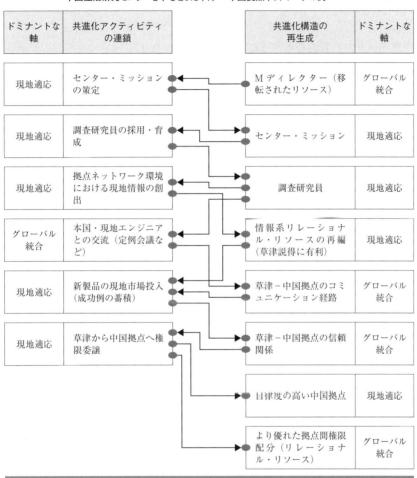

ル・リソースを再生成することもできる。したがって，上海の生活研究センターが行った洗濯機関連の情報収集には，上海拠点でインパクトの高い情報を創出することで情報分散のランドスケープを改造し，この情報系リレーショナル・リソースを再構築した，という意味が生じる。すなわち，上海のセンター・スタッフによる情報創出のアクティビティが，共進化構造の再生成につながったのである。

　前述したように，草津—中国拠点間のコミュニケーション経路が機能するよ

うになって，情報系リレーショナル・リソースが逐次再生成されるようになると，中国市場における新製品投入（共進化アクティビティ）に拍車が掛かるようになった。さらに，新製品投入の成功事例が蓄積されるに従って，草津一中国拠点間の信頼関係も徐々に強化されていった（共進化構造の再生成）。本国も含む拠点ネットワークにおける信頼関係はとくに大切なリレーショナル・リソースであり，このリソースが強化されたことによって，草津から中国拠点への権限委譲が進んだ（共進化アクティビティ）。結果，中国拠点の自律性が高まり，権限配分のリレーショナル・リソースが再生成された（共進化構造の再生成）。

　図14-2は，上記の一連のダイナミクスをまとめたものであるが，この図を一覧すると，Mディレクターが特殊な役割を担っていたことがわかる。Mディレクターは，センター・ミッションを策定し，センターの調査研究員を育成した。さらにMディレクターは，センター・スタッフが草津との連携をとりやすくなるよう定例会議などをセットアップした。ここまで来ると，今度はセンター・スタッフ自らが共進化構造のダイナミクスを推進するようになった。つまり，Mディレクターが，共進化のプロセスが自発的に進展するような環境を整えたといえるのである。

7　パナソニック世界競争の課題——断続的共進化

　これまでの説明で明らかなように，パナソニックの2軸共進化は，どちらかというと逐次，つまり順を追ったステップ・バイ・ステップのプロセスであって，いわば「突然変異」のような断続的な動きは見当たらなかった。たとえば，中国拠点への権限委譲は，草津一中国拠点間の信頼関係の強化に対するごく自然な「見返り」であった。現地適応とグローバル統合の間にある種の「心地よい」バランスが保たれ，2軸のうち片方だけが過度に発展し，バランスを失わせる断続的変化はなかったように思われる。しかしながら，2軸共進化においては，断続的変化の「ダメージ」からバランスを取り戻そうとして他の軸を強力に補強しようとする努力が功を奏すこともある。本節では，こういった断続的共進化に向けた2つの施策を議論する。

7.1　断続的共進化のアウトポストを設ける

　前出の中国ホームアプライアンスにおける共進化は，特定BU，その現地子会社，およびそのBUと緊密な連絡をとる中国生活研究センターからなる，いわば「閉じた世界」でほぼ完結していた。しかし，共進化を，このようなBUを中心とした「閉じた世界」の外，たとえばホームアプライアンス社のトップ・マネジメントの直接的指揮下にあるような「アウトポスト」で進展させることも可能である。

　例として，GEヘルスケアが中国で開発した超音波画像診断システムのケースを見てみよう (Immelt, Govindarajan and Trimble, 2009)。超音波画像診断システムは，もともと先進国市場向けに開発されたものであり，価格帯は10万ドルから35万ドルであった。GEは，新興国市場向けの画像診断システムを開発したいと考えたものの，先進国モデルをベースにそこからさまざまな機能を取り除いていく方法では十分にコストを削ることができず，ゼロから新興国モデルを設計・開発しなければならなかった。問題は，この設計・開発をGEヘルスケアの既存の事業部に託すことができるかということであった。GEヘルスケアのトップは，既存事業部は先進国の主要顧客に囚われて新興国市場のニーズや制約を十分に理解することができないと判断し，中国に小さな現地組織 (local growth team, LGT) を立ち上げて，このLGTに新興国モデルの設計・開発を任せた。LGTは，その自律性を確保するため，既存事業部の外に設けられ，GEヘルスケアのトップ・マネジメントの直接の指揮下に置かれた。

　GEヘルスケアのトップ・マネジメントはLGTがGEのグローバルなR&D資産にアクセスできるよう取り計らい，LGTは最新鋭の技術を取り入れることで超低コストの画像診断システムの開発に成功した。GEはこのモデルを1万5000ドル前後の価格帯で現地市場へ導入することができた。ここでの最初のポイントは，LGTの自律性が，パナソニックの中国拠点の自律性のように徐々に形成されたものではなく，トップ・マネジメントによっていきなり保証されたことである。このことが断続的な現地適応を可能にした。しかし，単に自律性が保証されただけでは，グローバル統合とのバランスが崩れ，2軸共進化による優位性の創出は困難となる。そこで，次にポイントとなるのが，GEヘルスケアのトップがLGTによるGEのグローバルなR&D資産へのアクセスをサポートし，断続的な現地適応に見合ったグローバル統合を可能にした

ことである。このようなトップダウンによる断続的な2軸共進化は，中国パナソニックのケースで観察された逐次的な2軸共進化を補完するものと考えられる。

7.2 買収による現地適応で共進化をジャンプ・スタートさせる

パナソニックは，主に合弁によって中国に参入したが，その後，中国での合弁事業の多くを100％子会社化した。パナソニックの中国におけるプレゼンスの拡大は，このような現地子会社の有機的成長によるものである。このような有機的成長はまた，本国から徐々にリソースを移転することで促進された。パナソニックの中国におけるプレゼンスの拡大は，その逐次的2軸共進化と相俟っていたといえる。とはいえ，パナソニックは中国においてはまだ，多くの事業で競合他社に遅れをとっている。洗濯機では比較的強い存在感を示しているものの，2010年時点の市場シェアは9％であり，国内メーカーのハイアール（27％）やリトルスワン（15％）に次ぐ3位である。他のカテゴリーにおいては，存在感はさらに弱まる。冷蔵庫の市場シェアは2010年時点で2％であり，ハイアール（22％），メイディ（Midea，12％），メイリン（Meiling，11％）などの国内メーカーからはるかに遅れをとって，10位である。エアコンも同様で，市場シェアは2010年時点で2％，8位と，グリー（Gree，26％），メイディ（22％），ハイアール（11％）などの国内メーカーに比べると，その遅れは顕著であった。

こうしたパナソニックの中国における有機的成長と対比する意味で，前出のウォルマートによる中国での買収戦略を考察してみよう。小売業においてグローバルに圧倒的なリーダーシップを誇っているにもかかわらず，ウォルマートの2004年時点の中国における市場地位は20位であった（売上げベース）。先に触れたように，同社は，中国参入時より約10年間，執拗に本国のビジネス・モデルを同地でより忠実に再現しようとしていた。このグローバル統合に軸足を置いた中国戦略は空転するのみで売上げ不振から抜け出すことができずにいたが，10年近い苦闘の末，ウォルマートはついにその中国戦略を根本的に見直し，現地適応へと大きく舵を切ったのである。

ウォルマートはその新中国戦略で矢継ぎ早にさまざまな手を打ったが，そのうちの1つが買収戦略で，まず2007年にトラストマートを13.2億ドルで買収した。トラストマートは2004年時点の売上げベースで中国市場において13位

にあり，ウォルマートより相当上位であった。この買収によってウォルマートは中国カルフールを抜き，2007年には中国市場の5位に躍り出た。

　買収によるスケール拡大が戦略的に重要であることはいうまでもないが，この買収の戦略上，より基本的な意味合いは，トラストマートを核とした現地適応の強化であったと考えられる。というのも，トラストマートは台湾を本拠地としており，アメリカのウォルマートのビジネス・モデルという「足かせ」を持たず，中国市場に対してウォルマートよりも圧倒的に深く現地適応を展開していたからである。したがって，ウォルマートは，トラストマートの買収により，中国市場に対して非常に断続性の高い現地適応を一挙に実現した。このことで，ウォルマートのグローバル統合も，現地適応の断続性に連動した内容を必要とされたものと考えられる。ウォルマートのトラストマート買収による断続的な2軸共進化は，中国パナソニックの有機的・逐次的な2軸共進化とは対照的である。

8　む　す　び

　今日の世界競争においては，多国籍企業の戦略資産として，高度な「複雑性」を考慮する必要がある。競争優位の源泉が複雑であればあるほど，その源泉を活用して創出した優位性は競合他社の模倣を困難にする。このような「複雑性」は，しばしば2つの（あるいはそれ以上の）対立的関係にある戦略の軸からなる。いうまでもなく，この一例が，現地適応とグローバル統合という対立的な2軸である。現地適応もグローバル統合も，その定義からして，競争優位構築の源泉である。現地適応もしくはグローバル統合から個別に創出される優位性を第1次の優位性とするならば，2軸共進化によって創出される優位性は，第1次優位性を基盤としたより高次の優位性といえる。現地適応とグローバル統合が織り成す2軸共進化のダイナミクスは複雑度の高いプロセスであり，そこから創出される高次の優位性は簡単には他社の模倣を許さない。

　これまで解説してきたように，2軸共進化というグローバル競争優位構築のプラットフォームにおいては，新興国経済の台頭によって，その対立2軸のテンションが一挙に高まり，プラットフォームの複雑度もトライアド・パワー時代の比ではない。つまり，戦略資産としての「複雑性」という観点からすれば，ますます「魅力的」なプラットフォームになってきたわけである。逐次的共進

化に加えて,断続的共進化に秀でる企業が,今後の世界競争をリードすると考えられるのである。

　　＊　本章は,Wakayama *et al.* (2012) をもとに,加筆・修正を加えたものである。

第15章

日系小売企業における組織能力の構築と現地市場開拓
イトーヨーカ堂とセブン-イレブンの中国市場展開の事例

天野 倫文

1 はじめに

　本章では，小売業における日本企業の中国市場展開のケース・スタディを行う。本書ではここまで，主として製造業分野の新興国市場戦略を論じてきたが，ここにおいて小売業の事例を取り上げる理由は次のようなものである。
　小売業は価値連鎖の最も下流にあり，最終消費者と直に接する。マーケットに左右される部分が大きく，現地化が重要な課題になる。確かに国際小売業では，標準的なノウハウのベースを本国から持ち込んでいることも多い。ただ，それらのノウハウは現地のオペレーションの根幹をなすものの，オペレーションを動かす組織ルーチンのディテールの大半は，それらのノウハウを基礎にしながら現地で開発されている。また，現地オペレーションの中から新たな組織ルーチンが開発される側面も見逃せない。小売業は日々マーケットと接しているため，こうした組織ルーチンの創造や改変がダイナミックに起きるのである。それらを取り込んで組織ルーチンを進化させていくことができるかどうかが，その市場に進出した小売業の競争力にも影響を与えていると考えられる。こうした視点は，これまで論じてきた製造業の市場戦略にとっても有意義なものである。
　本章では，現地小売業のオペレーションの組織能力（組織ルーチンの束）に着目し，それらが市場とのインタラクションの中でどう形成されていくかを，北京に進出している2つの日系小売業のケースから見ていきたい。小売業のオペレーションを分析する視点として，本章ではマーチャンダイジング（merchan-

dising, MD）という概念を用いる。小売業においては，マーケティングという概念と同様，MDにも幅広い解釈が存在する。早期の研究では，MDは，仕入活動と狭く定義されていたが，近年になって，商品を仕入れるだけでなく，商品と関連した在庫管理・売場設計・組織づくりなども含むようになった。

たとえば，宮副（2008）は，百貨店の観察に基づき，MDを，需要に対してのカテゴリーの形成と編成，それを実現する最適化活動（売場での商品の編集，店舗での売場の編集，供給の最適化）であるとしている。高（2010）は，より包括的に，MDを①目標顧客のニーズに応じて必要な商品・サービスを提供し，②商品・サービスを獲得するために取引先と関係をつくり，③これらに伴う内部組織づくりをどう編成するかという機能・活動であるとし，これらを遂行する能力を「MD能力」と呼んだ。このように定義されたMDやその能力は，小売業のオペレーションを捉える実態的な枠組みであり，現場から小売業の競争力を把握する1つの視点であると考えられる。

海外市場でのMD能力の構築プロセスには，本国からの標準的なノウハウの移転と現地側でのオペレーション能力の形成という，2つの要素が存在している。しかし，これらの要素が具体的にどのようにオーガナイズされて現地市場におけるMD能力が形成されているのかという点については，企業ごとに方法も異なり，ケース・スタディを進めなければわからない点が多い。本章では，北京に進出している華糖洋華堂商業有限公司とセブン-イレブン（北京）の事例から，この点を見ていきたい。

2 北京小売市場の動向

2.1 北京の小売市場概況

まず，北京市における小売市場の概況を見ておく。北京市は，土地面積約1万7000 km^2（東京都の約8倍），2007年で約1600万人（東京都の約1.3倍）の人口を有する。従来，中国の政治・文化の中心として重視されてきたが，近年は経済発展も好調で，2007年の1人当たりGDPは7654ドルと，中国でも指折りの高所得都市となった。

北京市統計局のデータによると，北京市民の1人当たり可処分所得は，1986年の1067.5元から2007年の2万1989.0元へと，この20年で約20倍になった。1人当たり消費支出も，1986年の1067.4元から2007年の1万5330.0元へと，

図15-1 北京市市民の所得・支出状況（1986～2007年）

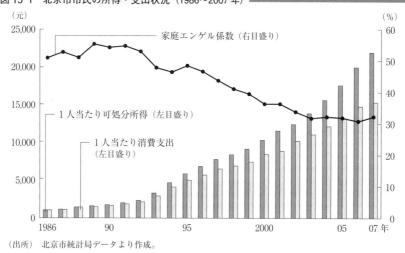

（出所）　北京市統計局データより作成。

表15-1 北京市都市部と農村部の世帯所得と支出（2007年度）

	農村部全世帯	都市部					
		全世帯	低所得世帯	中低所得世帯	中所得世帯	中高所得世帯	高所得世帯
調査世帯数（世帯）	3,000	3,000	600	600	600	600	600
平均世帯人口（人）	3.3	2.8	3.1	2.9	2.9	2.8	2.6
世帯当たり就業人口（人）	—	1.6	1.5	1.6	1.7	1.7	1.6
就業者1人当たり扶養人数（人）	—	1.4	1.8	1.4	1.3	1.2	1.2
1人当たり可処分所得（元）	10,996	21,989	10,135	15,050	19,883	25,353	40,656
1人当たり消費支出（元）	6,776	15,330	9,183	12,196	15,094	17,747	23,415

（注）　1）　農村部の可処分所得と消費支出は，現金収入と現金支出のデータで代用した。
　　　2）　就業者1人当たり扶養人数＝（無収入者数／就業者数）＋1。
　　　3）　都市部の低所得世帯〜高所得世帯の5つの分類は，全世帯を可処分所得順に並べて高い順に20％ずつ分けて分類したものである。
（出所）　北京市統計局データより抜粋。

約15倍になった。エンゲル係数は，50％前後であったものが30％前後にまで低下している（図15-1）。市民の購買力が上昇して魅力的な消費市場が形成されており，そのことは，近年の不動産バブルや高級車・高級ブランドの進出などにも象徴されている。

しかし，都市部と農村部の所得水準と消費支出にはかなりの開きがある（表15-1）。2007年度のデータを見ると，北京の都市部の1人当たり可処分所得は

表 15-2 北京市都市部従業員の平均年収（企業類型別）

（単位：元）

	2007年度	06年度
平　均	46,507	40,117
国内企業	43,674	37,404
外資企業	59,054	58,330
香港・マカオ・台湾企業	61,048	48,587

（出所）　北京市統計局データより作成。

　農村部の約2倍，消費支出は約2.3倍である。都市部では，高所得世帯と低所得世帯の格差が大きい。高所得世帯の1人当たり可処分所得は低所得世帯の3.9倍，1人当たり消費支出は2.5倍になっている。都市部の低所得世帯は，就業人数が少なく，就業者の負担が大きい。所得の高い世帯は，1人当たりの収入が高く，就業人数も多い傾向にあるため，消費力が高い。
　つまり，市場全体が伸びているからといって，すべてのセグメントで同じように購買力が生じているわけではない。世帯間の収入・消費格差はまだ大きく，消費を牽引したのは主に都市部の中・高所得世帯である。北京市場での販売を目的に進出する企業は，このような市場構造を念頭に置いてターゲット層を選定しているようだ。
　では，進出企業にとって最も魅力的な消費者セグメントはどこだろうか。表15-2は，都市部従業員の平均年収を比較したものだが，たとえば，北京市では外資企業に勤めている人の給与が国内企業のそれよりもはるかに高い。これらの層はいわゆる「ニュー・リッチ層」と呼ばれ，北京に進出した高級品ショップや百貨店などは，この層に注目して「輸入品」や「海外ブランド」などを展開している。加えて近年では，香港・マカオ・台湾の企業や上場している大手国有企業（主にエネルギーや金融，通信分野）などの平均給与も伸びており，彼らも新たに「ニュー・リッチ層」へ含まれるようになった。

2.2　流通システムの特性

　川下の消費者だけではなく，川上の流通構造も，小売企業にとって重要な制約要因である。現地の流通構造によって，小売業の商品供給の幅・深さ・コストなどが影響を受ける。流通システムの構造を分析する指標として，しばしば「W/R比率」が用いられる。中国は，国土が広く，消費財メーカーが各地

表 15-3　北京市の卸売・小売企業の商品売上げ（2007年度）

(単位：万元)

	商品総売上げ	うち，卸売り	うち，小売り	W/R 比率[2]
全種類合計	180,086,281	153,226,481	26,859,800	5.70
食品・飲料・煙草・酒	12,227,978	9,167,349	3,060,629	3.00
うち，食品類	8,351,602	6,055,749	2,295,853	2.64
うち，飲料類	666,468	359,642	306,826	1.17
うち，煙草・酒類	3,209,908	2,751,958	457,950	6.01
服飾・紡織品	5,776,545	2,880,346	2,896,199	0.99
うち，服飾類	3,507,246	1,431,866	2,075,380	0.69
うち，靴帽子類	1,033,399	507,402	525,997	0.96
うち，針・紡織品類	1,235,900	941,078	294,822	3.19
化粧品類	863,890	351,912	511,978	0.69
ジュエリー	1,021,068	355,935	665,133	0.54
日用品類	2,151,333	1,090,206	1,061,127	1.03
新聞・雑誌	997,482	581,619	415,863	1.40
家電・音響	5,394,454	3,487,709	1,906,745	1.83
医薬品	4,224,003	2,795,841	1,428,162	1.96
文房具・オフィス用品	7,180,225	5,720,241	1,459,984	3.92
家具	363,455	100,561	262,894	0.38
通信機器	12,225,497	11,308,905	916,592	12.34
自動車	16,471,735	9,978,347	6,493,388	1.54

(注) 1) 商品項目の一部を羅列したものであり，全種類ではない。
　　 2) 厳密にいえば，本表の数値は各商品の出荷から販売までのすべての流通段階を表したものではなく，北京市内だけの流通経路であるので，表の中のW/R比率は正確なものではない。ただし，各商品種類の間の相対的な差を比較する数値として利用することができる。
(出所) 北京市統計局データより抜粋。

に散在し，その上，日本のように幅広い商品を効率よく一括配送する問屋システムが発達していないため，流通経路が相対的に長くなると考えられる。

北京市の統計を表15-3にまとめた。この表から，食品の流通経路が比較的長く，衣料品や日用品の流通経路が短いことがわかる。日用品については，中国の大手日用品メーカーの生産拠点がすべて北京市から遠く離れた広東省や浙江省などにあり，北京市内での取引は彼らの北京代理店を通して販売となるた

1　W/R 比率とは，卸売年間販売額を小売年間販売額で割った数値であり，これによって商品が何段階を経て店頭に並ぶのかがわかる。W/R比率が大きければ大きいほど，流通経路が長いことを示していることになる。

め，代理店から小売りまでの経路は短くなっている。食品については，卸売業者の商品保存や輸送の技術が遅れているため，一部の大手飲料メーカーを除き，一般的に流通経路は日本よりかなり長い。食品の中でも生鮮食品の流通範囲は地理的に狭く，南の果物を北の地域で買えるようになったのは最近のことである。

衣料品の流通も特徴的である。表 15-3 から，衣料品（服飾類）の小売額は卸売額よりも高いことがわかるが，それは単に生産拠点が北京市外にあるだけではなく，中国のアパレル業界は SPA 方式[2]が主流で，多くのメーカーが自社ブランドを持ち，販売まで手がけていることによる。彼らは直営店（いわゆる「専売店」）を全国展開することによって知名度を上げようとしており，この専売店比率の高さが W/R 比率の低さに表れている。このように，日用品，食品，衣料品で，流通システムの構造は異なっている。そのため，小売業者は各分野において異なる仕入政策をとらなければならない。

2.3 小売業の競争状況

流通構造の複雑さはあるものの，中国が WTO 加盟後に進めてきた小売分野の外資への開放政策によって，各国の大手小売・卸売企業はこぞって北京市に進出した。総合小売業でいうと，2009 年 6 月現在，ウォルマートが北京に 6 店，カルフールは 11 店，イトーヨーカ堂が 8 店，ロータスが 8 店を構え，ほかにパクソン，イオン，オーシャン，E マートなども進出してきている。

北京市場に参入する小売企業は，大まかに，欧米系，中国系，華人系，日系に分けられる。それぞれ得意とする業態があるようで，欧米系のカルフール，ウォルマートなどはハイパーマーケット業態を中心に大型店舗で低価格大量販売戦略をとっている。中国系は，国有の百貨店から転身した高級百貨店以外は，主として欧米系を模倣して価格競争で勝負している企業が多い。ただ，その結果，価格競争が激しくなり，地元企業自身も苦しめられている。華人系とは香港，台湾，マレーシア，タイなどのいわゆる華人系資本が設立した現地法人を指し，マレーシアのパクソンや台湾の太平洋百貨など百貨店業態で参入する企業が多い。日系企業は，華糖洋華堂が GMS (general merchandise store, 総合ス

---

2 specialty store retailer of private label apparel の略称。アパレル企業が，商品企画，生産，販売までコントロールする方式をいう。

表 15-4　北京の卸売・小売企業の財務状況（2007 年）

(単位：万元)

企業類型	国内企業	香港・マカオ・台湾企業	外資企業
企業数	5,900	48	140
資産総額	84,896,696.0	234,020.0	5,415,006.0
売上げ	129,211,634.0	1,676,646.7	28,552,270.0
営業利益	1,685,376.5	52,907.3	1,440,373.3
利益総額	3,202,320.2	51,341.0	2,480,911.0
営業利益率[2]	0.01	0.03	0.05
ROA[3]	0.04	0.05	0.15
平均資産額	14,389.3	4,875.4	38,678.6
平均売上げ	21,900.3	34,930.1	203,944.8
平均売上げ／平均資産額	1.52	7.16	5.27

(注) 1)　卸売りは年商 2000 万元以上，小売りは年商 500 万元以上の企業のみについての統計である．
　　 2)　営業利益率＝営業利益／売上げ．
　　 3)　ROA＝利益総額／資産総額．
(出所)　北京市統計局データより作成．

ーパー），セブン-イレブンがコンビニエンス・ストア，イオンがショッピング・モールによって，それぞれ北京市場に展開し，各々の強みを活かしたビジネスを展開している．

　各社の横断的な比較は難しいが，企業類型ごとの大まかな財務状況の違いはわかる．表 15-4 を見ると，平均的な営業利益率や ROA の高さは，外資企業，香港・マカオ・台湾企業，国内企業の順番である．外資企業や香港・マカオ・台湾企業は，国内企業に対して相対的に高収益なポジションにある．また，この表から平均資産額と平均売上げを見ると，国内企業以外のほうが少ない資産でより多くの売上げを上げていることがわかる．このような経営指標の差の背後に，現地小売経営のオペレーション能力の差が存在するのではないかというのが，本章の問題関心であり，そのような視点から，北京に進出した2つの日系小売企業（華糖洋華堂とセブン-イレブン）のケースを見ていきたい．

3　華糖洋華堂（華堂商場）

　華糖洋華堂商業有限公司は，株式会社イトーヨーカ堂と伊藤忠商事・伊藤忠中国，中国華孚貿易発展集団公司が共同出資で設立した合弁企業である．2009年6月現在の出資比率は，株式会社イトーヨーカ堂が 75.75％でマジョリティ

をとっている。北京では1998年4月に第1号店をオープンし，2010年2月現在は北京に9店舗（店舗名は華堂商場）を有する。北京市は中心から環状に道路が敷設されているが，二環路外三環路内に2店，三環路外四環路内に3店，四環路外五環路内に2店，五環路外に1店と，環状道路に沿って店舗が展開されている。

中国のGMSの商圏は一般に半径3kmとされているが，出店の際には，そこに住民が約30万人以上おり，平均月収が2000～3000元はあることなどが考慮されている。華糖洋華堂の店舗数と出店スピードは欧米系のカルフール，ウォルマートより遅れているとの指摘がしばしば見られるが，実態としては，個々の店舗できめ細かなMDを行い，店舗ごとの差別化を徹底し，各商圏において顧客の支持を得て，高収益を上げる体質を築いた点は，むしろ評価されるべきであろう。イトーヨーカ堂の中では，こうしたMDを「十店十色」の政策と呼んでいる。2010年時点で，北京には2860名の社員がおり，日本人従業員は11名である。社長と副社長，営業本部長や各商品部長，スーパーバイザーなど，MDの幹をなすところには日本人が配置されている。

3.1 日本で培われた経営手法

華糖洋華堂の親会社にあたる株式会社イトーヨーカ堂は，日本でも経営の「質」を重視することで有名である。イトーヨーカ堂でいう「質」とは，売上規模や店舗数ではなく，在庫回転率や利益率である。これは創業以来の経営理念であり，既存店の黒字転換の見込みがない限り，新しい店舗を出さないことを原則としているという。そして，経営の質を上げるために，ドミナント戦略，単品管理，個店対応などを徹底してきた。

「ドミナント戦略」とは，出店地域の集中によって資源を最大限に活用する考え方である。イトーヨーカ堂は，日本でも創業当初から，たとえばダイエーのように無理に大きくなろうとはしなかったために，店舗の拡張が緩やかで，1970年まで売上げも500億円と国内17位にとどまっていた（石原・矢作, 2004, 218頁）。なおかつ，店舗立地に関してはドミナント戦略を徹底しており，2009年5月現在でも日本全国179店舗のうち117店舗が関東の1都6県内にあり，全国に満遍なく展開する政策はとっていない。しかし，このドミナント戦略によって，本社がすべての店舗をコントロールでき，物流ネットワークの十分な活用，密度のある店舗網による出店地域での知名度上昇，経営ノウハウのスム

ーズな移転などの効果が得られているのである。緩やかな出店にもかかわらず，その後のイトーヨーカ堂の売上規模は，1980年にはすでに6879億円に達し国内2位となっていた。

イトーヨーカ堂は，出店だけではなく，商品に対しても緻密な管理を施そうと，1980年代から業務改革を始めた。周知のように，その中心となるのが「単品管理」の確立である。毎日の販売データ，周辺環境の変化をもとに，死に筋商品と売れ筋商品を見極めた正確な発注を求め，利益管理を単品レベルにまで徹底する考えである。この単品管理は，管理層だけでなく，現場の従業員にまで浸透しており，現場ではパート従業員でもこの思想のもとで発注権限を与えられる。

単品管理と強く関連しているのが，「個店対応」という考えである。「生鮮食品であれ衣料品であれ，売れる商品は，地域，店ごとに異なる。そこでマーケット調査が欠かせないものとなる。(略) また，顧客のニーズは絶えず変わるので，当初の調査だけでなく，商品一つひとつについて，毎日の活動のなかでその動向を確認することが必要になる。その継続的な実行こそ，単品管理に他ならず，仮説を検証していく活動なのである」(邊見，2008，84-85頁)。つまり，顧客のニーズに正確に対応するために，単品管理が必要になり，単品管理を徹底するために，売場レベルでの細かい実行・情報収集・微調整が必要になり，個店対応が重視されたのである。

ドミナント戦略は全体の出店戦略の方針であり，単品管理と個店対応は日々のオペレーションを方向づける思想であるといえよう。3つの理念・思想は日々の顧客対応・顧客価値創造の基礎になっており，これらは中国においても実践されている。

3.2 中間層を対象とする店舗づくり——百貨店とスーパーの結合

筆者らが北京の華堂商場亜運村店を訪問した際，その店舗は百貨店と見間違えるほどであった。1階の靴売場，2,3階の服飾売場には中国で人気の高いブランドを取り揃え，化粧品カウンターには資生堂やロレアルのテナントが入っている。そのほかにも，高級寝具，ファッション雑貨，それにジュエリーなどのカウンターがある。しかし，地下1階へ行くと，日本のイトーヨーカ堂でもお馴染みの食品スーパーが現れ，ここがスーパーマーケットであることが再認識される。華堂商場各店のレジ通過客数は，少ないときでも1日当たり約1万

人,土日であれば約2万人という繁盛ぶりだった。

イトーヨーカ堂は,日本ではいわゆる「総合スーパー」の代表格というイメージがあるが,北京では少し様相が異なる。北京では,むしろ「百貨店+スーパーマーケット」というコンセプトで,店舗設計,品揃え,接客などが行われている。北京の消費者に訊いてみたところ,華堂商場は中級の百貨店だと認識している人が少なくなかった。なお,同社は四川省成都市にも店舗を展開しているが,ここに行くと,もっと高級感のあるイメージになるという。

実際,北京の華堂商場は,日本のイトーヨーカ堂と比べ,ターゲット顧客層や店舗コンセプトなどの面でかなりの違いが見られる。日本のイトーヨーカ堂は,衣食住分野の商品を取り扱い,商圏内のほぼすべての世帯をターゲットに,自営商品を中心とした,主には購買頻度の高い最寄品を提供する,「総合スーパー」である。一方,北京では,ターゲットを商圏内の月収3000元(5万円弱)以上の個人および世帯(いわゆる中間層)と設定している。とくに衣住部門は人気ブランドを主なテナントとして入店させて最寄品だけでなくファッション商品などの買回品も多く取り揃える一方,食品売場も充実させて,家族で買物を楽しめる百貨店を目指している。

中国は消費者の収入・消費格差が大きく,すべての顧客をターゲットにして商品やサービスを展開することには無理がある。しかし,だからといって低収入層を狙えば,現地の安売店舗や青空市場と直接競争することになり,外資系であるイトーヨーカ堂が利益を出すのは難しくなる。そのため,伸びる中間層をターゲットに緻密なMDを展開することで,付加価値が高く,他社とも差別化が可能な業態をつくろうとしているのである。

3.3 衣料と食品の売場づくり

筆者らは,前述の訪問時に亜運村店の売場を案内していただいている。店舗で扱う商品が衣食住の3分野であることは日本と変わらないが,売場にはいくつか現地ならではの特徴が見られた。

まず,衣住部門のテナント活用である。日本のイトーヨーカ堂では,たとえ

---

3 筆者らによるインタビューの中では,華糖洋華堂は店舗の商圏を半径3km以内に設定していると聞かれた。川端 (2006) でも,日本のGMSの商圏は広域であり,それに比べて中国は狭いと指摘されている。原因としては,交通手段,とりわけ自動車の普及率の違いがあると考えられている。

衣料売場の華人系テナント

衣料売場のPB「IY BASICS」

ば衣料部門はほぼ自営である。これに対し，北京の店舗のテナント比率は，食品売場は約3割であるものの，衣料売場は約9割，住居関連売場は約6割であり，とりわけ衣住部門のテナント活用が進んでいる。背景には，①中国では，とくにファッション性の高い衣料品についてはSPAが主流であり，消費者もブランドで商品を判断するため，日本と同じように自営商品だけを集めると売場の魅力がなくなってしまうこと，②本来，日本のように，自分で商品を仕入れて，粗利をコントロールしたほうが利益率は高くなるはずだが，SPAがすでに効率的なサプライ・チェーンを構築しており，そちらを活用することのメリットが大きいこと，③自社ではまだ，企画から原料調達，生産，陳列までを取り行うインフラや人材が十分に育っておらず，自営ですべて手がけるとどうしても固定費が高くなってしまうこと，などの理由があるそうだ。

　興味深いのはテナントの選択である。店舗の基本政策として中間層をターゲットとしているため，たとえばファッション性が高い衣料商品であれば，値段の張る欧米の超高級テナントを入れるわけではなく，中間層の顧客が安心して購入できる華人系や中国系の中高級テナントを中心的に入店させている。また，肌着や室内着，日用着，子供用衣類など，相対的にファッション性が低い衣料商品については，自社のプライベート・ブランド（PB）である「IY BASICS」を展開し，リーズナブルな値段で品質の高い商品を供給している。ファッション商品と自営商品は棲分けがなされており，顧客動向を見ながら売場構成や商品構成を変えて，総合的に売場の魅力を高めているのである（写真参照）[4]。

　食品売場でも随所にMDの工夫が見られる。低価格を武器にする欧米系企

---

[4] 本章に掲載した写真はすべて，許可を得て筆者が撮影したものである。

業や現地企業との差別化が最も顕著に見られるのは，食品売場かもしれない。値段の手頃さも外せない要素だが，何よりも品揃え，安全・安心，新鮮さ，品質を重視した売場づくりが目指されている。いくつか例をあげたい。

　まず，旬のものを提供するための産直型 MD の強化である。筆者らが店舗を訪問したのは 6 月だったが，ライチを海南から，メロン，ブドウを新疆から，飛行機で冷蔵したまま運び，売場に置くときにも下に氷を敷いて，鮮度を保つような売り方をしていた。以前は遠方からトラックで輸送していたこともあるが，鮮度が大幅に落ちるため空輸に切り替えた。時期を選び，有名な産地から鮮度の高い商品を輸送して売ることで，都市に住む客はそれを楽しみに店舗を訪れ，商品を購入していく。

　有機野菜の売場も顧客の高い関心を集めている。近年では他社も取り扱い始めたが，有機野菜は北京ではイトーヨーカ堂が最初に導入したビジネスであるという。特定の産地・農場と契約して，農薬を控えた有機野菜をつくってもらう。華糖洋華堂が生産から仕入れまでを一括して管理し，安全で安心な野菜を売場に置き，そのようなつくり方・売り方をしていることを，売場のディスプレイで消費者にも説明している。2008 年の粉ミルク問題で，都市部の消費者の食の安全に対する意識は高まっており，有機野菜を好んで買う消費者が増えてきた。値段は通常の野菜の約 2～3 倍であるが，確実に需要がある。

　重要な点は，商品の品揃えである。欧米や日系の競合店がどちらかといえば売れ筋に絞って商品を大量仕入れ・大量販売することに重きを置いているのとは対照的に，華糖洋華堂は豊富な品揃えを重視している。たとえば，先述の野菜売場の場合，有機野菜と通常の野菜の売場は分かれており，有機野菜を買う安全・品質志向の消費者と，通常野菜を買う価格志向の消費者（場合によっては同一人物の可能性も高いが）の，両方に対応している。また，日々の売上動向に応じて，どちらの売場についても構成内容などを変化させている。時節に合わせたプロモーションを次々に行い，売場を活気づけている。商品のよさや品揃え，売場の雰囲気で，近隣の消費者がぜひ立ち寄りたいと思う店づくりを進め，消費者の納得感を得ているのである（写真参照）。

　以上のように，商圏となる市場や消費者の動向に密着して，売場の変化に合わせた細かな調整・実験をし，商品力・商品構成・売場づくりなどといった MD の総合力で顧客満足度を高めていくという考え方は，いわゆる「仮説―検証」という，イトーヨーカ堂が日本で掲げている経営方針に沿ったものである。

青果売場での産直型の仕入れ（水蜜桃）　　有機野菜の売場

そして，大事なのは，この「仮説―検証」のサイクルの中に，いつもバイヤーが入っていることである。バイヤーは，担当する商品分野の各店舗の売場と仕入先の両方に精通し，丹念に情報を収集して，店舗と仕入先の両方と協力しながら，仕入れの意思決定や日々のさまざまな調整を行っている。

3.4　バイヤーのMD機能

　イトーヨーカ堂のMDの特色を表すのが，前述の「十店十色」というコンセプトである。商圏が違えば，その商圏の消費者に合わせたMDを展開するのが，基本である。ただ，「十店十色」とはいえ，むろんすべてを店舗任せにするのではない。商品分野ごとに店舗間の横串を通し，共通のニーズが存在するところについては，各店舗に共通の商品企画や販促企画の提案を行い，仕入先やテナントとの交渉や商談をするのはバイヤーの仕事である。

　第1に特徴的なのは，バイヤーによる各店舗とのやりとりや店舗間の調整がきわめて微細にわたることである。この調整は，メーカーやテナントとのやりとりにも及ぶ。経済発展の渦中にある北京では，特定の商圏でも一定期間で顧客構成や顧客ニーズが変化し，しばしば商圏間の需要の差異も顕著である。北京では，近年，経済成長やオリンピック前後の都市開発のため，人口の郊外シフトや住宅地の開発などが進み，店舗の顧客構成も急速に変わっている。1号店の十里堡店でいえば，開店当初は周辺は国有企業の工場や未開発の土地だったものが，現在では高層マンションが林立する居住・商業地域になり，来店客の平均収入も高まった。こうした変化を見過ごさないように，バイヤーは毎日1時間は売場で接客し，顧客の生の声を聞く。また，来客にアンケート調査を行い，客層やニーズの変化を見ている。

店舗の売場構成・商品構成は，商品部（具体的にはバイヤー）が顧客情報をもとに店舗に提案し，店長の判断によって決められる。このプロセスは日本とほぼ同じだが，店舗間の環境の違いが顕著である。たとえば4号店の大興店は，新興住宅街の開発を見込んで出店したが，周辺はもともと農地で青空市場が多く残っており，地元の農産品や安い青果がたくさん並んでいた。このような環境では，食品は価格では勝負できないため，むしろ価格帯の高い輸入青果や有機野菜を中心に販売した。一方，2号店の亜運村店周辺は，オリンピック会場や選手村に近かったため高級住宅やオフィスの開発が進み，商圏内の顧客の平均収入が他の店舗より高くなっている。そこで，衣料売場では他店舗にないESPRITなどの外国テナントを誘致し，ニュー・リッチ層のニーズに応えた。
　バイヤーは，各商圏の客層に合わせて，どの店舗にどのテナントを入れるか，あるいは同じテナントでも客単価に合わせて商品構成を変えるなどしており，その交渉をテナントやメーカーと進める。仕入先との信頼関係を築くために，バイヤーは売場情報を積極的に出し，商品政策についてともに話し合うことを重視しており，経験を重ねるにつれて仕入先も阿吽の呼吸で応じてくれるようになるという。バイヤーはまた，テナント自身の自己調整力を重視する。売場周辺の市場環境についてはテナント自身も事前に調査し，各店舗にどういう商品をどういう値段で出せばいいかを考えて，調整していくのである。
　第2に，仕入先およびテナントの選択や彼らとの交渉にも特徴がある。中国では，計画経済の名残りなどもあり，もともと小売りに対するメーカーやテナントの交渉力が強い。これは，たとえば中国系の家電量販店などを訪問してみるとわかることだが，小売りはメーカーに売場を貸すだけで，販売や販促に携わらないことのほうが多い。メーカーやテナントは，そこに入り込んで自社製品を自由に販売している。メーカーは，売場に販売や販促を行う店員を自社の持出しで常駐させ，売残り商品は自社の責任で引き取らなければならない。小売りはメーカーからテナント料やリベートなどを受け取る。小売店はメーカーやテナントの売場の集合体で編成されているのである。
　こうした商慣行があるため，小売りが自社主導で売場づくりを行うことは難しく，商品開発や仕入れ交渉，売場づくりはしばしばメーカー主導になってし

5　現地の営業本部長によれば，あるべき姿として，商品に関する業務の70％は商品本部が，30％を個々の店舗がそれぞれ対応するのが望ましいとのことであった。

まう。そのため，消費者の立場に立った売場づくりと仕入先との取引慣行の改定が大事な仕事になり，これらを主導するのもバイヤーの役割である。

食品と衣料の売場では，自営の売場を増やす工夫をしている。具体的には，衣料品売場の肌着や日用着のようにファッション性や変化が少ない商品，食品売場のようにメーカーやテナントのブランド力が相対的に弱く彼らとの競合が少ない商品領域では，テナント比率を下げ，小売り主導で売場や商品を企画していくことが可能になっている。

バイヤーはまた，売場の代表者として，消費者の立場から，メーカーやテナントとの取引慣行も改善・調整している。これも，仕入先が日系の場合は比較的やりやすいが，欧米系の場合は地域責任者に権限がなかったりカルフールなどの大規模小売りと取引をしている関係上取引慣行が大きく異なったりすることから簡単には応じてくれない。そこで，バイヤーはメーカーの担当者と常にコミュニケーションをとり，「共存共栄」の理念を訴え続ける。代わりに，商品価格を勝手に変えたりせず，支払いサイトも厳守し，メーカーの生産計画に参考になるような売場情報を提供していく。メーカー側も自社の利益が見えてくると，華糖洋華堂の方針に合わせてくれるようになる。このようにして，サプライヤーとの信頼関係を築いていくのである。

3.5 1号店での経験蓄積と基幹人材の育成

以上は売場づくりとバイヤーを中心とするMDの特徴であるが，そうしたMD能力の形成は，現地管理職クラスの人材育成と密接に結び付いている。

北京の華糖洋華堂の場合，店舗の組織は，店長・副店長以下，衣料・食品・住居・管理のそれぞれのセクションに中国人管理者（日本での統括マネジャー相当）がおり，その下に各売場の売場マネジャーがいる形になっている。売場マネジャーは店舗当たり20～30人程度で運営されている。日常の運営の多くの部分は中国人管理者に担われる。9店舗のうち，日本人店長の店舗は3店舗のみで，あとはすべて中国人が店長を務めている。

日本では，一人前のバイヤーになるためには「現場で10年」といわれてきた。しかし，北京市場は拡張期にあり，そこまで待つことができないので，3～4年現場を経験させて，バイヤーとしての力量があると判断された人を昇格させている。一般的に，セントラル・マーチャンダイジングを行う欧米系企業と比べて，個店対応のイトーヨーカ堂のMDにおいてはバイヤーの負荷が

大きくなる傾向があるといえる。

　興味深い事実は，これらを担う基幹人材の多くが，1998年に立ち上げた1号店（十里堡店）のマネジャー経験者であるということである。2010年現在でも，同社の北京のバイヤーは1号店に常駐しており，ここを利用して新商品や売場づくりのさまざまな実験を試みている。

　現在だけ見れば，計画的に展開され，成功してきたように見える華糖洋華堂だが，最初から順風満帆ではなかった。日本では有名な同社も，当時の北京では無名だった。GMS業態自体が当時の中国ではまったく新しいコンセプトであり，1号店をオープンする前に取引関係を樹立できたのは，日系メーカーや大手外資系メーカーなどのほんの一部だけだったという。香港から仕入れた高級ブランドの衣料品を置いてみたが，現地のファッション感覚や購買力とギャップがあり売れなかった。日本でお馴染みのIYポロシャツも陳列したが，日本人と中国人の体型の差や好みの違いで売れなかった。

　1つの原因は，現地の市場特性を細かく把握できていなかったことにある。店舗運営のノウハウはあるが，それを顧客情報と結合させるまでに至っていなかったのである。そこで当時の日本人派遣社員らが活用したのが，「仮説―検証」のサイクルだった。社内ではこれを「実験」と呼んで，市場調査や売場の結果，現地従業員の意見に耳を傾けながらさまざまな試みを重ね，その商圏で通用するMDノウハウを蓄積してきた。売場づくりに関しては，1日に何回も売場を変更したこともあった。このサイクルを回すうち，自然と店舗の売上げと収益が上がってきたという。

　1号店の立上げ経験と，そこでの人材育成には，密接な関係がある。日本人派遣社員によるOJT教育と基本作業の徹底により，ここで将来他店やバイヤーを担うマネジャーが育成されたのである。日本でもそうだが，イトーヨーカ堂は，人材は売場から育てるということを徹底している。顧客に対する考え方や理念，笑顔，接客用語，売場清掃などの基本的なことは，実務を通して浸透させる。これに加え，バイヤーに昇格する人材には，専門知識・ノウハウを教える。具体的には，日本人担当者による専門研修，商談への同行，日本のイトーヨーカ堂の見学などである。バイヤーのOJT教育には長い期間を要したが，確かな効果を期待できるメリットがあったとのことである。

4　セブン-イレブン（北京）

　セブン-イレブン・ジャパンは，日本市場の飽和が見え始めていた1990年代初頭には，国際化の方向性を模索していた。同社の最初の国際ビジネスは，アメリカのセブン-イレブンの支援であった。当時，親会社であるアメリカのサウスランド社の経営が悪化し，日本から支援を仰がざるをえない状況に陥った。もし同社が倒産して商標が消えたり，他社に買収されたりすれば，日本の経営にも影響が出ると考えられたことから，1991年に商標を守るためアメリカの親会社へ出資した。その後，徐々に持株比率を高め，2005年には100％の株を買い取った。これより，同社の海外ビジネスの主導権は日本側に移ることになった。

　アジアでは台湾，タイ，香港などにセブン-イレブンの店舗があるが，そのライセンスは，過去にアメリカのサウスランド社が供与したものである。ところが1991年の日本側の買収以降しばらくの間は，アメリカ側の経営体力が弱体化したと考え，アメリカから他国にライセンスを出すことは控えられていた。そのため，中国はほぼ手つかずの状態で残っていたのである[6]。また，先に進出したアジア各国の店舗は，アメリカの統制が弱くなる中で各国がそれぞれの進み方をしており，それぞれに課題を抱えていた。こういった中，中国政府・北京市政府が先進的な小売業態を国内に導入しようと，セブン-イレブン・ジャパンに出店要請をしたのである。鈴木敏文は，日本とアメリカのノウハウを駆使して中国市場でコンビニエンス・ストア（以下，CVS）業態の模範を確立し，それを他国のセブン-イレブンに示すことができればという思いで，2004年にセブン-イレブン（北京）を設立した。2010年時点で同社は，登録資本金3500万ドル，セブン-イレブン・ジャパンが65％，北京王府井百貨集団が25％，中国糖業酒類集団公司が10％の株を所有して日本側がマジョリティを持つ合弁会社である。北京市と天津市に92の直営店（2009年12月）を有している。

　6　ただし，中国広東省にはセブン-イレブンの店舗があった。それは香港セブン-イレブンが1990年代前半から展開した店舗であった。

4.1 進出当時の北京の市場環境

　セブン-イレブン（北京）の設立にあたっては、その2年ほど前から、セブン-イレブン（北京）の2010年時の董事長（社長）である牛島章、セブン-イレブン中国董事長の大塚和夫、元・イトーヨーカ堂専務取締役中国室長の塙昭彦をはじめとする5人の日本人が北京に来て、立上げ作業を進めた。イトーヨーカ堂にも話を聞きながら現地の市場環境を調査したところ、最初は大きな市場なので何万店も展開できると考えていたが、調査を始めるとそう簡単ではないことに気づき始めたという。

　牛島によれば、中国には確かにいろいろな業態があるが、日本でいうところの「業態感」がなかったという。日本であれば、たとえば、牛乳はスーパーでは1ℓ、少し小さいものが500 mℓ、コンビニは180 mℓと、サイズの大きいものから小さいものへ、加工していないものから加工したものへ、業態が変わるにつれて商品も変わる。しかし、中国ではどこへ行っても同じサイズの商品しか置いておらず、値段もほぼ変わらない。

　このように業態間の差別化がしにくく、価格競争が激しいため、各社の粗利は低かった。しかも、市内の街角の至るところに個人経営の雑貨店があり、夜遅くまで店を開けていた。そこでは日用品や雑貨などがきわめて安価に販売されており、こうした店と同じものを仕入れて、同じように販売していては、外資であるセブン-イレブンは存続ができない。地元の雑貨店にはない方法で、新しい付加価値を生み出すことを考える必要があったのである。

4.2 ターゲットとなる商圏とドミナント戦略

　CVSの展開については、商圏内1人当たり国民所得4000ドル以上が普及の目安とされている。しかし、それまでの中国におけるCVS企業は、この条件にとくにこだわらず、さまざまな地域に展開していた。このことが、客単価や店舗当たりの売上げが伸びず、少ない粗利に甘んじる結果を招いていた。それが店舗の経営の質を落とすという悪循環に陥っていた。

　こうした課題を克服しようと、ターゲットとなる商圏が検討された。その1つは、収入がやや高いビジネスマンやオフィスレディの勤務地である。オフィス街や高層ビルの近隣には必ず昼食の需要があり、それをターゲットにした店舗立地が期待できる。オフィス街にマンションや住宅街などが近接しているとなおよい。そうしたところには、昼食のみならず夕食需要もあるため、一挙両

得である．その他，朝食やスイーツなども販売でき，1日中顧客を維持することができる．もう1つは，大学や学校，それに関連する企業などが集積する地域である．こうした地域にも，同様の需要があると考えられる．

　北京市の地図でセブン-イレブン直営店の分布を見ると，2つの固まりがある．1つは，東城区と朝陽区など市内の東部である．ここは北京随一のオフィス街と高級住宅街が混在する地区である．もう1つが，北西の海淀区で，ここは北京大学や清華大学などをはじめとする大学やIT企業が立地する文教・ビジネス地区であり，新しいマンションの開発も進められている．この2つの地域いずれにおいても，出店は概ね四環路の中である．これらの地区の世帯平均月収は5000～6000元以上といわれており，北京華糖洋華堂がターゲットとする世帯の月収よりもやや高めの層となる．こうしてターゲット客層の集中している地域にドミナント戦略を展開し，物流・運営管理などの費用を大幅に抑えた．とくに物流費率の高い中国では，こうしたドミナント戦略によるコスト削減の効果が大きいようである．

4.3　顧客ニーズへの対応と差別化

　セブン-イレブンは，日本と同様に，北京においても，商圏にあったMDのあり方を「仮説―検証」のサイクルを重ねながら追求してきた．CVSの場合，GMSよりも平均的な所得水準が高い商圏でのビジネスとなるため，商圏内の消費者のコンテクストに合わせた高付加価値化を図らねばならない．その高付加価値化の方法も，競合と十分な差別化ができ，なおかつフランチャイズ化のために標準化がされているという条件を満たさなければならない．顧客ニーズへの対応と，組織小売業が持つ強みや制約を考慮しながら，販売現場で市場実験を重ねて，顧客と同じ目線に立った試行錯誤や供給条件の検討が進められていった．そして，こうした活動から，現地ならではの商品やサービスが生まれてきた．

　現地で差別化・付加価値を考えた商品開発について，2つほど事例をあげたい．1つは，店舗内で調理される「中華弁当」である．進出当初，日本人出向者は，庶民のレストランや屋台を回り，調査を重ねた．その結果，中国ではエンゲル係数が高く，かつ共働きが多いために日本と比べると外食率が高いこと，朝食は揚げパンと豆乳などを職場や自宅の近くの屋台で買って済ませる人が多く，夜食にも屋台や小店が活躍すること，昼食や夕食は家族・友人・仕事仲間

店舗での中華料理の調理販売

などとレストランで食べることが多く，中華料理はレストランで少なくとも3〜4人以上で円卓を囲みながら食べるのが通例であること，などがわかってきた。

さらに，オフィス街に「昼時に1人でも中華料理を食べたい」というニーズが確実に存在することもわかってきた。ビジネスパーソンの場合，昼食の時間は限られており，近場で摂る必要がある。日本では冷めた弁当でも済ませられるが，温かい中華料理に慣れ親しんでいる舌の肥えた中国の消費者が，冷めた中華弁当を好んで買い求めるとは思えなかった。

そこで，店舗で調理を行い，出来たての温かい中華料理を，消費者が1人でも気軽に買える弁当の形にして提供しようという着想に達した。発想は魅力的だが，その実現は難しい。さらに調べていくと，中華料理は炒め料理が全体の約8割を占めるが，短時間でつくれる反面，短時間で冷めて不味くなり，品質変化が激しいことがわかった。工場でつくって店舗に配送すると冷めてしまい，店内で調理するとCVS店舗がレストランになってしまう。結果としては，セントラル・キッチンで食材を90％まで完成させ，10食分ずつ仕切って各店舗に配送し，店内で迅速かつ簡単に調理できる方式をとることで落ち着いた（写真参照）。

この方式で，組織小売業の強みである標準化も徹底させた。商品の90％を工場で完成させることによって，店頭で簡単に調理でき，店舗による味のばらつきを抑え，店舗に専門の料理人を配置する必要もなくなる。中国人は，日本人ほど定番のメニューにこだわらず，中身の材料を自分で1つ1つ吟味して，それらを自由に組み合わせることを好む。そこで，中華弁当には12種類のメニューを用意し，消費者が自由に組み合わせられるようにした。また，簡単なイートイン・コーナーを設けている店舗もある。

もう1つの事例は，弁当以外のおにぎりやサラダ，サンドイッチ，おでんなどのファスト・フードである。これらは日本で長年開発してきた商品であるが，セブン-イレブン（北京）は当地にも本格的なおにぎり，野菜サラダ，焼きプリンなどを導入し，現地消費者に目新しい商品を提供した。味は現地消費者の

好みにアレンジされている．

　おにぎりはご飯と海苔でつくられ，野菜サラダは野菜をカットすればよいなど，ファスト・フードは一見模倣しやすいようだが，実はそうでもない．おにぎりを例にあげると，まず中国ではおにぎりを食べる習慣がなく，つくる技術もなかった（最初に社員におにぎりを試食してもらったときに，海苔を剥がして食べるほど，食文化の違いが大きかったという）．

　ご飯1つをとっても，中国北部の米の調理は，日本のように炊かず，蒸すものである．しかし，蒸したご飯は米がばらばらになり，おにぎりに適さない．そこで，日本から炊飯技術を導入して，米の種類も検討し，炊飯で米飯をつくれる製造元を探して回った．炊飯が一般的でないことから，これを担う製造元を探すのは容易ではなかったが，ある程度大量の需要量や新しい製造技術にも対応できる協力企業と契約することができた．その企業に対して，製造・品質管理やスケジュール管理，日本側の商慣習などを指導した．そうした努力の結果，セブン-イレブン（北京）は安定した品質の米飯を大量に調達し，それまで中国のCVSで本格的に展開できなかったおにぎり開発を可能にした．

　サラダやサンドイッチの販売も，現地の食習慣にチャレンジする試みだった．というのも，中国の消費者は野菜を生で食べる習慣に馴染んでいない．野菜に大量の農薬が散布されていることを知っているため，洗剤で洗い，加熱して食べることも多い．加工品に対しては，どこでどのようにつくっているかもわからず，不信感が強かった．したがって，セブン-イレブンが最初にサラダを導入したときには，消費者が受け入れてくれるかどうかに心配があった．しかし，衛生管理を施した生野菜を使ってサラダやサンドイッチを並べたところ，商品は飛ぶように売れた．若い世代の間では生野菜を使った商品そのものに需要がなかったわけではなく，ニーズがありながらも，これまでの衛生管理の方法に対する信頼感がなかったのである．同社はそこを克服することで，新しい需要を生み出していった．

　セブン-イレブン（北京）は，ファスト・フードが，中国系のCVSや日用雑貨店などとの差別化の切り札になると考え，ここを充実させた．逆に，非食品や酒・タバコなどの商品は，差別化しにくい分野である．酒やタバコは，中小小売店でも比較的簡単に扱えるため，競合店が多く，これらでは差別化ができない．雑誌も日本では売上げの重要な部分を占めているが，中国では年間に1人が買う雑誌はわずか平均1.5冊とまだ少ない．

食品売場でMDを観察していると、現地で開発されたノウハウと日本から持ち込んだものの融合系になっていることがわかる。モデルの基本は、最初は日本の経験からヒントを得たものが多いのかもしれない。しかしほとんどの場合、それをそのまま持ってきても現地の食習慣に合わせることができない。同じ商品でも、日本で売れる理由と北京で売れる理由は、必ずしも同一ではない。むしろ大事なのは、商品を通じて、現地の食文化の考え方を知り、商品と食文化の適合性を探ることだろう。さらに、そこへ新しい提案をしていくことなのだろう。そのため、まず中国の食習慣を尊重して、「仮説一検証」から日本のモデルとの接点を探り、場合によっては日本の商品やモデルの強みを活かして、現地の食習慣に新しい息吹を吹き込んでいる。その結果、新たな需要創造が可能になっているのである。

4.4 商品本部の機能——仕入先との関係構築と直営店での実地実験

設立当初から現地でのMD構築を進めてきたのが、商品本部である。現在、本部オフィスには100名近くのスタッフがいるが、うち30名程度が商品本部に属しており、うち3名が日本人である。この商品本部のメンバーが直接メーカーと交渉し、直営店でのMDを指導し、商品陳列などを考える。商品本部の構造は設立当初から確立され、店舗が急速に拡大されても商品本部の従業員数はあまり変わっていない。本部の規模が小さく、機動的に動けることが、セブン-イレブンのよさである。

商品はすべて北京市周辺から調達している。ナショナル・ブランド商品(NB)とオリジナル商品があり、前者はメーカーの地域担当（または代理店）から仕入れ、後者はメーカーと共同開発している。イトーヨーカ堂と同様、商品本部が最も苦労したのが、メーカーとの交渉だった。中国では、今でも建値制が多く見られ、メーカーが店頭価格を決めて、中間コストをメーカーが負担する。そのため、何次問屋を通そうと、どの問屋と取引しても、小売り側から見た仕入値は同じである。また、返品を前提にメーカーは値段を高く設定する傾向がある。こうした商慣行はサプライ・チェーン全体の効率を下げ、小売業者の粗利益を下げる要因になると考えられたため、セブン-イレブン（北京）の商品本部は個別の商品アイテムごとにメーカーと交渉を行った。まず、メーカーに「返品しない」と「現金で払う」の2つの条件を提示して、売値を下げてもらった。

メーカーと直接交渉する傍ら，日本で徹底してきた共同配送・温度帯別配送を推進し，物流の効率を上げる努力もした。セブン-イレブンの理念を理解する独立の物流会社等を共同配送センター運営者に起用し，彼らの倉庫と運送車両をも活用した。それにより，取引先が商品をセンター（物流拠点）に持ち寄り，センターが取引先に代わり一括してセブン-イレブンの店舗へ配送する共同配送を実現した。取引先が自社商品のみを配送するのが常識であった北京では前例のない画期的な運営方式であり，当初は自社配送に固執する企業も多かったが，今では99％以上の取引先が共同配送を利用しているという。

　中間業者にも「共存共栄」の思想を説き，協力してもらうように働き掛けていった。チャネルの中抜きは，小売りから見れば合理的だが，メーカーから見るとそれまでの仕事の仕方を変えなければならない，中間業者から見ると仕事がなくなることを意味する。あらゆる関係者の利益を考慮し，彼らにもメリットが生まれる仕組みを考えなければ協力してはもらえない。セブン-イレブン（北京）はこのような改革を個々の商品ごとに考え，長い時間を掛けて，現地の商慣習を少しずつ変えていった。

　商品本部のMD政策を支えるもう1つの仕組みが，直営店との関係である。約90の直営店は，商品本部が策定したMD政策の実地実験の場になっており，ここでタイムリーに消費者の商品への反応を見ながら，政策を微修正していくことができる。商品については商品本部のスタッフが直営店への陳列展開を進めていくが，店舗の経営に関しては，これ以外にも本部に店舗指導員が約10名いる。1人7～8店舗を担当して，意図したMDが店舗で十分に実践されているかを確認し，店舗経営にかかわる日々のさまざまなノウハウを支援している。店舗指導は，店長と連携をとりながら商圏に対する店舗の訴求力を高める役割を果たしている。日本では，セブン-イレブンの社員は，まず直営店の店長を経験した後で店舗指導員になる。フランチャイズ展開をする場合には，この店舗指導員が，店づくりの品質を左右するようになる。セブン-イレブン（北京）は，次の成長戦略としてフランチャイズ展開を当然視野に入れているが，そのときに，直営店ネットワークで形成された人材やノウハウが有効活用されることはいうまでもないだろう。

　北京を含む沿岸部の多くの都市ではすでに1人当たり国民所得がCVSが発達する基本条件とされる4000ドルに達しており，同業態は成長の余地が大きい。2009年12月10日の『日本経済新聞』（朝刊1面）は，セブン＆アイが今後，

中国で売上高を5倍にすべく出店を加速させることを伝えた。これによれば，主力のCVSを3年以内に500店舗以上に増やすほか，スーパーや外食店の出店も加速させ，2014年度の年間売上高を現在の約5倍の約4000億円に引き上げる計画だという。これまで培われてきた北京におけるMDのノウハウが，フランチャイズ化され，広く活かされていくと予想される。

* 本章は，天野・高（2010）をもとに，天野が2011年11月時点で加筆・修正を加えたものを原稿とし，誤字・脱字および文章表現に限って編者（大木）によるチェックを施した。第1節に書かれている通り，本章は海外市場でのMD能力の形成に関する2つのケースを紹介したものである。そのため，事例のまとめや解釈にあたる部分がないことをご承知いただきたい。

第16章

市場拡大期における企業の動態適応プロセス
中国自動車市場における奇瑞汽車の事例

李　澤建

1　はじめに――新興国市場で求められる動態適応

　本章では，2000年以降，約10年間の中国自動車市場の変化を概観し，その中で中国民族系メーカー[1]（以下，「民族系」と略す）として最大の成功を収めている奇瑞汽車が，いかにその変化に適応したのかを分析する。そこから，激しい規模拡大と所得構造の変化に特徴づけられる新興国市場においては，組織を固定化するのではなく，市場の発展に合わせて大胆な修正を行っていく「組織ダイナミクス」こそ，適応の要となるのだという主張を導く。

　中国自動車市場が本格的に立ち上がったのは1990年代以降であるが，成長を開始したのは2000年に入ってからのことである。図16-1からはそれが如実に見て取れる。2001年の中国自動車販売台数はわずか242.3万台であったが，04年には2倍以上の511.1万台となった。その後，2009年には1000万台を突破して1371.4万台を記録した。持続的な好景気の中，続く2010年には1834.7万台に達し，この記録はアメリカの過去最高の1740万台を超えた世界史上の最大規模であった。さらに，直近の2012年には1930.6万台に達し，2000万台という空前の大台に肉薄した。総じて，2000年代の中国自動車市場は，概ね4年間から5年間を周期に規模が倍増する点が特徴である。

　こうした2000年代の中国自動車市場の拡大時期に見られる特徴は，一貫し

---

[1] 本章で使用する中国民族系自動車メーカーという用語は，新製品の導入において，外資と合弁せず，中国資本による自主経営体制と自主ブランドを持ち，自ら研究開発を行う中国系完成車メーカーを指す。

図 16-1　中国での新車販売台数と国別轎車販売シェアの推移

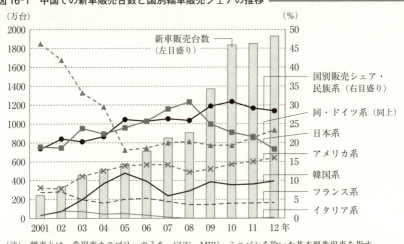

(注)　轎車とは，乗用車カテゴリーのうち，SUV，MPV，ミニバンを除いた基本型乗用車を指す。
(出所)　中国汽車工業協会プレスリリース「轎車分国別銷售情況簡析」各号，より筆者作成。

て民族系メーカーが成長を遂げ，シェアを拡大し続けてきたことである。図16-1に示した通り，諸外資合弁自動車メーカーがすでに1990年代には参入を開始していたのに比べ，民族系が続々と参入を実現したのは2000年以降である。しかし，それら民族系ブランドの基本型乗用車の市場シェアは，2009年を転換点に，諸外資系を退けてトップに出ると，その後も首位を維持し続けている。

民族系メーカー躍進の注目すべき点は，諸外資合弁メーカーに比べて参入時期が遅れたのみならず，それまですでに外資合弁メーカー主導で形成されてきた市場構造の中，技術・品質・経営手腕のいずれにおいても外資企業のほうが一歩秀でているにもかかわらず，シェアを伸ばしてきたことである。そうした不利な競争環境において，民族系メーカーはなぜシェアを伸ばすことができたのだろうか。

このことを検討するために，本章では，典型的かつ代表的な成功事例にあげ

2　轎車と呼ばれる。SUV，MPVとミニバンを除く，狭義の乗用車を指す。中国の乗用車統計には，セダン・タイプの基本型乗用車のほか，SUV，MPVと，日本の軽自動車から由来したワンボックス・ミニバン・タイプの乗貨両用車が含まれている。このうち，とくに乗貨両用車製品は現在外資メーカーが生産を行っていないため，乗用車市場においてシェアを比較しても，外資系と民族系との位置関係を精確に表せない可能性がある。そこで本章では，基本型乗用車タイプの轎車製品に限定し，両者の比較を試みることとした。

られる奇瑞汽車を取り上げ，分析を行う。奇瑞汽車の事例を通じて，不利な状況下で量と質がともに急激に変化する市場にいかなる適応を図るかという，新興国戦略一般に通じる経営へのインプリケーションが得られるであろう。

上記の問題関心に応えるため，まず次節において中国自動車市場の構造の特徴を把握する。その理解に基づき，第3節で奇瑞汽車の組織変革がどう進められたかを議論する。続く第4節においては，成長・変動していく新興国市場で企業がどう適応を図っていくべきかについて，いくぶん抽象度を上げて試論を示してみることにしよう。

2 中国乗用車市場の構造変化

中国の自動車産業には，市場全体の量的拡大と並行して，2000年代には質的にも大きな変化が生じた。その変化とは，顧客の選好の複雑化・多様化による，セグメント別に棲み分けられた競争構造の崩壊である。

1990年代，中国では，「三大（第一汽車，東風汽車，上海汽車）・三小（北京汽車，天津汽車，広州汽車）・二微（長安鈴木，貴州雲雀）」と呼ばれる政府選定8社に対する保護・重点育成政策が実施され，これらの企業が高級車・中級車・小型車というセグメント別に，絞られた車種の供給を担うことが指定された。このことにより寡占体制が形成され，セグメントを越えた市場競争はほとんど起こらなくなった。自動車メーカー側は，セグメントやニーズを絞り込み，外資企業から合弁を通じて導入した製品を重点強化する戦略をとったために，セグメント別に棲み分けられた市場構造が形成された。

2000年代に入ると，この構造が大きく変化する。そのきっかけは需要構造の変化であるといえよう。すでに第10章で分析した通り，2000年代の中国自動車市場では，「マイカー・ブーム」の進行が，政府官庁や国有企業などの公務用車を中心とした従来のセグメント別に棲み分けられた市場構造に，多様に噴出する個人需要を突き付けた。それがメーカーの相次ぐ市場参入をもたらし市場競争を激化させ，さらに競争の激化が引き起こした価格低下が一層の個人需要の掘起しに寄与した。こうした自動車市場の需要構造の変化が，外資メー

---

3 2013年には，中国市場へ各メーカーが投入する新車モデルの数は，総計350車種以上にも上っている。

図 16-2 中国における乗用車市場の構造変化の概念図

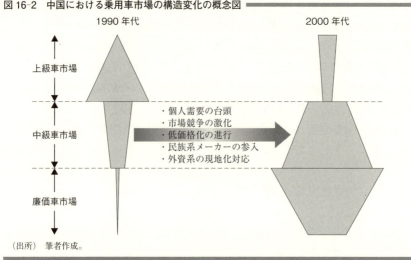

(出所) 筆者作成。

カーの新規参入を促したのみならず，民族系メーカーの歴史的登場をももたらしたといえる（李, 2007）。このような競争環境に移行した結果，かつてあったセグメント間の明瞭な線引きは消滅した。一方で，消費者ニーズも複雑化・多様化を極め，非常に入り乱れた競争構造が形成されることになったのである。

この変化は，かつての市場セグメントの境目で起こっている消費者の選択構造から，端的に見て取ることができる。仮に，7万元（約 88 万円）の予算で乗用車の購入を考えているとしよう。このとき，消費者の選択候補には，①小型車セグメントの民族系の最新車や，②同セグメント内の外資系の旧モデル，あるいは③1ランク下のセグメントだが技術に秀でた外資系の新モデルが，あがってきたりするのである。このように，競争激化は，消費者が購買のタイミングにおいて複数のセグメントや異なる特徴を持つ車を同時に検討するような，重層的競争局面をもたらすのである。しかも，中国国内の経済成長とともに乗用車購買層が拡大したことで，中級車市場と廉価車市場の境目付近というセグメント間の競合関係が最も錯綜しているところにボリューム・ゾーンができ上がっており，中国国内の競争を一層複雑なものとしている。図 16-2 は，上記の変化を概念的に表したものである。

以下では，中級車・廉価車ゾーンにより焦点を当てて，競争の実態を明確にしていこう。[4] 図 16-3 の(a)〜(d)は，最安価セグメントから中級車セグメント

まで順に，各社の投入車種情報をまとめたものである．まず，(a)図の最安価「微型車」セグメントには，最低価格が3万元（約37万円）から5万5000元（約68万円）程度の車種が並んでおり，この領域では，上海GMと長安鈴木の2車種以外は民族系メーカーの製品が主役であることがわかる．しかし，選択肢の数はそれほど多くない．技術選好やブランド選好より，価格を最も重視する客層への対応だと理解できよう．

次に，(b)図に示したのが，安価な「小型車」セグメントにあたる車種群（最低価格が5万元＝約62万円～9万元＝約112万円）である．ここから投入車種の数が大幅に増加して選択肢は「微型車」セグメントの約2倍となり，競争激化の様子が見て取れる．とりわけ，7万元（約83万円）以下の価格帯においても，上海GMの「SAIL」など，一部外資系企業の製品が見られるようになり，民族系メーカーの牙城に食い込んでいる様子を垣間見ることができる．とはいえ，この7万元（約88万円）は，民族系と外資系製品の境界線となっている．[5]

「小型車」の1つ上のセグメントが「コンパクト・カー」（最低価格4万元＝約50万円～13万元＝約163万円）で，このセグメントからは外資系企業の車種が多数並び始める（(c)図）．前述の2つのセグメントよりも価格の幅がさらに広がり，投入車種数は最も多い．中国乗用車市場のいわゆる激戦区である．とくに，最低価格7万～10万元の製品群が，民族系メーカーと外資系メーカーが入り交じる状態となっており，接戦である．このセグメントでは，さらに，現代自動車，フォルクスワーゲン（VW），トヨタなど，一部外資系メーカーに，新旧車種を併売することで低価格ゾーンに浸食して民族系製品のコスト優位性へ対

---

[4] 現行の中国統計制度では，乗用車製品は，ホイールベースの長さによって，「微型車」「小型車」「緊湊型（コンパクト）車」「中級車」「中高級車」「豪華車」に分類されている．「中高級車」「豪華車」といったハイエンド・ゾーンは外資系製品がほとんどで，輸入車も多い．ところが，輸入車の車種ごとの販売データが入手困難であるため，本節では，ホイールベースが2850mmを超える「中高級車」と「豪華車」に関する分析は割愛し，主に「中級車」以下のセグメントに集中して分析を行った．しかし，このことによる結論への根本的な影響はない．

[5] ただし，看過できないのは，このセグメントでは，8万元（約100万円）前後の上海GM「楽風」や上海VW「Polo」，4万元（約50万円）前後の天津夏利「A＋」など，価格が倍以上異なる製品がともに10万台以上販売されている事実である．ここから読み取れるのは，車格＝ホイールベースの長さでは同一セグメントに分類されても，価格を見れば100万円の商品を選好するユーザーと50万円の商品を購入しようとするユーザーが1つの階級（集団・グループ）に属する可能性は低いということである．いい換えれば，同一セグメントに分類されたとはいえ，代替競争はさほど起こっておらず，これらは異なる商品群として理解したほうが妥当であろうということである．

図 16-3　2009 年の中国乗用車市場

(a)　「微型車」セグメント（ホイールベース：2350 mm 未満）

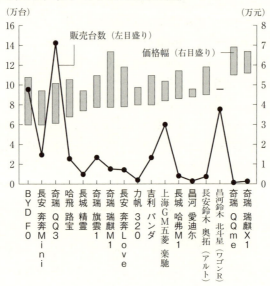

(b)　「小型車」セグメント（ホイールベース：2350〜2500 mm 未満）

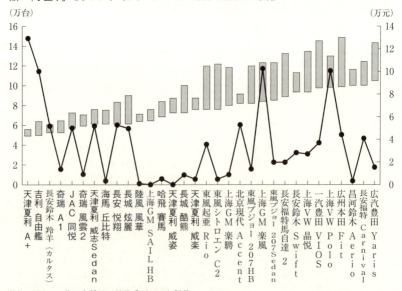

（注）　ゴチック体の車種は，民族系ブランド製品。
（出所）　販売データは CATARC，価格情報は Sohu.com（2009 年 12 月閲覧）により，筆者作成。

(c) 「コンパクト・カー」セグメント（ホイールベース：2500〜2700 mm 未満）

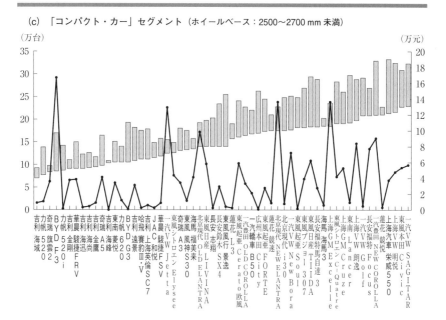

(d) 「中級車」セグメント（ホイールベース：2700〜2850 mm 未満）

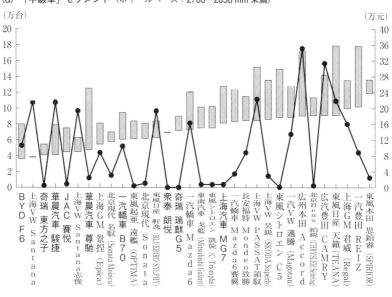

抗しようとする戦略意図を窺うことができる。
　最後に,「中級車」セグメント(7万元＝約88万円～30万元＝約375万円)になると, 外資系製品一色となり, とりわけ日系とドイツ系が中心的な地位を占める((d)図)。1つ下の「コンパクト・カー」セグメントに比べると, 車種数は急減する。民族系の製品も散見されるが,「技術選好」と「ブランド選好」が基調となるセグメントであるため, 低価格優位の民族系製品はあまり売れていない。
　これら一連の分析により, 現在の中国の乗用車市場では, 従来のセグメント別に棲み分けられた競争構造から, 民族系メーカーは廉価車を軸としながら上級セグメントに進もうとしており, 外資系メーカーは中級車以上を軸としながら廉価車セグメントに侵入しようとしている様子が見て取れ, 相互的な競争構造に移行していることがわかるであろう。
　したがって, 民族系メーカーにとっては, この変化に対応し, 棲分けの崩れた市場で外資系企業との競争に耐えうるための製品ラインアップと組織体制を構築することが, 戦略上の焦点となっているのである。

3　奇瑞汽車の組織変革過程

　上述のように, 2000年代の中国乗用車市場は, 同国の経済成長と密接にリンクしながら, 急激な成長と変容を遂げてきた。そうした変化の中で, 民族系メーカーとして最も大きな成功を収めた企業の1つが, 奇瑞汽車である[6]。
　奇瑞汽車は, 1997年に安徽省に設立された新興の自動車メーカーでありながら, 現在では民族系メーカーとして国内最大のシェアを獲得するまでに成長した。奇瑞がなぜ成功したのかを探究することにより, 激しい変化を特徴とする新興国市場での競争戦略に対し示唆が得られることと思われる。
　参入当初の奇瑞は, スペイン・セアト社からライセンス生産の許可を受け,「トレド」を原型とする「風雲A11」という1車種のみを生産していた。この単一車種生産の時期は2003年半ばごろまで続いた。設立当初は技術者もわずか8名しかおらず, 当時はまだ自社設計で新車販売を行うことは念頭に置かれ

---

[6] 本節の議論は, 研究開発体制については李(2009), 販売体制については李(2010a)に拠っている。より詳細な組織変更に関してはこちらを参照されたい。

ていなかった。

ただし，単一車種で操業開始した初期時点からすでに，事業拡大のため複数車種での事業展開は意図されていた。2001年から独立の自動車設計・技術系企業である佳景科技と提携し，03年には同社が先進国企業の自動車をリバース・エンジニアリングして開発した新車「東方之子」や「QQ」，また「風雲A11」の姉妹車として開発された「旗雲」が，奇瑞のラインアップに加わることになった。

それまでの単一車種から一気に4車種にまで展開ラインアップが増えたため，奇瑞は販売組織の再編成を行った。同社は2004年から，単一企業ブランドのもとに4車種それぞれの販売チャネルを置く体制を構築し始める。この年にチャネルの不備が原因で販売減に見舞われたということもあって，チャネル網の整備は急ピッチで進められ，数年のうちには大消費地を網羅するようになっていった（李，2009）。

開発能力の強化はさらに続いた。佳景科技の開発したモデルは基本的に先進国モデルのリバース・エンジニアリングであり，完全なる新規設計ではない。そこで奇瑞は，2003年に自社研究開発部門である奇瑞研究院を設立し，独自設計モデルの開発を模索するようになる。欧米と日本の外国人専門家100名以上と数十名の留学経験のある中国人専門家を招聘したり，海外設計会社との共同開発によってノウハウを学習したり，自前の系列サプライヤー・システムを構築するなどといった，開発能力の強化策が実施された（李，2008）。こうして2006年からは，佳景科技との協力関係を維持しつつも奇瑞研究院が製品開発を主導するようになっていった。2010年時点で，奇瑞汽車の従業員2万5000名のうち，技術者は5300名強に上っている。彼らが車種別・部品別（エンジンやパワートレイン部など）の2軸からなるマトリクス型の研究開発組織に所属して，技術・製品開発を行うという，先進国とほぼ同様の自動車研究開発体制が構築されるに至っているのである（図16-4）。

さらに2012年時点では，奇瑞汽車が販売する18車種のうち過半の10車種が奇瑞研究院の主導設計した車種であり，すでに一定程度の開発能力を持って

7　佳景科技は，正式名称を「蕪湖佳景科技有限公司」といい，もともとは東風汽車技術センターに所属していた技術チームが中心となる完成車設計会社である。東風汽車と仏シトロエンとの合弁契約の一環として，同チームは，長期のヨーロッパ研修を経験し，フランス側と共同開発を行ったり，東風の自主ブランド製品「小王子」を開発したりしていた。

図16-4 奇瑞汽車の開発部門組織図

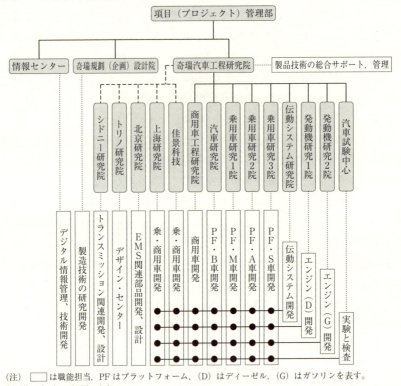

(注) ☐は職能担当，PFはプラットフォーム，(D)はディーゼル，(G)はガソリンを表す。
(出所) 李 (2009) 図5より。

いると考えられる。しかし，経営面を見ると，奇瑞の業績を支えているのは一貫してリバース・エンジニアリングを軸としたモデル群であり，奇瑞研究院が独自設計した製品は現在までは必ずしも業績には貢献していない。したがって，中国民族系メーカーの自動車設計能力は，まだ完全には自立できていないという評価が妥当であろう。

　自社の製品開発能力の向上に合わせて，新規に開発される車種を効果的に販売すべく，販売チャネル網も再編成された。2008年に販売不振となったことも手伝って組織再編の動きは加速し，09年には，十数車種のラインアップを，それぞれに異なったブランド名を冠するマルチブランド組織のもとで販売する体制がつくられたのである (図16-5)。

　奇瑞汽車において，2000～10年の研究開発・販売組織体制の変革は，以上

図 16-5 奇瑞汽車の新製品投入と研究・販売体制の再編

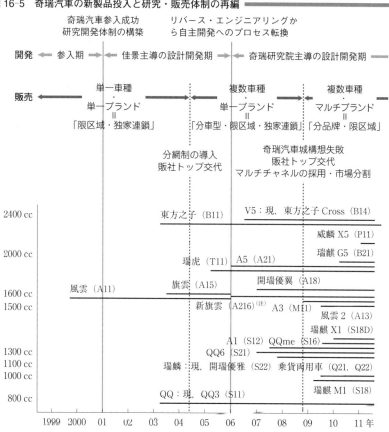

(注)「新旗雲（A216）」は，もともと姉妹車であった A11 と A15 を統合した製品。
(出所) 李（2009）図 3，および李（2010a）図 4 より，筆者加筆。

のように行われた。絶え間なく開発能力を拡張し，それに合わせて販売チャネルやブランド数を充実させてきたことが，ちょうど拡張・発展期にあたった中国市場の変化をうまく捉えられたのだと評価することができるだろう。そこには偶然や幸運と思えるような要素もあるが，いずれにしてもここからは，発展し続ける市場に対応するには，それに合わせて組織もまた発展を続けていくことが大切であるということが，示唆されるであろう。

4 動態適応の条件
―― 速やかかつ適切な是正処置の実施が可能かどうか

　前節までは，奇瑞汽車の事例を通じて，環境が変化しているときには，組織もまた不断に再編を続け動態的に適応し続けていくのが大切であるということを議論した。

　ただし，この動態的適応のプロセスにおいては，市場と組織の間で不適応の生じている箇所が常に顕在化し，かつそこへの是正処置が正しく行われうることが必要となる。奇瑞汽車の場合は，製品ラインアップの拡充が販売チャネルとの齟齬を生んだり，市場ニーズとの不適応が販売量低迷という形で具現化したことで，組織体制上の問題が明確になっていた。そしてまた，その問題のある箇所＝販売組織に対する大胆な変化がすぐに加えられたことで，成長する中国市場を逃すことなく，同社もまた成長を達成できたのである。

　同じ視座からは，奇瑞汽車が現在抱えている課題もまた見えてくる。すでに述べたように，2006年に奇瑞研究院が設計開発を主導する体制に切り替えた後も，奇瑞汽車の年間販売実績を根底から支えていたのは，依然として佳景科技が「リバース・エンジニアリング」手法に基づいて設計した車種であった。奇瑞研究院が設計を主導した製品にはむしろ失敗と位置づけられるべき車種も多く，同社はまだ完全に自立した製品開発ができているとはいい難いのである。奇瑞はもちろんこの事実に気づいているものの，製品開発能力を補強するという是正措置は一朝一夕には実現しえない。そうした長期的蓄積が必要なタイプの組織的不適応の場合には，変化に合わせて動態的に適応するといっても，簡単にはできないのである。

　奇瑞の現在の業績を支えている佳景科技を見ると，創業時のメンバー14名は，スピンアウト元の東風汽車時代に外資との合弁プロジェクトや海外研修，自主モデル開発業務に携わっており，佳景科技においては創業初期から技術という蓄積的な資源に関する課題は相対的に小さかった。同社はしかも，その後の急速な規模拡大に備え，現在も100名程度の従業員規模を維持して内部における少人数の技術人材育成・技術蓄積に専心している。たとえば同社には，内部で8年以上設計開発に携わった経験者のみが師範として，新人を徒弟として教育できる制度が存在する。2007年時点では，佳景科技内部にこうした師範

格を有する技術者が12名ほどおり，担当業務に支障が出ないように徒弟の人数を限定して教育が進められている。こういった形で，蓄積が肝要で環境不適応の解消が一朝一夕には難しい技術部門に集中し，時間を掛けて技術の伝承と育成に取り組むことによって，佳景科技は，現在も奇瑞の事業を支える有力な自動車設計企業であり続けているのである。

これに対し，奇瑞をはじめとした民族系自動車メーカーでは，技術者層の人材の流動の激しさから，量的確保はともかく技術の蓄積という面で困難を抱えている。この組織的課題が解消されない限り，必ずしも中国民族系メーカーに今後の安定的成長は約束されないということができるだろう。

5 むすび

企業の成長過程を捉えた古典的研究に，Penrose (1959) がある。ペンローズは，企業の内部に蓄積された資源が企業成長の原動力となること，そして企業は，外部環境の変化の中に自ら機会を見出し，その資源を使って成長を実現していくのだということを，指摘している。この指摘において肝心なのは，「自ら機会を見出す」という点である。ペンローズは，企業は外部環境の変化を受け身に捉えているのではなく，より能動的に，企業家精神 (entrepreneurship) に基づいて，自らの経営能力のもとで環境変化から事業機会を見出すものだ，と主張しているのである。

奇瑞の成功にはいくばくかの幸運も作用しているかもしれないが，環境変化がもたらした偶然の産物では決してない。奇瑞自らが自発的に組織不均衡と環境不適応を解消しようと模索し続けたことで，動態的な適応プロセスが発生したのである。本章ではまた，現在奇瑞が抱えている課題をも指摘したが，この点についても，奇瑞汽車が企業家精神を保持し続ける限り継続的に解決策が模索され成果を上げていくであろうことが想定される。動態適応の最大の源泉は，企業内部における変革の意志＝企業家精神にこそ，求められるのである。

＊ 本章は，李 (2011b) をもとに，加筆・修正を加えたものである。

第 17 章

サプライ・チェーン・マネジメントと IT
サムスン電子の事例

朴　英元

1 はじめに

　本章では，サムスン電子の新興国ビジネスにおけるサプライ・チェーン・マネジメント（SCM）戦略を検討する。国内市場だけを対象に商品を企画・開発すれば売れるという時代は終わり，企業は海外市場へと目を向けなければならなくなった。だがその際，企業は，グローバルに広がり激しく変化する市場動向の影響を強く受けることになる。とりわけ新興国では，顧客が求める製品の質・量が刻一刻と変化していく。その激しい市場の変動をうまく乗り越えていく上で，SCM が大いに力を発揮するのである。

　近年急速に成長したサムスン電子の成功要因の1つは，まさしく SCM にある。同社は1990年代から IT を活用したサプライ・チェーンを構築し，このシステムが現在に続く急成長を支えているのである。そこで本章では，サムスン電子の SCM を，ブラジルサムスンの携帯電話事業と中国サムスンの LCD 事業を事例として説明し，それにより新興国市場での競争優位を導くためにいかに SCM を活用すべきかについて検討してみたい。

2 SCM の重要性と戦略的活用

　近年，グローバルな競争環境が厳しさを増す中，SCM が，21世紀のグローバル競争優位のための最も効果的な戦略手段の1つであるといわれている（Gunasekaran, Lai and Edwin Chung, 2008; Tomino *et al.*, 2009）。ここで SCM とは，

顧客が求める製品の種類や量の予測から始まり，それを自社の生産や物流の計画・実行，さらには供給業者に対する生産や発注の指示へと展開させていくという，事業活動における情報とモノの一連の流れをマネジメントする企業の諸活動を指す。すべての企業は，競争優位を維持するため，顧客の求めるハイ・クオリティ，ロー・コストの製品を適期に納品するという課題に挑まなければならない。このとき，SCMは，企業が顧客ニーズを製品開発に反映させる方法や，開発された製品設計を円滑に生産に乗せていく方法，さらにその仕組みを外部の供給業者（サプライヤー）と結合させていく方法などを通じて，競争力の構築に貢献するのである。

たとえば，AMR Researchのサプライ・チェーン評価が2008年から3年連続1位であったアップルの場合，消費者の体験を重視し，消費者へのサービス提供を第1に考えたサプライ・チェーンがそれを支えているとされる。また，衛生用品のグローバル・リーダーであるP&Gも，サプライ・チェーンの活用に支えられている。P&Gは，新製品のアイデアの最低50％を，同社がイノベーション・ネットワークと呼ぶ外部企業のネットワークから得るなど，従来の物流における効率性を超えた形でサプライ・チェーンからの顧客価値の創造を実現しているのである。

サプライ・チェーンを改めて定義すると，原材料を加工し完成品をつくるプロセスに総合的に関与する一連の組織集団を指すものであるということができる（Frohlich and Westbrook, 2001; Hult, Ketchen and Nichols, 2002）。そしてSCMとは，企業の生産プロセスという連続ステージにおける原材料および部品の購入管理に用いられる，1つの手段である（Crook and Combs, 2007）。とくに近年では，そのためのITシステムの利用が中心的論点となっている。上述のような特徴ゆえ，SCMにおいては自社と自社の供給業者（サプライヤー）との企業間協力が必須であり，そこにITを介在させるという形がとられるのである（Demeter, Gelei and Jenei, 2006）。

一方，従来の系列のように，日本企業でよく見られてきたサプライヤーとの「関係」という視点からパートナーシップを分類すると，通常，戦術的，戦略的という3つのタイプにサプライヤーを分類できるとされる（Halley and Nollet, 2002）。3つのタイプの中でも最上位に位置づけられる戦略的パートナーにおいては，サプライヤーと多くの知識を共有することで，オペレーションからマーケティングまでの活動の同期化を追求する体制が整えられる（Halley and Nollet,

2002；知念，2006)。また，ここにおいては，パートナー同士がそれぞれ自社の独特なコア事業領域に集中することで，価値がどこからどのように創出され，各自のコア・コンピタンスを基盤として互いに何に貢献できるのかを絶えず共有する方向へ，進化がなされるべきである (Chiang and Trappey, 2007)。こうした過程を経ると，すべての企業に，自社の核となる競争優位性に対する認識と，不足な資源を補うことができる企業との戦略的パートナーシップの構築が可能となる。このようなパートナー同士で協力するサプライ・チェーンが確立されれば，すべてのパートナーは，協力的なサプライ・チェーンに基づいて，産業バリュー・システムの中で互いの方向性を一致させる明確なビジョンを持つようになる。ビジョンが統合されることによって，協力するパートナー同士は急激に変化する市場要求に俊敏に対応しやすくなる。とくに，市場環境や技術需要などの変化が激しい新興国のようなグローバル市場においては，戦略的パートナーシップこそサプライ・チェーンの活力源となりうる。

そうすると，SCM は，メーカー，卸売業者，小売業者へと拡張されたサプライ・チェーンに属するあらゆる企業を含んだサプライヤーと最終顧客の間に行き渡る情報のやりとり，および商品・サービスの流れを，すべて管理しなければならないことになる。その意味で，SCM は，顧客ニーズを満たすために情報・財・サービスの流れをすべて管理するためのトータル・システムであるといえよう (Chase, Aquilano and Jacobs, 1998; Li and Wang, 2007)。

近年，SCM では，情報技術 (IT) を活用して生産・販売・物流の情報を共有化する戦略的組織変革モデルが多用される。一例をあげれば，QR (quick response)[1]，ECR (efficient consumer response，効率的消費者対応)[2]，CRP (continuous replenishment program，連続的補充計画)[3]，CPFR (collaborative planning forecasting and replenishment)，デマンド・チェーン (demand chain) 管理，TOC (theory of constraints) を応用した後補充システムや製販統合などが，活用されている。

ここでは，とくに CPFR に注目したい。なぜなら，本章で取り上げるサム

---

[1] 受注から納品までのリード・タイムを短縮し，市場への変化即応型の製造流通を目指すITシステム。

[2] 個別企業が利己的に行動するのではなく，企業の壁を越えてサプライ・チェーンの全体最適を実現し，競争力を高めるための，企業間のシステム統合手法。

[3] 商品が売れた分だけ補充する生産・流通のIT支援システム。

スンの事例も，CPFRの一種だからである。CPFRとは，流通業者とメーカーが協力しながら商品の生産・販売計画，売上げ予測，部材の補充を行うシステムであり，それにより余分な在庫の削減と店頭での品切れ防止を狙うものである。CPFRの成功モデルに，1988年のP&Gとウォルマートの事例がある（知念，2006）。P&Gとウォルマートのモデルでは，前者が有力ブランドを生産するメーカーであり，後者がバイイング・パワーを背景に急成長する小売業者であったことから，両社の提携は困難であるという見方もあった。しかし，ウォルマートが販売情報と在庫情報をすべてP&Gに公開することにより，P&Gはロー・コスト・オペレーションと最適なカテゴリー・マネジメントを実現することができた。またウォルマートも，商品補充をメーカーに任せることにより経営効率を向上させたのである。

サムスン電子の事例も，CPFRの発想・システムを取り入れて顧客からの情報からサプライヤーとの連携までを統合した事例として捉えることができる。その成功からは，新興国市場で勝ち抜くためのITシステムおよびSCMの重要性が理解されるであろう。

3 サムスン電子のグローバル戦略と新興国展開の歴史

　サムスン電子は，1970年代初め，電子産業に参入した事業の初期段階においては，主に三洋やNECなどといった日本企業との提携と合弁により，技術とマーケティング力を蓄積した。そして，大量生産能力に裏づけられた価格競争における優位性を強みとし，欧米の先進国市場へ白黒TVとカラーTVを輸出し始めたのが，グローバル進出のスタートであった（ソ=リー=キム，2004）。
　当時は，製品デザインと品質管理の技術的な支援を受けて，主にOEM方式の輸出をすることで技術を蓄積していく一方，生産製品もTVからVCR，電子レンジなどへ多角化していき，サムスン・ブランド全体の売上高を漸進的に向上させていく戦略をとった。
　しかし，1970年代後半に入って，海外からの技術導入が困難になり，組織面でも製品生産と国際マーケティング間の有機的な連携が不足して現地の市場情報を製品開発に反映させることができなくなると，輸出が不振に陥るようになった。
　サムスン電子はこの危機を打開するため，韓国国内に総合研究開発部署を新

設したほか，海外先端製品のリバース・エンジニアリング，海外企業からのライセンス，海外企業の買収および合弁，海外での研究センター設立など，多様な経路を通じて技術を確保すると同時に組織改編を断行し，現地需要の変化を製品生産に反映する組織システムを構築した（Kim, 2000；ソ＝リー＝キム，2004）。

同社は 1974 年には韓国半導体の株式 50 ％を取得して（77 年には 100 ％を取得）コア電子部品である半導体産業に参入し，半導体部品を梃子にして他の電子部品生産へとビジネス・エリアを拡大していった。半導体を含めた部品の技術力が高くなることで，日本に対する技術依存度は徐々に低くなり，新製品開発においても有利な立場をとれるようになっていった。

1980 年代の初め，欧米が，韓国・日本・台湾からのカラー TV 輸出に対して反ダンピング提訴と数量規制による輸入制限を行い，日本企業と同じくサムスン電子も，最も重要な輸出市場において危機に直面した。同社はしかし，競争相手であった日本企業や韓国 LG 電子などによる先進国への海外直接投資（FDI）の積極的な展開に刺激され，1982 年，ポルトガルにジョイント・ベンチャーによる工場を設立し生産のグローバル化を図った。その後 1984 年にはアメリカにカラー TV 工場を設立し現地生産によるアメリカ市場への対応を図ったが，市場の反応が芳しくなく，5 年後にはアメリカでの現地生産を止め，賃金の安いメキシコに移転した。主たる失敗要因には，アメリカ市場の需要に応えられる高級製品の開発能力に問題があったこと，現地部品企業と協力ネットワークを構築することができなかったこと，韓国から部品を調達したことにより原価競争力が低下したことがあげられる。サムスン電子は，このような失敗を糧に，マーケティングと生産の有機的連携を強化する戦略的マーケティングを追求するようになった。

1980 年代後半からは，対内的にも対外的にも産業環境がより厳しくなった。さらに，主力市場である欧米の家電需要が成熟してしまい，価格競争が一層激しくなった。したがって，電子製品のプロダクト・ライフサイクル（PLC）および新製品発売のサイクルがより短くなり，新製品開発への圧力がより強くなった。加えて，韓国ウォンの価値が切り上げられたことで輸出競争力が低下し，新興国市場開拓の必要性が一層高まった（Kim, 2000；ソ＝リー＝キム，2004）。

1980 年代半ばからは，日本企業が，東アジアに進出して生産法人を設立した後，その海外子会社の価格競争力をベースに世界市場への輸出を強化して韓国の低価格製品を蚕食するようになった。それに対抗するため，サムスン電子

も東アジアに生産工場を設立し始めた。東アジアに対する投資は，低賃金の活用による価格競争力の確保と新市場開拓を狙ったものであったのと同時に，同社の部品納品先であった日本企業が東アジアへ移転したことに伴う相互連携による海外進出という性格も有していた。たとえば，タイとマレーシアで生産していた家電部品の80％を，現地に進出した日本企業の子会社に納品することで，安定的な購買先を確保していたのである。

サムスン電子は，1989年にタイにカラーTVの組立工場を設立した後は，生産品種を完製品から部品までと多様化させつつ，進出国も中国，ベトナム，インド，マレーシアなどへと拡大していった（ソ=リー=キム，2004）。シンガポールに設置した購買事務所が，マレーシアで生産されたCRTを中国カラーTV工場に供給し，中国で生産されたVCR部品をタイ工場に供給するなど，海外子会社における生産ネットワークのグローバル化を支援した。また，東アジアの生産法人は，同一地域のみならず，他の地域生産法人への部品供給基地として，その機能を徐々に広げていった。タイで生産した部品をヨーロッパ，韓国，ブラジルの生産法人に供給し，インドネシアで組み立てたPCBをポルトガルのVCR工場に納品していたケースもある。

サムスン電子は，海外投資の初期に，生産施設は移転するが，デザイン，技術開発，研究機能は本社で遂行するという，中央集権的戦略を打ち出した。しかし，本社でグローバル市場向けにデザインした製品をインドネシアなどの現地子会社がそのまま生産し現地で販売した結果，販売不振に陥ったこともあった（ソ=リー=キム，2004）。こうした失敗は，現地の消費者ニーズを考慮しなかったことによるものであった。

そこで，1993年の「新経営」宣言を契機に本社への中央集権的構造を変更し，95年にシンガポール，中国，アメリカ，ヨーロッパ，日本に地域本部を設立して権限を大幅に委譲した。また，海外子会社への技術移転を促進するため，日本，ドイツ，アメリカなど主要な海外市場ごとに海外デザイン・センターを設立し，現地顧客ニーズの変化を反映した製品開発力の向上を推進した。

1997年に，通貨危機を経験した後には，これに対する対応策としてアメリカのGEをモデルに抜本的なリストラを実施し，競争力を回復した。従業員を約3分の1削減して5万5000人にまで減らし，残った管理職と従業員の仕事の自由度を拡大し，管理職に対する報酬面でのインセンティブを強化した。また，規模の大きな資産の売却を通じて事業を整理し負債を削減する一方，

LCD 分野などの成長分野や研究開発に対しては投資を拡大した（吉原，2002）。

この時期にはまた，新興国市場に対する投資も加速化され，中国，インド，ブラジル，ロシアなどへの投資が増加した。さらに，2000 年代に入ってからは，新興国市場に対する投資を加速しつつ，西ヨーロッパ市場を攻略するために東欧などへも進出するようになった。

サムスン電子は，このようなグローバル戦略によって，日本企業と欧米企業双方から学習しつつ，デジタル製品のモジュール化に応じて製品開発スピードを加速化させた。同時に，ERP（enterprise resource planning）[4] や SCM などといった情報システムによって，国内と海外部門の間の迅速な統合を図り，意思決定スピードの向上および市場変動に対する正確な対応能力を強化した。

日本企業がファースト・ムーバー（first mover）としてデジタル時代の製品アーキテクチャの変化に素早く対応することができなかったのに比べ，サムスン電子はファスト・フォロワー（fast follower）戦略を駆使し外部環境に俊敏に対応したことで新興国市場で成功したものと推察されるのである。

無論，こうしたサムスン電子のグローバル戦略および新興国市場開拓の成功にとっては，グローバル経営に対する経営者の意識転換も，重要な要因の 1 つであった。1993 年に「新経営」を宣言した後，97 年に通貨危機への対応という形で現れた，グローバル市場を中心に考える戦略は，その代表的なものである。たとえば，サムスン電子の経営者は，海外と国内の販売比率を 9 対 1 の比率で捉える戦略意識のもとで，グローバル経営を行ってきた。この戦略目標値を達成するため，世界の成長市場の大部分を占めている BRICs をターゲットに，グローバル戦略を展開することになったと考えられるのである。

ここで，本章の結論を先に述べれば，サムスン電子は，グローバル経営のマインドを持つ経営者によって積極的に新興国戦略を推進し，デジタル製品の製品アーキテクチャ変化に応じて，素早く変化していく製品ライフサイクルに対応するため，技術的な差別化を意識しつつ，デザインを重視し，コストを意識した戦略を展開した，とまとめることができるだろう。さらに，グローバルにおけるすべてのビジネスの統合，とりわけ販売・購買・生産の統合のために，ERP や SCM システムなどの IT システムを活用したことも，成功要因として

4　企業全体を経営資源の有効活用の観点から統合的に管理し，経営の効率化を図るための手法およびこれを実現する IT システム。

あげることができる．こうしたサムスン電子の新興国戦略を説明するために，次節では，代表的事例としてブラジルと中国における同社の SCM 戦略を取り上げる．

4 サムスン電子の SCM 事例

4.1 サムスン電子の IT システムの歴史と SCM 推進

前節で述べたサムスン電子のグローバル展開を力強く支えたのが，同社で 1990 年代から精力的に導入された IT システムである．サムスン電子は，これを通じて，変化の激しい新興国市場への適応を図りつつ，グローバル組織の統合を実現したのである．

同社における IT システムの導入は，まず社内メール・システムから始まった．サムスン電子は，1991 年に，他の韓国企業より 2〜3 年早く，グループ・レベルでの社内情報の公示や電子メールのシステムを構築した．また，1995 年からは，現在のように，電子メールと決裁機能を取り揃えた「SINGL」 (Samsung integrated global information system) と経営情報などの各種情報を共有できるシステム「TOPIC」を構築・運営し，社内の情報管理の電子化を進めた．

業務により大きな影響を与えるシステム導入ということでは，まず，製品開発部門における，利用部品およびサプライヤー管理のための IT システム (ERP) の導入があげられる．製品開発部門では，1993 年から製品開発システム統合のための組織の設立を準備し，94 年に推進組織として E-CIM (engineering computer integrated manufacturing) センターを発足させた．そして，1995 年には ERP システムを導入し，2001 年には海外法人へも導入，2000 年代後半にはグローバルな製品開発部門の ERP システム統合が完了した．

製品開発部門で IT システムを導入するのと同時に，サムスン電子は，SCM システム，CRM (customer relationship management) システム，グローバル製品データ管理，PLM (product lifecycle management)[5] などを全社的に導入して

---

[5] 顧客ニーズを捉えた製品を，タイムリーに市場へ投入し，市場投入後も継続して収益を最大化するために，企業のバリュー・チェーンにおけるすべてのプロセスを製品軸で管理する仕組み．従来の SCM の IT システムが資材の効率的管理に焦点を当てていたのに対し，市場にどのような製品をどういうタイミングで供給していくかについて IT の力を活用するという点

いき，単なる製品開発での部品管理のみならず事業活動全体へと IT システムの適用範囲を広げていった。この結果，サムスン電子は内部の製品・部品情報を網羅的に把握できるようになったという。これによって，製品開発にかかわる問題が直ちに顕在化し，それにマネジャーがすぐ着手できるようになったという点で意義が大きいと，サムスン電子の CIO は指摘している（韓国経済新聞社, 2002）。

サムスンは，こうした IT システムによってグローバル事業の統合を達成することができた。たとえば，中国に 28 ある工場の状態を即座に確認したり，中国で生産した製品をロシアでも販売するといった経営が，可能になったのである（日本に根付くグローバル企業研究会・日経ビズテック, 2005）。

このグローバルな IT システム統合を推進したのが，E-CIM センターと，後述する VIP（value innovation program）センターである（Park, Fujimoto and Hong, 2012）。サムスン電子は，1993 年 6 月に，約 60 名の人材によるタスク・フォース・チームを構成した。そこにおいて，製品開発プロセスに対する現状分析や競合他社とのベンチマークおよび変化予測などを行うために IT システム基盤を構築することが必要であると認識され，"E-CIM Master Plan" が宣言された。1994 年には，その宣言に基づき，製品開発の革新を推進するための E-CIM センターが設立された。

E-CIM センターは，製品開発能力を 3 倍以上向上させることを目標に，サムスン電子を含めた 4 事業グループの部品・製品・ドキュメントを一元的に管理するデータ管理システムによって，製品開発の標準化・体系化を行った。具体的な取組みとして，コンカレント・エンジニアリング（CE）[6]に準拠した新しい開発プロセスを定義し，CAD データなどの設計情報を体系的に管理するのみならず，関連部門と同時並行的に開発活動を進められるようにするための PDM（product data management，統合設計情報管理）システムの開発・導入・運用・サポートが実行された。"E-CIM" と呼ばれた，これら一連の改革により，平均的な製品の開発リード・タイムは 2 年から 4 カ月に短縮された。E-CIM センターは，実物（試作品）中心の開発，情報インフラの未整備，設計業務の

に特徴がある。

6 CAD／CAE／PDM などの電子的な製品設計情報システムを通じてデータを共有・共用し，同時並行で製品の構造解析や強度計算などを行うこと。これを通じて製品開発の効率性を高めることを狙いとする。

過多，設計データの未蓄積といった，従来の開発スタイルを，新たな開発プロセス，部品・設計の標準化，CAD／CAM／CAE の 3D 化，PDM システムの構築といった，新しいスタイルに変えることで，継続的な競争優位を確立しようとした。具体的には，実物（試作品）中心の開発から脱却するために，開発プロセスを，試作・技術立証・デザイン検証・多変量検証という順序を経る従来のものから，協調設計を重視したコンカレント・エンジニアリングが可能な新しいものに改革した。このような E-CIM センターによる製品開発支援の結果，全社的に技術や部品の標準化が行われ，すべての製品データの統合を完了させることができたのである。

　この統合がもたらした意味は，サムスン電子内部の各事業部および外部のサプライヤーが共通情報のもとで連携的な行動をとれるようになったことである。すべてのグループ事業で共通部品の利用が可能となって業務効率が向上したほか，集中購買によるコスト・ダウンなども円滑に行われるようになった（サムスン電子，2010）。また，製品設計から量産立上げへの情報移転が容易となり，たとえばカラー TV の場合，製品設計から量産までのリード・タイムが導入以前の 12.1 カ月から 1997 年には 6.2 カ月にまで短縮された。サムスン電子が LCD TV 部門で全世界マーケット・シェア 1 位に上り詰めるのに大きく貢献した「ボルドー TV」の成功も，IT システムによる SCM 統合を実現することで在庫を減らし，納品日を革新的に改善した結果だといわれる。すなわち，外国のディーラーの注文に対して 2〜4 週間以内に製品を供給できる能力を備えるようになったということで，これは，市場需要の増減，トレンド，過去の経験，マーケット・シェアの目標値などを考慮して，需要に対応し，かつ正確な予測に基づいたデータを，SAP（ERP システム）と連結してグローバルに最適化するシステムを構築したことによるのである（Chang, 2008）。

　なお，サムスン電子は 2009 年ごろ，市場環境へ柔軟に対応するため，生産計画を週単位から日単位に切り替えている。市場の変化に即応すればサービス水準が高くなると考えたからであり，この切替えを通じてサムスン電子は収益を極大化していく計画だったのである。そして，市場需要への迅速な対応のために営業と生産を有機的に連携した統合 SCM 体制を構築し，それにより取引先との協業関係を強化するだけではなく，実際の販売情報を取得して市場需要に基づいた販売予測を行う体系を実現している。生産関連の制約条件を考慮して営業プロセスを運営するというよりは，市場需要の変化に従い，流通・物流

の制約条件を考慮した在庫および物流運営を行って，営業プロセスを運営していこうとしているのである。

また，上述のPDMの横断的な連携を企図して，VIPセンターという改革が実施された。サムスン電子は，製品開発チームが数カ月間泊まれるVIPセンターという施設を設け，コロキウム方式（少人数でのチームワークによって商品を議論する方式）で商品企画・開発を行ったのである。このVIPセンターによる新製品開発を通して，半導体メモリー開発で学習したコンカレント開発を加速させることが可能になった。サムスン電子がVIPセンターをつくった理由は，80％の費用と品質が製品開発の初期段階で決まるという事実がわかったからである。前述した「ボルドーTV」の場合，革新的な製品をつくるため，開発初期段階から3カ月間，商品企画，市場調査，デザイン，マーケティング，流通に至る11人のチーム・メンバーたちが泊まり込んで生活をともにし，デザイン，製品スペック，発売開始日，ディーラーたちの反応，価格プレミアムなどについて調査した後に，製品を発売したことが知られている。デザイナーとエンジニアの意見は通常相反しやすいが，このようなVIPチームの活動を通じて，消費者が望まない機能は除き，かつ画質は高め，また，とりわけ3000ドルという赤札の付く大型TVは家具としても重要であるという着眼からまるでワイン・グラスのような外観デザインの設計を施し，同製品は成功した（Chang, 2008）。2005年現在では，1年に90のプロジェクト・チーム，2000余名の開発者たちが，VIPプログラムに参加するといわれている。

次に，サムスン電子におけるSCMシステム推進の歴史を概観しよう。先述したように，サムスン電子は，グローバル戦略を加速化するためには，情報インフラの構築が必須のものと認識していた。こうした認識のもと，デジタルeカンパニーを構築するため同社は，1995年に国内法人を対象にERPを導入し，韓国国内の18のGPM（事業部）の間でERPの連携統合システムを構築した。これを受け，韓国国内では1997年にモニターとメモリー事業からSCMの構築を始めて，2002年には12事業部すべてに拡張させた。

このように，韓国国内におけるERPシステムとSCMシステムは2002年に完成した。そして，その前年の2001年には，グローバルSCMの基盤造成のために海外販売法人と生産法人に対してグローバルERPの拡大適用を推進し，02年からはグローバルSCMの構築も開始している。

サムスン電子は，グローバル・ビジネスをITシステムによってバーチャル

統合するために，全体売上げの85％以上を占める海外の生産法人・販売法人・支店などのビジネス・プロセスを1つに統合する，グローバル・インフラ構築に力を注いだ。前述の通り，2002年に完成した国内ERPおよびSCMシステムを基盤に，同年から2年間，海外法人へグローバルSCMシステムを追加するなどの作業を推進し，APS (advanced planning system)，「総合貿易システム」(worldwide trade network, WTN)，「グローバル・サムスン・ビジネス・ネットワークス」(GSBN) などで，グローバル経営情報インフラを順次拡大・発展させていった。

具体的には，まず，ERPシステムを単一ネットワークでつなげるWTNを完成させ，2003年には，世界ではじめて海外法人および取引先をウェブ基盤でつなげた貿易ポータル・システムであるGSBNも構築した。GSBNは，主要取引企業をも統合したグローバル経営情報システムであり，ウェブ・サービス環境においてサムスン電子と全世界の取引企業が販売および購買情報を共有するように連携させた，典型的な需要者中心の統合ネットワークである。サムスン電子の海外販売法人と各地域別海外取引先をシステム・トゥ・システム方式で連携し，1つの統合サイトにおいて購買・販売・在庫・運送・決済などをワンストップで把握することにより，顧客と市場の要求に速やかに対応できるようになっている。このシステムを活用すれば，海外の流通や在庫などを把握・管理することによって，本社主導の生産および販売計画の立案が可能になる。

このGSBNシステムは，オンライン，オフライン両方のビジネス・プロセスを勘案した開発とテストの過程を経て，2003年に4法人（クアラルンプール支店，ドバイ販売法人，パナマ販売法人，オーストリア・マーケティング法人）へ示範適用された。2004年には本格的にGSBN第1段階の構築に取り掛かり，同年末までに33の海外支社および現地法人，そして380社の取引企業がGSBNシステムの中で統合された。さらに，2000年代半ば以降には，まだシステムが統合されていない南米や，アフリカ，中東地域の取引企業との間でも，GSBNシステムを利用した。そこでは，取引企業の情報化水準に合わせられるように機能を選択的に適用するシステムを構築し，モジュール化させた。こうした試行錯誤の過程を経て，2005年からは本格的に運用を開始し，サプライ・チェーン統合の効果がグローバルで出始めている。ここでは，ブラジルと中国の事例を取り上げる。

4.2 ブラジルサムスン電子のSCM戦略

(1) ブラジルサムスンの携帯電話事業 (SIDI)

サムスン電子は，1996年にブラジルに進出したが，本格的に携帯電話事業を始めたのは1999年である。ここでは，最もPLCが短く，また本国との物流リード・タイムの長い，ブラジルサムスンの携帯電話事業におけるSCM事例を紹介する。

まず，ブラジルのものづくり環境だが，現状では非常に厳しい環境であるといえる。たとえば，ブラジルでの部品の現地調達比率は低く10％以内で，90％以上は中国・韓国などの海外から調達している。ただ，ブラジルの法律により，バッテリーなどの一部は現地で調達しなければならない。現地調達比率が低いのは，現地企業からの調達に価格的メリットがまったくないからである。たとえば，中国から部品を輸入すると，現地調達に比べて物流費用が50～60％追加的に発生するが，それでも20～30％の価格優位性があるという。それでも，ブラジルで生産せざるをえない最も大きな要因は，税金であるといえるだろう。完成品の輸入関税が高いため，中国から部品を輸入する物流コストを考慮してもなお，現地生産が有利な部分があるのである。もう1つ，こうした障害があるにもかかわらずブラジルでの生産に乗り出す理由として，2億近い人口という大きなマーケットの存在も無視できない。

サムスンの携帯電話工場のグローバル・オペレーションを見ると，韓国の亀尾工場をはじめとし，ブラジルのカンピナス (Campinas, 1999年稼働)，中国の天津 (2000年稼働)，深圳，海洲 (いずれも07年稼働)，インドのデリー (06年稼働)，ベトナムのハノイ (09年稼働) という6工場をグローバルで展開し，携帯電話を生産している。亀尾工場は現在，マザー工場としてハイエンド・モデルのみ生産・供給している。

ブラジル生産における内需販売と輸出の比率は，国内販売が70％，海外輸出が30％である。海外輸出先は，アルゼンチン，ベネズエラ，エクアドルであり，メルコスール協定を結んでいる国に対しては輸出競争力がある。

しかし，ブラジルでの生産は，上述の税金の問題以外にも，さまざまな難しい面がある。第1に意思疎通の問題があり，ブラジルサムスンはこの問題を解決するため，現地の韓国系の人材を活用している (2011年当時, 28人)。また，労働組合が強いことも大きな障害である。同社の工場が位置しているカンピナスは，ブラジルの中でも最も組合が強い地域である。ただ，この地域の情報通

信業界のワーカーの賃金が700～1000レアル程度であるところ，ブラジルサムスンは他社に比べて平均以上の待遇を行っており，同社の工場の離職率は年2～3％程度と，競合に比べれば非常に低い。加えて，グローバル部品調達は，先述したように，中国からの部品調達が多く物流のリード・タイムが空輸で7日以上と，中国の天津工場に比べるとかなり不利な環境にある。

(2) ブラジルサムスンのSCM改革

ブラジルサムスンの携帯電話事業は，2008年のブラジル国内の市場シェア5位から，09年に3位，10年からはノキア（Nokia）を抜いて1位となり，急速に成長してきた。その成功には，SCM改革，現地対応の製品開発，営業マーケティングの組織強化など，いくつかの要因が考えられるが，同社は代表的な成功要因としてSCM改革をあげている。

携帯電話製品は，1モデル6カ月というPLCであることから，分単位・秒単位の生産計画がきわめて重要になってくる。同社でも，SCMが不十分なころは，空輸したものの使われず無駄になってしまう部品が多かったとされる。しかし，2006年以降にSCM統合を始めて，まずサムスン内部のマーケティングと生産を統合，さらに販売店とも連携して在庫を格段に減らした。2010年現在では，部品在庫は3～4日分を持つのみとなっている。その結果，製品価格もより安くすることができるようになった。

ブラジルサムスンにおけるSCMシステムの整備は，2000年代半ばから推進されてはいたものの，08年までは生産とマーケティングとの連携がとれていなかった。そのことで，両者の間には不信感があり，生産がオーダーに対応できなかったことを原因に販売が，たとえば，実質100台のオーダーを膨らませて130台としたり，反対に，生産の側でも販売の情報が正しくなかったことを原因に販売の要求より少なめに生産するといった，悪循環に陥っていた。

しかし，2008年末以降，前述のGSBNシステムによって生産計画と販売計画がすべて見えるようになり，さらに，大きな販売店ともEDI（electronic data interchange）でつながったため，毎日リアル・タイムの販売状況がわかるようになった。こうしたSCM改革による成果が実質的に出始め，SCMの精度は非常に高まった。それにより，ブラジルにおける携帯電話製品のモデル数は格段に減らされる結果となった。かつては，EU向けの携帯電話のモデルをブラジルで展開していて，ブラジル市場に特化した製品供給ができておらず，3000台しか売れないモデルも生産されていた。しかし，一連のSCM改革で，マー

ケティングと生産が統合されたことにより，ブラジル市場に合うモデルに特化できるようになったのである。

つまり，ブラジル携帯電話事業の成功には，サムスン電子の携帯電話事業部における製品開発および生産・販売の仕組みの統合が，大きく貢献したといえる。携帯電話事業のグローバル体制を概観すると，韓国の亀尾でもとになるデザイン・設計などを行い，EU・アメリカ・中国・ブラジル市場向けの製品開発はそれぞれ現地で行う形となっている。基本モデルは本社から供給されるが，ブラジルの通信事業者のニーズを反映して，生産側で需要変動に対応できるようにしているのである。現在，基本モデルは50モデルに特化され，デリバティブ（派生）・モデルを入れても300モデルしかない。これらはブラジルの4通信事業者（クラロ〔Claro〕，ヴィーヴォ〔Vivo〕，TIM，テレフォニカ〔Telephonica〕）ごとにカスタマイズされている。というのも，製品開発には通信事業者の承認が必要な上，開発過程でも相当なモデル修正が行われるため，ブラジルサムスンにおいて通信事業者ごとのカスタマイズやサービス・プロバイダーのソリューションのアップロードを行うなどしているのである。

当然，生産側も，モデルの数が少なくなったことで対応は容易になった。携帯電話製品の製品寿命は3カ月がベースとされており，PLCは短く，物流における移動時間は他の地域より長いため，モデル数が少ないほど変動を抑えることができる。したがって，生産側でもモデル数を減らそうと努力していたが，販売とのSCMの統合，すなわち製販統合によってマーケティング情報が開発・生産につながり，全体のサプライ・チェーンが見えるようになった結果，モデルの数が減っていったのである。その中でヒット製品も増加するという好循環が生まれてきたことが，ブラジル携帯電話市場で1位になれた要因であろう。

4.3 中国サムスン電子のSCM戦略
(1) サムスンLCDのSCMシステム

本項では，サムスンLCDにおけるパネルのSCMシステムを検討し，LCDパネルとBLU（バックライト・ユニット）などを組み立てている中国サムスンLCDの後工程のSCM事例を紹介する。サムスンLCDのSCMシステムは，SLJ-Network（S-LCD JIT network）と呼ばれる。同社が2004年にSLJ-Networkを構築した狙いは，部材メーカーの品質を担保することにあった。とい

図 17-1　SLJ-Network の構造

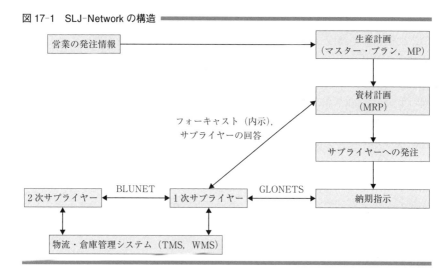

　うのも，LCD パネルを巡る物流環境は変化が大きく，たとえば，ガラス基板はＧ２（第２世代）からＧ８（第８世代）になる間に，全体のサイズが 34 倍も大きくなってしまった。さらに，工場の敷地面積が 1300 坪（2003 年）から１万 4200 坪（07 年）に拡張したことも，ベンダーとの SCM 統合を考えざるをえなくなる要因となった。ところが，システムの関連ネットワークは ERP，MES (manufacturing execution system)，TMS (transportation management system)，WMS (warehouse management system) のすべてを含んでおり，すなわち，これらのシステムをすべて同期化することが目標となったのである。サムスン LCD 本社と１次サプライヤーは，以前から取引があったため，システム構築も容易であった。しかし，１次サプライヤーと２次サプライヤーの間では，不定期・不定量の発注方式がとられており，両者をつなげる IT システムがまったくなかった。そこで，SLJ-Network を新たに構築することで，１次部材と２次部材の同期化を図って在庫を減らし，サプライ・チェーンの末端まで効率化しようとしたのである。

　図 17-1 に，SLJ-Network の概要を示した。営業から発注情報が入ると，まず生産計画（マスター・プラン，MP）を立てる。その後，MP をもとに MRP (material requirement planning，資材計画) を立て，そこから発注 (purchase order) を出す。2007 年現在は，このサイクルを１週間単位で回しているという。また，発注と同時に，資材・部材を何時にどこへ届けるかを指示する納期指示

が出される。これは，トヨタのカンバン方式と似た仕組みであるといえる。なお，納期指示の精度（部材の到着時間の正確さ）を高めるため，2006年からはサムスンの社内システムと同期化できる「GLONETS」(global logistics network system) というシステムを導入し，1次サプライヤーとの同期的な情報管理を図っている。2007年現在，サムスンと取引のある1次サプライヤーは，韓国国内に約100社，海外に約100社ある。さらに，これら1次サプライヤーと2次サプライヤーとの間でも情報・生産計画の同期化を図るため，2007年からは，ここも「BLUNET」というシステムで連結するようになった。このBLUNETは，サムスンLCD本社のLCD総括だけが導入しているシステムである。上記のシステム上では，いずれも，ウェブ上でMRP計画を入力すると，1次サプライヤー，2次サプライヤーまで，その情報を閲覧できるようになっている。

システム開発でポイントとされたのは，サプライヤーが早く正確に需要を予測できるようにするということであった。MRPでのフォーキャスト（サプライヤーへの生産指示の内示）は，13週間前に提示され，直接サプライヤーに伝達される。これを受けて，1次サプライヤーは対応できるかを返答しなければならない。このプロセスが毎週毎週繰り返されているのである。また，図17-1にあるように，TMS（物流システム）とWMS（倉庫管理システム）は，ネットワークを通じてMRPとつながっており，サプライヤーと同時に物流企業にも，情報が伝えられていることがわかる。

このSLJ-Networkの構築は，さまざまな効果を生んだ。第1に，製販統合によるリード・タイムの短縮があげられる。かつては，MRPから納期指示に落とし込むといっても，実際には9段階ものステップを踏む必要があった。それが，ERPを通じてインターフェイスの標準化を図ったことで5段階に減り，所要時間も290分から120分へと短縮した。第2に，物流の機器も，サムスンLCD本社内で142種類から16種類に削減された。しかも，1次から2次への物流機器も，15種から5種に削減することができたのである。第3に，後で詳しく述べるが，BLUのプロセスも49から27に削減された。同社では，LCDパネルの生産プロセスにおける前工程は韓国本社で，BLU付着などの後工程はグローバルに各地域で行っている。そのため，後工程は基本的にそれぞれの地域において統合化されているが，GPSを利用して全体の流れがリアル・タイムでモニタリングできるようになったのである。こうした取組みによ

図 17-2　LCD パネルのモジュール工程の流れ

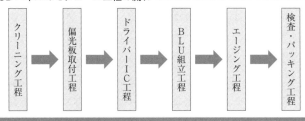

って，LCD を運ぶ品質を維持することができるようになった。第 4 に，在庫を格段に削減した点をあげることができる。2007 年現在で，在庫日数をかつての 7 日から 5.2 日にまで減らし，在庫金額も 1821 億ウォンから 1624 億ウォンにまで削減した。1 次，2 次サプライヤーの在庫も減らされ，それぞれ 6.6 日，7.4 日になった。これらのほかにも，倉庫面積を 33％削減し，物流コストも 27％削減するなどの効果があった。

(2)　中国現地での工程間分業戦略

中国サムスン LCD（SESL）は，2002 年に，中国現地に生産法人を設立した。同社は，韓国・湯井（タンジョン）に位置する本社からセル工程を終えたパネルを船舶と空輸を利用して運び，現地で LCD パネルの後工程のモジュールを組み付けている。主たる製品はノート・パソコンとモニター向けの中型パネルであり，最近では大型の LCD TV のモジュールの生産を急速に増やしている。中国の生産拠点は，最終製品との統合のために，同社のノート・パソコン事業部と同じクラスターに立地している。この場所は，周囲にもノート・パソコン企業が多くあることが特徴的である。

LCD パネルのモジュール工程は，PAD クリーニング工程，偏光板を取り付ける工程，ACF（anisotropic conductive film）・TAB（tape automated bonding）・PCB（printed circuit board）を付着させるドライバー IC 工程，BLU の組立工程，エージング（aging）工程[7]，そして最終テストおよびパッキング，という流れになっている（図 17-2）。こうした工程の流れにも変化がある。たとえば，偏光板は，液晶を注入する TFT ガラスとカラー・フィルター・ガラスの内側に貼る配向膜とは違い，ガラス基板の外側に貼るものである。そのため，2000 年

7　機械や電子機器などの出荷前に行われる稼働試験，あるいは，使用開始前に行われる「慣らし運転」のこと。

代初期には本国のアレイ・セル工程につながっていたが，最近では，セル工程から独立して海外の後工程に移転されている。なお，部品の現地化も進められており，ほとんどの部品は現地で調達され，現地調達率は高いほうである。

中国サムスンのLCD事業におけるサプライ・チェーンの垂直統合戦略は，川上と川下で異なる。まず，川上にあたる部材との統合について見てみよう。生産コスト削減のため生産の効率化を試みているものの，ほぼ限界に至っているのが現状といえるが，それでも，モジュール工程のうちBLUの組立ておよび最終検査とパッキングの作業を外部サプライヤーに外注する形で，統合を進めている。つまり，これまでサプライヤーからBLUを供給され同社の工場内ですべての生産を行っていたものを，2007年下半期から，BLUサプライヤーから3社を選んでそのサプライヤー工場の中でBLUからの組立工程と最終検査・パッキング作業までを一貫して行う，LCM（low cost module）戦略を追求しているのである。今後，同社はLCM戦略をより強化して，川上のBLUサプライヤーとの統合を拡大し，生産コストを削減するのみならず，より安定的なBLU部品供給の確保を図る計画である。そして，同社内部では，モジュール工程の中でもより付加価値の高い，PADクリーニングからドライバーICの工程に集中する計画なのである。

一方，川下企業との統合に関しては，中国サムスンのノート・パソコン事業部が同じクラスターに立地している。近年，市場は飽和状態に近づき，顧客の多様化が進行しているものの，主たる製品であるノート・パソコン用のパネルを供給する顧客が同じクラスターに立地しているのは有利といえ，そこへの依存度は高い。

（3）新興国特有の問題点

しかし，BLUサプライヤー企業とのサプライ・チェーンの統合過程で予想外に問題が発生した。それが税関通過の問題である。ここでは，BLUサプライヤー企業のうち中国サムスンLCDと距離が一番近い（表17-1），サプライヤーA社との統合過程を中心に説明する。A社はもともと，これら中国サムスンLCDのBLUサプライヤー企業の中でも代表的な企業で，2004年から現地生産を準備して06年に工場を建設し，現地供給を志向してきた。

そして2007年7月からは，上述のような中国サムスンLCDのLCM戦略に合わせる形で，中国サムスンLCDからパネル・モジュールの前工程を終えた50万台を中国税関を通じて受け取り，後工程としてBLU組立てを施した後，

表 17-1　中国サムスン LCD の LCM 生産モデルにおけるサプライヤー企業の統合時期

LCM 生産の規模	BLU 統合サプライヤー	中国サムスン LCD との距離	統合時期
100 万台	A 社	15 分	2007 年 7 月
	B 社	40 分	2008 年 1 月
	C 社	40 分	2008 年 7 月

最終製品企業（ノート・パソコン企業，モニター企業）へ直接供給している。

　ところが，中国サムスン LCD と A 社の間は，地理的にはわずか 15 分の距離に過ぎないにもかかわらず，税関をパスする過程（重さを測定して検査する過程）に 5 時間も掛かったというのである。この税関プロセスのためにリード・タイムが長くなり，本来持たなくてもよい在庫を持たざるをえなくなったことから余計な在庫コストが発生した。つまり，朝に中国サムスン LCD を出発したパネル半製品が税関を通過して A 社に到着するときには午後になってしまっているので，適正在庫が 5000 台のところ 1 万 5000 台を持つといったように，オーバーストックを抱えることになったのである。また，通常であれば午後 1 時に終わる仕事が，午後 4～5 時まで掛かる場合もあった。

　この A 社は，中小企業は大企業に比べると人件費が低いということもあり，中国サムスン LCD からの 30 ％原価削減という要求に応えていたが，中国の税関プロセスが予想外の障害となってリード・タイムが延び過剰在庫を抱えてしまうという問題に直面した。新興国においては，このように，制度や環境の制約によって新興国戦略がうまく機能しない可能性もあるのである。中国だけでなく，ブラジル，インド，ロシアのなどといった国々でも，同様な課題は多く発生している。

5　むすび

　これまで，日本企業はファースト・ムーバーだった欧米企業にキャッチアップしてきたが，韓国企業はファスト・フォロワー戦略によって日本企業や欧米企業にキャッチアップしてきた。そして，1980 年代までは世界のエレクトロニクス産業を席巻した日本企業が停滞していた 90 年代以降，サムスン電子や LG 電子などの韓国企業はグローバル市場で急速にプレゼンスを伸ばしてきた。

　韓国企業は，外部環境に素早く対応しつつ，その一方で大規模な投資や大量

販売を行うことによっても学習している。その結果，外部環境の変化に伴って，既存事業の撤退や他事業への大規模な投資を同時に行う能力を獲得した。

　本章では，サムスン電子の新興国戦略のうち，SCM戦略を中心に検討した。昨今のサムスン電子の急速な成長にとって，自社の組織能力を伝達する情報システムとしてITの果たす役割は大きい。とくに，生産部門と販売部門をリアル・タイムで統合するグローバルSCMシステムは，新興国における同社の競争優位性の源泉の1つになっているといえるだろう。事例でも見てきたように，製品ライフサイクルが短かったり，価格競争圧力の強い新興国では，とりわけグローバルSCM統合が競争力構築に大きな意味を持つようになる。ITのような戦略ツールを活用し，グローバル組織を統合しつつ新興国への適応を図るという手も，戦略的選択肢の1つとして十分考慮されるべきであろう。

＊　本章は書き下ろしである。

終章

新興国市場開拓に向けた戦略と組織の再編成
グローバル統合とローカル適応の視点から

新宅純二郎・中川功一・大木清弘

1 はじめに——新興国市場のマクロ状況

本書ではここまで，新興国市場について調べてきた。ここで改めて，なぜ日本企業にとって新興国市場が重要なのかを確認しておく。

戦後，日本企業は欧米への輸出を中心に拡大してきた。技術的キャッチアップを果たした日本企業は，為替レートにも助けられる形で，海外への輸出を拡大し，やがて円高傾向になると海外生産を開始した。このときの日本企業が狙っていた市場は，基本的に日米欧3極の先進国市場だった。実際に，世界のGDPに占める先進国のGDPの割合を見ても，1990年代までは先進国市場が全体の80％を占め，日本企業としても先進国市場に重点を置くのが最も合理的な意思決定だった（図終-1）。

しかし，図終-1で2000年以降を見てもわかる通り，2000年代から急激に新興国が発展していく。この拡大の中心となったのが，BRICs諸国である。とくに中国の成長が著しく，2011年には日本を抜いてGDP世界第2位の国へと成長した（図終-2）。本書の第10章では自動車産業における新興国市場を分析したが，他の多くの産業においても新興国市場のプレゼンスが大きくなっている。結果，日本企業は，日米欧市場への未練を残しながらも，中国市場，インド市場，ブラジル市場，東欧市場，ASEAN市場，アラブ市場，はたまたアフリカ市場など，未知なる新興国にも目を配らなければならなくなっている。

新興国が市場として勃興したとしても，その市場ニーズが先進国と同様であれば問題はない。これまで売ってきた製品をそのまま販売すればよいからであ

390　終章　新興国市場開拓に向けた戦略と組織の再編成

図 終-1　世界の名目 GDP の推移

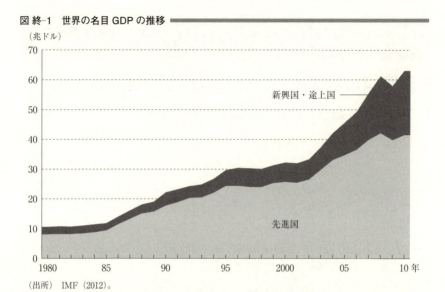

(出所)　IMF (2012)。

図 終-2　日本と BRICs の GDP 比較

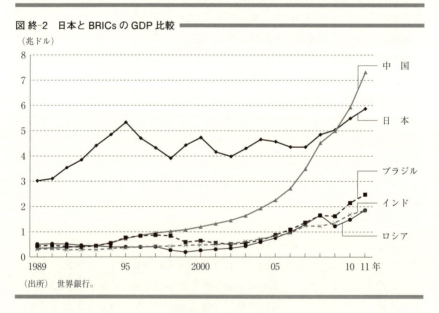

(出所)　世界銀行。

る。しかし，新興国のニーズは先進国とは大きく異なっている。その最も大きな要因は現地の所得水準である。図 終-3 で見る通り，1 カ月当たりの賃金は先進国と新興国はもちろん，新興国の中でも差がある。すでに見逃せない規模

図 終-3　一般工の月給（2011年度）

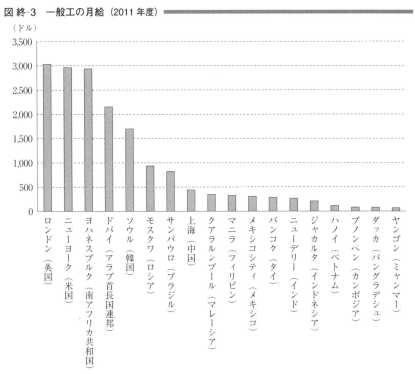

（注）　JETROによる日系企業への調査による。モスクワのみ賃金に幅があったので中間値をとった。
（出所）　JETROホームページより。

になっている新興国市場を攻略するには，こうした所得水準の多様性を考慮しなければならず，今まで高所得の国だけを相手にしてきた日本企業にとって難しい課題となっている。

　もちろん，問題は所得だけではない。現地の経済・技術・教育の発展段階や，文化的背景も，多様なニーズを生み出す。本書でも現地独特の文化的なニーズを捉えて成功した事例をいくつか紹介した。それ以外にも，インドの鍵がかかる冷蔵庫，中国の野菜も洗える洗濯機，ブラジルの重低音を強くしたオーディオなど，枚挙に暇はない。ただ高いから売れないだけではなく，現地独特のニーズを捉えなければならないことも，新興国市場攻略を難しくしている。

　このような新興国の特異性を受けて，従来の日米欧特化モデルから，新興国まで見据えた多極化モデルへと切り替えざるをえなくなってきているのが，今

図 終-4 世界の対内・対外直接投資に占める発展途上国の割合

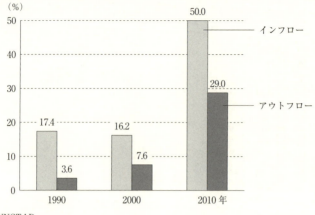

(出所) UNCTAD。

日の日本企業である。本書で扱ってきたのは，まさにこの切替えに取り組んできた企業の事例である。

　さらに日本企業にとって問題なのは，市場が分散したことに加えて，新興国企業が台頭してきていることである。1990年代まで，多国籍企業といえば日米欧企業が大半であり，これらの企業が先進国市場を狙うために，対外直接投資を主導してきた。しかし2000年代に入ると，先進国企業が新興国に投資するケースに合わせて，新興国企業が各国に投資を行う事例が増えている。実際マクロのデータで見ると，新興国からの投資がこの20年で拡大していることがわかる（図 終-4）。本書の第13章で扱ったLG，第17章で扱ったサムスンといった韓国企業も，2000年以前に今日のような成長を予想することは難しかったであろう。

　こうした新興国企業は，新興国市場でも強い傾向にある。その一番の理由は，先進国企業よりも安価なコストで製造できるため，新興国の所得水準に合わせた製品をつくることが容易だからである。新興国企業に対してコスト的に劣位に置かれてしまうのは，日本企業にとって避けられないことであり，そうしたコスト的劣位を克服するために，さまざまなコスト低減を行うことも日本企業には求められている。

　ただ，本質はコストの問題だけではない。新興国企業の一部は，先進国市場に進出することが難しいため，相対的に新興国市場を重視して早くから進出し，

事業基盤を築いている。また，中国企業，インド企業のように，そもそも巨大な新興国市場を母国に持つ場合もある。単純に安いだけでなく，安い上に現地のニーズを捉えてきたのである。日本企業はこの点においても，新興国企業に対して劣位にあることが多い。多極化によって多様化しているニーズを把握し，対応することができていないのである。

新興国が加わった結果，市場は多極化し，多様化している。そうした市場に対して，日本は劣位にいるということを改めて確認しておく必要がある。企業は，今までの海外進出のやり方を抜本的に見直さなければならない可能性をも十分に検討すべきである。その際に，どのようなやり方が有効かに関するヒントを提示してきたのが，本書なのである。

2 新興国市場への基本的処方箋——適応と統合の両立

本書では製品・サービス戦略と経営組織・能力の構築という2方向から，台頭する新興国市場へのアプローチを検討してきた。その分析結果をまとめるなら，製品・サービス，および組織の両面において，「現地適応とグローバル統合の両立を図る」ことが大切になると，結論できるであろう。

第11章や第14章でも触れたように，現地適応とグローバル統合のバランスは，新興国のみならず国際ビジネス一般に通じる基本命題である。適応と統合は，片方を追求すればもう片方がおろそかになりがちな，互いに相反する経営課題である。だが，相反する特徴を持ちながらも，高い水準でその両立を果たすことで，各国市場に適応しつつもグローバルで効率的な経営が実現されうるのである（Prahalad and Doz, 1987）。

新興国市場戦略では，それが一層の重要度を持つようになる。新興国の台頭とは，すなわちグローバル経済の多極化である。各新興国は固有の文化や商慣行を持ったまま成長している。そうした多様性に直面している企業に求められるのは，各国別の高度な適応である。しかし新興国の台頭はまた，各国のローカル・ライバルやグローバル・ライバルの成長と競争激化をも意味する。自社の各国拠点がバラバラに活動していたのでは，激化した競争に耐えうるだけの効率性が維持できない。したがって，グローバル・レベルでの統合もまた要求されることになる。

それでは，適応と統合の両立に向かうために，日本企業には何が求められる

図 終-5　日本企業におけるグローバル統合とローカル適応の両立

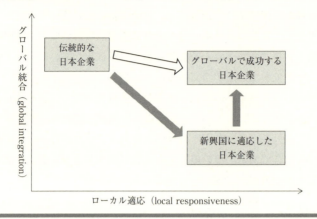

のだろうか。このことを考えるにあたって，まずは一般的な日本企業における20世紀までの状況を振り返っておく必要があるだろう。日・米・欧3地域の代表的な企業を比較分析した Bartlett and Ghoshal (1989) は，日本企業はもともと大きな国内市場に支えられ，海外をその延長上として位置づけていたため，日本市場で売れた製品・サービスをそのまま海外でも販売すること，ゆえに，他国企業と比較した場合，現地適応が軽視される傾向にあったことを，報告している。本国ビジネスを中心に据え，そこで培われた効率性重視の姿勢が，海外事業が大きくなる中でも維持され続けてしまったのである。

そこで，日本企業に求められるアプローチは大きく2つあるといえるだろう。第1は，現状の高い統合性を武器にしつつ，部分的に現地適応の考え方を導入していくアプローチである。第2は，かつての統合中心の考え方を一度捨て去り，現地適応に大きく舵を切って新規に事業戦略を再構築した上で，そこから再びグローバル統合の形をつくり上げていくというものである。これらを，Prahalad and Doz (1987) の IR フレームワーク上に描くと，図終-5のように表現できる。以下では各章での議論を振り返りながら，製品・サービス戦略，組織設計・能力構築それぞれについて，この統合と適応の両立を議論していこう。

3 新興国を捉える製品・サービス戦略とは

　本書の第Ⅱ部では各社の製品・サービス戦略の事例を見てきた。各企業の製品・サービス戦略は，第2章で説明した通り，品質を見切るか（第5章のホンダ，第6章のデンソー・インド，第7章のDMG），高付加価値製品を出すか（第4章の日立の冷蔵庫，第9章のコマツ），品質のメリハリをつけるか（第4章の日立のエアコン，第7章の森精機，第9章の斗山インフラコアの工作機械）が基本にある。いずれの形にしろ，まずは現地市場に合わせて製品・サービスを現地化するというのが大前提となる。

　現地化が重要であるということは当たり前の発見である。しかしながら，日本企業のように，標準化を強く志向しすぎ，現地化とのバランスを欠いてしまった企業が，どのように現地化への舵を切ったらよいのかについては，これまで十分には議論されてこなかった。こうした議論の不足が，日本企業の標準化に偏ったアンバランスな海外進出を長期化させてしまった可能性もある。

　こうした「現地化を軽視していた企業が現地化をいかに進めていくのか」という問題に対して，本書が扱った事例は重要な示唆を与えている。

3.1 現地のニーズの把握

　まず事例から，現地のニーズをしっかりと把握することが重要であるという事実を確認することができる。本書で取り上げてきた企業でも，本国のエンジニアを現地に派遣して顧客情報を獲得させたり，現地にマーケティング部隊を配備したり，現地販売網から情報を集めたりしていた。現地化を軽視していた企業では，こうした体制すら整っていないところも存在する。とくに，これまで取引企業からのロードマップに従って活動していたB to B企業が，取引先を新興国企業にも拡大するには，マーケティング力・営業力を整備することが不可欠となるだろう。

　ただし，現地のニーズを把握するのは，マーケティングや販売といった組織だけの仕事とは限らないことに注意すべきである。たとえばデンソーでは，技術のわかるエンジニアが，インド自動車企業のニーズを把握するのに一役買っていた（第6章）。とくに，そのエンジニアが現地のインド人であることが，インド企業の望むものをより的確に把握し，製品に落とし込むことにつながって

いた。このように，エンジニア，それも現地エンジニアがニーズの把握に加わることが，重要となるケースもあるのである。

また，コマツは，ITシステムを活用して顧客の声を直接吸い上げる仕組みをつくっていた（第9章）。つまり，IT部門が現地ニーズの把握に一役買っていたのである。ここからは，現地のニーズを把握するために，マーケティング部門や販売部門だけにその責任を負わせるのではなく，他の部門が連携協力することが求められる可能性が示唆される。

3.2 現地ニーズを受けての製品開発

こうしてニーズを吸い上げた後は，ニーズを実現した製品・サービスをつくることが求められる。実は，この部分がボトルネックになっているケースも多い。第7章では，現地から吸い上げたニーズを製品開発部門に移転する際の問題が議論されていたが，ニーズが製品開発部隊に入ってきても，それを正しく実現できないケースが多い。とくに日本企業では，本国に開発の主要な機能を残していることが，現地のニーズを正しく実現できない一因となっている場合がある。「現地市場から離れているため現地のニーズを軽んじてしまう」「現地のニーズの情報を理解できず，間違えた製品をつくってしまう」「現地のニーズを軽んじているわけではないが，本国の最先端の開発を優先してしまうため，どうしても新興国向けの製品に手が回らない」──こうした事態が現実に発生しているのである。

では，本国に開発の主要な機能を残している中，現地のニーズを実現した製品・サービスをつくるにはどうすればよいのか。まず，現地で収集した情報を本国に伝える仕組みが必要である。たとえば日立では，各国拠点が出してきたニーズを技術側とマッチングさせる取組みが，活発に行われていた（第4章）。また，森精機では，新興国モデルの開発のために，本社の開発担当者が中国の顧客のところにまで出向いていた（第7章）。通常であれば，本国の開発部隊の能力は最新の技術に向けられるため，新興国には向けにくい。また，品質や機能を下げるような新興国向けの製品・サービス開発に抵抗があるケースも多い。そのような場合，本社が新興国重視の方向性を明確にし，本国側の開発資源を新興国のニーズに振り向ける仕組みをつくることが重要になるのである。

ところが，本国のエンジニアに情報を伝える際に，正しく情報を伝えられない可能性も存在する。現地の市場特性・文化・言語等の壁によって，しばしば

現地の理解と本国エンジニアの理解との間にギャップが生じる。たとえば，「現地はより外観が洗練された車を欲しがっている」といっても，「洗練」のイメージは国ごとに異なっている可能性があるだろう。こうした情報伝達のロスを避けたいのであれば，現地の開発能力を強化し，現地のニーズは現地のエンジニアに対応させるというやり方もある。これは，開発のスピード化にもつながる。デンソーは，そのようにして成功した事例だといえるだろう（第6章）。

3.3 新興国販売網の重要性

　現地のニーズを捉えた製品・サービスが完成すれば，製品・サービスの「ガラパゴス化」は防げたことになる。しかし，新興国のニーズを捉えた製品・サービスができさえすれば新興国で売れるわけではない。完成した製品・サービスをいかに現地で販売するか，その後のアフター・サービスをどのように行うかを考えなければならない。

　よい製品・サービスであっても，そのよさが伝わらなかったり，それを販売してくれる店舗がなかったりしたら売れない。顧客に現地のニーズを捉えた製品・サービスであることを伝える場がなければ，意味がない。とりわけ高品質の製品・サービスを提供する場合，さらにその品質が見えにくいものであればあるほど，その品質が正しく伝わるかは販売拠点の努力に大きく影響される。したがって，現地に強力な流通網を整備することが重要になるだろう。第3章のエプソンは，現地のディーラーと緊密な関係をつくることによって，販売の場の確保に成功した事例である。第4章の日立のエアコンは，販売店がメーカーと連携して製品を魅力的に映るような販売方法に取り組んでいた事例であるといえるだろう。

　また，アフター・サービスの充実が製品の売上げに大きく影響を与えることもある。実際，品質不具合などに対応できなかったことが，中国二輪車メーカーのベトナムでの失敗の理由の1つであることが，第5章で明らかにされていた。とくに耐久消費財の場合，アフター・サービスによって長く使うことができる製品が望ましい。自動車などの場合は，新興国では重要な資産となるため，中古価格等が維持できる耐久性の高い製品が望ましい。

　こうした傾向は，BtoBで用いられる産業機械ではより明確である。第8章で取り上げられたマザック，ファナック，牧野フライスといった工作機械メーカーは，現地でのエンジニアを活用し，現地のサービスを充実させることで，

図 終-6　日本企業における新興国での現地化戦略

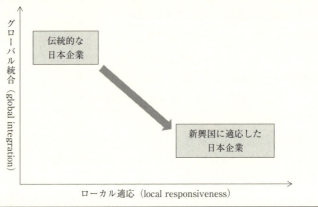

アジアでの売上げを伸ばしていた。また，第9章で取り上げられたコマツでは，ITを活用することで，製品の品質保証に加え，より効率的な使い方まで指導していた。

このような販売・サービスの重要性は，近年の研究でも強調されている（Anderson and Markides, 2007）。しかし，日本企業の場合，現地化した製品・サービスの開発に焦点が当たり，現地での販売路まで注目されていないことが多い。とはいえ，実は，新興国には，製品を現地化しなくても，販売網やアフター・サービス網の整備によって対応可能なケースもある。この点は次項で説明しよう。

3.4　標準化とのバランス

前項まで，標準化に強くシフトしていた日本企業が現地化するために必要な取組みについて議論してきた。これらを，Prahalad and Doz（1987）のIRフレームワーク上に描くと，図 終-6のように表現できる。つまり，標準化しすぎた製品・サービスを現地化の方向に移動させるのが，ここまでの取組みである。

こういった取組みは，これまで標準化に凝り固まっていた日本企業を現地化へシフトさせたという意味で注目すべきものである。しかし一方で，標準化の効率性が犠牲にされている側面もある。現地に適応した製品・サービスを提供し続ければ，各国ごとの個別対応となり，多国籍企業としての効率性は得られ

ない。そのため，このトレードオフをどのように解決するかというのが，日本企業の次の課題になるのである。

ここには2つのアプローチがある。1つは，現地化の際に標準化レベルの低下を少なくするというアプローチである。もう1つは，一旦現地化した商品を標準化していくというアプローチである。

1つ目のアプローチから説明しよう。これは，標準化するものを決め，残りの部分のみを現地化するという「標準化ベースの現地化」である。こうした点が最も顕著に現れていた事例は，第11章で取り上げられたボッシュであった。ボッシュは，中国現地の民族系自動車メーカー市場に対して，標準化したECUを売り込むことで，高いシェアを得ていた。個別顧客のニーズは，標準化した製品をベースにしたカスタマイズによって満たしていく。こうすることで，規模の経済を実現し，安価な製品の提供を可能にしているのである。

こうした方向性は他の企業からも見て取れる。第3章のエプソンのプリンタは，製品自体の現地化よりも，販売網を現地に合わせて構築することで高いシェアを獲得した。第4章の日立は，根幹となる技術は共通化させたまま，新興国のニーズに合った製品を導入していた。第8章の工作機械メーカーの場合，アフター・サービスの部分で現地のニーズに応えていく活動を行っていた。第9章のコマツでは，製品自体は大きく変えずに，現地に合わせた建設機械の使い方を提供していた。このように標準化する部分を明確に決め，それ以外のところを現地化することにすれば，現地化によって標準化のメリットが過度に失われるということはない。

2つ目のアプローチは，現地化した製品を，なるべくグローバル・スタンダードにし，規模のメリットを出そうとする「現地化起点の標準化」である。たとえば第5章で扱ったホンダの低価格二輪車は，ASEAN地域でのプラットフォームになり，多数の国でシェアを獲得するに至った。特定の国でつくり上げた製品を1つの標準とし，他国に展開できる可能性は十分にある。近年，「リバース・イノベーション」（新興国で最初に採用されたイノベーションが先進国に流入する）の可能性が議論されているが（Govindarajan and Trimble, 2012），現地で起きたイノベーションを現地のものだけにせず，周辺地域，もしくはグローバルの標準にしていく可能性を吟味し続けることが重要なのである。

こうした2つのアプローチを図示したものが図終-7である。現地化に遅れている日本企業としては，現地化を優先してしまいがちだが，標準化とのバラ

図 終-7 標準化と現地化のバランス

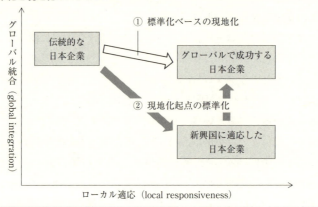

ンスを考えなければ，長期的な競争に勝つことはできない。長期的な競争を考慮すれば，こうした2つのアプローチに従った動きが望まれるといえる。

4 戦略基盤としての新興国向け組織構築

第Ⅲ部では，新興国市場に向き合うための事業組織の設計について議論した。新興国市場で継続的に成功を続けるためには，製品・サービスといった表層の競争力を表す要素を修正するだけではなく，そうした製品・サービスを生み出していくための組織，すなわち深層の競争力を支える要素をも再構築する必要がある。

4.1 組織の現地適応

新興国向けの組織構築において求められることも，第1には現地適応である。本書ではそのための方法として，主に①各国別拠点の設立，②現地子会社の開発・販売能力強化，③適応度向上のための仮説—検証サイクルを回すことの3点について，具体的な事例や統計分析からの知見を得ながら議論を行ってきた。

第12章では，現地適応のためにはまず現地拠点を設立することが第一歩であることが議論された。この章では，大手日系製造業企業をサンプルとした分析から，拠点をグローバルに分散的に配置している企業ほど業績が向上していることが示され，その理由として，各国拠点が現地に密着して戦略等を立案し

ていくことで，現地事情に柔軟に対応できるということが，家電企業の事例を踏まえて主張されている。たとえば，東南アジアで事業を行うにあたって，そのうちのどこか1国にのみ拠点を置いたならば，東南アジア全体の情勢を総和したような事業組織・戦略となる。これに対し，各国別に拠点を設置すれば，タイ，マレーシア，フィリピン，インドネシア，……と各国別の事情に即した事業体制をとることができるわけである。この意味において，現地適応の第一歩ができるだけ各国別に拠点を配置していくことにあるという主張は，妥当な考え方であるといえよう。もちろん，拠点をどのくらい分散配置するかについては，分散配置によるグローバル統合の犠牲を念頭に，分散と統合とのバランスを検討しなければならない。

第16章では，中国ローカル自動車メーカーである奇瑞の事例から，同社が中国市場で高い業績を上げている理由として，市場の成長発展と歩を合わせるようにして，開発組織および販売チャネルを適宜再編し，動態的に適応を図り続けていることが明らかにされている。奇瑞の成功は，ローカル企業のみならず新興国事業を手がけるすべての企業にとって示唆に富んでいる。新興国市場の特徴の1つは，とどまることなく成長し変化することにあるからである。その中で継続的に成功を収めるためには，組織もまた固定化することなく，市場変化に適応して再編を繰り返していく必要がある。

また，第13章では，LGのインド事業の事例から，開発活動における現地人材の活用の重要性が指摘された。消費者のニーズは感性にかかわる事柄であり，いかなるものが「美しいのか」「かっこいいのか」は，文化を共有している人でなければ完全には理解できない。そこで，新興国のニーズを的確に捉えるために，現地人材の活用が重要である。

さらに，事業組織設計には，ここまで取り上げたような「どこにどういう拠点・部門をつくり，誰にどのような権限を与えるか」という組織構造のみならず，「その部門をどのように動かすか」という組織ルーチン，すなわち組織の行動プログラムという視点も必要になる（March and Simon, 1958）。第15章では，中国に進出しているイトーヨーカ堂・セブン-イレブンの仮説－検証サイクルというルーチンに注目し，その現地適応への効果について議論した。海外企業にとって現地市場を参入当初から完全に理解することは不可能である。時間をかけて，少しずつ現地市場を理解していき，それに合わせて事業戦略を修正していく必要がある。セブン-イレブンなど日系小売企業が持つ売場とバイヤー

の仮説―検証サイクルという組織ルーチンは，こういった時間をかけてのニーズ理解・戦略修正を素早く行っていく手法として，注目されるものである。このような組織ルーチンは本国事業で形成されたものであるが，市場ニーズ・事業環境が大きく異なる新興国で，より一層機能する可能性を秘めている。結果として実現された店の品揃え（マーチャンダイジング）は各国でまったく異なるが，その探索のための組織ルーチンは共通である。その意味で，日系小売業の仮説―検証サイクルは，新興国市場戦略一般に適用しうるものとして注目すべきであろう。

4.2 グローバル統合の追求

各国に拠点を配置し，それらの拠点が独自に事業活動を行って現地適応を進めていくならば，それが行き着く究極の姿は，同じ資本傘下にあれども事業活動は各国バラバラというものである。だが，それでは多国籍企業としての強みは発揮できない。他国で培った強みを海外移転したり，複数の国で横断的に事業を行うことで規模の経済を達成するなど，グローバルで一定程度の事業統合を行うことによって，多国籍企業は固有の強みを持ちうるのである（Caves, 1971; Dunning, 1977）。

このグローバル統合は，地域統括本部などといった仕組みもあるとはいえ，基本的には本国本社の仕事となる。各国固有の適応行動をとりつつも，いかなる部分で事業活動の統合が可能であるかを見極め，そのメリットを生み出していくことが，本国側のトップ・マネジメントには求められる。

たとえば，日本企業がものづくりにおいて採用する「マザー工場システム」は，グローバル統合の仕組みに対する1つのアプローチとして注目されうる。日本企業には，独自の生産管理やサプライヤー・システムの仕組み・ノウハウが存在しているが，マザー工場システムでは，それらの仕組み・ノウハウがグローバルに共通したものとして移転される（山口, 2006）。そこでは，労働環境や技術力など各国固有の事情を加味した生産ラインの適応が認められつつも，共通して利用可能な生産管理の仕組みは積極的に移転される。このように，製造活動においては，先進的な日系企業ではグローバル統合と現地適応とのバランスが図られるようになっている。

本書では，新興国市場戦略におけるグローバル統合の仕組みとして，とくにIT技術の活用に注目して分析を行ってきた。積極的な新興国市場への展開は，

ヒト・モノ・カネ・情報の流通が氾濫することにつながる。その流通を制御するために，ITシステムが活用できる。第17章では，サムスンのグローバル経営を支えるITシステムを取り上げた。サムスンは，日系企業に先んじていち早く新興国市場を開拓したが，結果として製品や事業活動の仕方が各国拠点ごとにバラバラになっていった。サムスンでは，この事業体制を支えるために，設計から生産・調達・販売に至るまですべての製品情報をITシステムによって全社共通化し，一元的に管理できる体制を構築している。このITシステムが，サムスンのグローバル経営を陰で支えているといえる。また，第9章でも，同様に新興国市場で成功を収めている例としてコマツを取り上げ，やはりITシステムの活用が効率的なグローバル経営の支えとなっていることを明らかにしている。

5 むすび

　本章では，日本企業の新興国市場開拓に向けての戦略再構築と組織の再編成という観点から，本書全体の議論をまとめてきた。このまとめは，とりわけグローバル統合とローカル適応という，国際経営における，いわば古典的ながら重要な観点に基づいたものになった。新興国というと，その特異性に目が行きがちであり，ローカル適応の面に焦点が当たりやすい。たしかに，2000年代の議論や研究は，どのようにして現地市場向けの製品をつくるか，そのための現地人材を使った組織づくりをどうするかといった側面に，焦点が当たっていたように思われる。もちろん，そういったローカル適応の側面は，日本企業の新興国市場戦略の第一歩としては重要であった。しかし，すでに多くの日本企業はその次の段階に進んでいるようである。各国でローカル適応を行いつつ，どのようにしてそれらをグローバルに統合するのかというのが，改めて問題になっているのである。そのような問題認識から，本書のまとめも，統合と適応の両立という観点に基づくものとなった。

　長期的な人口減少傾向の中で，日本の国内市場はその多くが低迷・減少傾向にある。そういった中で，海外市場，とりわけ成長が著しい新興国市場の開拓が重要な課題であることは，本書の冒頭でも述べた通りである。日本企業が本格的に海外直接投資を拡大した1990年代は，日本企業の海外事業は必ずしも高収益を得てはいなかった。しかし，その後2000年代になると日本企業の海

外事業収益は改善し，大きな利益を稼ぐようになってきた。

　2013年時点で，貿易収支は10.6兆円の赤字になったが，経常収支は3.3兆円の黒字である。経常収支の黒字に貢献したのは，16.5兆円の黒字だった所得収支である。所得収支は，証券投資収益と直接投資収益からなるが，2000年代になると直接投資収益が増加し，2013年には所得収支黒字の約3割を占めるようになった。直接投資収益とは海外法人からの利益である。2000年代後半にあっては，日本企業の海外直接投資収益と投資収益率は上昇傾向にある。2013年，海外法人の利益は6.6兆円で，そのうち4.8兆円が配当金などで日本に還元された。海外で大きな利益を上げられるようになった産業・企業が育ってきているのである。さらに，その内訳を見ると，新興国における利益率が上がってきていることがわかる。

　経済産業省「第43回海外事業活動基本調査（2012年）」の調査結果から，日系海外法人の経常利益を見てみると，新興国はすでに大きな収益源になっている。2011年度の海外経常利益総額の内訳は，北米18％に対して，アジアが54％，BRICsが23％であり，金額としてすでに大きな割合を占める。また，同年度の売上高経常利益率でも，アジアは5.0％，BRICsは10.5％で，アメリカの3.6％を上回る利益率になっているのである。

　これらは，海外市場で努力を積み重ねてきた日本企業の努力の成果が出てきた結果であろうと思われる。しかし，新興国として今後成長が期待される国は，中東諸国，アフリカ各国，アジアでもミャンマーなどだといわれている。これら今後の成長が期待される国々には，今まで日本企業が開拓してきた地域とは異なる特性もあるだろう。とはいえ，本書でまとめたのは各国事情への個別対応策ではなく，本書の示唆はこれらの諸国の市場開拓にも応用できるものと考えている。むしろ，そうやってますます多様な国々に対応する中で，統合と適応のマネジメントの重要性は高まっていくと考えられる。

　今後も，日本企業がその強みやよさをベースに世界各国の経済発展に寄与しながら成長していくことを期待して，本書のむすびとしたい。

　＊　本章は書き下ろしである。

参 考 文 献

安保哲夫・板垣博・上山邦雄・河村哲二・公文溥（1991），『アメリカに生きる日本的生産システム――現地工場の「適用」と「適応」』東洋経済新報社．

『アジア経済』2009 年 11 月 2 日，ウ・ギョンヒ「三星の陰に――MS にいじめられた LG 電子」（韓国語）．

『AJNEWS』2009 年 7 月 23 日，キム・ビョンヨン「一般機械，韓国－EU　FTA 妥結で跳躍期の準備」（韓国語）．

天野倫文（2005），『東アジアの国際分業と日本企業――新たな企業成長への展望』有斐閣．

天野倫文（2007），「インドネシアバイク市場とものづくり」『赤門マネジメント・レビュー』第 6 巻第 9 号（http://www.gbrc.jp/journal/amr/AMR6-9.html），451-458 頁．

天野倫文（2009），「新興国市場戦略論の分析視角――経営資源を中心とする関係理論の考察」『JBIC 国際調査室報』第 3 号，69-87 頁．

天野倫文（2010），「新興国市場戦略の諸観点と国際経営論――非連続な市場への適応と創造」『国際ビジネス研究』第 2 巻第 2 号，1-21 頁．

天野倫文・藤原雅俊（2011），「インドプリンタ市場のフィールドスタディ――日本のプリンタはどう使われるのか」『赤門マネジメント・レビュー』第 10 巻第 2 号（http://www.gbrc.jp/journal/amr/AMR10-2.html），65-96 頁．

天野倫文・高婷（2010），「日系小売企業の中国市場展開とマーチャンダイジング能力の形成――北京進出小売業のケーススタディ」『赤門マネジメント・レビュー』第 9 巻第 3 号（http://www.gbrc.jp/journal/amr/AMR9-3.html），133-174 頁．

天野倫文・新宅純二郎（2010），「ホンダ二輪事業の ASEAN 戦略――低価格モデルの投入と製品戦略の革新」『赤門マネジメント・レビュー』第 9 巻第 11 号（http://www.gbrc.jp/journal/amr/AMR9-11.html），783-806 頁．

Anderson, J., and Markides, C. (2007), "Strategic innovation at the base of the economic pyramid," *MIT Sloan Management Review*, vol. 49, no. 1, pp. 83-88.

Aoshima, Y. (2002), "Transfer of system knowledge across generations in new product development: Empirical observations from Japanese automobile development," *Industrial Relations*, vol. 41, no. 4, pp. 605-628.

青島矢一・北村真琴（2008），「セイコーエプソン株式会社――高精細インクジェット・プリンタの開発」IIR ケース・スタディ CASE#08-03，一橋大学イノベーション研究センター．

Arnold, D. J., and Quelch, J. A. (1998), "New strategies in emerging markets," *MIT Sloan Management Review*, vol. 40, no. 1, pp. 7-20.

Bartlett, C. A., and Ghoshal, S. (1986), "Tap Your Subsidiaries for Global Reach," *Harvard Business Review*, vol. 64, no. 6, pp. 87-94.

Bartlett, C. A., and Ghoshal, S. (1989), *Managing across Borders: The Transnational Solution*, Harvard Business School Press.

Bartlett, C. A., and Ghoshal, S. (2003), "What is a global manager?" *Harvard Business Review*, vol. 81, no. 8, pp. 101-108.

Beamish, P. W., and Inkpen, A. C. (1998), "Japanese firms and the decline of the Japanese expatriate," *Journal of World Business*, vol. 33, no. 1, pp. 35-50.

Birkinshaw, J. (1997), "Entrepreneurship in multinational corporations: The characteristics of subsidiary initiatives," *Strategic Management Journal*, vol. 18, no. 3, pp. 207-229.

Brazil Ministry of Finance (2010), "Brazil: Sustainable growth" (http://www.fazenda.gov.br/portugues/documentos/2010/p270410.pdf, 2011年4月閲覧).

Caves, R. E. (1971), "International corporations: The industrial economics of foreign investment," *Economica*, vol. 38, no. 149, pp. 1-27.

Cavusgil, S. T. (1980), "On the internationalization process of firms," *European Research*, vol. 8, no. 6, pp. 273-281.

Chang, S. -J. (2008), *Sony vs. Samsung: The Inside Story of the Electronics Giants' Battle for Global Supremacy*, John Wiley & Sons.

Chase, R. B., Aquilano, N. J., and Jacobs, F. R. (1998), *Production and Operations Management: Manufacturing and Services, 8th ed.*, Irwin/McGraw-Hill.

Chiang, T. -A., and Trappey, A. J. C. (2007), "Development of value chain collaborative model for product lifecycle management and its LCD industry adoption," *International Journal of Production Economics*, vol. 109, no. 1-2, pp. 90-104.

知念肇 (2006), 『新時代 SCM 論』白桃書房。

『朝鮮日報』2008年9月25日, 「新しい成長経営戦略：LG電子──現地オーダーメード型製品で世界家電市場を席巻」(韓国語)。

Christensen, C. M. (1997), *The Innovator's Dilemma: When New Technologies Cause Great Firms to Fail*, Harvard Business School Press. (伊豆原弓訳『イノベーションのジレンマ──技術革新が巨大企業を滅ぼすとき』翔泳社, 2000年。)

Clark, K. B., and Fujimoto, T. (1991), *Product Development Performance: Strategy, Organization, and Management in the World Auto Industry*, Harvard Business Press. (田村明比古訳『実証研究製品開発力──日米欧自動車メーカー20社の詳細調査』ダイヤモンド社, 1993年。)

Crook, R. T., and Combs, J. G. (2007), "Sources and consequences of bargaining power in supply chains," *Journal of Operations Management*, vol. 25, no. 2, pp. 546-555.

Daft, R. L., and Lengel, R. H. (1986), "Organizational information requirements, media richness and structural design," *Management Science*, vol. 32, no. 5, pp. 554-571.

DailyBDS.com (http://www.dailybds.com/), 2008/5/1.

ダイヤモンド企業経営研究会 (1997), 「株式会社牧野フライス製作所」ダイヤモンド企業経営研究会編『創造型企業の研究──独創技術で次代を切り拓く』(会社の歩み方1997) ダイヤモンドビッグ社, 183-202頁。

Dawar, N., and Chattopadhyay, A. (2002), "Rethinking marketing programs for emerging markets," *Long Range Planning*, vol. 35, no. 5, pp. 457-474.

Delios, A., and Henisz, W. J. (2000), "Japanese firms' investment strategies in emerging economies," *Academy of Management Journal*, vol. 43, no. 3, pp. 305-323.

Demeter, K., Gelei, A., and Jenei, I. (2006), "The effect of strategy on supply chain configuration and management practices on the basis of two supply chains in the Hungarian automotive industry," *International Journal of Production Economics*, vol. 104, no. 2, pp. 555-570.

電波産業会編 (2010), 『電波産業年鑑 2010』電波産業会。

電子情報技術産業協会（2009），『プリンターに関する調査報告書』．
デンソー（2011），「会社案内 2011」．
Dunning, J. H. (1977), "Trade, location of economic activity and the MNE: A search for an eclectic approach," in Ohlin, B., Hesselborn, P.-O., and Wijkman, P. M., eds., *The International Allocation of Economic Activity: Proceedings of a Nobel Symposium Held at Stockholm*, Macmillan, pp. 395-418.
Dyer, J. H., and Nobeoka, K. (2000), "Creating and managing a high-performance knowledge-sharing network: The Toyota case," *Strategic Management Journal*, vol. 21, no. 3, pp. 345-367.
Elango, B., and Pattnaik, C. (2007), "Building capabilities for international operations through networks: A study of Indian firms," *Journal of International Business Studies*, vol. 38, no. 4, pp. 541-555.
Elg, U., Ghauri, P. N., and Tarnovskaya, V. (2008), "The role of networks and matching in market entry to emerging retail markets," *International Marketing Review*, vol. 25, no. 6, pp. 674-699.
Enderwick, P. (2009), "Large emerging markets (LEMs) and international strategy," *International Marketing Review*, vol. 26, no. 1, pp. 7-16.
Essoussi, L. H., and Merunka, D. (2007), "Consumers' product evaluations in emerging markets: Does country of design, country of manufacture, or brand image matter?" *International Marketing Review*, vol. 24, no. 4, pp. 409-426.
Farhoomand, A., and Wang, I. (2006), "Wal-Mart stores: 'Everyday low prices' in China," Asia Case Research Centre, The University of Hong Kong, HKU590.
Feldman, M. S. (2004), "Resources in emerging structures and processes of change," *Organization Science*, vol. 15, no. 3, pp. 295-309.
Felton, A. P. (1959), "Making the marketing concept work," *Harvard Business Review*, vol. 37, no. 4, pp. 55-65.
『FOURIN アジア自動車調査月報』2008 年 3 月，別冊：「インド Tata コスト削減策の秘訣」．
Frohlich, M. T., and Westbrook, R. (2001), "Arcs of integration: An international study of supply chain strategies," *Journal of Operations Management*, vol. 19, no. 2, pp. 185-200.
藤本隆宏（2004），『日本のもの造り哲学』日本経済新聞社．
藤本隆宏編（2013），『「人工物」複雑化の時代――設計立国日本の産業競争力』有斐閣．
藤本隆宏・天野倫文・新宅純二郎（2007），「アーキテクチャにもとづく比較優位と国際分業――ものづくりの観点からの多国籍企業論の再検討」『組織科学』第 40 巻第 4 号，51-64 頁．
藤本隆宏・桑嶋健一編（2009），『日本型プロセス産業――ものづくり経営学による競争力分析』有斐閣．
藤本隆宏・東京大学 21 世紀 COE ものづくり経営研究センター（2007），『ものづくり経営学――製造業を超える生産思想』光文社．
藤原雅彦（2008），「多角化企業の戦略と資源――見えざる資産の蓄積と利用のダイナミクス」伊藤秀史・沼上幹・田中一弘・軽部大編『現代の経営理論』有斐閣．
外務省（2012），「通常兵器及び関連汎用品・技術の輸出管理に関するワッセナー・アレンジメント」（http://www.mofa.go.jp/mofaj/gaiko/arms/wa/，2012 年 5 月 1 日閲覧）．
高（Gao）→高（Ko）

Gardner Publication, *Metalworking Insiders' Report*.
蓋世汽車（2008），「2008年俄羅斯各地区汽車保有量統計」（http://auto.gasgoo.com/News/2008/10/100751295129.shtml，2008年10月20日閲覧）．
Gawer, A., and Cusumano, M. A. (2002), *Platform Leadership: How Intel, Microsoft, and Cisco Drive Industry Innovation*, Harvard Business School Press.
Ge, G. L., and Ding, D. Z. (2005), "Market orientation, competitive strategy and firm performance: An empirical study of Chinese firms," *Journal of Global Marketing*, vol. 18, no. 3-4, pp. 115-142.
Ghemawat, P., and Nueno, J. L. (2006), "Zara: Fast Fashion," Harvard Business School Case, 9-703-497.
Ghoshal, S., and Bartlett, C. A. (1988), "Creation, adoption, and diffusion of innovation by subsidiaries of multinational corporations," *Journal of International Business Studies*, vol. 19, no. 3, pp. 365-388.
Giddens, A. (1989), "A reply to my critics," in Held, D., and Thompson, J. B., eds., *Social Theory of Modern Societies: Anthony Giddens and His Critics*, Cambridge University Press.
『GLOBIS. JP』2009年10月7日，「コマツ会長 坂根正弘氏——日本経済への処方箋，アジアと共に繁栄せよ」．
Government of India, Ministry of Human Resource Development, "Selected educational statistics 2004-2005" (http://www.education.nic.in/stats.asp，2011年9月8日閲覧）．
Govindarajan, V., and Gupta, A. K. (2001), "Building an effective global business team," *MIT Sloan Management Review*, vol. 42, no. 4, pp. 63-71.
Govindarajan, V., and Trimble, C. (2012), *Reverse Innovation: Create Far from Home, Win Everywhere*, Harvard Business School Press.
Gunasekaran, A., Lai, K., and Edwin Cheng, T. C. (2008), "Responsive supply chain: A competitive strategy in a networked economy," *Omega*, vol. 36, no. 4, pp. 549-564.
Håkansson, H. (1982), "An Interaction Approach," in Håkansson, H., ed., *International Marketing and Purchasing of Industrial Goods: An Interaction Approach*, John Wiley & Sons, pp. 10-27.
Halley, A., and Nollet, J. (2002), "The supply chain: The weak link for some preferred suppliers?" *Journal of Supply Chain Management*, vol. 38, no. 3, pp. 39-47.
Harrigan, K. R. (1986), *Managing for Joint Venture Success*, Lexington Books.
Harrigan, K. R. (1988), "Joint ventures and competitive strategy," *Strategic Management Journal*, vol. 9, no. 2, pp. 141-158.
Hart, S. L., and Christensen, C. M. (2002), "The great leap: Driving innovation from the base of the pyramid," *MIT Sloan Management Review*, vol. 44, no. 1, pp. 51-56.
Hart, S. L., and Milstein, M. B. (2003), "Creating sustainable value," *Academy of Management Executive*, vol. 17, no. 2, pp. 56-69.
Hart, S. L., and Sharma, S. (2004), "Engaging fringe stakeholders for competitive imagination," *Academy of Management Executive*, vol. 18, no. 1, pp. 7-18.
畠裕章＝コシタヌワット，K.＝柏渕正明＝ニヨムバイタヤ，S.（2010），「タイ製冷蔵庫のグローバル展開」『日立評論』2010年10月号，72-75頁．
邊見敏江（2008），『イトーヨーカ堂 顧客満足の設計図——仮説・検証にもとづく売り場づく

り』ダイヤモンド社。

Hennart, J.-F. (1991), "The transaction costs theory of joint ventures: An empirical study of Japanese subsidiaries in the United States," *Management Science*, vol. 37, no. 4, pp. 483-497.

Hirschman, A. O. (1967), *Development Projects Observed*, Brookings Institution.

Hoskisson, R. E., Eden, L., Lau, C. M., and Wright, M. (2000), "Strategy in emerging economies," *Academy of Management Journal*, vol. 43, no. 3, pp. 249-267.

Hult, G. T. M., Ketchen, D. J., Jr. and Nichols, E. L., Jr. (2002), "An examination of cultural competitiveness and order fulfillment cycle time within supply chains," *Academy of Management Journal*, vol. 45, no. 3, pp. 577-586.

Hymer, S. H. (1976), *The International Operations of National Firms: A Study of Direct Foreign Investment*, MIT Press.

IMD (International Institute for Management Development) (2003), *IMD World Competitiveness Yearbook 2003*, International Institute for Management Development.

IMF (International Monetary Fund) (2009), *World Economic Outlook Database 2009*.

IMF (International Monetary Fund) (2012), *World Economic Outlook 2012*.

Immelt, J. R., Govindarajan, V., and Trimble C. (2009), "How GE is disrupting itself," *Harvard Business Review*, vol. 87, no. 10, pp. 56-65.

稲葉清右衛門 (1982), 『ロボット時代を拓く——「黄色い城」からの挑戦』PHP研究所。

稲葉清右衛門 (1991), 『黄色いロボット』日刊工業新聞社。

『Inews24』2009年9月21日,「現代重工業の油圧ショベル遠隔管理システム'ハイメート'」(韓国語)。

Ireland, R. D., Hoskisson, R. E., and Hitt, M. A. (2006), *Understanding Business Strategy: Concepts and Cases*, South-Western/Thomson Learning.

IRF (International Road Federation) (2006), *World Road Statistics 2005*.

石原武政・矢作敏行編 (2004), 『日本の流通100年』有斐閣。

伊丹敬之・加護野忠男 (2003), 『ゼミナール経営学入門 第3版』日本経済新聞社。

伊藤賢次 (2002), 『国際経営——日本企業の国際化と東アジアへの進出 増補版』創成社。

Johanson, J., and Vahlne, J.-E. (1977), "The internationalization process of the firm: A model of knowledge development and increasing foreign market commitments," *Journal of International Business Studies*, vol. 8, no. 1, pp. 23-32.

Johanson, J., and Vahlne, J.-E. (1990), "The mechanism of internationalization," *International Marketing Review*, vol. 7, no. 4, pp. 11-24.

Johanson, J., and Wiedersheim-Paul, F. (1975), "The internationalization of the firm: Four Swedish cases," *Journal of Management Studies*, vol. 12, no. 3, pp. 305-322.

ジョン・グヒョンほか (2008), 『韓国企業のグローバル経営』Wisdom House (韓国語)。

『韓国経済新聞』2008年5月23日, ソン・ヒョンソク「LG電子韓国国内初実験——人事責任者に外国人」(韓国語)。

韓国経済新聞社 (2002), 『Samsung Rising——サムスン電子はなぜ強いのか』韓経BP (韓国語)。

『韓国経済TV』2010年4月26日, キム・ソンジン「建設機械,中国特需の口笛」(韓国語)。

『韓国日報』(インターネット版) 2009年7月7日, チャン・ハクマン「感性で勝負しろ」(韓国語)。

『韓国日報』(インターネット版) 2009年12月3日,キム・ミンヒョン「斗山,中国の油圧ショベル販売は史上最大」(韓国語).

加納明弘 (1983),『ファナック・常識はずれ経営法——ロボット世界一』講談社.

川端基夫 (2006),『アジア市場のコンテキスト 東アジア編 受容のしくみと地域暗黙知』新評論.

川上桃子 (2012),『圧縮された産業発展——台湾ノートパソコン企業の成長メカニズム』名古屋大学出版会.

経済産業省編 (2009),『通商白書 2009』日経印刷.

経済産業省編 (2011),『通商白書 2011』山浦印刷株式会社出版部.

経済産業省・厚生労働省・文部科学省編 (2009),『2009年版 ものづくり白書』佐伯印刷.

Khanna, T., and Rivkin, J. W. (2001), "Estimating the performance effects of business groups in emerging markets," *Strategic Management Journal*, vol. 22, no. 1, pp. 45-74.

金熙珍 (2010),「海外拠点の設立経緯と製品開発機能のグローバル展開——デンソーの伊・韓・米拠点の事例から」『国際ビジネス研究』第2巻第1号, 1-13頁.

金熙珍 (2012),「現地人エンジニアが主導する製品開発——デンソー・インドがタタ・ナノのワイパー・システム受注に至ったプロセス」『赤門マネジメント・レビュー』第11巻第5号 (http://www.gbrc.jp/journal/amr/AMR11-5.html), 305-326頁.

Kim, H. (2012), "Customer heterogeneity and overseas product development," MMRC Discussion Paper Series, no. 389 (http://merc.e.u-tokyo.ac.jp/mmrc/dp/pdf/MMRC389_2012.pdf).

キム・グァンロ (2009),『グローバル経営クレド (Credo)』シアル・ピョンファ (韓国語).

Kim, Y. S. (2000), "Technological capabilities and Samsung Electronics network," in Borrus, M., Ernst, D., and Haggard, S., eds., *International Production Networks in Asia: Rivalry or Riches?* Routledge, pp. 141-175.

高婷 (2010),「小売企業のマーチャンダイジング能力——国際知識移転の役割」東京大学大学院経済学研究科修士論文.

高婷・天野倫文・新宅純二郎・善本哲夫 (2008),「中国家電市場『三国志』と日本企業——上海の販売マーケティングの現場を訪問して」『赤門マネジメント・レビュー』第7巻第12号 (http://www.gbrc.jp/journal/amr/AMR7-12.html), 893-910頁.

黄磷 (2003),『新興市場戦略論——グローバル・ネットワークとマーケティング・イノベーション』千倉書房.

Kogut, B., and Zander, U. (1993), "Knowledge of the firm and evolutionary theory of the multinational corporation," *Journal of International Business Studies*, vol. 24, no. 6, pp. 625-645.

工業調査研究所調査・編集 (2008),『アジアの日系自動車メーカ ホンダ編』エヌ・エヌ・エー.

Kohli, A. K., and Jaworski, B. J. (1990), "Market orientation: The construct, research propositions, and managerial implications," *Journal of Marketing*, vol. 54, no. 2, pp. 1-18.

小池清文 (2008),「顧客価値の創造へ——お客さまとの相互発展を軸とするエプソンのビジネス機器戦略」『マネジメント・ニュースライン』(セイコーエプソン) 第19号.

小松製作所社史編纂室編 (1971),『小松製作所五十年の歩み——略史』小松製作所.

Kotler, P. (1988), *Marketing Management: Analysis, Planning, Implementation, and Control, 6th ed.*, Prentice Hall.

Kotler, P. (2001), *A Framework for Marketing Management*, Prentice Hall.
久芳靖典 (1989), 『匠育ちのハイテク集団――古稀を迎えたマザックのきのうとあす』ヤマザキマザック.
Kwon, Y. -C., and Hu, M. Y. (2001), "Internationalization and international marketing commitment: The case of small/medium Korean companies," *Journal of Global Marketing*, vol. 15, no. 1, pp. 57-66.
Lagerström, K. and Andersson, M. (2003), "Creating and sharing knowledge within a transnational team: The development of a global business system," *Journal of World Business*, vol. 38, no. 2, pp. 84-95.
リー・ジャンロ (2000), 『海外経営成功ノウハウ――韓国が生んだグローバル企業 LG 電子』貿易経営社 (韓国語).
Leonard, D., and Sensiper, S. (1998), "The role of tacit knowledge in group innovation," *California Management Review*, vol. 40, no. 3, pp. 112-132.
李澤建 (2007), 「中国自動車製品管理制度および奇瑞・吉利の参入」『アジア経営研究』第 13 号, 207-220 頁.
李澤建 (2008), 「奇瑞汽車の競争力形成プロセス――研究開発能力の獲得を中心に」『産業学会研究年報』第 23 号, 103-115 頁.
李澤建 (2009), 「奇瑞汽車の開発組織と能力の形成過程」『産業学会研究年報』第 24 号, 125-140 頁.
李澤建 (2010a), 「中国自動車流通における相互学習と民族系メーカー発イノベーションの可能性」『アジア経営研究』第 16 号, 57-69 頁.
李澤建 (2010b) 「ロシア進出多国籍企業の現地経営における課題と対応――自動車産業を事例とした一考察」『ロシア・ユーラシア経済――研究と資料』第 940 号, 40-55 頁.
李澤建 (2011a), 「インドはモータリゼーションの夜明けか――市場発達段階と新興国商品戦略」『一橋ビジネスレビュー』第 59 巻第 3 号, 76-92 頁.
李澤建 (2011b), 「奇瑞汽車のマーケティング戦略」塩地洋編『中国自動車市場のボリュームゾーン――新興国マーケット論』昭和堂, 108-145 頁.
Li, X., and Wang, Q. (2007), "Coordination mechanisms of supply chain systems," *European Journal of Operational Research*, vol. 179, no. 1, pp. 1-16.
Liker, J. K., and Choi, T. Y. (2004), "Building deep supplier relationships," *Harvard Business Review*, vol. 82, no. 12, pp. 104-113.
London, T., and Hart, S. L. (2004), "Reinventing strategies for emerging markets: Beyond the transnational model," *Journal of International Business Studies*, vol. 35, no. 5, pp. 350-370.
Lord, M. D., and Ranft, A. L. (2000), "Organizational learning about new international markets: Exploring the internal transfer of local market knowledge," *Journal of International Business Studies*, vol. 31, no. 4, pp. 573-589.
Luo, Y. (2003), "Market-seeking MNEs in an emerging market: How parent-subsidiary links shape overseas success," *Journal of International Business Studies*, vol. 34, no. 3, pp. 290-309.
Luo, Y. (2005), "Transactional characteristics, institutional environment and joint venture contracts," *Journal of International Business Studies*, vol. 36, no. 2, pp. 209-230.
Luo, Y. (2006), "Political behavior, social responsibility, and perceived corruption: A struc-

turation perspective," *Journal of International Business Studies*, vol. 37, no. 6, pp. 747-766.

Luo, Y., Shenkar, O., and Nyaw, M. -K. (2001), "A dual parent perspective on control and performance in international joint ventures: Lessons from a developing economy," *Journal of International Business Studies*, vol. 32, no. 1, pp. 41-58.

Luo, Y., and Tung, R. L. (2007), "International expansion of emerging market enterprises: A springboard perspective," *Journal of International Business Studies*, vol. 38, no. 4, pp. 481-498.

Madhavan, R., and Grover R. (1998), "From embedded knowledge to embodied knowledge: New product development as knowledge management," *Journal of Marketing*, vol. 62, no. 4, pp. 1-12.

牧野常造 (1973), 「工作機械に賭ける」日刊工業新聞社編『経営のこころ 第9集』日刊工業新聞社, 137-182 頁。

March, J. G., and Simon, H. A. (1958), *Organizations*, Wiley and Sons.

松原宏 (2006), 『経済地理学――立地・地域・都市の理論』東京大学出版会。

松崎和久 (2000), 「ファナック・アドバンテージ――世界最高のファクトリー・オートメーション企業の秘密」『高千穂論叢』第35巻第2号, 1-35 頁。

McCarthy, E. J. (1960), *Basic Marketing: A Managerial Approach*, R. D. Irwin.

McKendrick, D. G., Doner, R. F., and Haggard, S. (2000), *From Silicon Valley to Singapore: Location and Competitive Advantage in the Hard Disk Drive Industry*, Stanford University Press.

Melin, L. (1992), "Internationalization as a strategy process," *Strategic Management Journal*, vol. 13, no. S2 (Special Issue, Winter), pp. 99-118.

三嶋恒平 (2007), 「ベトナムの二輪車産業――グローバル化時代における輸入代替型産業の発展」『比較経済研究』第44巻第1号, 61-75 頁。

三嶋恒平 (2010), 『東南アジアのオートバイ産業――日系企業による途上国産業の形成』ミネルヴァ書房。

水戸康夫 (2006), 「100％出資海外子会社への技術移転――技術指導員は減らすことができるのか」『九州共立大学経済学部紀要』第103号, 41-56 頁。

宮副謙司 (2008), 「マーチャンダイジングの捉え方について――MDの定義と業態別特徴」MMRC Discussion Paper Series, no. 193 (http://merc.e.u-tokyo.ac.jp/mmrc/dp/pdf/MMRC193_2008.pdf)。

水野順子編著 (2008), 『WTO加盟と資本財市場の誕生――ロシアとベトナムの事例』ジェトロ・アジア経済研究所。

Mjoen, H., and Tallman, S. (1997), "Control and performance in international joint ventures," *Organization Science*, vol. 8, no. 3, pp. 257-274.

Moenaert, R. K., Caeldries, F., Lievens, A., and Wauters, E. (2000), "Communication flows in international product innovation teams," *Journal of Product Innovation Management*, vol. 17, no. 5, pp. 360-377.

『Money Today』2010年5月31日, ジン・サンヒョン「驚くべき中国の油圧ショベル市場, 在庫が溜まる暇もない」(韓国語)。

『Money Today』2010年7月19日, ウ・ギョンヒ「韓国の重工業企業, 中国の建設機器市場の先頭を狙う」(韓国語)。

長尾克子 (2002), 『工作機械技術の変遷』日刊工業新聞社。

長尾克子（2004），『日本工作機械史論』日刊工業出版プロダクション。
中川功一（2012），「グローバル分散拠点配置の競争優位」MMRC Discussion Paper Series, no. 388（http://merc.e.u-tokyo.ac.jp/mmrc/dp/pdf/MMRC388_2012.pdf）。
Nakagawa, K.（2012），"Task overlapping approach to organizing R&D in developing countries: From the survey of 33 Japanese multinationals,"『駒大経営研究』第 43 巻第 1・2 号，29-48 頁。
中川功一・天野倫文・大木清弘（2009），「永遠のベーシック：マーケティングの 4P をアジア市場で再認識せよ──インドネシア セイコーエプソン社の事例より」『赤門マネジメント・レビュー』第 8 巻第 10 号（http://www.gbrc.jp/journal/amr/AMR8-10.html），625-634 頁。
中川功一・大木清弘・天野倫文（2011），「日本企業の東アジア圏研究開発配置──実態及びその論理の探究」『国際ビジネス研究』第 3 巻第 1 号，49-61 頁。
日本貿易振興機構海外調査部「アジア主要都市・地域の投資関連コスト比較」1995 年，2000 年，2005 年，2010 年。
日本貿易振興機構経済分析部（2005），「ロシアの WTO 加盟と欧州企業のロシア市場戦略」。
日本経済研究センター（2007），「世界経済長期予測総括表」（http://www.jcer.or.jp/research/long/detail3532.html）。
『日本経済新聞』2009 年 12 月 10 日。
『日本経済新聞』2009 年 12 月 18 日，「新興国モデル広がる」。
日本工作機械工業会（1992），『成長，変革─。10 年の記録──1982-91』日本工作機械工業会。
日本工作機械工業会（2010），『工作機械統計要覧 2010』日本工作機械工業会。
日本工作機械工業会（2011），「平成 22 年度『インドにおける工作機械需要見通し等調査研究』報告書」。
日本に根付くグローバル企業研究会・日経ビズテック編（2005），『サムスンの研究──卓越した競争力の根源を探る』日経 BP 社。
『日刊工業新聞』2004 年 11 月 9 日。
『日刊工業新聞』2004 年 11 月 11 日。
『日刊工業新聞』2009 年 2 月 26 日。
『日経 Automotive Technology』2008 年 7 月，「知られざるカーエレ大国インド──優れた頭脳の活用で先行する欧米」。
『日経 Automotive Technology』2010 年 5 月，「Nano に学ぶコスト削減」。
『日経ビジネス』2005 年 2 月 14 日。
『日経ビジネス』2005 年 6 月 13 日，「森精機の意外な"隠し玉"高性能機受注好調の中，今秋『激安機』発表へ」。
『日経ビジネス』2006 年 6 月 19 日，「戦略フォーカス 製品開発 コマツ（建設機械などの製造・販売）──ダントツ商品でモノ作り改革」。
『日経ビジネス』2007 年 6 月 4 日 a，「製造業の進化形 コマツが究める──『理と利』経営，世界を深耕」。
『日経ビジネス』2007 年 6 月 4 日 b，「ファクトで破る モノ作りの限界」。
『日経ビジネス』2010 年 12 月 13 日，「野路國夫コマツ社長インタビュー 勝つ法則は自ら創る」。
『日経 経済・ビジネス用語辞典 2007 年版』。
『日経マネー』2010 年 10 月，「コマツ＆ファナック＆クボタ──中国・アジアで働く機械 好調はいつまで続く？」。

『日経ものづくり』2010年4月．
『日経ものづくり』2011年4月，「設計の常識を覆す——新興国向け製品を究めるために」．
『日経速報ニュース』2011年1月6日，「コマツ，建機向け修理部品を世界で『翌朝配送』」．
西島章次 (2002)，「ブラジル経済——基本問題と今後の課題」富野幹雄・住田育法編『ブラジル学を学ぶ人のために』世界思想社，51-71頁．
Nobel, R., and Birkinshaw, J. (1998), "Innovation in multinational corporations: Control and communication patterns in international R&D operations," *Strategic Management Journal*, vol. 19, no. 5, pp. 479-496.
Nonaka, I., and Takeuchi, H. (1995), *The Knowledge-creating Company: How Japanese Companies Create the Dynamics of Innovation*, Oxford University Press.
貫井健 (1982)，『黄色いロボット——富士通ファナックの奇跡』読売新聞社．
沼上幹 (2000)，『わかりやすいマーケティング戦略』有斐閣．
OECD (1979), "The impact of the newly industrialising countries on production and trade in manufactures".
小川紘一 (2008)，「我が国エレクトロニクス産業にみるプラットフォームの形成メカニズム」『赤門マネジメント・レビュー』第7巻第6号 (http://www.gbrc.jp/journal/amr/AMR7-6.html)，339-408頁．
小川紘一 (2011)，「国際標準化と比較優位の国際分業，経済成長」渡部俊也編『東京大学知的資産経営総括寄付講座シリーズ 第2巻 グローバルビジネス戦略』白桃書房．
Ogawa, K., Park, Y., Tatsumoto, H., and Hong, P. (2009), "Architecture-based international specialization: Semiconductor device as an artificial genome in global supply chain," Proceedings of 3rd International Symposium and Workshop on Global Supply Chain Management, PSGIM, Coimbatore, India.
大木清弘・新宅純二郎 (2009)，「ベトナム市場からみる日系電機メーカーの課題と挑戦」『赤門マネジメント・レビュー』第8巻第7号 (http://www.gbrc.jp/journal/amr/AMR8-7.html)，417-432頁．
大前研一 (1985)，『トライアド・パワー——三大戦略地域を制す』講談社．
O'Neill, J. (2001), "Building better global economic BRICs," Global Economics Paper, no. 66, Goldman Sachs (http://www.goldmansachs.com/our-thinking/archive/archive-pdfs/build-better-brics.pdf，2013年12月閲覧)．
Orlikowski, W. J. (2000), "Using technology and constituting structures: A practice lens for studying technology in organizations," *Organization Science*, vol. 11, no. 4, pp. 404-428.
太田原準 (2009)，「オートバイ産業——ローコスト・インテグラル製品による競争優位の長期的持続」新宅純二郎・天野倫文編『ものづくりの国際経営戦略——アジアの産業地理学』有斐閣，185-205頁．
朴英元 (2009)，「インド市場で活躍している韓国企業の現地化戦略——現地適応型マーケティングからプレミアム市場の開拓まで」『赤門マネジメント・レビュー』第8巻第4号 (http://www.gbrc.jp/journal/amr/AMR8-4.html)，181-210頁．
朴英元 (2011)，「LG電子のグローバル戦略——TV事業を中心に」上山邦雄・郝燕書・呉在烜編『「日中韓」産業競争力構造の実証分析——自動車・電機産業における現状と連携の可能性』創成社，177-207頁．
朴英元・天野倫文 (2011)，「インドにおける韓国企業の現地化戦略——日本企業との比較を踏まえて」『一橋ビジネスレビュー』第59巻第3号，44-59頁．

Park, Y. W., Fujimoto, T., and Hong, P. (2012), "Product architecture, organizational capabilities and IT integration for competitive advantage," *International Journal of Information Management*, vol. 32, no. 5, pp. 479-488.

Park, Y. W., and Shintaku, J. (2015), "The replication process of a global localization strategy: A case study of Korean firms," *International Journal of Business Innovation and Research*, forthcoming.

Penrose, E. T. (1959), *The Theory of the Growth of the Firm*, Basil Blackwell.（末松玄六訳『会社成長の理論』ダイヤモンド社，1962年。）

Porter, M. E., ed. (1986), *Competition in Global Industries*, Harvard Business School Press.

Prahalad, C. K. (2010), *The Fortune at the Bottom of the Pyramid: Eradicating Poverty through Profits, Rev. and updated 5th anniversary ed.*, Wharton School Publishing.

Prahalad, C. K., and Doz, Y. L. (1987), *The Multinational Mission: Balancing Local Demands and Global Vision*, Free Press.

Prahalad, C. K., and Hart, S. L. (2002), "The fortune at the bottom of the pyramid," *Strategy+Business*, no. 26, pp. 54-67.

Renaissance Capital (2008), "Sector report"（http://www.rencap.com/eng/research/MorningMonitors/Attachments/Auto-Feb_22.pdf，2008年10月15日閲覧）．

『聯合ニュース』2009年12月3日，アン・ヒ「斗山，中国の油圧ショベルの販売，今年は過去最大の見通し」（韓国語）。

Ritter, T., Wilkinson, I. F., and Johnston, W. J. (2004), "Managing in complex business networks," *Industrial Marketing Management*, vol. 33, no. 3, pp.175-183.

『ロシアNIS経済速報』2011年2月5日（no. 1519），（http://www.rotobo.or.jp/publication/quick/quick2011.html#No.1519，2011年9月9日閲覧）。

『サーチナニュース』2005年10月18日，「独VW：新中国戦略発表，売上の落ち込みに歯止め」（http://news.searchina.ne.jp/disp_iphone.cgi?y=2005&d=1018&f=general_1018_002.shtml）。

Sachs, J. (1999), "Helping the world's poorest," *The Economist*, August 14th 1999, pp. 17-20

サムスン電子（2010），『サムスン電子40年史』サムスン電子（韓国語）。

佐藤百合・大原盛樹編（2006），『アジアの二輪車産業——地場企業の勃興と産業発展ダイナミズム』日本貿易振興機構アジア経済研究所。

ソ・ドンヒョック＝リー・キョンスク＝キム・ジョンギ（2004），『韓国電子産業のグローバル化影響分析と対応戦略』産業研究院（韓国語）。

柴田友厚・玄場公規・児玉文雄（2002），『製品アーキテクチャの進化論——システム複雑性と分断による学習』白桃書房。

シン，G. ＝森本素生（2010），「インドにおけるエアコン事業の展開」『日立評論』2010年10月号，76-80頁。

新宅純二郎（2007），「インド製造業の魅力と実態」『ていくおふ』第117号，8-15頁。

新宅純二郎（2009），「新興国市場開拓に向けた日本企業の課題と戦略」『JBIC国際調査室報』第2号，53-66頁。

新宅純二郎（2014），「日本企業の海外生産が日本経済に与える影響」『国際ビジネス研究』第6巻第1号，3-12頁。

新宅純二郎・天野倫文（2009a），「新興国市場戦略論——市場・資源戦略の転換」『経済学論集』（東京大学）第75巻第3号，40-62頁。

新宅純二郎・天野倫文編 (2009b),『ものづくりの国際経営戦略——アジアの産業地理学』有斐閣.

Shintaku, J., and Amano, T. (2012), "How some Japanese firms have succeeded against low-cost competitors in emerging markets," in Gupta, A. K., Wakayama, T., and Rangan, U. S., eds., *Global Strategies for Emerging Asia*, Jossey-Bass/Wiley.

新宅純二郎・天野倫文・小川紘一・中川功一・大木清弘・福澤光啓 (2007),「日米ハードディスクドライブ産業にみる国際分業と競争戦略」『赤門マネジメント・レビュー』第6巻第6号 (http://www.gbrc.jp/journal/amr/AMR6-6.html), 217-242頁.

新宅純二郎・天野倫文・善本哲夫 (2008a),「ポーランドへの投資競争と液晶クラスター (前編)」『赤門マネジメント・レビュー』第7巻第5号 (http://www.gbrc.jp/journal/amr/AMR7-5.html), 291-302頁.

新宅純二郎・天野倫文・善本哲夫 (2008b),「ポーランドへの投資競争と液晶クラスター (後編)」『赤門マネジメント・レビュー』第7巻第6号 (http://www.gbrc.jp/journal/amr/AMR7-6.html), 451-464頁.

新宅純二郎・呉在烜・朴英元・天野倫文・善本哲夫・福澤光啓・藤本隆宏 (2009),「韓国企業の海外ものづくりオペレーション(1)——現代自動車とLG電子の中東欧拠点調査を中心に」『赤門マネジメント・レビュー』第8巻第10号 (http://www.gbrc.jp/journal/amr/AMR8-10.html), 615-629頁.

新宅純二郎・大木清弘 (2012),「日本企業の海外生産を支える産業財輸出と深層の現地化」『一橋ビジネスレビュー』第60巻第3号, 22-38頁.

新宅純二郎・大木清弘・鈴木信貴 (2010),「日立製作所——白物家電の新興国市場展開」日本機械輸出組合機械産業国際競争力委員会『我が国機械産業の新興国・BOP市場戦略』日本機械輸出組合, 第4章.

Shintaku, J., and Park, Y. W. (2012), "Japan's position in East Asia's IT industrial networks," *SERI Quarterly*, vol. 5, no. 1.

新宅純二郎・立本博文・善本哲夫・富田純一・朴英元 (2008),「製品アーキテクチャから見る技術伝播と国際分業」『一橋ビジネスレビュー』第56巻第2号, 42-61頁.

白桃京子 (2007),「日本の家電の企業の現地化経路——中国市場での分析」東京大学経済学部卒業論文.

Standard Chartered Bank (2010), "The Super-cycle report" (http://www.standardchartered.com/media-centre/press-releases/2010/documents/20101115/The_Super-cycle_Report.pdf, 2011年3月10日閲覧).

Subramaniam, M., and Venkatraman, N. (2001), "Determinants of transnational new product development capability: Testing the influence of transferring and deploying tacit overseas knowledge," *Strategic Management Journal*, vol. 22, no. 4, pp. 359-378.

菅原秀幸 (2010),「BOPビジネスの源流と日本企業の可能性」『国際ビジネス研究』第2巻第1号, 45-67頁.

杉山勝彦 (2010),「牧野フライス製作所——航空機用工作機械のリーダー」『航空情報 Aireview』2010年10月号, 110-114頁.

椙山泰生 (2009),『グローバル戦略の進化——日本企業のトランスナショナル化プロセス』有斐閣.

鈴木信貴・新宅純二郎 (2010a),「インドの経済発展とインド企業, 日本企業のものづくり: 前編」『赤門マネジメント・レビュー』第9巻第4号 (http://www.gbrc.jp/journal/amr/

AMR9-4.html），277-294 頁．
鈴木信貴・新宅純二郎（2010b），「インドの経済発展とインド企業，日本企業のものづくり：後編」『赤門マネジメント・レビュー』第 9 巻第 5 号（http://www.gbrc.jp/journal/amr/AMR9-5.html），341-358 頁．
鈴木信貴・新宅純二郎（2011a），「バンガロールにおける日系企業のものづくり――ファナック・インディア，マキノ・インディアのインド市場戦略」『赤門マネジメント・レビュー』第 10 巻第 3 号（http://www.gbrc.jp/journal/amr/AMR10-3.html），225-244 頁．
鈴木信貴・新宅純二郎（2011b），「産業財のインド市場戦略」『一橋ビジネスレビュー』第 59 巻第 3 号，24-42 頁．
鈴木孝憲（2008），『ブラジル――巨大経済の真実』日本経済新聞出版社．
鈴木孝憲（2010），『2020 年のブラジル経済』日本経済新聞出版社．
Szulanski, G. (1996), "Exploring internal stickiness: Impediments to the transfer of best practice within the firm," *Strategic Management Journal*, vol. 17, Winter Special Issue, pp. 27-43.
高嶋克義（1998），『生産財の取引戦略――顧客適応と標準化』千倉書房．
高嶋克義・南千恵子（2006），『生産財マーケティング』有斐閣．
武石彰（2003），『分業と競争――競争優位のアウトソーシング・マネジメント』有斐閣．
谷地弘安（1999），『中国市場参入――新興市場における生販並行展開』千倉書房．
タタコンサルタンシーサービシズ・ホームページ（http://www.tcs.com/offerings/engineering_services/automotive/Pages/default.aspx，2011 年 9 月 12 日閲覧）．
立本博文（2011），「オープン・イノベーションとビジネス・エコシステム――新しい企業共同誕生の影響について」『組織科学』第 45 巻第 2 号，60-73 頁．
立本博文（2013），「アーキテクチャ研究再考――アーキテクチャの動的プロセス分析」藤本隆宏編『「人工物」複雑化の時代――設計立国日本の産業競争力』有斐閣，133-168 頁．
Tatsumoto, H., Ogawa, K., and Fujimoto, T. (2009), "The effect of technological platforms on the international division of labor: A case study on Intel's platform business in the PC industry," in Gawer, A., ed., *Platforms, Markets and Innovation*, Edward Elgar.
立本博文・小川紘一・新宅純二郎（2010），「オープン・イノベーションとプラットフォーム・ビジネス」『研究 技術 計画』第 25 巻第 1 号，78-91 頁．
『Tech-On!』2007 年 3 月 12 日，「キヤノン 1 位，エプソン 2 位――2006 年国内プリンター市場シェア」（http://techon.nikkeibp.co.jp/article/NEWS/20070312/128724/）．
Teece, D. J. (1986), "Profiting from technological innovation: Implications for integration, collaboration, licensing and public policy," *Research Policy*, vol. 15, no. 6, pp. 285-305.
徳田昭雄・立本博文・小川紘一編著（2011），『オープン・イノベーション・システム――欧州における自動車組込みシステムの開発と標準化』晃洋書房．
Tomino, T., Park, Y., Hong, P., and Roh, J. J. (2009), "Market flexible customizing system (MFCS) of Japanese vehicle manufacturers: An analysis of Toyota, Nissan and Mitsubishi," *International Journal of Production Economics*, vol. 118, no. 2, pp. 375-386.
富田純一（2008），「生産財における提案型製品開発」東京大学大学院経済学研究科博士申請論文．
津田一孝（2007），『世界へ――デンソーの海外展開』中部経済新聞社．
von Hippel, E. (1994), "'Sticky information'and the locus of problem solving: Implications for innovation," *Management Science*, vol. 40, no. 4, pp. 429-439.

Wakayama, T., Shintaku, J., and Amano, T. (2012), "What Panasonic Learned in China," *Harvard Business Review*, vol. 90, no. 12, pp. 109-113.（邦訳「パナソニックが中国市場から得た教訓——現地主義か，グローバル統合か」『DIAMONDハーバード・ビジネス・レビュー』第39巻第2号，88-96頁，2014年。）

Wakayama, T., Shintaku, J., Amano, T., and Kikuchi, T. (2012), "Co-evolving local adaptation and global integration: The case of Panasonic China," in Gupta, A. K., Wakayama, T., and Rangan, U. S., eds., *Global Strategies for Emerging Asia*, Jossey-Bass/Wiley.

Webster, F. E., Jr. (1991), *Industrial Marketing Strategy, 3rd ed.*, John Wiley & Sons.

向 (Xiang) 渝 (2009),「国際合弁事業のバーゲニング・パワーとマネジメント・コントロールがパフォーマンスに与える影響——経営学輪講 Yan and Gray (1994)」『赤門マネジメント・レビュー』第8巻第8号 (http://www.gbrc.jp/journal/amr/AMR8-8.html)，463-482頁。

矢作敏行・関根孝・鍾淑玲・畢滔滔 (2009),『発展する中国の流通』白桃書房。

山口隆英 (2006),『多国籍企業の組織能力——日本のマザー工場システム』白桃書房。

ヤマザキマザック編 (2007),『米寿を迎えた匠集団MAZAKの名言実行力』ヤマザキマザック。

山崎鉄工所60年史編纂委員会編 (1979),『還暦迎えた若きマザックのきのうとあす』山崎鉄工所。

Yan, A., and Gray, B. (1994), "Bargaining power, management control, and performance in United States–China joint ventures: A comparative case study," *Academy of Management Journal*, vol. 37, no. 6, pp. 1478-1517.

Yan, A., and Gray, B. (2001), "Antecedents and effects of parent control in international joint ventures," *Journal of Management Studies*, vol. 38, no. 3, pp. 393-416.

安室憲一 (1992),『グローバル経営論——日本企業の新しいパラダイム』千倉書房。

余田拓郎 (2000),『カスタマー・リレーションの戦略論理——産業財マーケティング再考』白桃書房。

余田拓郎・首藤明敏編 (2006),『B2Bブランディング——企業間の取引接点を強化する』日本経済新聞社。

横井克典・善本哲夫・天野倫文 (2008),「サンクトペテルブルクからみる西側ロシア市場の性格と供給方法」『赤門マネジメント・レビュー』第7巻第11号 (http://www.gbrc.jp/journal/amr/AMR7-11.html)，841-858頁。

吉原英樹 (1996),『未熟な国際経営』白桃書房。

吉原英樹編 (2002),『国際経営論への招待』有斐閣。

善本哲夫・新宅純二郎・中川功一・藤本隆宏・椙山泰生・天野倫文・太田原準・葛東昇 (2006),「インド製造業のものづくりと日系企業のインド進出——二輪，四輪，家電の事例」『赤門マネジメント・レビュー』第5巻第12号 (http://www.gbrc.jp/journal/amr/AMR5-12.html)，707-728頁。

Zhou, K. Z., Poppo, L., and Yang, Z. (2008), "Relational ties or customized contracts?: An examination of alternative governance choices in China," *Journal of International Business Studies*, vol. 39, no. 3, pp. 526-534.

索　引

―――― **事項索引** ――――

アルファベット

BOP　4, 23, 27, 158
B to B ビジネス
　消耗品を用いる――　72
　途上国の――　71
IR フレームワーク〔IR グリッド〕　311,
　394, 398
IT システム〔経営情報システム，情報システム〕　47, 186, 195, 374, 375, 396, 403
　――の利用　369
　グローバル――　379
KOMTRAX〔コムトラックス〕　186-188,
　191
LCM 戦略　386
MD　→マーチャンダイジング
MNE　→多国籍企業
　EM――　18
MOP　→中間（所得）層（市場）
PLC　→プロダクト・ライフサイクル
SCM〔サプライ・チェーン・マネジメント〕
　368, 369, 381
　グローバル――システム　388
TCO　60
TOP　→ハイエンド（市場）
V 字回復　228, 234
W/R 比率　334

あ　行

アウトポスト　327
アーキテクチャ知識〔全体知識〕　239, 243
アフター・サービス　59, 397
暗黙知　114, 131, 154
一国専用仕様　231
イノベーション

　――のジレンマ　9, 13, 35
　グローバル・――　72
裏の競争力　29, 264
エコシステム　260
エントリー・モデル　143
オペレーション　331
　――・コスト　192
表の競争力　29, 264

か　行

海外暗黙知〔現地暗黙知〕　115, 133
　――の組織内移転　134
下位市場への戦略　28
開発機能　77
過剰品質　31
カスタマイズ品　250
カンバン方式　384
企業家精神　367
企業の成長過程　367
技　術
　――移転　257
　――蓄積　258, 367
　複雑な――の国際移転　235
　要素――　75
機能がわかりやすい製品　85
キャッチアップ　258
供給側のボトルネック　21
共進化アクティビティ　315
共進化構造　314
　――ダイナミクス　323
拠点間調整　270, 264
拠点配置　264
グローバリゼーション　235
グローバル拠点　111
グローバル・サプライヤー　246

420　索　引

グローバル・スタンダード　236
グローバル統合　46, 311, 402, 403
　　現地適応〔ローカル適応〕と──　309,
　　　311, 403
　　現地適応〔ローカル適応〕と──のバラ
　　　ンス　393
グローバル・ブランド　229
経営情報システム　→IT システム
経営の現地化　→現地化経営
形式知　114, 154
ケイパビリティ　23, 112
　　新しいグローバル・──　24
研究開発の現地化　→現地開発
現地暗黙知　→海外暗黙知
現地エンジニア　116, 129, 133, 158, 179,
　　396
現地化　395, 398
　　──起点の標準化　399
　　標準化ベースの──　399
現地開発〔研究開発の現地化〕　102, 131
現地化経営〔経営の現地化, マネジメントの
　　現地化〕　228, 249, 252, 284
　　──の広がり　300
現地化商品〔現地化製品〕　42, 114
現地拠点　400
　　──の設立　265, 283
現地市場における顧客価値　113
現地自立化　270
現地人材〔現地人, ローカル人材〕　121,
　　284, 287
　　──へのエンパワーメント〔権限委譲〕
　　　299
現地適応〔ローカル適応〕　46, 264, 311,
　　394, 400, 403
　　──とグローバル統合　309, 311, 403
　　──とグローバル統合のバランス　393
現地ニーズ　77, 395
　　──の吸上げ　47
　　──の製品開発部門への移転　396
現地流通網　397
合資企業　245
高付加価値戦略〔高付加価値商品〕　42, 78
効率性　269

多国籍企業としての──　398
顧客情報　152
国際化モデル　3
国際経営　403
　　──の実践　299
コンカレント・エンジニアリング〔CE〕
　　376
コンポーネント知識　243

さ　行

再帰的ダイナミクス　315
サービス　157, 176
サプライ・チェーン　369
サプライ・チェーン・マネジメント
　　→SCM
サプライ・ビジネス〔消耗品ビジネス〕
　　11, 56
差別化（競争）　259
　　──軸の転換　42
産業移転　235, 260
　　プラットフォームを介した──　260
産業構造　260
産業財　136, 138, 152, 157
　　消費財と──の新興国市場戦略の補完関
　　　係　183
　　新興国の──市場　178
　　先進国の──企業の事業戦略　236
産業進化　236, 259
産業標準　236
支援と自立のバランス　265, 271, 283
事実上の標準　248
市　場
　　──開発　19
　　──志向　17
　　──適応　19
　　──とのインタラクション　331
　　──のねじれ構造　68
集中配置　265, 269
消費財　136, 138, 152, 157
　　──と産業財の新興国市場戦略の補完関
　　　係　183
情報伝達のロス　397
情報の粘着性　153, 184

情報分散のランドスケープ　324
消耗品　59
　　──ビジネス〔サプライ・ビジネス〕
　　　11, 56
　　──を用いる B to B ビジネス　72
所得収支黒字　404
所得水準の多様性　391
新興国（市場）　212, 389
　　──における利益率　404
　　──の産業財市場　178
　　動態的な──分析　151
新興国企業　18, 392
新興国市場戦略
　　──のジレンマ　9
　　──のための組織設計　264
　　消費財と産業財の──の補完関係　183
　　プラットフォーム企業の──　260
人工物　240
人材育成　345
ステークホルダー　23
生産ネットワークのグローバル化　373
静態的トレードオフ　310
製品開発
　　──分業体制　277
　　グローバル──　134
製品（・サービス）戦略　19, 31, 112, 129,
　　395
製品・マーケティング策　53
設計基準　36, 127
先進国企業の国際競争力　237
戦略形成の方法　310
戦略資産としての複雑性　329
戦略的組織変革モデル　370
戦略的パートナー　369
戦略的マーケティング　372
組織活性化　310
組織構造　401
組織設計　31, 34, 44, 156, 400
　　新興国市場戦略のための──　264
　　多国籍企業の──　264
組織ダイナミクス　355
組織の動的適応　366, 401
組織ルーチン〔組織の行動プログラム〕

331, 401
　　──の束〔組織能力〕　44, 331
ソリューション・ビジネス　157, 176, 204

た　行

多極化モデル　391
多国籍企業〔MNE〕　74
　　──としての効率性　398
　　──としての強み　402
　　──の組織設計　264
ターンキー・ソリューション　256
地域統括販売会社　231
知識移転　114, 257
中間（所得）層（市場）〔MOP, ミドル（市
　　場）〕　2, 4, 8, 24, 27, 94, 111, 136, 158,
　　218, 221, 340
直接投資　74
　　──収益　404
低価格（品）戦略　39, 112
低価格モデル〔ロー・コスト・モデル〕
　　104, 111
適応力　268
適正コスト　127
適正品質　33, 35, 127
トライアド・パワー　309
取引コスト　258

な　行

内外製区分　243
2 軸共進化　310
　　断続的な──　328, 329
　　逐次的な──　328
日米欧特化モデル　391
日本企業の発展プロセス　28
ニュー・リッチ層　334
濃密インターフェース（型）　236, 258
能力開発　31

は　行

ハイエンド（市場）〔TOP〕　4, 24, 84, 159,
　　186
排ガス規制　242
販売・サービスの重要性　398

標準インターフェース（型）　236, 258
標準化（活動）　259, 395, 398
　　——ベースの現地化　399
　　現地化起点の——　399
標準品（ビジネス）　250, 255, 258
品質差の見える化　42
品質の見切り　36
ファスト・フォロワー戦略　374
部　品
　市販——　254
　中核——企業　236
プラットフォーム　256, 260, 314
　　——戦略　109
　　——を介した産業移転〔——分離モデル〕　260, 261
プラットフォーム・リーダー〔プラットフォーム企業〕　260
　　——の新興国市場戦略　260
プロダクト・ライフサイクル〔PLC〕　372, 381
分散配置　265, 268, 401
兵站線の伸び　270
貿易ポータル・システム　379
補完的資源　66
　　——に重点を置いたチャネル戦略　72
補　器　241

マーケティング機能　77
マーケティング・コミットメント　17
マザー拠点　103
マザー工場システム　402
マーチャンダイジング〔MD〕　331, 345
マネジメントの現地化　→現地化経営
密な連携　265, 270
ミドル（市場）　→中間（所得）層（市場）
メジャー・チェンジ　110
ものづくりの組織能力　29
優位性　74
4P　52

ら 行

ラディカル・トランスアクティブネス　24
ランニング・コスト　195
リバース・イノベーション　399
リバース・エンジニアリング　363
流通システムの構造　334
リレーショナル・リソース　315
ローエンド市場　158
ローカル人材　→現地人材
ローカル適応　→現地適応
ローカル・マネジャー　252
ロー・コスト・モデル　→低価格モデル

ま・や 行

マイナー・チェンジ　110

国・地域名索引

アルファベット

ASEAN　2, 8, 22, 23, 36, 44-46, 78, 95, 96, 98, 99, 101-105, 109-112, 266, 279, 280, 304, 389, 399
BRICs　2, 15, 27, 28, 58, 94, 202, 211-213, 217, 222, 233, 284, 374, 389, 404
CIS　285, 304
EU　2, 381, 382
NICs　217

あ 行

アジア　2, 3, 8, 10-12, 34, 35, 53, 54, 60, 69, 76-79, 82, 84, 85, 92, 95-98, 101-103, 111, 112, 163, 177, 208, 275, 282, 286, 293, 294, 305, 347, 398, 404
　　——NIEs　266
アフリカ　54, 97, 288, 304, 379, 389, 404
アメリカ　2, 12, 28, 34, 53, 54, 68, 106, 146, 161-166, 170, 172, 174, 182, 187, 194, 196,

国・地域名索引　423

197, 202, 203, 207, 211, 212, 232, 242, 279, 285, 292, 299, 312, 313, 329, 347, 355, 372, 373, 382, 404
アラブ　389
アルゼンチン　65, 380
イギリス　146, 160, 166, 212, 285, 299
イスラエル　146
イタリア　65, 143, 155, 163, 174, 212
インド　2, 8, 10, 17, 19, 23, 26, 32, 38, 39, 42, 44, 55, 58, 59, 61-65, 68, 69, 76, 77, 85-92, 95, 98, 99, 101, 103, 116-122, 124-128, 130, 132, 134, 146, 158, 160, 163, 167, 170-177, 179-182, 194, 197, 202, 211, 212, 217, 221, 222, 233-236, 266, 269, 285-292, 299, 300, 304, 305, 307, 308, 373, 374, 380, 387, 389, 391, 395, 401
インドネシア　12, 22, 45, 46, 54, 58, 68-70, 98, 99, 101-103, 105, 106, 108, 110, 112, 145, 174, 194, 285, 301, 304, 305, 373, 401
エクアドル　380
欧米　15, 27, 28, 32, 95, 101, 118, 130, 157, 161, 166, 174, 175, 177, 371, 372, 389
オセアニア　97, 98

か・さ 行

カナダ　65, 146
韓国　10, 17, 20, 23, 38, 42, 75, 80, 82, 84, 88, 92, 146, 162, 163, 170, 174, 196, 202, 204, 205, 208, 209, 231, 285, 290, 295, 296, 299, 301, 304, 305, 307, 371-373, 378, 380, 382, 384, 385
シンガポール　34, 53, 64, 103, 146, 166, 174, 175, 187, 373
スイス　39, 140
スウェーデン　146
スペイン　312
スロバキア　174
西欧〔西ヨーロッパ〕　54, 205, 211, 285, 374
ソ連　213, 216, 233

た 行

タイ　22, 34, 45, 46, 54, 76-82, 84-86, 90-92, 96, 98, 101-112, 145, 170, 174, 275-283, 285, 288, 300-305, 307, 336, 347, 373, 401
台湾　10, 32, 33, 34, 40, 76, 84, 85, 145, 146, 162, 163, 170, 296, 329, 334, 336, 347, 372
中近東　77, 86, 279
中国　2, 8, 10, 12, 15-19, 21, 26, 31, 33, 34, 36-39, 41-43, 45, 48, 55, 58, 59, 69, 76-79, 88, 92, 95, 98, 102, 104-109, 112, 118, 137, 140-148, 150, 151, 154, 158, 162-164, 166-171, 174, 179, 180, 182, 186, 187, 189-196, 199, 200, 202, 205-208, 211-213, 217, 221, 223, 224, 226, 228-237, 239, 240, 244-253, 255-258, 266, 269, 277, 285, 286, 296, 310, 312-329, 331, 332, 334-336, 338-341, 344, 346-352, 354, 355, 357-359, 362, 366, 373-376, 379-382, 385, 387, 389, 391, 396, 399, 401
中東　54, 76, 79, 84, 97, 277, 288, 304, 379, 404
中東欧　54, 296
中南米　54, 60, 65, 195, 285, 291, 292
チュニジア　20
ドイツ　119, 137, 140, 143-146, 155, 160, 162, 163, 174, 177, 194, 196, 211, 212, 247, 249, 285, 292, 373
東欧　211, 285, 286, 293, 308, 389
東南アジア　46, 53, 54, 58, 68, 69, 76, 95, 162, 275-277, 279, 280, 301, 305, 401
ドバイ　84, 292
トルコ　145

な 行

南米　61, 63-65, 97, 211, 379
西ヨーロッパ　→西欧
日米欧　277, 309, 389
日本　2, 3, 8, 11, 12, 15, 16, 27, 28, 30, 32-35, 39-45, 53-55, 58, 65, 68, 75-82, 85, 89, 95-98, 102-104, 109-111, 114, 119, 122, 126-128, 130-134, 140, 145, 148, 154, 157, 158, 161-169, 172, 174-177, 181, 182, 187, 189-194, 196, 197, 200, 202, 211, 212, 245, 253, 266, 272, 278-283, 285, 305, 335, 336,

338-342, 344-353, 372, 373, 393

は行

パシフィック　54
東アジア　162, 211, 271, 274, 372, 373
東・東南アジア　275, 276
フィリピン　54, 99, 101, 105, 107, 301, 401
ブラジル　58, 61, 62, 64, 65, 68, 69, 97, 98, 146, 174, 186, 187, 189, 194, 196-198, 201, 202, 211, 213, 217-220, 233, 234, 266, 373-375, 379-382, 387, 389, 391
フランス　174, 194, 212
ベトナム　21, 22, 36, 37, 45, 46, 76, 98, 101-103, 105-112, 174, 278, 373, 380, 397
ベネズエラ　65, 380
ベルギー　187, 205
北米　11, 65, 96-98, 189, 192, 211, 231, 266, 286, 404

ポーランド　285, 288, 293-296, 299, 300, 304, 307
ポルトガル　372, 373
香港　334, 336, 346, 347

ま・や・ら行

マカオ　334
マレーシア　34, 54, 76, 77, 85, 99, 105, 110, 280, 336, 373, 401
南アフリカ共和国　286
ミャンマー　404
メキシコ　146, 174, 296, 299, 372
ヨーロッパ　53, 76, 96-98, 127, 141, 160-163, 170, 187, 189, 212, 231, 245, 254, 259, 266, 279, 286, 293-295, 307, 373
ロシア　17, 202, 211-217, 220, 233, 277, 374, 376, 387

産業・製品ジャンル索引

アルファベット

CD-R　31, 40
CRT　373
DVD-R　40
ECU　238, 241
　エンジン──　238, 241
GMS　→総合スーパー
HDD　34
IPMモーター〔エレベータ用モーター〕147
ITサービス　181, 221
LCD　→液晶
NC工作機械　174
NC旋盤　140, 143
NC装置　160, 161, 169
PCB　373
TV　58, 62, 77-79, 152
　液晶〔LCD〕──　42, 293, 377, 385
　カラー──　77, 290, 372, 373, 377
　白黒──　77

VCR　373

あ行

インバータ　137, 146, 152
エアコン　41, 44, 76, 77, 86, 91
液晶（パネル）〔LCD（パネル）〕　34, 368, 374, 383, 385
液晶材料　159
エレクトロニクス　→電子
エンジニアリング・サービス　243
大型機械　161

か行

家電　23, 27, 41, 44, 56, 58, 76, 91, 136, 138, 152, 158, 275, 288, 319, 372, 401
　白物──　62, 76, 275
機械　157
機能性化学品　159
空調モーター　147
携帯電話　38, 45, 58, 368, 380
　──の通信モジュール　137

産業・製品ジャンル索引

建設機械　48, 186, 188, 192, 196
航空機　161, 174
工作機械　137, 138, 140, 153, 157, 158, 160,
　　161, 172, 174, 176
鉱山機械　194
高速精密旋盤　140
小売業〔小売り〕　15, 47, 328, 331, 344
　　総合――　336
コピー機　28
コントローラー　146
コンビニエンス・ストア〔CVS〕　337,
　　347

さ行

サーボ　152
サーボアンプ　137, 146
サーボモータ　137, 146
産業用ロボット　137, 146, 171
自動車〔四輪（車）〕　27, 28, 30, 45, 56, 96,
　　101, 103, 116, 136, 138, 157, 158, 161, 163,
　　172, 181, 211, 235, 237, 239, 240, 355, 389
　　――部品　117, 247, 251
射出成型機　171
シャワー・ヒーター　77
重工業　202, 204
情報通信業　380
食品　204
ショッピング・モール　337
スーパーマーケット　340
製造業　15, 27-30, 36, 47, 181, 221, 266, 331,
　　400
精密機械　161
石油プラント　137
洗濯機　44, 76, 77, 79, 80, 84-86, 91, 281,
　　310, 322
扇風機　77
総合スーパー〔GMS〕　336, 340
掃除機　77
造船　202
素材　157

た・な行

炭坑用電動機　146

単相モーター〔インダクション・モーター〕
　　147
超音波画像診断システム　327
通信事業　382
電機　146, 157
　　総合――　275
電気釜　77
電子〔エレクトロニクス〕　188, 371, 387
電子材料　159
電子部品　157, 372
　　車載――　237
電子レンジ　279
電装部品　242, 243
時計　10, 39, 161
二輪（車）　21, 28, 36, 40, 45, 56, 95, 120,
　　122

は行

パソコン　58
　　ノート・――　385
半導体　137, 372
半導体メモリー　378
光ディスク型記録メディア　181
百貨店　332, 340
ファクトリー・オートメーション　170
ファックス　279
プラスチック素材　137
プリンタ　10, 52
ホームアプライアンス　317

ま・や・ら行

マシニングセンタ　143, 174
メモリー　378
モーター　146
モニター　378
四輪（車）　→自動車
冷蔵庫　43, 76-80, 85, 86, 91, 152, 275, 279,
　　320

企業・団体名索引

アルファベット

ACMA →インド自動車部品工業会
AMS　173
BFW　173
BMW　219
DMG　→ギルデマイスター
DNIN　→デンソー・インド
ESPRIT　344
Eマート　336
FNV　196
GE　170-172, 174, 373
GEファナックオートメーション　170
GEヘルスケア　327
GM　→ゼネラルモーターズ
HCPT　→日立コンシューマ・プロダクツ（タイ）
HRS〔Honda R&D Southeast Asia Co., Ltd.〕　103
HRS-SIN　103
HRS-T〔Honda R&D Southeast Asia Co., Ltd. Thailand Head Office〕　101
HRS-V　103
IHI　174
LG　→LG電子
LGEIL　→LGインド
LGESI　→LGソフトインド
LGETH　→LGタイ
LGイノテック　293
LGインド〔LGEIL〕　285, 288-292, 297, 300, 307
LGケミカル　293
LGソフトインド〔LGESI〕　289, 290
LGタイ〔LGETH〕　300-306
LGディスプレイ　293, 295-297, 299
LGディスプレイポーランド　294, 295, 298
LG電子〔LG〕　83, 84, 87-90, 275, 281, 284-289, 291-295, 297-301, 304-307, 372, 387, 392, 401

LG電子ポーランド〔LGポーランド〕　294, 295, 297, 298
Makino Aerospace Group〔MAG〕　174
MRスクンビット　302
NEC　371
OBビール　204, 205
P&G　311, 369, 371
SRF〔Shri Ram Fibres Ltd.〕　119, 120
SRF日本電装　119, 120
TDK　32
UAES　248-250
VW　→フォルクスワーゲン

あ行

アジアホンダモーター　98
アスモ　126
アップル　369
アフトヴァース　214
アムトレックス日立アプライアンス　86, 87
イオン　336, 337
いすゞ　199
一汽VW　226, 228
一汽夏利　226
一汽豊田　224, 226, 227, 252
伊藤忠商事　337
伊藤忠中国　337
イトーヨーカ堂　336-340, 342, 343, 345, 346, 348, 352, 401
イメーション　32
インガソール・ランド　204, 205, 208
インド工科大学〔IIT〕　179
インド自動車部品工業会〔ACMA〕　117, 118
インフォシス　181
ヴァレオ　117
ウォルマート　15, 312, 313, 328, 329, 336, 338, 371
エアバス　174
エースデザイナー　173

企業・団体名索引　427

エプソン　11, 12, 54, 60, 70, 397, 399
沖電気　60
オーシャン　336
オニダ　88

か 行

格力　88
佳景科技　363, 366, 367
ガズ　214
華糖洋華堂〔華堂商場，華糖洋華堂商業〕
　332, 336-340, 342, 345, 346, 349
カルフール　329, 336, 338, 345
川崎重工業　174, 199
韓国重工業　205
韓国半導体　372
奇瑞汽車〔奇瑞〕　219, 224, 226, 227, 355,
　357, 362, 363, 366, 367, 401
キャタピラー　190, 196, 198, 199, 202, 204,
　205, 208
キヤノン　54
ギルデマイスター〔DMG〕　137, 140-145,
　150, 151, 154, 155, 395
グリー　328
ケース　196
広州豊田　252
杭州パナソニックホームアプライアンス
　321
広州パナソニックホームアプライアンスエア
コン　318
杭州パナソニックホームアプライアンス・エ
　クスポート　318
杭州パナソニックホームアプライアンス炊飯
　器　318
杭州パナソニックホームアプライアンス洗濯
　機　317
広州本田　227, 252
哈飛汽車　219
コマツ〔小松製作所〕　48, 186-196, 198-
　202, 204, 205, 207-210, 395, 396, 398, 399,
　403
コマツ・FNV　196
小松アメリカ　187
コマツ中国〔小松（中国）投資〕　189, 190,
　192, 195, 209
コマツブラジル〔KDB〕　195, 196, 198,
　209
小松ヨーロッパ　187
コンチネンタル　242, 254

さ 行

サウスランド　347
サムスンLCD　382-384
サムスン電子〔サムスン〕　33, 38, 45, 54,
　83, 84, 87, 88, 275, 281, 295, 306, 307, 368,
　370-382, 384, 387, 388, 392, 403
ザラ　312
三一重工〔サニー〕　196, 201
三洋　371
シーゲート　34
資生堂　339
シーメンス　170-173
シャープ　43, 295, 301, 304
上海GM　224, 226, 228-230, 359
上海VW　224, 228
上海汽車　248
上海安川電機〔上海安川電機機器〕　147,
　148
首鋼莫托曼机器人　147
吉利汽車　226, 227
新大州本田　104
神龍汽車　226
スズキ　116, 117, 119, 120
スブロス　122, 125
セアト　362
セイコーエプソン　10
ゼネラル・ニューメリック　170
ゼネラルモーターズ〔GM〕　117, 171, 219,
　226, 228, 229, 248
セブン＆アイ　353
セブン-イレブン　15, 16, 47, 337, 347, 349,
　352, 353, 401
セブン-イレブン・ジャパン　347
セブン-イレブン（北京）　332, 347, 348,
　350-353
ソニー　31, 134, 289, 291

た・な行

大宇自動車　117
大宇総合機械　205
ダイエー　338
ダイキン　41
太平洋百貨　336
タイホンダ　99, 110
ダイムラー・クライスラー　117
太陽誘電　31
タタ　160, 175
タタ・グループ　87
タタ・コンサルタンシー・サービシズ
　　181
タタ・モーターズ　116, 122, 124-129, 131-
　　133, 222, 235
中国華学貿易発展集団　337
中国機械工業部北京机床研究所　171
中国五洋本田　108
中国サムスン　368, 386
中国サムスンLCD〔SESL〕　382, 385-387
中国糖業酒類集団　347
中国ホームアプライアンス　→パナソニック
　　ホームアプライアンスチャイナ
中聯汽車電子　247, 248
長安汽車　219
長安鈴木　226, 252, 359
長安フォードマツダ〔長安福特馬自達〕
　　224, 226
ディキシー・マシーンズ　140
ディケル　141
デルファイ　119, 242, 245, 248, 254
天津電装〔天津電装電子〕　251-253
デンソー　38, 116, 117, 119-122, 125-127,
　　129, 130, 134, 239, 242, 245-247, 251-254,
　　257, 258, 395, 397
デンソー・インド〔DNIN〕　116, 119, 121,
　　122, 124-126, 128-131, 133, 134, 395
デンソー・キルロスカ　121
デンソー中国　253, 254
デンソー・ハリアナ　121
同済大学　147
東芝　84, 293, 295, 301

東風汽車　366
東風日産　224, 226
斗山インフラコア　186, 196, 199, 201, 202,
　　204-206, 208-210, 395
斗山飲料　204
斗山机床　207
斗山キャピタル　208
斗山グループ　204, 205
斗山工程機械〔DICC〕　206, 207
斗山工程機械山東　207
斗山産業開発　204
斗山重工業　205
斗山（中国）投資　206
ドヤン電子　293
トヨタ自動車〔トヨタ〕　29, 116, 117, 119-
　　122, 130, 220, 222, 251, 252, 270, 306, 359,
　　384
豊田通商　251
トラクター＆ファーム・エクイップメント
　　172
トラストマート　328, 329
ドンソ電子　293
日産自動車〔日産〕　182, 219, 222
ニューホランド　196
ノキア　38, 39, 45, 381

は行

ハイアール　328
ハイトビール　204
パクソン　336
バジャージ　175
パナソニック　42-44, 130, 134, 305, 310,
　　314-320, 322-324, 326-329
パナソニックチャイナ　317
パナソニックホームアプライアンスチャイナ
　　〔中国ホームアプライアンス〕　317,
　　320, 322, 327
ハーレーダビッドソン　40
比亜迪汽車〔BYD〕　226
ビステオン　117, 254
ヒソン電子　293
日立アプライアンス　76, 86
日立建機〔日立〕　203, 205, 208

企業・団体名索引　429

日立コンシューマ・プロダクツ（タイ）
　　〔HCPT〕　77-80, 82-84
日立製作所〔日立〕　44, 76-78, 80, 84-87,
　　89-93, 395-397, 399
日立ホーム＆ライフソリューション　87
日立ホームアンドライフソリューション（イ
　　ンド）〔日立ホームインド〕　86-90
日立マクセル　32
ヒューレット・パッカード　54, 57
現代自動車　117, 122, 202, 222, 228, 230,
　　232, 359
現代重工業　186, 196, 199, 201-205, 209
ファナック　158, 160, 161, 163, 169-174,
　　178, 179, 184, 397
ファナック・インディア　171-173
フィアット　117, 219
フィリップス　293-295
風神汽車　226
フォード　117, 219
フォルクスワーゲン〔VW〕　219, 224, 226,
　　228, 231, 248, 359
富士重工業　174
富士ゼロックス　130
ブラザー　54
ブラジルサムスン　368, 380-382
プリコール　122, 125
ブリティッシュ・エアロスペース　174
北京汽車投資　230
北京現代汽車〔北京現代〕　224, 226, 230-
　　233
北京發那科〔ファナック〕機電　171
北京松下カラーCRT〔BMCC〕　316
北京王府井百貨集団　347
ボーイング　174
ボッシュ〔ロバート・ボッシュ〕　117-119,
　　239, 242, 245-251, 254, 255, 258, 399
ボッシュ・チャイナ　247
ボブキャット　205-208
ボルタス　87, 88, 171, 172
ボルボ　196
ホンダ　21-23, 28, 36, 37, 45, 46, 95-98,
　　101-109, 111, 112, 117, 119, 120, 395, 399
本田技術研究所　101

ホンダベトナム　108
鴻海精密工業　269

ま　行

マキノ・アジア　175
マキノ・インディア　175-177
牧野フライス　158, 160, 163, 172, 174-179,
　　182, 184, 397
マグナ　117, 119
マザック　→ヤマザキマザック
マッケンジー　118
松下　84, 301
マヒンドラ＆マヒンドラ　160, 172, 175
マホ　141
マルチ　117
マルチ・スズキ　120, 122, 127, 222, 234
三菱化学バーベイタム　32
三菱重工業　174
三菱電機　84, 304
無錫パナソニックホームアプライアンス冷蔵
　　庫　318
メイディ　328
メイリン　328
メカトロリンク協会　150
モーザー・ベア・インディア　181
モトローラ　39
森精機製作所〔森精機〕　137, 140, 141, 144
　　145, 150, 151, 155, 395, 396

や・ら　行

安川電機　137, 146-148, 150, 152-154, 156
安川電機（上海）　146-149
安川電機（瀋陽）　147
ヤマザキマザック〔マザック〕　140, 158,
　　160, 163-169, 178, 180, 182, 184, 397
ヤマハ　101, 120
ラーダ　215, 216
ラルバイ・グループ　86, 87
リカード　243
力帆集団　219
リトルスワン　328
ルーカスTVS　122, 125, 132
ルノー　219

聯合汽車電子〔UAES〕　247
ロータス　336
ロバート・ボッシュ　→ボッシュ

ロールス・ロイス　174
ロレアル　339

研究者名索引

Bartlett, C. A.　5, 394
Birkinshaw, J.　5
Chritensen, C. M.　9, 13, 35
Ding, D. Z.　17
Doz, Y. L.　394, 398
Enderwick, P.　19
Essoussi, L. H.　20
Felton, A. P.　17
Ge, G. L.　17
Ghoshal, S.　5, 394
Giddens, A.　310
Hart, S. L.　24, 27
Hirschman, A. O.　4, 5
Hu, M. Y.　17, 20
Hymer, S. H.　74, 75, 92
Jaworski, B. J.　17
Johanson, J.　4, 17
Kohli, A. K.　17
Kotler, P.　17

Kwon, Y.-C.　17, 20
London, T.　24, 27
Luo, Y.　18
Merunka, D.　20
Penrose, E. T.　367
Porter, M. E.　264
Prahalad, C. K.　394, 398
Sharma, S.　24
Subramaniam, M.　115, 131, 133, 134
Tung, R. L.　18
Venkatraman, N.　115, 131, 133, 134
von Hippel, E.　154
天野倫文　19, 52
大前研一　309
高　婷　332
新宅純二郎　19
中川功一　52
宮副謙司　332

編者紹介

天野 倫文（あまの・ともふみ）
　元東京大学大学院経済学研究科准教授

新宅 純二郎（しんたく・じゅんじろう）
　東京大学大学院経済学研究科教授

中川 功一（なかがわ・こういち）
　大阪大学大学院経済学研究科准教授

大木 清弘（おおき・きよひろ）
　東京大学大学院経済学研究科講師

新興国市場戦略論　拡大する中間層市場へ・日本企業の新戦略
Emerging Market Strategy: Challenges of Japanese Multinationals

東京大学ものづくり経営研究シリーズ

2015年12月20日　初版第1刷発行

編　者	天　野　倫　文 新　宅　純二郎 中　川　功　一 大　木　清　弘
発行者	江　草　貞　治
発行所	株式会社　有　斐　閣 〒101-0051 東京都千代田区神田神保町2-17 電話　(03)3264-1315〔編集〕 　　　(03)3265-6811〔営業〕 http://www.yuhikaku.co.jp/
印　刷	大日本法令印刷株式会社
製　本	株式会社アトラス製本

Ⓒ 2015, Tomoyo Amano, Junjiro Shintaku, Koichi Nakagawa, Kiyohiro Oki.
Printed in Japan

ISBN 978-4-641-16420-8

★定価はカバーに表示してあります。
落丁・乱丁本はお取替えいたします。

JCOPY　本書の無断複写（コピー）は、著作権法上での例外を除き、禁じられています。複写される場合は、そのつど事前に、(社)出版者著作権管理機構（電話03-3513-6969, FAX03-3513-6979, e-mail:info@jcopy.or.jp）の許諾を得てください。